"十二五"我国温室气体排放控制综合研究

Comprehensive Study on Greenhouse Gas Emissions Control in Twelfth Five-year Plan

徐华清　郑　爽　朱松丽　等著

中国经济出版社
CHINA ECONOMIC PUBLISHING HOUSE
北京

图书在版编目（CIP）数据

"十二五"我国温室气体排放控制综合研究/徐华清，郑爽，朱松丽著.
北京：中国经济出版社，2014.11
ISBN 978 - 7 - 5136 - 1709 - 3

Ⅰ．十… Ⅱ．①徐…②郑…③朱 Ⅲ．①有害气体—大气扩散—污染控制—研究—中国—2011～2015 Ⅳ．①X511

中国版本图书馆 CIP 数据核字（2012）第 154564 号

责任编辑　姜　静
责任审读　贺　静
责任印制　马小宾
封面设计　华子图文

出版发行　中国经济出版社
印 刷 者　北京艾普海德印刷有限公司
经 销 者　各地新华书店
开　　本　880mm×1230mm　1/16
印　　张　23
字　　数　650 千字
版　　次　2014 年 11 月第 1 版
印　　次　2014 年 11 月第 1 次
定　　价　98.00 元

广告经营许可证　京西工商广字第 8179 号

中国经济出版社 网址 www.economyph.com **社址** 北京市西城区百万庄北街 3 号 **邮编** 100037
本版图书如存在印装质量问题，请与本社发行中心联系调换（联系电话：010 - 68330607）

课题组成

课题委托单位：　科学技术部社会发展司

课题名称：　温室气体排放控制综合研究与示范

课题承担单位：　国家发展改革委能源研究所

课题参加单位：　中国 21 世纪议程管理中心

清华大学

课题组组长：　徐华清

课题部分成员：　郑　爽　朱松丽　郭　元　苏明山

于胜民　丁　丁　胡晓强　高　翔

马翠梅　佟　庆　崔　成　翟丽华

前　言

控制温室气体排放是我国应对气候变化的重要战略任务。我国是一个具有 13 多亿人口的发展中国家，随着工业化、城镇化进程的深入发展，资源环境越来越成为经济发展的硬约束。由基本国情和发展阶段所决定，近一段时间来我国温室气体排放增长快、增幅大、人均排放量快速上升，已经成为现阶段新的基本特征，控制温室气体排放面临巨大挑战。同时，通过综合运用调整产业结构和能源结构、节约能源和提高能效、增加森林碳汇等多种手段，大幅度降低能源消耗强度和二氧化碳排放强度，有效控制能源消费和温室气体排放，也为我国转变经济发展方式、推动技术创新带来重要机遇。

控制温室气体排放需要我们创新政策体系、管理体制和工作机制。《国民经济和社会发展第十一个五年规划纲要》提出要努力实现控制温室气体排放取得成效。全国人民代表大会常务委员会关于《积极应对气候变化的决议》明确要求加快发展高碳能源低碳化利用和低碳产业，建设低碳型工业、建筑和交通体系，创造以低碳排放为特征的新的经济增长点。《国民经济和社会发展第十二个五年规划纲要》首次将单位国内生产总值二氧化碳排放降低 17% 作为约束性指标。《"十二五"控制温室气体排放工作方案》明确要求完善体制机制和政策体系，健全激励和约束机制，更多地发挥市场机制作用，加强低碳技术研发和推广应用，加快建立以低碳为特征的工业、能源、建筑、交通等产业体系和消费模式，有效控制温室气体排放。

控制温室气体排放既是应对气候变化的重要举措，也是实现科学发展的重要内容。本研究为"十二五"国家科技支撑计划"全球环境变化应对技术研究与示范"项目"温室气体排放控制综合研究与示范"课题的主要内容，依据课题任务书，主要包括：评估"十一五"期间我国控制温室气体排放的主要进展，分析"十二五"期间我国社会经济发展的基本形势、能源需求及温室气体排放的可能发展趋势，探讨国际社会有关2020 年温室气体减限排控制目标或行动的基本动向，分析"十二五"期间我国增强可持续发展能力相关目标，研究提出"十二五"期间我国控制温室气体排放可能行动目标、相关技术和政策措施建议。

本课题是在科技部社会发展科技司的直接领导下，由国家发展和改革委员会能源研究所能源环境与气候变化研究中心承担，中国 21 世纪议程管理中心、清华大学核能与新能源技术研究院等单位共同参与。课题围绕如何有效控制温室气体排放这一重大战略目标，深入研究地区及行业温室气体控制的重大政策、关键技术及实践问题，并相应设置了 5 个专题，分别为：省级（吉林省和上海市）控制温室气体排放政策与技术综合研究及示范；行业（电力和水泥）控制温室气体排放政策与技术综合研究及示范；县级（企业）控制温室气体排放政策与技术综合研究及示范；温室气体排放贸易平台及地区间排放贸易研究与示范；清洁发展机制的能力建设与示范。本书既是课题前四个专题的共同研究成果，也是国家发展和改革委员会能源研究所能源环境与气候变化研究中心的集体智慧，其中：综合篇主要由徐华清研究员执笔完成，地区篇主要由朱松丽、于胜民和高翔副研究员执笔完成，行业篇主要由郭元研究员和胡晓强副研究员执笔完成，县域篇主要由苏明山研究员、于胜民副研究员和马翠梅博士执笔完成，政策篇主要由郑爽和丁丁副研究员执笔完成。课题研究中得到了国家发展改革委气候司、吉林省和上海市发改委、慈溪市发改局等单位领导和相关专家的热情指导与大力帮助，在此一并表示感谢！

课题组

2014 年 10 月

摘　要

"温室气体排放控制综合研究与示范"为"十一五"国家科技支撑计划项目"全球环境变化应对技术研究与示范"课题之一。课题紧密围绕"十一五"规划纲要提出的"控制温室气体排放取得成效"这一重大战略导向，系统评估了"十一五"期间我国控制温室气体排放的政策措施及其成效，详细分析了2020年及"十二五"期间我国能源需求及二氧化碳排放的发展趋势，跟踪分析了主要国家2020年可能的温室气体减缓目标或行动。在此基础上，研究提出了"十二五"期间我国控制二氧化碳排放的可能目标、考核方法以及相关政策建议，为顺利编制并有效实施"十二五"规划纲要，加快推进绿色低碳发展提供了有力的技术支撑。课题主要研究成果及创新点简要总结如下：

一是通过对"十一五"我国控制温室气体排放主要目标执行情况及地方政府提出的目标进行系统评价与分析，将研究提出我国"十二五"期间温室气体排放控制目标与"十一五"国家及地方执行情况结合起来。

通过对《应对气候变化国家方案》提出的控制温室气体排放相关目标执行情况的初步分析，"十一五"期间通过实施各种节能政策和措施，大力发展可再生能源，努力调整能源结构，有效地减缓了温室气体排放。2010年单位国内生产总值（GDP）能耗比2005年累计下降19.1%，相当于少排放二氧化碳14.6亿吨。到2010年底，我国水电、核电、风电等非化石商品能源年利用量约为2.8亿吨标准煤，相当于减少6.3亿吨二氧化碳排放。据初步估算，"十一五"期间我国单位GDP二氧化碳排放量下降了19.3%左右，其中单位GDP化石燃料二氧化碳排放量下降了21.2%左右。

通过调研和分析发现，"十一五"期间地方政府对温室气体排放控制目标普遍比较敏感，担心温室气体排放控制如节能减排指标一样对本地发展空间构成限制，这种担忧在沿海发达地区表现得更为突出。从"十一五"期间完成的地方应对气候变化方案来看，很少直接提出温室气体强度等控制目标，只有湖南、广东、浙江、海南、江苏等在方案建议报告中提出了"十二五"5%～20%可能的GDP温室气体（二氧化碳）强度目标。但从"十一五"期间分地区节能降耗目标完成情况看，除新疆外，全国其他地区均完成了"十一五"国家下达的节能目标任务，有28个地区超额完成了"十一五"节能目标任务，其中北京、湖北、天津分别超出目标6.59、1.67、1个百分点。

二是通过对主要国家可能的温室气体减排目标或行动进行跟踪与分析，将研究提出我国"十二五"温室气体排放控制目标与国际社会有关巴厘路线图减排承诺与行动谈判动向一并考虑。

通过对主要发展中国家2020年以前可能的国内适当减缓行动的初步分析，在不考虑林业碳汇的情况下：巴西可能实现2020年单位GDP二氧化碳排放比2005年下降7%左右；印度预计2020年单位GDP二氧化碳排放将比2005年下降26%左右；墨西哥2020年单位GDP能耗和二氧化碳排放与2005年相比有望分别下降35%和37%；南非2020年GDP二氧化碳排放强度有望比2005年下降20%左右。自2009年下半年以来，主要发展中国家陆续提出了到2020年本国减缓温室气体排放的行动目标，其中：印度提出2020年GDP排放强度比2005年下降20%～25%（不包括农业部门排放）；自愿且有条件，巴西提出的国内减缓行动包括11个方面，合计为9.74亿～10.51亿吨二氧化碳当量，其中能效贡献1200万～1500万吨，可再生能源为1.53亿～1.92亿吨，自愿且有条件，预期比2020年预测的排放量减少36.1%～38.9%；南非提出的国内适当减缓行动目标为偏离基准情景34%，且具有前提条件。印度、巴西等主要发展中国家可能的二氧化碳排放强度下降潜力以及实际承诺的国内减缓行动目标，在一定程度上为研究提出我国的控制温室气体排放行动目标提供了很好的借鉴。

通过对主要发达国家第二承诺期可能承诺目标的初步分析发现：澳大利亚、加拿大、欧盟、日本等缔约方目前各自提出的减排目标离国际社会期望的到2020年比1990年减排40%的要求有较大的差距，只有挪威提出了有条件的减排40%的目标；到2020年《京都议定书》（Kyoto Protocol）附件一缔约方不包括LULUCF的平均减排目标与1990年相比只有16.6%～24.6%，美国不包括LULUCF的减排目标与1990年相比只有3.4%；这些发达国家提出的减排目标不仅强调受国情、减排潜力及成本等诸多因素的制约，而且还与未来国际气候协议的性质以及主要发展中国家的承诺程度等条件挂钩；初步分析，到2015年（2013—2017年）《京都议定书》附件一缔约方不包括LULUCF的平均减排目标与1990年相比只有10.5%～14.7%。发达国家这种"自下而上"的承诺模式及有限的减排目标，在一定程度上也为我国自主承诺控制温室气体排放行动目标创造了比较宽松的外部环境。

三是通过对"十二五"期间我国社会经济发展开展综合分析，将研究提出我国"十二五"温室气体排放控制目标与合理调控经济增长速度和合理控制能源消费总量统筹考虑。

分析结果表明，未来十年GDP年均增速从6.25%、7.25%上升到8.25%，GDP年均增速每提高1个百分点，相应增加能源需求约为4亿吨标准煤，增加二氧化碳排放量9亿吨左右。如果未来十年GDP年均增速达到8.25%的水平，到2020年即使实现了单位GDP能源消耗比2005年下降45%和非化石能源比重达到15%的目标，全国的一次能源需求量仍将达到48亿吨标准煤左右，相应的二氧化碳排放量将接近100亿吨；如果想要在保持上述GDP年均增速下控制一次能源需求量在45亿吨标准煤左右，就要求单位GDP能耗应比2005年下降49%左右。

四是通过对"十二五"我国控制二氧化碳排放的可能目标及实施路径的初步分析，将实现我国"十二五"控制二氧化碳排放目标与采取的重大政策及专项行动结合起来。

从节能和发展非化石能源发展趋势与条件看，"十一五"期间我国单位GDP能源消耗下降20%左右有望实现，"十二五"期间单位GDP能源消耗有望继续下降18%左右，非化石能源的比重"十一五"末有望接近9.4%左右，预计到"十二五"末也有望达到11.5%左右，如果再考虑到化石能源内部结构的优化，预期"十二五"期间单位一次能源的二氧化碳排放强度和单位化石燃料的二氧化碳排放强度将分别下降2%和0.8%，就有可能实现2015年单位GDP化石燃料二氧化碳排放比2010年下降21%左右。而从工业生产过程二氧化碳排放及土地利用变化和林业碳汇角度看，尽管"十二五"期间我国水泥、石灰、钢铁、电石等工业产品的产量仍可能会出现高于GDP增速的情景，而且土地利用变化和林业碳汇增长的速度也低于GDP的增速，对降低单位GDP的二氧化碳排放强度可能带来逆向影响，总体判断这种影响的程度在2个百分点左右。

综合考虑未来发展趋势和条件，"十二五"期间实现单位GDP二氧化碳排放量比2010年至少降低18%，确保到2015年实现单位GDP二氧化碳排放量比2005年下降35%以上。研究提出的"十二五"期间控制二氧化碳排放的专项行动主要包括：积极推进重点节能工程的实施，在保护生态基础上有序开发水电，积极推进核电建设；优化发展火电，大力发展天然气和煤层气产业，推进生物质能源的发展，加快风能、太阳能、地热能等可再生能源开发和利用，有效控制水泥等工业生产过程温室气体排放，努力减缓农业部门温室气体排放，有效增加土地利用变化与林业的碳汇。

五是通过对实现我国"十二五"控制温室气体排放行动目标涉及的评价指标及考核方法进行初步分析，将实现我国"十二五"温室气体排放控制目标与相应的评价和考核方法结合起来。

制定科学、完整、统一的控制温室气体评价指标及考核办法，将单位地区生产总值二氧化碳排放降低完成情况纳入各地经济社会发展综合评价体系，实行严格的问责制，是强化政府和企业责任，确保实现2020年控制温室气体排放行动目标的重要基础和制度保障。立足于"十二五"规划纲要确定的降低单位国内生产总值二氧化碳排放强度的约束性指标，借鉴"十一五"节能减排相关评价指标及考核办法，参考国外有关控制温室气体排放的管理经验，提出建立我国控制温室气体排放评价指标及考核方法的总体思路为：以实现"十二五"单位GDP二氧化碳排放下降为目标，建立涵盖省级人民政府、国务院有关部门、关键行业和重点排放企业四个层次的控制温室气体排放评价指标及考核体系。从"目标落实、措施落实、工作落实"三方面开展评价与考核，其中以目标完成情况为核心考核内容，辅以对节约能源、优化能源结构、加强森林碳汇建设等重点减缓措施落实情况的考核，兼顾考核控制温室气体排放的组织管理工作落实情况。

省级人民政府控制温室气体排放评价与考核指标体系包括目标、措施以及工作落实情况三大类、10项考核内容共17个基础指标。"目标落实"重在考核地方"十二五"万元地区生产总值二氧化碳排放降低目标完成情况，包括年度目标和降低进度。"措施落实"则具体考核地方政府在调整产业结构、提高能效和节约能源、发展非化石能源、合理控制能源消费总量、增加森林碳汇以及控制工业生产过程二氧化碳排放等重点领域的任务执行情况；"工作落实"则考核地方政府控制温室气体排放管理体制和工作机制的建设情况。

六是通过对实现我国"十二五"控制温室气体排放行动目标涉及的政策体系、管理制度和工作机制的分析，将实现我国"十二五"温室气体排放控制目标与建议的政策制度设计和能力建设结合起来。

第一，实现"十二五"我国控制温室气体排放行动目标，需要在时间和空间上及早作出部署。将降低单位GDP二氧化碳排放作为约束性指标，是进一步明确并强化了政府控制温室气体排放责任的指标，是中央政府在应对气候变化领域对地方政府和中央政府有关部门提出的工作要求。只有将到2020年单位GDP二氧化碳排放这一约束性指标先分解到"十二五"和"十三五"两个五年规划，再将"十二五"具体指标分解落实到各省市区以及有关部门，并将这些指标纳入"十二五"国家及地方国民经济和社会发展规划，这一约束性指标才真正具有可操作性、指导意义及法律效力。

第二，实现"十二五"我国控制温室气体排放行动目标，需要尽快制定相应的统计、监测及考核办法。一是建立国家、省市区两级温室气体统计体系，加强对温室气体数据的统计分析，增加温室气体数据的权威性、规范性、一致性和透明度。二是建立重点行业及重点企业温室气体两级监测体系，加强对煤炭、电力等重点行业及企业的跟踪和监测，探索性开展企业温室气体标准化管理工作。三是建立国家、省市两级二氧化碳排放强度考核体系，以强化责任制。

第三，实现"十二五"我国控制温室气体排放行动目标，需要进一步落实节能降耗及发展非化石能源等主要任务及行动。实现单位GDP二氧化碳排放40%～45%行动目标对节能降耗和发展非化石能源也有不同的要求，在2020年非化石能源发展目标固定的情况下，对降低单位GDP能源消耗的要求为35%～40%。"十二五"期间，要继续制定严格的节能降耗目标，并合理控制能源消费总量，努力实现单位GDP能源消耗降低18%左右，非化石能源比重达到11%以上的目标。

第四，实现"十二五"我国温室气体排放行动目标，需要明确电力、水泥等重点领域的主要任务。控制好电力、水泥等行业的二氧化碳排放，不仅对于实现全国控制二氧化碳排放行动目标至关重要，而且对于提高国际竞争力、参与未来可能的全球部门减排具有重要意义。控制电力行业的二氧化碳排放关键是要优化发展火电、有序开发水电、积极推进核电建设、大力发展可再生能源发电，力争到2015年非化石能源发电总体规模折合标准煤达到6亿吨。水泥行业的二氧化碳排放既有燃料燃烧产生，也有工艺生产过程排放，争取到2015年使我国水泥行业的二氧化碳量控制在12亿吨以内。

第五，实现"十二五"我国控制温室气体行动目标，需要积极探索低碳发展的新模式。低碳发展不仅是全球性的探索与共识，也是我国建设生态文明的必然选择，需要夯实工作基础。建议尽快在我国不同地区以及行业开展低碳试点，探索低碳发展的区域模式和产业模式，着力构建以低碳为特征的工业、建筑和交通体系，培养低碳绿色消费模式，探索不同层次控制温室气体排放的体制机制。通过试点示范，逐渐探索出一条立足于我国基本国情，并且符合当前经济发展规律的渐进式低碳发展新模式。

第六，实现"十二五"我国控制温室气体排放行动目标，需要充分发挥市场机制作用。一是要着力完善资源价格形成机制，充分发挥市场配置资源的基础性作用；二是以建立自愿减排市场为试点，探索性开展特定地区或行业二氧化碳排放贸易；三是在新形势下需要重新审视清洁发展机制发展方向及政策，以保障国家利益的最大化；四是开展征收碳税研究与试点，有效促进低碳发展。

目 录

地　区　篇

地区篇（一）吉林省控制温室气体排放综合研究

地区篇（二）上海市交通运输温室气体排放控制综合研究

地区篇（三） 上海市建筑部门温室气体排放控制综合研究

行　业　篇

行业篇（一）电力行业控制温室气体排放综合研究

行业篇（二）水泥行业控制温室气体排放综合研究

县 域 篇

县级控制温室气体排放综合研究

政 策 篇

温室气体排放贸易平台及地区间排放贸易研究

综合篇

第一章 "十一五"我国控制温室气体排放总体评价

"十一五"期间,我国积极应对气候变化,根据《国民经济和社会发展第十一个五年规划纲要》提出的"控制温室气体排放取得成效"的要求,以实施《应对气候变化国家方案》为核心,采取了一系列政策措施和行动,在减缓温室气体排放方面取得了明显成效。据初步估算,"十一五"期间我国单位 GDP 二氧化碳排放量下降了 19.3% 左右,其中单位 GDP 化石燃料二氧化碳排放量下降了 21.2% 左右。

第一节 "十一五"我国温室气体排放现状

根据《中国气候变化初始国家信息通报》的数据,1994 年我国温室气体总排放量为 36.50 亿吨二氧化碳当量,其中二氧化碳、甲烷和氧化亚氮分别占 73.05%、19.73% 和 7.22%。根据国际能源机构 2011 年公布的统计数据,1990 年我国化石燃料燃烧的二氧化碳排放量为 22.11 亿吨,2005 年为 50.62 亿吨,2009 年达到 68.31 亿吨(见图 1-1)。从 1990 年到 2009 年,化石燃料燃烧的二氧化碳排放量增加了 208.9%。

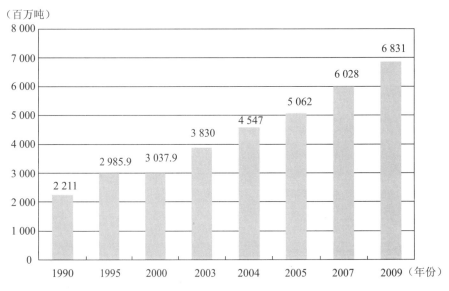

图 1-1 1990—2009 年我国化石燃料燃烧的二氧化碳排放量

虽然我国的排放总量较大,但人均排放水平还较低。根据国际能源机构的估算,2009 年我国人均化石燃料燃烧的二氧化碳排放为 5.13 吨,高出世界平均水平 4.29 吨约 20%,只有公约附件二发达国家缔约方人均 10.15 吨水平的一半左右。人均排放水平较低,在一定程度上表明了目前我国的人均能源等资源消费水平仍处于较低水平,而随着人民生活水平的提高和基本能源需求的增加,人均排放量不可避免地仍将进一步增长。从国际能源机构估算的近年来我国人均碳排放量来看,1990 年人均二氧化碳排放量为 1.95 吨/人,2005 年达到 3.88 吨/人。数据表明,在 1990—2009 年我国的人均二氧化碳排放量增加了 163.4%,也呈现快速上升趋势(见图 1-2)。

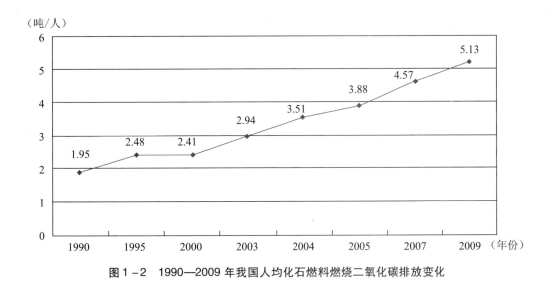

图 1-2　1990—2009 年我国人均化石燃料燃烧二氧化碳排放变化

　　GDP 二氧化碳排放强度是体现一个国家经济结构、能源结构和能源效率的重要指标，近年来得到有关方面的重视，尤其是在美国提出温室气体排放强度目标以后。国际能源机构公布的我国 GDP 化石燃料燃烧二氧化碳排放强度数据显示，1990 年中国 GDP 化石燃料燃烧二氧化碳排放强度为 4.97 千克二氧化碳/美元，2005 年为 2.68 千克二氧化碳/美元，2009 年下降到 2.33 千克二氧化碳/美元，从 1990 年到 2009 年，我国 GDP 的二氧化碳排放强度下降了 53.2%，而同期世界平均水平只下降了 15.4%（见图 1-3）。

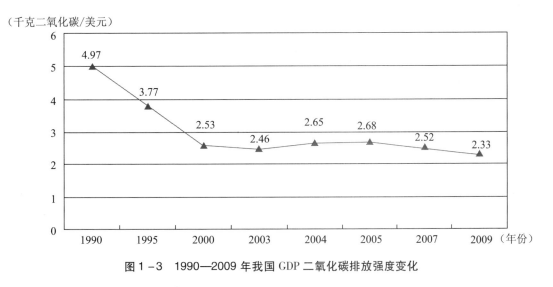

图 1-3　1990—2009 年我国 GDP 二氧化碳排放强度变化

　　从我国化石燃料的二氧化碳排放看，我们可以得出以下几个方面的初步结论：一是 2009 年我国化石燃料燃烧的二氧化碳排放量占全球化石燃料燃烧二氧化碳排放总量的 23.6% 左右。二是尽管 2009 年我国人均二氧化碳排放量已经高出全球平均水平约 20%，但只有附件一缔约方国家人均排放水平的一半左右。三是从 1990 年到 2009 年，我国 GDP 的二氧化碳排放强度得到了大幅下降，下降了 53.2%。分析其主要原因在于：第一，GDP 的快速增长。从 1990 年到 2009 年，GDP 年增长率平均达到了 10% 左右。第二，调整产业结构，提高产品附加值，以及提高能源效率，实现节能。第三，能源结构调整的影响。煤炭在一次能源消费构成中所占的比重由 1990 年的 76% 左右下降到 2009 年的 70% 左右。四是从总体来看，尽管中国目前的温室气体排放总量较大，但人均排放量与发达国家相比仍较低；GDP 的碳排放强度虽然比较高，但近 20 年来下降的速度则较快，而且今后仍呈继续下降的趋势。

第二节 　 "十一五"我国控制温室气体排放主要目标

减缓温室气体排放是应对气候变化的重要内容，也是一项长期、艰巨的任务。2005 年 10 月 11 日，中国共产党第十六届中央委员会第五次全体会议通过《中共中央关于制定"十一五"规划的建议》，提出要"重视控制温室气体排放"。2006 年 3 月 14 日，第十届全国人民代表大会第四次会议批准《中华人民共和国国民经济和社会发展第十一个五年规划纲要》，提出要努力实现"控制温室气体排放取得成效"。

2007 年 6 月 3 日发布的《国务院关于印发中国应对气候变化国家方案的通知》（国发〔2007〕17 号文件）中明确提出，到 2010 年中国在控制温室气体排放方面将努力实现以下主要目标：一是通过加快转变经济增长方式，强化能源节约和高效利用的政策导向，加大依法实施节能管理的力度，加快节能技术开发、示范和推广，充分发挥以市场为基础的节能新机制，提高全社会的节能意识，加快建设资源节约型社会，努力减缓温室气体排放。到 2010 年，实现单位 GDP 能源消耗比 2005 年降低 20% 左右，相应减缓二氧化碳排放。二是通过大力发展可再生能源，积极推进核电建设，加快煤层气开发利用等措施，优化能源消费结构。到 2010 年，力争使可再生能源开发利用总量（包括大水电）在一次能源供应结构中的比重提高到 10% 左右，煤层气抽采量达到 100 亿立方米。三是通过强化冶金、建材、化工等产业政策，发展循环经济，提高资源利用率，加强氧化亚氮排放治理等措施，控制工业生产过程的温室气体排放。到 2010 年，力争使工业生产过程的氧化亚氮排放稳定在 2005 年的水平上。四是通过继续推广低排放的高产水稻品种和半旱式栽培技术，采用科学灌溉技术，研究开发优良反刍动物品种技术和规模化饲养管理技术，加强对动物粪便、废水和固体废弃物的管理，加大沼气利用力度等措施，努力控制甲烷排放增长速度。五是通过继续实施植树造林、退耕还林还草、天然林资源保护、农田基本建设等政策措施和重点工程建设，到 2010 年努力实现森林覆盖率达到 20%，力争实现碳汇数量比 2005 年增加约 0.5 亿吨二氧化碳。

第三节 　 "十一五"我国控制温室气体排放主要政策措施

通过制订和实施应对气候变化国家方案，积极推进减缓气候变化的各项政策和行动，在调整经济结构，转变发展方式，大力节约能源、提高能源利用效率、优化能源结构，加强林业建设等方面做出了不懈努力，为有效控制温室气体排放创造了良好条件。

一、调整经济结构，促进产业结构优化升级

我国注重经济结构的调整和经济发展方式的转变，制定和实施了一系列产业政策和专项规划，将降低资源和能源消耗作为产业政策的重要组成部分，推动产业结构的优化升级，努力形成"低投入、低消耗、低排放、高效率"的经济发展方式。

一是发布了加快服务业发展的政策性文件。2008 年，国务院办公厅发布《关于加快发展服务业若干政策措施的实施意见》，支持服务业加快发展的政策体系不断完善，全年第三产业增加值比上年增长 9.5%，2003 年以来增幅首次超过第二产业。"十一五"期间，服务业增加值比重由 2005 年的 40.5% 提高到 2010 年的 43.2% 左右。

二是中央政府出台了十大产业调整与振兴规划。各个行业的规划都把淘汰落后产能，提高技术水平，节能减排作为努力的重点。汽车产业振兴计划强调把新能源汽车作为突破口，并注重改造、提高

传统产品节能、环保和安全水平；钢铁、石化产业强调提高淘汰落后产能的标准，建设完善的落后产能退出机制，并为单位产品能耗、资源的回收率等制定了详细的标准；船舶工业调整和振兴规划把降低单位工业增加值能耗，显著提高钢材利用率，加快报废更新老旧船舶作为重点。

三是相继制定发布了高耗能行业市场准入标准。有关部门提高了高耗能行业的节能环保准入门槛，并采取调整出口退税、关税等措施，抑制"两高一资"（高耗能、高排放、资源型）产品出口，高耗能行业增速呈逐步回落趋势。

四是加大了结构调整的投入。为了应对国际金融危机对中国经济的冲击，2008 年中国出台的 4 万亿元经济刺激计划中，有 2 100 亿元将投资于节能、减少污染和改善生态，另有 3 700 亿元用于技术改造和调整能源密集的工业结构。

二、积极发展循环经济，促进温室气体减排

重视发展循环经济，积极推进资源利用减量化、再利用、资源化，从源头和生产过程减少温室气体排放也是控制温室气体排放的有效途径。自 2008 年 8 月《循环经济促进法》颁布以来，我国目前已有 26 个省市开展了循环经济试点工作。钢铁、有色金属、电力等行业，以及废弃物回收、再生资源加工利用等重点领域也开展了循环经济的试点工作。"十一五"期间，我国综合利用粉煤灰约 10 亿吨、煤矸石约 11 亿吨、冶炼渣约 5 亿吨，安排中央投资支持再制造产业化项目建设，截至 2010 年底，已形成汽车发动机、变速箱、转向机、发电机共 25 万台（套）的再制造能力。

一是组织开展了循环经济试点。2005 年以来，启动实施两批共 178 家循环经济示范试点，在重点行业、重点领域、产业园区、省市探索建立循环经济发展的有效模式。安排中央预算内投资 7.6 亿元，支持了一批循环经济试点项目。编制发布了重点行业循环经济支撑技术。有关政府部门总结循环经济试点经验，加强对试点工作指导。从企业内部，企业间、产业间或工业园区，以及社会层面看，循环经济模式初步形成。

二是实施汽车零部件再制造工作。2008 年印发了《关于开展汽车零部件再制造试点工作的通知》，启动实施了汽车零部件再制造试点工作。选择整车生产企业和零部件再制造企业 14 家，安排中央预算内投资 5 710 万元，支持汽车发动机、变速箱再制造试点项目。研究提出了三类 11 项汽车零部件再制造技术标准，列入"十一五"标准规划。

三是推进资源综合利用。有关部门发布《废弃电子电器回收处理管理条例》，确定青岛市和浙江省为国家电子废弃物回收处理试点省市，支持青岛、北京、天津和杭州建设电子废弃物回收处理示范试点项目。国务院办公厅印发了《关于加快推进农作物秸秆综合利用的意见》，推动秸秆综合利用。支持一批综合利用重点项目，"十一五"前三年共安排中央预算内投资 13.1 亿元，支持了 179 个资源综合利用重点项目，利用工业废渣 3 546 万吨，回收利用废旧金属等再生资源 172 万吨，利用林木"三剩物"233 万吨，节约木材资源 373 万立方米。

三、大力节约能源，提高能源利用效率

我国全力推进节能降耗工作。根据国务院办公厅下发的《2008 年节能减排工作安排的通知》，各部门、各地区强化了节能降耗问责制，加强了节能统计体系、监测体系、考核体系，在重点行业和重点领域进一步淘汰了一批落后生产能力，有效推进了节能减排。2005 年到 2010 年，我国主要高耗能行业单位能耗持续下降，火电供电煤耗由 370 克/千瓦时降到 333 克/千瓦时，下降 10%；吨钢综合能耗由 694 千克标准煤降到 605 千克标准煤，下降 12.8%；水泥综合能耗下降 24.6%；乙烯综合能耗下降 11.6%；合成氨综合能耗下降 14.3%；万元 GDP 能耗比 2005 年降低了 19.1%（见图 1 - 4）。

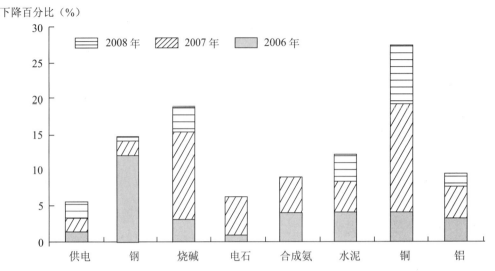

注："供电"指6兆瓦及以上供电煤耗；"钢"指大型企业吨钢综合能耗；"烧碱"、"电石"、
"合成氨"分别指单位烧碱、电石、合成氨生产综合能耗；"铜"指单位铜冶炼综合能耗；
"铝"指单位电解铝综合能耗。

图1-4　"十一五"前三年我国主要高耗能行业单位产品能耗下降情况

一是全面实施了修订后的《节约能源法》，进一步完善了相关法规和标准。2008年，修订后的《节约能源法》正式施行，扩大了法律调整的范围，健全了节能管理制度和标准体系，完善了促进节能的经济政策，明确了节能管理和监督主体，强化了法律责任。国务院还颁布了《民用建筑节能条例》、《公共机构节能条例》，国家标准化管理委员会批准了22项高耗能产品能耗限额强制性国家标准和11种终端用能产品强制性能效标准，发布了能效标识第三批、第四批产品目录及实施规则，实施能效标识的产品增加到15种。

二是加强了节能目标责任评价考核，进一步落实了节能责任制。根据《国务院批转节能减排统计监测及考核实施方案和办法的通知》（国发〔2007〕36号），国家发展改革委会同国务院有关部门，对全国31个省（自治区、直辖市）2008年节能目标完成情况和节能措施落实情况进行了评价考核，向社会公告考核结果，进一步强化政府的主导责任。国家统计局、国家发展改革委和国家能源局联合发布了各省（自治区、直辖市）单位GDP能耗等指标公报。国家发展改革委还组织开展了千家企业年度节能目标责任评价考核，公告了考核结果，接受社会监督。从考核结果看，千家企业已提前两年完成了"十一五"节能任务。国家发展改革委还会同有关部门组织开展了节能减排专项督察行动，对未完成年度目标的地区进行督察。

三是继续淘汰落后产能，进一步促进能源利用效率的提高。通过"上大压小"，"十一五"期间全国累计关停小火电机组7 682万千瓦，淘汰落后炼钢产能7 200万吨、炼铁产能1.2亿吨、水泥产能3.7亿吨、焦炭产能1.07亿吨、造纸产能1 130万吨、玻璃产能4 500万重量箱。电力行业30万千瓦以上火电机组占火电装机容量比重由2005年的47%上升到2010年的71%，钢铁行业1 000立方米以上大型高炉炼铁产能比重由48%上升到61%，电解铝行业大型预焙槽产量比重由80%提升到90%以上。钢铁、水泥、有色金属、机械、汽车等重点行业的集中度明显提高，重点行业能耗水平显著降低（见图1-5）。

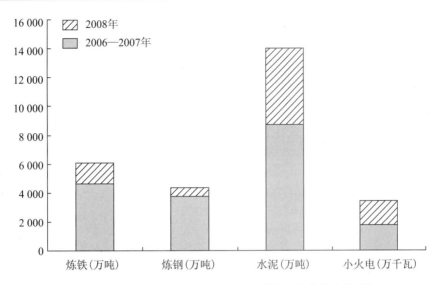

图1-5　"十一五"前三年我国小火电等落后产能淘汰进展情况

四是加大重点工程实施力度，推动重点领域节能降耗。2008年中央财政从节能减排专项资金中安排125亿元，支持节能技术改造、淘汰落后产能、建筑节能、节能产品推广及节能能力建设等方面。同时，在2008年第四季度以来安排的三批中央新增投资中，节能减排和生态环境建设方面资金达到了224亿元。2008年中国进一步明确了对民用建筑节能的经济激励政策，明确要求中央有关部门和地方政府安排民用建筑节能资金，用于既有建筑节能改造、可再生能源建筑规模化应用、国家机关办公建筑和大型公共建筑节能监管等项目，并引导金融机构对其提供支持。2009年财政又加大了对工业企业能源管理中心示范项目的支持力度，引导工业企业利用信息化技术改造和提升传统能源管理模式。有关部门还进一步开展了节能发电调度试点，推进建筑、交通领域和公共机构节能。截至2010年底，全国城镇新建建筑设计阶段执行节能强制性标准的比例为99.5%，施工阶段执行节能强制性标准的比例为95.4%。"十一五"期间，累计建成节能建筑面积48.57亿平方米，共形成4 600万吨标准煤的节能能力。

五是强化经济激励手段，推广节能产品。2008年中国利用财政补贴资金推广了6 200万只节能灯，预计每年可节电32亿千瓦时，减排二氧化碳320万吨，2009年计划推广1.2亿只。2009年国家发展改革委与财政部组织实施了"节能产品惠民工程"，通过财政补贴方式对能效等级在1级或2级以上的空调、冰箱、洗衣机、平板电视、微波炉、电饭煲、电磁灶、热水器、电脑显示器、电机等10类产品进行推广。有关部门还加强了节能激励机制建设，完善了财政专项资金"以奖代补"新机制，完善了资源综合利用税收优惠政策等。下调了小排量乘用车消费税税率，鼓励购买低能耗汽车；出台了《节能与新能源汽车示范推广财政补助资金管理暂行办法》，选择了13个国内大中城市的公交、出租、公务、环卫和邮政等公共服务领域进行试点，利用财政资金对购买和使用节能汽车、新能源汽车及建设相关配套设施给予补助。"十一五"期间中央财政累计投入2 250亿元人民币，重点支持节能技术改造和节能产品推广，形成节能能力3.4亿吨标准煤。通过中央财政补贴支持推广了3.6亿只高效照明产品、3 000万台高效节能空调、100万辆节能汽车，实现年节能能力200亿千瓦时。

六是广泛动员，推进全民节能行动。2008年8月，国务院办公厅下发了《关于深入开展全民节能行动》的通知，要求广泛动员全民节能，把节能变成全体公民的自觉行动。全民节能行动主要包括：每周少开一天车，提倡环保节能驾驶；公共建筑夏季室内空调温度设置不得低于26℃，冬季室内空调温度设置不得高于20℃；各级行政机关办公场所三层楼以下原则上停开电梯；鼓励和引导消费者购买使用能效标识2级以上或有节能产品认证标志的空调、冰箱等家用电器，鼓励购买节能灯、节能环保型小排量汽车；使用节能环保购物袋；减少使用一次性用品；夏季公务活动着便装等。

四、发展非化石能源，优化能源结构

我国重视可再生能源、新能源、天然气等无碳和低碳能源的发展，积极推动能源结构优化。2008年以来，颁布了《风力发电设备产业化专项资金管理暂行办法》、《金太阳示范工程财政补助资金管理暂行办法》、《太阳能光电建筑应用财政补助资金管理暂行办法》、《秸秆能源化利用补助资金管理办法》、《可再生能源建筑应用城市示范实施方案》、《加快推进农村地区可再生能源建筑应用的实施方案》及《关于完善风力发电上网电价政策的通知》等财税、价格激励政策，大大推动了我国可再生能源的迅速发展。到2010年底，我国水电、风电、核电等一次电力消费量约为2.8亿吨标准煤，占一次能源消费比重的8.6%。天然气消费总量达1 076亿立方米，折合1.43亿吨标准煤，占一次能源消费总量的4.4%。"十一五"前三年我国可再生能源发展状况见表1-1。

表1-1 "十一五"前三年我国可再生能源发展状况

项目	单位	2005 年	2006 年	2007 年	2008 年	增长（%）
水电	亿千瓦	1.17	1.25	1.45	1.72	47
风电	万千瓦	131	—	604	1 217	829
太阳能光伏发电	万千瓦	7	—	10	15	114
太阳能热水器	亿平方米	0.8	0.9	1.1	1.25	56
生物质发电	万千瓦	200	220	300	315	57
生物燃料乙醇	万吨	102	—	120	160	57

（一）大力发展可再生能源

支持风电、太阳能、地热、生物质能等新型可再生能源发展。完善风力发电上网电价政策。实施"金太阳示范工程"，推行大型光伏电站特许权招标。完善农林生物质发电价格政策，加大对生物质能开发的财政支持力度，加强农村沼气建设。截至2010年底，水电装机容量达到2.13亿千瓦，比2005年翻了一番，风电装机容量从2005年的126万千瓦增长到3 107万千瓦，光伏发电装机规模由2005年的不到10万千瓦增加到60万千瓦，太阳能热水器安装使用总量达到1.68亿平方米，生物质发电装机约500万千瓦，沼气年利用量约140亿立方米，全国户用沼气达到4 000万户左右，生物燃料乙醇利用量180万吨，各类生物质能源总量合计约为1 500万吨标准煤。

（二）加快发展核电建设

我国到2008年已建成运行11个反应堆，总装机容量910万千瓦，占电力总装机的1.3%；新核准14台百万千瓦级核电机组，核准在建核电机组24台，总装机容量2 540万千瓦。到2010年底，我国核电装机容量1 082万千瓦，在建规模达到3 097万千瓦，是目前世界上核电在建规模最大的国家。

（三）加强煤矿瓦斯和煤层气利用

加快发展天然气等清洁能源。大力开发天然气，推进煤层气、页岩气等非常规油气资源开发利用，出台财政补贴、税收优惠、发电上网、电价补贴等政策，制订实施煤矿瓦斯治理和利用总体方案，大力推进煤炭清洁化利用，引导和鼓励煤矿瓦斯利用和地面煤层气开发。2008年我国发布了煤矿瓦斯排放标准，要求加强对煤矿瓦斯的利用，发展以煤矿瓦斯为燃料的小型分散电源。天然气产量由2005年的493亿立方米增加到2010年的948亿立方米，年均增长14%。五年煤层气累计抽采量达到305.5亿立方米，累计利用量为114.5亿立方米。"十一五"我国能源消费总量及结构变化见表1-2。

表1-2　"十一五"我国能源消费总量及结构变化

能源消费总量（万吨标准煤）	煤炭（%）	石油（%）	天然气（%）	水电、核电和其他能发电（%）
258 676	71.1	19.3	2.9	6.7
280 508	71.1	18.8	3.3	6.8
291 448	70.3	18.3	3.7	7.7
306 647	70.4	17.9	3.9	7.8
324 939	68.0	19.0	4.4	8.6

五、减少农业部门温室气体排放，提高森林碳汇能力

我国有关部门继续推广低排放的高产水稻品种和水稻间歇灌溉技术，减少水稻田甲烷排放，推广秸秆青贮氨化技术，减少反刍动物甲烷排放。自2005年在全国范围内开展测土配方施肥行动以来，到2008年中国有9亿亩农田采用了测土配方施肥，减少氮肥用量10%以上。到2010年，全国保护性耕作技术实施面积6 475万亩。

大力开展植树造林，2008年全国共计完成造林任务7 157万亩，比2007年增长22.1%，完成义务植树23.1亿株。截至2009年6月底，已完成造林7 639.5万亩，完成植树30.7亿株。同时积极推进森林可持续经营，提高现有林地的碳汇能力，全国启动了128个森林可持续经营示范点和中幼林抚育、珍稀树种培育、森林健康试点。加快推进禁牧休牧轮牧、基本草原保护和草畜平衡等草原保护制度建设。中央财政提高了造林投入补助标准，每亩补助由100元人民币提高到200元人民币，成立了中国绿色碳汇基金会。目前，我国人工林保存面积6 200万公顷，全国森林面积达到1.95亿公顷，森林覆盖率由2005年的18.21%提高到2010年的20.36%，森林蓄积量达到137.21亿立方米。

六、加大新技术研发推广力度，科学应对气候变化

不断加大对气候变化科技工作的资金投入，在各类国家科技计划中组织实施了一系列应对气候变化重点领域的科学技术研究与示范推广工作，包括推动节能与新能源汽车、煤层气开采、天然气水合物开采、大型燃煤发电机组过程节能、分布式发电功能系统、兆瓦级风力发电机组、燃料电池、核燃料循环与核安全技术、清洁炼焦工艺与装备开发、半导体照明、废旧机电产品及塑胶资源综合利用技术等。发布了"鼓励进口技术和产品目录（2009年版）"，鼓励进口新能源汽车专用关键零部件设计制造技术、核电设备设计制造技术、太阳能热发电设备的设计制造技术、可再生能源及氢能等新能源领域关键设备的设计制造技术、煤层气（瓦斯）勘探及开发利用关键设备的设计制造技术、高炉煤气和燃气联合循环发电关键设备等气候友好技术与设备。同时，多渠道推动包括碳捕集与封存（CCS）等应对气候变化关键技术支撑体系建设。

第四节　"十一五"我国控制温室气体排放效果初步评价

"十一五"期间，通过实施各种节能政策和措施取得了显著的节能效果，有效地减缓了温室气体排放。2010年单位GDP能耗比2005年累计下降19.1%，相当于少排放二氧化碳14.6亿吨。到2010年底，我国水电、核电、风电等非化石商品能源年利用量约为2.8亿吨标准煤，相当于减少6.3亿吨二氧化碳排放。截至2010年底，我国政府已批准了2 847个清洁发展机制（CDM）项目，其中已经有1 186个项目在联合国清洁发展机制执行理事会成功注册，占全世界注册项目总数的42.7%，为减少全球排放做出了实际的贡献。

从行业和千家企业节能降耗及控制二氧化碳排放情况看，据初步分析，2008年全国主要高耗能产品单位能耗分别比2005年下降了5.68%~27.47%，按照能源含碳强度，相当于单位产品二氧化碳排放比2005年下降了6.77%~28.31%。到2010年底，纳入考核的881家企业中有866家企业完成了"十一五"节能目标，共实现节能量16 549万吨标准煤，相当于少排放二氧化碳约3.7亿吨。"十一五"前三年我国主要产品单位能耗及二氧化碳排放下降情况见表1-3。

表1-3 "十一五"前三年我国主要产品单位能耗及二氧化碳排放下降情况

产品单耗名称	单位	2005年	2006年	2007年	2008年	2008年比2005年（%）	
						能耗	二氧化碳
6兆瓦及以上供电煤耗	克标准煤/千瓦时	370	366	357	349	5.68	6.77
大中型企业吨钢综合能耗	千克标准煤/吨	741.05	645.12	632.12	629.93	14.99	15.98
单位烧碱生产综合能耗	千克标准煤/吨	731	708	618	591	19.15	20.09
单位电石生产综合能耗	千克标准煤/吨	1 178	1 168	1 105	1 103	6.37	7.45
单位合成氨生产综合能耗	千克标准煤/吨	1 565	1 503	1 428	1 424	9.01	10.06
单位乙烯生产综合能耗	千克标准煤/吨	995	956	956	942	5.33	6.42
吨水泥综合能耗	千克标准煤/吨	119	114	109	104	12.61	13.62
原油加工单位综合能耗	千克标准油/吨	97	90	75	74	23.71	24.59
单位铜冶炼综合能耗	千克标准煤/吨	608	583	490	441	27.47	28.31
单位铅冶炼综合能耗	千克标准煤/吨	654.6	542.3	551.3	472.9	27.76	28.59
单位电解铝综合能耗	千克标准煤/吨	1 971	1 903	1 823	1 780	9.69	10.74
单位电解锌综合能耗	千克标准煤/吨	1 287	1 202	1 013	1 077	16.32	17.28

第五节 "十一五"我国地方控制温室气体排放主要进展

在中央要求和地方应对气候变化工作需求的推动下，我国各地方也陆续出台了应对气候变化政策与措施，并在控制温室气体排放方面取得了积极的进展。截至2010年1月，全国31个省、自治区、直辖市及新疆生产建设兵团，已有23个地方政府和兵团成立了应对气候变化领导小组。领导小组由省长（自治区主席、直辖市市长）任组长，成员单位一般包括地方发展改革委、工业和信息化委（厅）等与国家应对气候变化领导小组成员单位对应的地方政府部门，领导小组办公室一般设在发展改革委。截至2010年5月，全国31个省、自治区、直辖市均已完成省级应对气候变化方案的编制工作，其中20个省的地方方案已颁布实施。地方方案的制定与实施有力推动了国家气候变化减缓和适应政策在地方的有效落实，提高了地方应对气候变化的能力，对于促进地方控制温室气体排放发挥了积极的作用。

根据国家统计局初步核算数，截至2009年底，已完成"十一五"节能目标的有北京、天津2个直辖市；完成进度超过80%的有湖北、湖南、广西等22个省（区、市）；完成进度70%~80%的有西藏、安徽、吉林、贵州、青海5个省（区）；完成进度低于60%的有海南、新疆2个省（区）。"十一五"前四年各省（区、市）节能目标完成进度见图1-6。

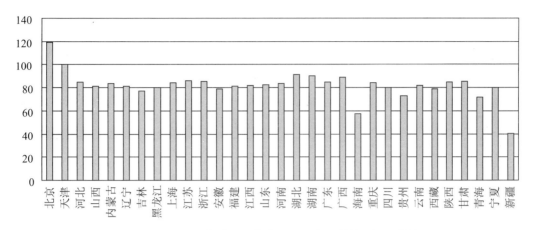

图1-6　"十一五"前四年各省（区、市）节能目标完成情况

　　"十一五"期间，除对新疆另行考核外，全国其他地区均完成了"十一五"国家下达的节能目标任务，有28个地区超额完成了"十一五"节能目标任务，超额完成目标较多的10个地区分别为：北京超额32.95%、天津超额5%、山西超额3%、内蒙古超额2.82%、黑龙江超额3.95%、福建超额2.81%、湖北超额8.35%、广东超额2.63%、重庆超额4.75%、云南超额2.41%，其中北京、湖北、天津分别超出目标6.59、1.67、1个百分点。"十一五"期间我国各地区节能目标完成情况见表1-4。

表1-4　"十一五"期间我国各地区节能目标完成情况

地区	2005 年		2010 年	
	单位 GDP 能耗（吨标准煤/万元）	"十一五"时期计划降低（%）	单位 GDP 能耗（吨标准煤/万元）	比 2005 年降低（%）
北京	0.792	-20.00	0.582	-26.59
天津	1.046	-20.00	0.826	-21.00
河北	1.981	-20.00	1.583	-20.11
山西	2.890	-22.00	2.235	-22.66
内蒙古	2.475	-22.00	1.915	-22.62
辽宁	1.726	-20.00	1.380	-20.01
吉林	1.468	-22.00	1.145	-22.04
黑龙江	1.460	-20.00	1.156	-20.79
上海	0.889	-20.00	0.712	-20.00
江苏	0.920	-20.00	0.734	-20.45
浙江	0.897	-20.00	0.717	-20.01
安徽	1.216	-20.00	0.969	-20.36
福建	0.937	-16.00	0.783	-16.45
江西	1.057	-20.00	0.845	-20.04
山东	1.316	-22.00	1.025	-22.09
河南	1.396	-20.00	1.115	-20.12
湖北	1.510	-20.00	1.183	-21.67

续表

地区	2005 年		2010 年	
	单位 GDP 能耗（吨标准煤/万元）	"十一五"时期计划降低（%）	单位 GDP 能耗（吨标准煤/万元）	比 2005 年降低（%）
湖南	1.472	−20.00	1.170	−20.43
广东	0.794	−16.00	0.664	−16.42
广西	1.222	−15.00	1.036	−15.22
海南	0.920	−12.00	0.808	−12.14
重庆	1.425	−20.00	1.127	−20.95
四川	1.600	−20.00	1.275	−20.31
贵州	2.813	−20.00	2.248	−20.06
云南	1.740	−17.00	1.438	−17.41
西藏	1.450	−12.00	1.276	−12.00
陕西	1.416	−20.00	1.129	−20.25
甘肃	2.260	−20.00	1.801	−20.26
青海	3.074	−17.00	2.550	−17.04
宁夏	4.140	−20.00	3.308	−20.09
新疆	另行考核			

注：西藏自治区数据由西藏自治区政府提供。

第二章　"十二五"及 2020 年我国社会经济发展态势分析

"十二五"时期是我国全面建设小康社会的关键时期，也是深化改革开放、加快转变经济发展方式的攻坚时期。随着工业化、信息化、城镇化、市场化、国际化深入发展，我国经济将继续保持平稳较快发展，经济结构转型加快，经济社会发展和综合国力将再上一个新台阶。与此同时，经济增长的资源环境约束将进一步强化，控制二氧化碳排放任务将更为艰巨。

第一节　"十一五"我国经济社会发展的基本情况

"十一五"时期是我国发展史上极不平凡的五年，我国经济社会发展取得新的巨大成就。

一是国民经济保持平稳较快增长，综合国力大幅提升。我国 GDP 年均实际增长 11.2%，不仅远高于同期世界经济年均增速，而且比"十五"时期年平均增速快 1.4 个百分点，是改革开放以来最快的时期之一。经济总量不断迈上新台阶，居世界位次稳步提升，由 2008 年超过德国，位居世界第三位，上升到 2010 年超过日本，成为仅次于美国的世界第二大经济体。人均 GDP 快速增加。2010 年我国人均 GDP 约为 3 万元，扣除价格因素，比 2005 年增长 65.7%，年均实际增长 10.6%，比"十五"时期年均增速快 1.5 个百分点。

二是经济结构调整取得新进展，经济发展的协调性增强。内需拉动作用显著增强，2006—2010年，国内需求对经济增长的贡献率分别为 83.9%、81.9%、91.0%、138.9% 和 92.1%。与 2005 年相比，2010 年我国国内需求对经济增长的贡献率提高了 15.2 个百分点。产业结构持续改善，服务业发展加快，比重提高。2006—2010 年，第三产业年均增长 11.9%，比"十五"时期加快 1.4 个百分点。2010 年，第三产业占 GDP 的比重为 43.2%，比 2005 年提高 2.7 个百分点。城镇化水平显著提升。随着经济的发展，城镇化步伐快速推进。2010 年，我国城镇人口占总人口的比重为 49.95%，比 2005 年提高 7 个百分点，年均提高 1.4 个百分点。

三是基础设施和基础产业发展迅速，薄弱环节和薄弱领域明显加强。"十一五"时期，铁路运输业累计投资 22 688 亿元，年均增长 46.0%；城市公共交通业累计投资 7 543 亿元，年均增长 37.1%；煤炭开采及洗选业累计投资 12 490 亿元，年均增长 26.7%。2010 年，我国能源生产总量达到 29.7 亿吨标准煤，比 2005 年增长 38.3%，年均增长 6.7%。在主要能源中，2010 年原煤产量 32.4 亿吨，比 2005 年增长 37.9%，年均增长 6.6%；原油产量 2.03 亿吨，比 2005 年增长 11.9%，年均增长 2.3%；天然气产量 967.6 亿立方米，比 2005 年增长 96.2%，年均增长 14.4%；发电量 42 065 亿千瓦时，比 2005 年增长 68.2%，年均增长 11.0%。

四是城乡居民生活水平明显改善。2010 年，我国城镇居民人均消费性支出 13 471 元，比 2005 年增长了 69.6%，年均增长 11.1%；农村居民人均生活消费支出 4 382 元，比 2005 年增长 71.5%，年均增长 11.4%。2010 年底，城镇居民家庭平均每百户拥有家用汽车 13.1 辆，比 2005 年底增长 2.9 倍。

五是节能减排取得积极进展。"十一五"期间，随着国家和各地区节能降耗工作力度的不断加大，各项政策措施逐步深入落实，节能降耗取得明显成效。2006—2010 年，我国单位 GDP 能耗累计下降 19.1%，基本完成"十一五"节能降耗目标。

第二节 "十二五"我国经济社会发展的宏观环境

"十二五"及今后一个时期，我国经济社会发展呈现新的阶段性特征。综合判断国际国内形势，我国发展仍处于可以大有作为的重要战略机遇期，既面临难得的历史机遇，也面对诸多可以预见和难以预见的风险挑战。

从国际看，和平、发展、合作仍是时代潮流，世界多极化、经济全球化深入发展，世界经济政治格局出现新变化，科技创新孕育新突破，国际环境总体上有利于我国和平发展。同时，国际金融危机影响深远，世界经济增长速度减缓，全球需求结构出现明显变化，围绕市场、资源、人才、技术、标准等的竞争更加激烈，气候变化以及能源资源安全、粮食安全等全球性问题更加突出，我国发展的外部环境更趋复杂。从国内看，工业化、信息化、城镇化、市场化、国际化深入发展，人均国民收入稳步增加，经济结构转型加快，市场需求潜力巨大，资金供给充裕，科技和教育整体水平提升，基础设施日益完善，体制活力显著增强，政府宏观调控和应对复杂局面的能力明显提高，我们完全有条件推动经济社会发展和综合国力再上新台阶。

同时，我们也应该清醒地看到，我国发展中不平衡、不协调、不可持续问题依然突出，主要是经济增长的资源环境约束强化，投资和消费关系失衡，科技创新能力不强，产业结构不合理，城乡区域发展不协调，就业总量压力和结构性矛盾并存，制约科学发展的体制机制障碍依然较多。特别是随着能源资源刚性需求的持续上升，资源、环境、生态以及温室气体排放控制的约束将进一步加剧，对加快转型升级，促进经济结构战略性调整形成了"倒逼机制"。

第三节 2020年我国社会经济发展趋势初步分析

今后十年我国社会经济将继续保持平稳较快发展。大多数的国内学者预计我国经济在经历了几十年的高速增长后，将进入中速或低速增长阶段，2010年后的经济增长速度将放缓到6%~7%之间，究其原因既包括要素投入的边际递减规律，也可能是由于经济体制改革对经济增长的刺激作用逐步消失而导致。尽管从短期来看，金融危机造成我国经济下滑的压力，2009年第一季度经济同比增长仅6.1%，但经过两三年的调整，"十二五"期间很可能是世界经济复苏并逐渐步入新一轮发展周期的起点，我国经济完全有可能率先走出低谷，"十二五"期间保持年均8%的增长速度应该是可以期待的。从人口发展态势看，"十二五"期间我国人口年均增长率仍将保持在0.55%这种较低的水平。因此，即使未来十年的GDP年均增长速度维持5.5%，到2020年实现人均GDP比2000年翻两番的全面小康目标也应该不成问题。不同方案下2020年和"十二五"我国GDP总量及结构见表1-5。

表1-5 不同方案下2020年和"十二五"我国GDP总量及结构

方案	一	低方案		中方案		高方案	
年份	2010	2015	2020	2015	2020	2015	2020
GDP增速（%）	10	7.0	5.5	8.0	6.5	9.0	7.5
GDP总量（亿元）	313 029	439 040	573 807	459 943	630 161	481 634	691 448
第一产业（%）	8.9	7.6	6.9	7.4	6.4	7.1	6.0
第二产业（%）	49.0	49.3	49.0	49.6	49.5	48.9	46.8

方案	一	低方案		中方案		高方案	
年份	2010	2015	2020	2015	2020	2015	2020
第三产业（%）	42.1	43.1	44.1	43.0	44.1	44.0	47.2
人均 GDP（元/人）	23 324	31 828	40 574	33 344	44 559	34 916	48 892

注：GDP 总量为 2005 年不变价。

第四节　2020 年我国能源需求趋势初步分析

未来十年我国经济社会的持续发展对保障能源供应和安全提出更高要求。"十二五"时期是我国能源发展的一个极其重要的时期，经济社会持续增长将使一次能源消费总量再上一个大台阶，到"十二五"末期我国的一次能源需求总量可能接近 40 亿吨标准煤，到 2020 年我国一次能源需求总量将有可能超过 45 亿吨标准煤，能源供需缺口将进一步加大，油气对外依存度进一步上升，保障供应和安全将面临巨大挑战。

"十二五"是我国能源发展的一个极其重要的时期。从国内发展基础和发展趋势看，继续推进工业化、城镇化进程，全面建设小康社会，是我国"十二五"时期面临的主要发展任务。"十五"期间，为满足经济社会发展需要，我国一次能源消费总量从 2000 年的 14.55 亿吨增加到了 2005 年的 23.60 亿吨标准煤，五年净增 9.05 亿吨标准煤，年均增加 1.81 亿吨标准煤。"十一五"前四年，我国的一次能源消费总量又从 2005 年的 23.60 亿吨标准煤增加到了 2009 年的 30.66 亿吨标准煤，四年增加了 7.06 亿吨标准煤，年均增加 1.77 亿吨标准煤。初步估计，整个"十一五"五年，我国一次能源消费总量将净增 8.9 亿吨标准煤左右，年均增加 1.78 亿吨标准煤。自 2008 年国际金融危机以来，全球能源需求增长大大减速，也影响到了我国能源消费增长速度。由于我国实施了应对金融危机的一揽子强有力的政策措施，使我国经济增长速度依然保持高位，一次能源消费增长速度相比前几年虽有所下降，但仍处在较高的水平上。2010 年及"十二五"期间，我国转变经济增长方式和调整经济结构的力度可能会更大，继续实施节能减排和降低碳排放强度以及加大生态建设和环境治理等措施也会使一次能源消费增长速度进一步放缓。但是，总体上判断，经济社会持续增长将会使一次能源消费总量再上一个大台阶，"十二五"末我国一次能源消费总量可能要接近 40 亿吨标准煤。不同方案下 2020 年和"十二五"我国一次能源需求总量及结构见表 1－6。

表 1－6　不同方案下 2020 年和"十二五"我国一次能源需求总量及结构

方案	一	低方案		中方案		高方案	
年份	2010	2015	2020	2015	2020	2015	2020
总量（亿吨标准煤）	32.0	36.5	40.0	38.3	43.9	40.1	48.2
煤炭（%）	70.2	65.3	58.6	66.0	60.2	66.7	61.7
石油（%）	17.7	18.8	20.5	18.0	18.6	17.2	17.0
天然气（%）	4.1	5.9	7.4	6.0	7.7	6.2	7.9
水电、核电等（%）	8.0	10.0	13.5	10.0	13.5	10.0	13.5

注：假设"十一五"期间 GDP 能源强度下降 20% 的目标能够如期实现。

第五节　2020 年我国二氧化碳排放趋势初步分析

未来十年我国能源活动的二氧化碳排放量同样处于上升趋势，但单位 GDP 的二氧化碳排放量仍将呈现较快的下降态势。尽管在"十二五"和"十三五"期间，我国可再生能源和核电在一次能源需求中的比重仍将有不同程度的提高，但由于能源需求总量的大幅增长，造成化石燃料需求总量及由此产生的二氧化碳排放量仍保持较大的增长。从三种情景的结果看，到 2015 年，高、中、低情景下的我国能源活动的二氧化碳排放量分别为 88.9 亿吨、84.8 亿吨、80.8 亿吨；到 2020 年，高、中、低情景下的我国能源活动的二氧化碳排放量则分别为 101.6 亿吨、92.3 亿吨、83.7 亿吨。同时，由于能源效率提高以及可再生能源等低碳能源比重的提高，我国单位 GDP 能源活动的二氧化碳排放量仍有明显的下降，"十二五"期间，高、中、低情景下分别下降 21.0%、21.1%、21.2%，到 2020 年，与 2005 年相比分别下降 50.5%、50.6%、50.8%。不同方案下我国能源活动二氧化碳排放量及强度见表 1-7。

表 1-7　不同方案下我国能源活动二氧化碳排放量及强度

方案	低方案		中方案		高方案	
单位	排放量（亿吨）	排放强度（吨/万元）	排放量（亿吨）	排放强度（吨/万元）	排放量（亿吨）	排放强度（吨/万元）
2005 年	54.8	2.965	54.8	2.965	54.8	2.965
2010 年	73.1	2.336	73.1	2.336	73.1	2.336
2015 年	80.8	1.840	84.8	1.843	88.9	1.846
2020 年	83.7	1.459	92.3	1.464	101.6	1.469

第六节　我国二氧化碳排放主要驱动因子分析

随着我国工业化、信息化、城镇化、市场化和国际化的进一步推进，我国能源活动二氧化碳排放的外部环境仍将发生重大的变化，尤其是经济发展速度及产业结构、人口增速及城镇化模式、能源效率以及能源结构等因素，既是推动中国能源发展的重要因素，也是影响中国未来二氧化碳排放的主要因素。

第一，经济发展速度及产业结构将对我国能源需求和二氧化碳排放总量产生重大影响。尽管改革开放 30 多年来我国经济发展取得了巨大的成就，但相对于庞大的人口规模和巨大的区域差距，经济基础仍然薄弱，人民生活水平仍然很低，因此发展经济、消除贫困、提高人民生活水平仍是我国今后相当长一段时期内的首要任务。我国目前总体上正处于工业化的中期阶段，最近几年工业的快速增长一直是推动经济快速增长的最重要、最主要的决定性因素之一，2006 年第二产业在 GDP 中所占的比重达到有史以来的最高值 47.9%，其中工业在 GDP 构成中占到了 42.2%。经济发展对能源、原材料、交通运输等部门的需求十分旺盛，尤其是高耗能工业产品产量的快速增长，是近年拉动我国一次能源和电力消费增长的主要因素。在低、中、高三个方案下，未来十年年均 GDP 增速从 6.25%、7.25% 上升到 8.25%，GDP 年均增速每提高 1 个百分点，相应增加能源需求约为 4 亿吨标准煤，增加二氧化碳排放量 9 亿吨左右。我国距离完成工业化还有相当长的一段路要走。随着大规模的基础设施建设的不断推进，各种高能耗产品的产量还将持续增长，尽管中国将大力推进信息化与工业化的融合，走新型工业化发展道路，能源强度高的钢铁、有色金属、建材、石化等行业对未来中国能源需求所产生的推动作用将有所减弱，但能否在发达国家与新型工业化国家这一发展阶段 GDP 能源强度持续上升的发展轨迹之外找到一条唯一不同的发展道路，将对我国 2020 年能源需求和二氧化碳排放产生重大影响。

第二，人口规模、城镇化及其消费模式是影响未来我国能源需求和排放的重要因素。在实现稳定低生育水平的前提下，未来我国人口仍将保持一定的增长速度，预计在 2030 年左右达到峰值。由于人口基数大，即使是很低的增长率，人口绝对量的增加依然很大，由此带来的排放增长也将保持一定的规模。2009 年我国的城镇化水平只有 46.6%，按照到 2050 年我国达到中等发达国家水平、初步实现现代化的目标要求，我国的城镇化水平到本世纪中叶有可能达到 70%~80%，这意味着在未来 40 年左右的时间内，我国将新增 5 亿左右城镇人口。在中方案下，即使未来十年年均的人口增速只上升 1 个千分点，相应增加能源需求量约为 600 万吨标准煤，增加二氧化碳排放量 1 300 万吨左右。消费模式也是影响未来我国能源需求的重要因素。与发达国家工业、交通运输、民用与商业部门各占终端能源消费量的 1/3 不同，2008 年我国终端能源消费量的 70.7% 用于工业部门。目前我国城乡居民的消费水平总体上处于由温饱向小康过渡阶段，与发达国家人均消费水平相比还有很大的差距，2008 年我国人均生活能源消费只有 241 千克标准煤，其中农村居民的人均商品能源生活消费只有城镇居民消费的一半。未来十年，随着经济的发展、人民收入水平的提高，民用汽车尤其是家庭小汽车的增长速度仍将会比较迅猛。因此，在未来城镇化进程中，如此规模的人口在生产和生活方式方面的变化，造成民用部门能源消费量的大幅度增长是不可避免的，也将对我国 2020 年的二氧化碳排放产生重大的影响。

第三，单位 GDP 能源消耗的大幅下降是保障能源供应安全和有效控制二氧化碳排放的必然要求。"十一五"期间，通过开展重大行动及重点节能工程、采用节能新机制和强有力的节能激励政策措施，我国节能取得了前所未有的辉煌成就，但仍然存在一些不可忽视的问题，主要表现为以下几个方面：一是认识尚未完全到位，一些地方在处理发展与资源环境的具体问题时，与加强节能减排的要求相比还有较大差距，做规划、上项目考虑资源节约和环境保护不够，盲目上高耗能、高排放项目，搞低水平重复建设；二是配套法规不健全，《节约能源法》的配套法规和相关管理制度还没有建立；三是政策机制不完善，资源性产品价格和环保税费改革不到位，有些经济政策实施范围太窄，合同能源管理等市场化机制规范引导力度也不够；四是管理体制不顺，国家在节能方面的管理分工不够明确、职能交叉，多头管理，体制不顺；五是能力建设滞后，仍有少数省级政府没有成立节能监察机构，能效标准不完善，统计、监测、考核体系有待进一步完善。节约能源、提高能源效率是缓解能源约束，优化能源结构，减轻温室气体排放压力，保障经济安全的必然选择。未来十年，如果 GDP 年均增速达到8.25% 的水平，即使实现了单位 GDP 能源消耗到 2020 年比 2005 年下降 45% 的目标，到 2020 年全国的一次能源需求量仍将达到 48 亿吨标准煤左右，相应的二氧化碳排放量将超过 100 亿吨；如果想要在保持上述 GDP 年均增速下控制一次能源需求量在 45 亿吨标准煤左右，就要求单位 GDP 能耗应比 2005年下降 49% 左右。

第四，进一步强化核电和水电发展，努力实现非化石能源发展目标也是控制二氧化碳排放的必然选择。首先，实现非化石能源发展目标，将主要依靠核电和水电等清洁电力的大力发展。非化石能源主要是指风能、太阳能、水能、生物质能、地热能、海洋能等可再生能源以及核能，与传统的煤炭、石油和天然气相比，非化石能源的开发难度相对较大，成本相对较高。考虑到我国工业化与城镇化的阶段性发展特征，如果按照 2020 年我国一次能源需求 45 亿吨标准煤测算，要实现非化石能源占一次能源消费比重达到 15% 的目标，我国非化石能源消费总量应达到 6.8 亿吨标准煤。综合考虑资源、技术、经济性等因素，即使按目前初步规划，到 2020 年我国非水能可再生能源达到 2 亿吨标准煤，其中风电、太阳能和生物质发电规模分别达到 1.5 亿千瓦、2 000 万千瓦和 3 000 万千瓦，合计折合标准煤约 1.3 亿吨，这也意味着到 2020 年我国核电规模必须达到 7 000 万千瓦以上，折合标准煤为 1.6 亿吨，并确保水电开发规模约 3 亿千瓦，折合标准煤为 3.1 亿吨，否则就要超常规发展其他可再生能源。据此推算，到 2020 年我国非化石能源发电总体规模折合标准煤将达到 6 亿吨，约占非化石能源总量的 88%，实现电力结构的调整将成为完成非化石能源目标的关键。为了确保上述目标的实现，建议尽快制定或完善国家能源发展中长期规划，进一步落实可再生能源和核电发展目标，尽快采取各项切实可行的措施，加强各方面的统筹协调，加快发展低碳技术，尤其是发展核能、可再生能源、天然气等低碳替代能源技术，发展清洁高效煤发电技术。

第三章　2020 年主要发展中国家温室气体减缓行动目标分析

随着主要发展中国家国民富裕程度的提高，这些国家对于世界的公平、和谐发展将起到重大的积极作用。但与此同时，伴随主要发展中国家强劲的经济发展势头，其能源需求和温室气体排放有望继续保持增长，这种趋势也已经引起全球关注。

第一节　2020 年主要发展中国家经济发展预期

根据联合国经社理事会（2007）预测，主要发展中国家在 2020 年以前，人口仍将持续增长，巴西、中国、印度、墨西哥和南非年均人口增长率分别为 1.06%、0.52%、1.28%、0.96% 和 0.42%，到 2020 年，五国人口将分别达到 2.20 亿、14.21 亿、13.79 亿、1.21 亿和 5 100 万（见图 1 - 7）。各研究机构对于人口发展的预期虽略有不同，如 IEA 预计巴西、中国、印度 2020 年人口将分别达到 2.19 亿、14.15 亿、13.70 亿，巴西矿业与能源部（简称矿能部）预计 2020 年巴西人口将达到 2.20 亿，印度国家计划委员会预计 2020 年印度人口将达到 13.31 亿，墨西哥国家人口委员会和德意志银行分别预计 2020 年墨西哥人口将达到 1.18 亿和 1.30 亿，南非矿业与能源部（简称矿能部）预计 2020 年南非人口将达到 5 700 万，但这些研究结果均表明，五国中印度的人口将继续保持高增长率，预计将于 2025 年前后超过中国成为世界人口第一大国，而南非、墨西哥、巴西三国的人口增长将维持在较稳定水平。

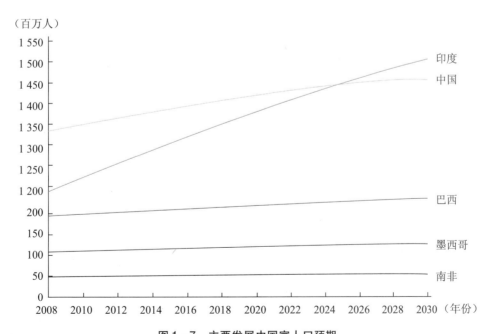

图 1-7　主要发展中国家人口预期

资料来源：联合国经社理事会，2007；引自 WRI EarthTrends，2008。

不同研究机构对于主要发展中国家的经济发展也做了预期（见图 1 - 8）。根据世界银行 2007 年发布的世界各国 2000—2005 年 GDP 数据，结合各机构预测的各国 GDP 增速，本书计算出巴西等五国 2004—2020 年 GDP 规模。其中在 IEA 情景下，巴西、中国、印度 2020 年的 GDP 将分别达到 1.09 万亿美元（2000 年不变价，下同）、5.04 万亿美元和 1.71 万亿美元；而在巴西矿业和能源部预计的峰值、快速、普通和低速四种发展情景下，其 GDP 在 2020 年将分别达到 1.41 万亿美元、1.23 万亿美元、1.08 万亿美元和 0.93 万亿美元，其中普通发展情景与 IEA 的预计类似，但巴西国内在预测能源需求等相关指标时，倾向于选择快速发展情景；在印度国家计划委员会预计的高速和低速两种发展情景下，其 GDP 在 2020 年将分别达到 2.35 万亿美元和 2.19 万亿美元，均高于 IEA 的预计；在墨西哥能源部和德意志银行预计的情景下，2020 年墨西哥 GDP 将分别达到 1.36 万亿美元和 1.01 万亿美元；在南非矿业和能源部预计的情景下，2020 年南非 GDP 将达到 2.42 千亿美元。

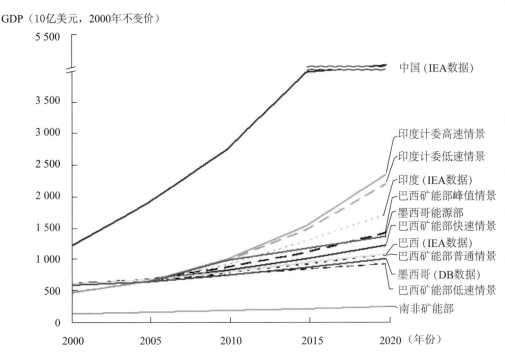

图 1 - 8　主要发展中国家经济发展预期

资料来源：世界银行，2007，引自 WRI EarthTrends，2008；IEA，2007；巴西矿业与能源部，2007；印度国家计划委员会，2002；墨西哥能源部，2007；Silja Voss（德意志银行 DB），2006；南非矿业与能源部，2003a。

根据上述结果，到 2020 年尽管中国的 GDP 远高于其余四国，几乎达到其余四国的总和，但人均 GDP 仍以墨西哥为最高，是中国的 2.18 ~ 3.25 倍，而印度的人均 GDP 最低，仅为墨西哥的 10.8% ~ 22.7%（见表 1 - 8）。

表 1 - 8　上述情景下 2020 年主要发展中国家经济发展预期

国家	人口（亿）	GDP（万亿美元*）	人均 GDP（美元*）
巴西	2.19 ~ 2.20	0.93 ~ 1.41	4 227 ~ 6 438
中国	14.15 ~ 14.21	5.04	3 547 ~ 3 562
印度	13.31 ~ 13.79	1.71 ~ 2.35	1 240 ~ 1 766
墨西哥	1.18 ~ 1.30	1.01 ~ 1.36	7 769 ~ 11 525
南非	0.51 ~ 0.57	0.24	4 211 ~ 4 706

注：＊按 2000 年不变价计。

第二节　2020年主要发展中国家能源需求预期

　　快速的经济增长将继续推动主要发展中国家的能源需求。IEA《世界能源展望2007》、EIA《国际能源展望2008》、巴西矿业与能源部《2030年国家能源发展规划》、南非矿业与能源部《综合能源规划》等在BAU参考情景下对巴西、中国、印度、墨西哥、南非等主要发展中国家中长期的能源消费进行了预测（见图1-9）。根据各参考情景的预测，巴西、中国、印度、墨西哥和南非2020年的一次能源需求将分别比2005年增长59%、80%、70%、36%和47%，达到3.61亿吨、31.39亿吨、9.16亿吨、2.42亿吨和1.77亿吨标准油。

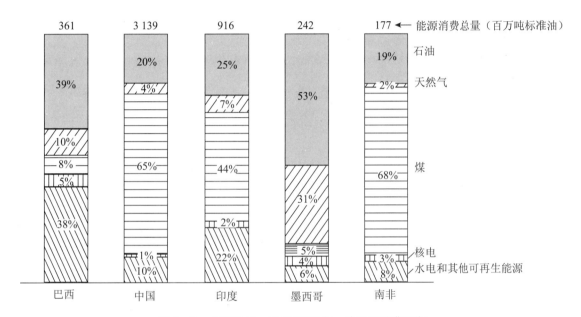

图1-9　主要发展中国家2020年一次能源消费预期

资料来源：IEA，2007；EIA，2008；巴西矿能部，2007；南非矿能部，2003a。

　　主要发展中国家在能源结构方面，除了巴西仍在水电和可再生能源方面保持一定的优势外，其余各国的能源结构仍以化石燃料为主。2005—2020年期间，中国和印度的水电虽然有了成倍的增长，高出能源需求的增长速率，但其在一次能源中的比重仍偏低；并且由于煤、石油等化石燃料的使用量加速提高，导致中国和印度可再生能源总体的使用比重不增反降。巴西除了发展可再生能源外，通过增加天然气和煤炭的使用，进一步降低了对石油的依赖度。

　　主要发展中国家可能采取的减缓能源消费增长和优化能源结构措施主要包括：巴西《2030年国家能源发展规划》提出，巴西的能源供应将着重加强电气化，强化水电、核电和可再生能源发电，普及天然气以取代燃油，大力推广使用可再生能源，包括生物乙醇和生物柴油，以减轻对石油的依赖，增加煤炭的使用；印度将通过削减发电用煤的比例和提高发电能效，促进先进发电技术的应用，提高可再生能源的使用比例，提高终端用能行业能效等措施，力争使2030年的一次能源需求量降低17%；墨西哥《应对气候变化国家战略》提出，墨西哥可以通过继续开展能效行动，提高能源生产和分配效率，采用热电联产、天然气发电、可再生能源发电、生物燃油等技术，增加交通集约程度等措施减缓能源消费增长和优化能源结构；南非《综合能源规划》提出通过加强区域能源合作，提高能效，提高电气化水平，发展核电和可再生能源电力、进口电力、增加天然气使用以降低煤炭在一次能源中的比重等措施，降低一次能源消费总量和温室气体排放。主要发展中国家一次能源结构变化情况见图1-10。

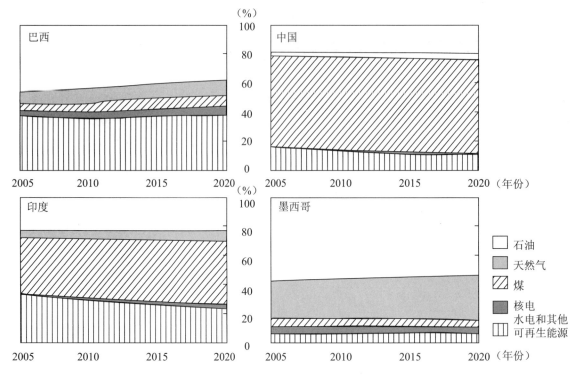

图 1-10　主要发展中国家一次能源结构变化

第三节　2020 年主要发展中国家二氧化碳排放预期

能源使用的快速增长,以及能源结构调整的困难,使得主要发展中国家的温室气体排放迅速增加。据有关机构预测,巴西、中国、印度、墨西哥和南非 2020 年的二氧化碳排放量将分别达到 5.62 亿吨、94.83 亿吨、21.99 亿吨、5.42 亿吨和 5.53 亿吨,与 2005 年相比,增幅分别达到 74%、86%、92%、36% 和 46%,见图 1-11。

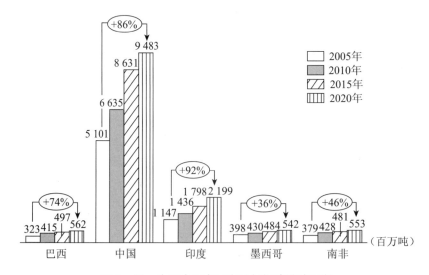

图 1-11　主要发展中国家二氧化碳排放预期

资料来源:IEA,2007;EIA,2008;巴西矿能部,2007;南非矿能部,2003a。

　　而就人均二氧化碳排放量来看，主要发展中国家在 2005—2020 年期间均有不同程度的增长，巴西、中国、印度、墨西哥和南非分别增长 48%、72%、58%、18% 和 36%。其中，中国的人均二氧化碳排放量自 1990 年以来持续增长，并且增长最为迅速，人均排放量在 2007 年超过世界平均水平，与 OECD 国家的差距也在缩小，从 2005 年仅为 OECD 国家平均水平的 36% 增加到 2020 年的 58%；中国人口控制导致的人口增长速率远低于经济发展、能源需求发展和二氧化碳排放增长速率，是造成中国人均二氧化碳排放量快速上升的重要原因。南非的人均二氧化碳排放量仍为各国中最高，到 2015 年已超过 OECD 国家 1990 年水平（9.51 吨二氧化碳/人），在 2020 年已接近 OECD 国家平均水平。相对而言，印度的人均二氧化碳排放量始终保持低水平。

　　主要发展中国家单位 GDP 的二氧化碳排放基本呈下降趋势。综合相关研究结论，到 2020 年，巴西、中国、印度、墨西哥和南非预计将比 2005 年分别下降 5%、30%、44%、36% 和 4%。由于各国能源结构基本没有向低碳方向调整，因此中国、印度、墨西哥单位 GDP 的二氧化碳排放下降主要得益于经济的高速发展和能源效率的提高。墨西哥的下降效果最为明显，其单位 GDP 的二氧化碳排放于 2010 年开始低于巴西，2020 年降至 OECD 国家 2006 年水平；巴西由于其可再生能源的使用比例高，单位 GDP 的二氧化碳排放原本具有优势，但由于 2005—2020 年间其化石能源的使用量同步增加，导致其单位 GDP 的二氧化碳排放下降具有难度；南非由于仍以煤为主的一次能源结构，并且其 GDP 总量的增长相对较缓，因此其单位 GDP 的二氧化碳排放难以下降。主要发展中国家与能源利用相关的二氧化碳排放情况见表 1-9。

表 1-9　主要发展中国家与能源利用相关的二氧化碳排放

指标	年份	巴西	中国	印度	墨西哥	南非	世界	OECD
二氧化碳排放总量（百万吨）	2005	323	5101	1147	398	379	26 620	12 838
	2010	415	6 635	1 436	430	428	30 118	13 426
	2015	497	8 631	1 798	484	481	34 076	14 041
	2020	562	9 483	2 199	542	553	36 529	14 396
2020 年比 2005 年增加（%）		74.0	85.9	91.7	36.2	45.9	37.2	12.1
人均二氧化碳排放（吨二氧化碳/人）	2005	1.73	3.89	1.01	3.82	7.91	4.09	10.95
	2010	2.08	4.91	1.18	3.90	8.68	4.36	11.12
	2015	2.36	6.22	1.38	4.18	9.57	4.67	11.35
	2020	2.56	6.67	1.59	4.50	10.78	4.76	11.41
2020 年比 2005 年增加（%）		48.0	71.5	57.4	17.8	36.3	16.4	4.2
单位 GDP 二氧化碳排放（千克二氧化碳/2 000 美元）	2005	0.48	2.70	1.78	0.63	2.37	0.73	0.45
	2010	0.51	2.42	1.48	0.44	2.33	0.67	0.42
	2015	0.50	2.17	1.23	0.41	2.29	0.62	0.39
	2020	0.46	1.88	1.00	0.40	2.29	0.57	0.36
2020 年比 2005 年增加（%）		-4.2	-30.4	-43.8	-36.5	-3.4	-21.9	-20.0

　　资料来源：二氧化碳排放数据来自 IEA，2007；EIA，2008；巴西矿能部，2007；南非矿能部，2003。巴西经济数据来自巴西矿能部快速发展情景，2007；中国和印度经济数据来自 IEA，2007；墨西哥经济数据来自墨西哥能源部，2007；南非经济数据来自南非矿能部，2003a。人口数据来自联合国经社理事会，2007，引自 WRI EarthTrends，2008。

综
合
篇

第四节   2020年主要发展中国家国内减缓行动的主要目标

巴西减缓气候变化国内行动的主要目标是减少毁林和增加可再生能源的使用比例。巴西的森林覆盖率达到56%，拥有世界上面积最大的热带雨林，然而巴西最大的温室气体排放源却正是来源于土地利用和森林部门，占全国排放量的75%。1990—2005年，巴西国内毁林面积达到42万平方公里，2005年亚马逊森林面积比1970年损失了18%。因此，控制土地利用和森林部门的温室气体排放是巴西减缓气候变化的首要任务。为此，巴西政府特别重视防止毁林，毁林量自2005年以来持续下降，并且在2006年颁布了《公共森林管理法》，同时在《国家方案》中提出要将非法毁林全部消灭。此外，巴西政府在《2030年国家能源发展规划》中宣布，到2030年预计全国能源消耗总量将达到3.093亿～4.74亿吨油当量，折合人均年能源消耗量为1.3～2吨油当量。按此规划，巴西计划将薪柴和木炭的使用比例从2005年的13%减少到2030年的5.5%，天然气从9.4%增加到15.5%，核能从1.2%增加到3.0%，石油和石油制品从38.7%减少到28%，煤炭从6.3%调整到6.9%，水电从14.8%调整到13.5%，可再生燃料（包括生物乙醇、生物柴油等）从16.7%增加到27.6%，并力争可再生能源在能源结构中的比例维持在45%左右。同时，2030年单位GDP能耗将比2005年下降5%，即从2005年的0.275吨标准油/美元，下降到0.261吨标准油/美元。哥本哈根会议前后，巴西政府表示，到2020年巴西将使温室气体排放相对于BAU减少36.1%～38.9%，手段包括减少毁林、恢复草场、农作物和畜牧复合系统、生物固氮、提高能效、增加生物燃料和水电的使用、采用替代能源、采取钢铁等部门措施来减缓排放。

印度减缓气候变化的主要目标是节能和降低单位能源使用的温室气体排放强度。印度的人均二氧化碳排放仅为全球平均水平的1/4左右，年排放总量仅占全球的4.3%，历史累积排放总量仅占全球的2.3%。因此，不论从人均排放量、排放总量、历史累计排放量来看，印度都尚有较大的增加温室气体排放余地。印度应对气候变化战略首先是加快发展，适应气候变化，其次是进一步强化印度发展道路的可持续性，在发达国家资金和技术援助的基础上努力减缓温室气体排放。印度的《应对气候变化国家计划》并没有提出明确的减缓气候变化目标，只是通过开展各种项目、计划来履行其努力减缓气候变化的责任。但印度政府在国家"十一五"规划（2007—2012年）中设定了与应对气候变化相关的一些目标，包括：设定中长期（到2016—2017年度）能效规划，要求使全国能效提高20%；设定本规划期节能目标，要求2011—2012年度比2007—2008年度节能5%；提出能源利用的温室气体排放强度目标，要求到2016—2017年度，单位能源使用的温室气体排放下降20%；提出可再生能源发展目标，规划到2032年商业能源消费中非大水电的可再生能源消费比例达到5%～6%；同时提出在本规划期的五年，使国内森林覆盖率提高5个百分点的目标，从而逐步实现全国森林覆盖率33%的长期目标。这些也从一个角度反映了印度应对气候变化方面外松内紧的策略。哥本哈根会议前，印度也提出了本国的减缓目标，计划到2020年使单位GDP的温室气体排放比2005年下降20%～25%。

墨西哥减缓气候变化的主要行动是增加可再生能源的使用。2006年《墨西哥第三次国家信息通报》提出的减缓气候变化努力主要包括通过立法鼓励可再生能源的利用，提出到2012年使国内大型水电以外的可再生能源利用达到8%。2007年发布的《应对气候变化国家战略》提出的基本目标是要打破经济发展和温室气体排放增加之间的耦合，强化能源生产与利用和植被与土地两方面战略，并对国内可能采取的减缓措施的减排潜力进行了评估。其中：能源生产与利用方面，到2014年，能效措施可以减排2 790万吨二氧化碳当量，石油部门可以减排1 470万吨二氧化碳当量，电力部门可以减排2 770万吨二氧化碳当量，工业部门可减排至少2 500万吨二氧化碳当量，可再生能源部门可减排至少800万吨二氧化碳当量，交通部门可减排350万吨二氧化碳当量；植被和土地方面，到2012年，可持续发展森林项目、森林环境服务支付项目、保护区森林保育项目、野生动植物管理区项目和森林健康项目总共可以储存 128 亿~233.5 亿吨二氧化碳当量，公益植树造林 171 万公顷、商业植树造林 60 万公顷，共能捕获 1 300 万~2 700 万吨二氧化碳当量，农林牧部门减排项目每年减排约 1 220 万吨二氧化碳当量。墨西哥在哥本哈根会议后向《气候公约》秘书处提交的信函中表示，该国到 2020 年将使温室气体排放总量相对于 BAU 减少 30%。

南非减缓气候变化的总目标是使温室气体排放在 2020—2025 年间达到峰值，再经过十几年的稳定期后，实现排放量的绝对下降，主要途径则是增加可再生能源的使用和提高能效。南非《应对气候变化国家战略》规划了国内应对气候变化的优先领域，包括制订国家减缓温室气体排放计划、控制机动车排放、控制煤矿业排放、鼓励工业可持续发展、减少农林业和废弃物处理部门温室气体排放等，并强调制定战略的出发点是实现国家的可持续发展，兼顾应对气候变化，而不是要承担温室气体减排责任。在发布国家战略之前，南非还发布了《促进可再生能源和清洁能源发展白皮书》、《可再生能源政策白皮书》、《南非能效战略》等战略规划，提出 2012 年比 2002 年新增包括生物质能、太阳能、风能和小水电在内的可再生能源 10 000 吉瓦时，可再生能源消费总量达到 9%，2015 年能效比 2000 年提高 12%。哥本哈根会议前，南非也提出将使本国温室气体排放相对于 BAU 减少 34%，到 2025 年减少 42%。

中国减缓气候变化的主要途径在于发展模式和能源结构调整。因此，中国在《应对气候变化国家方案》中提出，为控制温室气体排放，中国到 2010 年将实现单位 GDP 能耗比 2005 年降低 20% 左右，使可再生能源开发利用总量（包括大水电）在一次能源供应结构中的比重提高到 10% 左右，并且实现森林覆盖率达到 20% 左右。中国在哥本哈根会议前，提出了到 2020 年使单位 GDP 二氧化碳排放比 2005 年下降 40%~45%，非化石能源占一次能源消费的比重达到 15% 左右，森林面积比 2005 年增加 4 000 万公顷，森林蓄积量比 2005 年增加 13 亿立方米的目标。主要发展中国家 2020 年温室气体排放控制目标见表 1-10，主要发展中国家国内减缓气候变化相关行动目标见表 1-11。

表 1-10 主要发展中国家 2020 年温室气体排放控制目标

国家	目标	备注
巴西	温室气体排放量低于 BAU 情景 36.1%~38.9%	自愿的自主减缓行动，并依据《气候公约》第 4.7 条，取决于发达国家资金和技术转让的支持。按照《气候公约》12.1（b）等相关条款提供信息
墨西哥	温室气体排放量低于 BAU 情景 30%	全球协议中规定有发达国家充足的资金和技术支持
南非	温室气体排放量低于 BAU 情景 34%	依据《气候公约》第 4.7 条，取决于发达国家资金和技术转让的支持。按照《气候公约》12.1（b）等相关条款提供信息
印度	单位 GDP 温室气体排放（不含农业排放）比 2005 年下降 20%~25%	按照国内立法要求实施，并依据《气候公约》第 4.7 条，取决于发达国家资金和技术转让的支持。按照《气候公约》12.1（b）等相关条款提供信息
中国	单位 GDP 二氧化碳排放比 2005 年下降 40%~45%	自愿的自主减缓行动，并依据《气候公约》第 4.7 条，取决于发达国家资金和技术转让的支持。按照《气候公约》12.1（b）等相关条款提供信息

表 1-11 主要发展中国家国内减缓气候变化相关行动目标

分类	巴西	中国	印度	墨西哥	南非
节能与提高能效	单位 GDP 能耗 2030 年比 2005 年降低 5%[b]	单位 GDP 能耗 2010 年比 2005 年降低 20%[c]，2020 年比 2002 年下降 40%[d]	2016—2017 年度比 2007—2008 年度，能效提高 20%[f]	—	2015 年比 2000 年能效提高 12%[i]

续表

分类	巴西	中国	印度	墨西哥	南非
可再生能源	到2030年维持在能源消费总量的45%左右[b]	2010年包括大水电的可再生能源利用占一次能源供应的10%[c]；2020年可再生能源消费量达到总量的15%[e]	2032年不包括大水电的可再生能源利用占一次商品能源的5%～6%[f]	2012年不包括大水电的可再生能源使用达到8%[g]	2012年不包括大水电的可再生能源占总能源消费的9%[h]
森林覆盖率	力争维持在现有森林覆盖率56%的水平[a]	2010年达到20%[c]	2005年森林覆盖率为22.8%[j]，2007—2012年间提高5%[f]	—	—

资料来源：a. 巴西政府，2008a；b. 巴西矿能部，2007；c. 中国政府，2007a；d. 中国政府，2004b；e. 中国政府，2007b；f. 印度政府，2008b；g. 墨西哥政府，2006；h. 南非政府，2004；i. 南非矿能部，2005；j. 南非环境与旅游事务部，2008。

第四章 "十二五"我国控制温室气体排放的行动目标分析

从"十一五"开始，我国就将控制温室气体排放纳入了国民经济和社会发展规划，并在《国民经济和社会发展第十一个五年规划纲要》中首次明确提出"控制温室气体排放取得明显成效"这样的定性目标。从"十二五"规划开始，控制温室气体排放行动目标将由定性走向定量，并由预期性指标走向约束性指标的跨越式发展。毫无疑问，确定"十二五"单位GDP二氧化碳排放下降目标需要强有力的科学支撑。

第一节 对2020年单位GDP二氧化碳排放行动目标的理解

2009年11月25日国务院常务会议决定，到2020年中国单位GDP二氧化碳排放比2005年下降40%~45%，作为约束性指标纳入国民经济和社会发展中长期规划，并制定相应的国内统计、监测、考核办法。这是中国政府本着对本国人民及全人类长远发展高度负责的态度，在综合考虑中国国情和发展阶段以及社会经济与能源发展趋势的基础上，从增强可持续发展能力、建设生态文明的目标和任务出发提出的，同时也充分考虑到了《巴厘行动计划》的有关要求及国际社会的期望。

首先，我国承诺的是减缓行动而并不是减排目标。我国目前的社会经济发展水平等基本国情决定了仍是一个发展中国家。温家宝总理在会见美国总统奥巴马时，也强调中国是一个人口众多的发展中国家，要建成一个现代化国家还有很长的路要走，对此我们始终保持清醒。面对气候变化的挑战，根据共同但有区别的责任原则，作为发展中国家，我国政府为加强《联合国气候变化框架公约》的全面、有效和持续实施，在《巴厘行动计划》下承诺的是强化国家减缓行动，包括开展得到发达国家技术、资金和能力建设支持的国家适当减缓行动，而并不是发达国家在《巴厘行动计划》下所承诺的量化的国家减排目标。

其次，我国提出的是相对减缓行动目标而并不是绝对减排指标。二氧化碳排放主要来自能源、工业生产以及土地利用变化与林业。我国目前的工业化、城镇化以及国际化快速发展等阶段性特征，决定了能源需求、主要工业产品产量及其二氧化碳排放量仍处于上升阶段，控制二氧化碳排放面临巨大压力和特殊困难。基础设施建设和建筑、交通等人民生活方式直接影响到二氧化碳排放，即使是美国、加拿大等一些发达国家，其大规模基础设施已经完成，但迄今为止其二氧化碳排放也没有与经济发展完全脱钩。因此，我国现阶段采取的各种减缓温室气体排放的政策与行动，其可能的效果只能相对减缓排放，而并不能做到绝对减排，这是中国提出降低GDP二氧化碳排放强度而并不是绝对量减排的根本原因，也是在现有技术条件下难以逾越的鸿沟。

再次，我国提出的降低40%~45%的行动目标具有国内法律约束力。我国政府决定将到2020年单位GDP二氧化碳排放比2005年下降40%~45%，作为约束性指标纳入国民经济和社会发展中长期规划，这是凝聚中国人民意愿的国家战略意图。约束性指标是在预期性基础上进一步明确并强化了政府责任的指标，这一指标一旦被纳入《国民经济和社会发展第十二个五年规划纲要》，就具有法律效力。

最后，尽管实现我国减缓行动及目标需要付出艰苦卓绝的努力，但内外部环境和条件要求我们做得更好。由于我国经济结构性矛盾仍然突出，能源结构以煤为主，能源需求还将继续增长。初步测算，如果中国的经济社会能够保持平稳较快发展，到 2020 年即使采取强有力的政策和措施，中国的一次能源需求量仍将达到 45 亿吨标准煤左右，想要实现上述减缓行动及目标，届时中国非化石能源的总消费量需达到 6.75 亿吨标准煤，将比 2005 年增加 5 亿吨标准煤，单位 GDP 的能源消耗将在"十一五"期间降低 20% 左右的基础上，需进一步下降 30% 左右。"十一五"规划前四年的实践表明，只要我们认清形势、统一思想，明确任务，加大力度、迎难而上，就能够实现到 2020 年单位 GDP 二氧化碳排放下降 40% ~45% 的预期目标，甚至需要我们为超过这个目标而努力。

第二节　"十二五"我国控制温室气体排放面临的形势与挑战

"十二五"期间是我国实现全面建设小康社会目标承前启后的关键时期。我国基本国情和发展阶段的特征，决定了"十二五"期间我国应对气候变化面临适应任务艰巨、减排压力不断增大等严峻挑战，同时应对气候变化也会对我国转变经济发展方式、推进技术创新带来新的机遇。

控制温室气体排放对我国转变发展方式、实现低碳发展带来了难得的机遇。当前世界范围内正在经历一场经济社会发展方式的巨大变革，其核心是建立低碳发展模式和低碳消费模式，发展低碳能源技术。与发达国家相比，我国走低碳发展道路，更多的是要在发展内容和发展方式上进行调整。由于经济社会的发展过程中存在着"锁定效应"，一旦形成高能耗的生产方式和消费模式，短时期内难以改变，因此"十二五"期间我国必须抓住发展转型的契机，避免经济社会发展模式对碳排放的"路径依赖"和"锁定效应"，在工业化、城镇化加速发展阶段提前考虑"低碳发展道路"，缓解越来越大的国际社会压力，并且与目前提出的节能减排的目标、建设生态文明结合起来，努力构建低碳产业、低碳能源、低碳技术、低碳消费等低碳模式，从战略高度把应对气候变化作为提升中国未来国际竞争力、保证经济社会的可持续发展的外部要求和内在动力。

控制温室气体排放也为我国技术自主创新和新能源发展带来了重要机遇。技术创新在控制温室气体排放过程中发挥着基础性作用，控制温室气体排放的关键是发展低碳技术，在未来化石能源消费受限的情况下，能否掌握低碳技术关系到能否维持其自身可持续发展的大计，也是代表一个国家核心技术竞争力的重要标志，主要包括节能和提高能效、先进核电、可再生能源、二氧化碳捕集、利用和封存以及增加碳汇等技术。在全球低碳技术迅猛发展的形势下，我国在先进能源技术研发和产业化方面，存在着跨越式发展的机遇。同样，在全球气候变化的背景下，加强对新能源领域的投入，也是今后一段时间扩大内需、拉动投资、增加就业，有效应对金融危机的重要举措，对于促进能源可持续发展，提升我国能源产业的国际竞争力，抢占未来经济发展的制高点具有重要意义。因此，必须把新能源放在保障能源安全、有效控制温室气体排放的重要战略位置，做好新能源产业发展规划，加强新能源的技术研发，大力增加对新能源产业的投资，创新体制，促进新能源的发展。

二氧化碳排放量增长快、增幅大的发展趋势对我国"十二五"有效控制温室气体排放提出了严峻的挑战。阶段性发展特征决定了近阶段我国二氧化碳排放增长幅度，而基本国情则决定了我国控制温室气体排放难度。目前我国的温室气体排放量已位居世界第一，"十二五"期间我国仍将是全球二氧化碳排放增长的主要国家。即使不考虑工业生产过程的二氧化碳排放量，光是能源活动的二氧化碳排放，根据上面三个不同方案，到 2015 年其排放量将达到 80.8 亿 ~88.9 亿吨，预计五年将增加 7.7 亿 ~15.8 亿吨二氧化碳，接近于附件一缔约方从 1990 年到 2008 年不包括土地利用变化和林业总的温室气体减排量 11.5 亿吨二氧化碳当量，约为印度、巴西、南非和墨西哥四国 2001—2005 年期间能源活动二氧化碳排放量 2.9 亿吨增量的近 2.5 ~5 倍。同时，我国人均二氧化碳排放量也将继续上升，高于世界平均水平，虽然与发达国家相比仍有较大差距，但与其他发展中国家平均水平相比，届时将可能超过 1 倍。

应对气候变化对我国近阶段的发展中国家地位和大国责任提出了许多新课题和新任务。以发展中国家地位参与《气候公约》谈判，这既是我国的政治选择，也反映了近阶段的经济发展水平，这也是自 1990 年参与气候变化谈判以来，我国一直坚持的一个基本原则。但自 2005 年《京都议定书》生效以来，一些发达国家在不同场合通过各种不同形式，试图将中国和印度等主要发展中国家从广大的发展中国家分化出来。目前发展中国家和发达国家并无严格的划分标准，因此对于列入所谓"新兴经济体"、"主要经济体"的，或者所谓"即将毕业"的我国而言，今后将面临发达国家和发展中国家的身份归属和享受相应待遇问题。同时，应对气候变化对我国的"大国责任"提出新的要求。所谓"大国责任"，主要是指维护现有的国际经济秩序与规则，参与解决日趋严重的全球失衡和环境问题，扩大金融开放、维护全球金融安全，增加国际援助等。随着我国经济实力的迅速提高，国际社会要求我国承担"大国责任"的呼声日盛。过高的期待、过重的责任，以及所谓"大国责任"背后隐藏的玄机，无疑会增加我国的发展风险，尤其是在控制温室气体排放方面过早、过激、过高地承担减排责任，将严重限制我国的发展空间。

第三节　"十二五"单位 GDP 二氧化碳排放下降目标确定

基于"十二五"期间我国工业化、城镇化快速发展的阶段性特征和发展中国家的历史地位，从积极应对气候变化和加快推进经济发展方式转变及结构调整的需要出发，提出具有战略性、前瞻性、指导性的"十二五"单位 GDP 二氧化碳排放强度下降目标，这一目标既要与保持经济平稳较快发展和合理控制能源消费总量等重大驱动因素紧密衔接，又要与到 2020 年实现单位 GDP 二氧化碳排放下降 45% 目标紧密衔接。综合考虑未来发展趋势和条件，"十二五"期间实现单位 GDP 二氧化碳排放量比 2010 年至少降低 18%，确保到 2015 年实现单位 GDP 二氧化碳排放量比 2005 年下降 35% 以上。

从保持经济平稳较快发展的角度看，只有大幅度降低单位 GDP 的二氧化碳排放强度，才能有效控制二氧化碳排放量的增长速度。在"十二五"GDP 年均增速保持 9% 的高方案下，即使实现单位 GDP 化石燃料的二氧化碳排放大幅下降 21%，到 2015 年我国化石燃料的二氧化碳排放量仍将达到 88.9 亿吨，五年增幅达到 21.6%。

从合理控制能源消费总量角度看，如果要将"十二五"期末一次能源消费总量控制在 40 亿吨标准煤的水平，在保持经济平稳较快发展的前提下，对大幅降低单位 GDP 二氧化碳排放将带来非常有利的条件。在"十二五"GDP 年均增速保持 9% 的高方案下，如果实现一次能源需求总量控制在 40 亿吨标准煤左右，在一次电力比重达到 10% 左右的水平下，就能实现单位 GDP 化石燃料的二氧化碳排放大幅下降 21% 左右。

从与实现 2020 年单位 GDP 二氧化碳排放下降 45% 目标相衔接的角度看，考虑到"十一五"期间我国单位 GDP 化石燃料二氧化碳排放可望比 2005 年下降 20% 左右，本着分阶段、高标准、足额完成的原则，"十二五"和"十三五"也需分别下降 18% 和 15% 左右，才能确保 2020 年单位 GDP 二氧化碳排放比 2005 年下降 45%。

从节能和发展非化石能源发展趋势与条件看，"十一五"期间单位 GDP 能源消耗下降 20% 左右有望实现，"十二五"期间单位 GDP 能源消耗有望继续下降 18% 左右；非化石能源的比重"十一五"末有望接近 9.4% 左右，预计到"十二五"末也有望达到 11.5% 左右；如果再考虑到化石能源内部结构的优化，就有可能实现 2015 年单位 GDP 化石燃料二氧化碳排放比 2010 年下降 21% 左右。

从工业生产过程二氧化碳排放及土地利用变化和林业碳汇角度看，尽管"十二五"期间我国水泥、石灰、钢铁、电石等工业产品的产量仍可能会出现高于 GDP 增速的情景，而且土地利用变化和林业净碳汇增长的速度也低于 GDP 的增速，对降低单位 GDP 的二氧化碳排放强度可能带来逆向影响，但总体判断这种影响的程度比较有限，在 2 个百分点左右。

第四节　"十二五"降低单位 GDP 二氧化碳排放的主要途径

一是优化能源结构，加快构建低碳的能源供应体系。大力发展核能、可再生能源等非化石能源，积极推进天然气开发利用，努力优化能源结构，力争到 2015 年和 2020 年非化石能源在一次能源消费中的比重达到 12% 和 15%，单位一次能源的二氧化碳排放强度和单位化石燃料的二氧化碳排放强度在"十二五"期间分别下降 2% 和 0.8% 左右。加快沿海经济发达、电力负荷集中地区核电建设，稳步推进中部缺煤省份核电建设；在做好环境保护和移民安置工作前提下，加快西部水电开发步伐；加快风电发展，在"三北"和沿海风能资源丰富地区，建设若干千万千瓦级风电基地；积极推进万千瓦级荒漠光伏电站和兆瓦级城市并网光伏系统示范工程建设；因地制宜、稳步推进生物质能和地热能发展；加强天然气与煤层气勘探开发，加快引进天然气步伐，建设输气管网、地下储气库、LNG 接收站等基础设施建设，促进天然气快速发展。

二是调整产业结构，着力构建低碳工业体系。我国经济结构中第二产业比重偏高、工业构成中重化工业比例过大，是单位 GDP 二氧化碳排放较高的重要原因。为此，在宏观经济结构方面，要充分利用应对气候变化的机遇，大力发展低碳的高新技术产业和现代服务业，推动低碳技术产业化，抢占未来国际竞争的先机和制高点，增强经济竞争力；在产业结构方面，要严格限制高耗能、高排放产业发展，努力开发和生产高附加值产品，加快淘汰落后产能，降低单位产值能耗，提升工业发展的整体水平；要突出抓好钢铁、有色金属、煤炭、电力、化工、建材等行业和耗能大户的节能工作，推进清洁生产，发展绿色经济和循环经济，提高工业生产过程中二氧化碳等温室气体控制水平。在贸易方面，要加快转变外贸增长方式，大力发展服务贸易，进一步强化抑制高耗能和高内涵能产品的出口政策。力争到 2015 年第三产业比重达到 46%，第二产业单位增加值能源消耗下降 20% 以上，单位工业增加值化石燃料二氧化碳排放下降 21% 以上。

三是严格执行相关标准，积极开发低碳建筑。严格执行住宅和公共建筑节能标准，推动既有建筑及采暖、空调、照明系统节能改造，加大新型建筑材料和节能产品的研发、示范和推广应用，提高建筑质量，延长使用年限。加快供热体制改革，推行区域热电联产。加强政策引导和市政建设、环卫管理，减少城市废水和生活垃圾产生量，降低末端处理的能源消耗和温室气体排放。

四是建设综合运输体系，鼓励低碳交通方式。加快建设综合运输体系，充分发挥各种运输方式的组合效率和整体优势。加快淘汰老旧运输设备，提高运输工具技术水平，逐步降低各类运输工具的能耗和温室气体排放强度。加强道路交通体系规划，改善交通管理。加快城市公交体系建设，严格执行和适时提高车辆燃料消耗限值标准。采取积极措施，鼓励公众采用公共交通方式。

五是发展低碳产品，倡导低碳消费。随着收入水平的提高，我国居民生活用能需求将会有较大幅度的增长，要大力宣传低碳消费理念和低碳行为好的做法，引导城乡居民转变消费观念和消费模式，在不牺牲生活质量的前提下，减少生活用能排放。要大力发展节能、低碳产品，为公众提供更多的消费选择，鼓励公众采用节能产品。

六是加强林业建设，增加森林碳汇。森林是应对气候变化的重要手段和有效途径，继续大力加强林业建设，充分发挥林业在应对气候变化中的特殊作用。结合林业中长期发展规划，实施《应对气候变化林业行动计划》，发展森林资源，提高森林质量，强化森林生态系统、湿地生态系统、荒漠生态系

统保护和治理力度，不断增加林业碳汇能力。一要大力推进全民义务植树、实施重点工程造林、加快珍贵树种用材林培育，积极扩大森林面积。二要加强森林经营、扩大封山育林、科学改造低质低效林，着力提高森林质量和蓄积。三要加强森林资源管理、提高林业执法能力、强化森林火灾和有害生物防控能力，加大森林保护力度，减少森林排放。四要开展重要湿地的抢救性保护与恢复，加强荒漠化地区的植被恢复与保护。

综　合　篇

综合篇

第五章   "十二五"我国控制温室气体排放
评价考核方法探讨

《国民经济和社会发展第十一个五年规划纲要》首次明确提出"控制温室气体排放取得成效"作为国家社会经济发展规划指导性定性指标,表明温室气体排放控制指标已开始正式列入我国社会经济发展规划指标体系。《国民经济和社会发展第十二个五年规划纲要》提出今后五年控制温室气体排放的目标是单位 GDP 二氧化碳排放在 2010 年基础上进一步降低 17%,这是我国第一次在国民经济和社会发展规划中明确提出量化的、具有国内法律约束力的温室气体排放控制目标。

从定性指标到定量指标、从指导性定量指标到约束性定量指标是我国温室气体排放控制指标演变的必然趋势。制定科学、完整、统一的控制温室气体评价指标及考核办法,构建我国控制温室气体排放的统计、监测和考核体系,并将单位地区生产总值二氧化碳排放降低完成情况纳入各地经济社会发展综合评价体系,作为政府领导干部综合考核评价的重要内容,实行严格的问责制,是强化政府和企业责任,确保实现 2020 年控制温室气体排放行动目标的重要基础和制度保障,也是进一步增加透明度、展示负责任大国形象的需要。

第一节   构建控制温室气体排放评价指标及考核方法的总体思路

立足于"十二五"规划纲要确定的降低单位 GDP 二氧化碳排放强度的约束性指标,借鉴"十一五"节能减排相关评价指标及考核办法,参考国外有关控制温室气体排放的管理经验,提出建立我国控制温室气体排放评价指标及考核方法的总体思路为:以实现"十二五"单位 GDP 二氧化碳排放下降 17% 为目标,建立涵盖省级人民政府、国务院有关部门、关键行业和重点排放企业四个层次的控制温室气体排放评价指标及考核体系。从"目标落实、措施落实、工作落实"三方面开展评价与考核,其中以目标完成情况为核心考核内容,辅以对节约能源、优化能源结构、加强森林碳汇建设等重点减缓措施落实情况的考核,兼顾考核控制温室气体排放的组织管理工作落实情况。引导国务院有关部门、地方政府、行业主管部门、重点排放企业建立健全长效的控制温室气体排放政策运行机制和工作体系,确保我国"十二五"和 2020 年单位 GDP 值二氧化碳排放强度下降目标顺利实现。

第二节   构建控制温室气体排放评价指标及考核方法的主要原则

考核指标体系的构建,遵循科学性、系统性、可操作性以及导向性原则,并对省级人民政府的考核对象,根据各省(自治区、直辖市)经济发展水平和能耗水平进行分类,按"差异化考核"的原则执行不同的评分标准。

一、科学性原则
评价考核指标体系在基本概念和逻辑结构上应严谨、合理,抓住问题的核心,能够客观反映考核对象在控制温室气体排放方面的工作态度、成绩和不足。同时，各项入选指标应是可量化或可观察的，指标的定义、计算方法以及评分标准应简单规范，以降低理解上的歧义或人为操作误差。

二、系统性原则

控制温室气体排放是一项涵盖全经济范围的、复杂的系统工程，很难用单一的指标来进行总体结果的定性或定量评价。因此，入选的指标应基本涵盖我国控制温室气体排放的各个方面，同时又要突出重点，注重指标的代表性，以精练的层次结构和指标设置全面客观地反映考核对象在控制温室气体排放工作中取得的成绩和存在的不足。从而在对考核对象实施目标考核的同时，也对其控制温室气体排放的措施和工作落实情况实施考核。

三、可操作性原则

针对不同层次考核对象的评价考核指标，都应有稳定可靠的数据支撑。评价考核指标的数据获取应充分利用我国现有的统计资源，对现有统计体系未能涵盖的指标应纳入正在建立的温室气体统计体系，使控制温室气体排放考核指标的数据统计常态化、规范化。此外，评价考核指标的选取应与各级考核对象的统计能力相适应，避免由于统计能力薄弱造成的数据不可得或不准确。对控制温室气体排放考核指标体系中"提高能效和节约能源"相关内容的考核，建议直接参考同期的节能目标责任评价考核结果，以减少不必要的行政分割或重复考核，提高政府工作效率。

四、导向性原则

评价考核指标体系应充分发挥积极的政策导向作用。考核不仅要对考核对象是否完成预定目标进行评价，而且也应引导和鼓励考核对象积极采取各种减缓措施控制温室气体排放。考核指标体系的设计还应注重引导考核对象建立健全长效的控制温室气体排放体制机制和工作体系。

五、差异化原则

为了更加有效地推动控制温室气体排放目标的实现，需从考核机制上寻求突破，转变考核规则，引导考核对象准确定位。充分考虑到各地发展水平上的差异，对省级人民政府的控制温室气体排放目标实行差异化考核。建议以"人均地区生产总值"及"人均能源消费水平"为衡量标准，将省（自治区、直辖市）分成若干不同类型，相应建立各自的评分标准，实行差异化评价与考核。

第三节　地方控制二氧化碳排放评价指标及考核方法的初步框架

地方控制温室气体排放评价与考核指标体系包括目标、措施以及工作落实情况三大类、10 项考核内容，共 17 个基础指标（见表 1 – 12）。其中："目标落实"重在考核地方"十二五"万元地区生产总值二氧化碳排放降低目标完成情况，包括年度目标和降低进度；"措施落实"则具体考核地方政府在调整产业结构、提高能效和节约能源、发展非化石能源、合理控制能源消费总量、增加森林碳汇以及控制工业生产过程二氧化碳排放等重点领域的任务执行情况；"工作落实"则考核地方政府控制温室气体排放管理体制和工作机制的建设情况。

考核评价采取百分制量化评分方法。依据各项指标的权重、评分基准和细则进行逐项评分，各项合计即为考核对象的综合得分。最终考评结果根据综合得分将各考核对象分为四档——超额完成（95分以上），完成（80~95 分，不含 95 分），基本完成（60~80 分，不含 80 分），未完成（60 分以下，不含 60 分）。此外，对"十二五"最后一年的考核，以是否完成"'十二五'万元地区生产总值二氧化碳排放降低进度"为否决性指标,若某个省(自治区、直辖市)2015年底仍未完成国务院批复的单位地区生产总值二氧化碳排放降低目标,其考评即为未完成。

表 1-12　地方政府控制温室气体排放评价与考核初步框架

考核类别	考核内容	考核指标
一、目标落实(50分)	(一)"十二五"万元地区生产总值二氧化碳排放降低目标完成情况	1. 年度万元地区生产总值二氧化碳排放降低率
		2. "十二五"万元地区生产总值二氧化碳排放降低进度
二、措施落实(30分)	(二)产业结构调整目标完成情况	3. 省级人民政府产业结构调整目标责任评价考核得分
	(三)节能目标完成情况	4. 省级人民政府节能目标责任评价考核得分
	(四)非化石能源发展目标完成情况	5. 省级人民政府非化石能源发展目标责任评价考核得分
	(五)合理控制能源消费总量目标完成情况	6. 省级人民政府能源消费总量控制目标责任评价考核得分
	(六)森林增长目标完成情况	7. 省级人民政府森林增长目标责任评价考核得分
	(七)控制工业生产过程二氧化碳排放	8. 淘汰落后生产能力
		9. 废钢回收利用率
		10. 水泥熟料掺渣率
三、工作落实(20分)	(八)体制机制建设	11. 建立完善温室气体排放统计和考核制度的情况
		12. 贯彻执行国家低碳产品认证标识制度的情况
	(九)建立资金和科技支撑机制	13. 建立地方应对气候变化财政专项及低碳发展基金
		14. 低碳技术、产品研发和推广情况
	(十)组织领导、法规建设和宣传教育	15. 建立省级应对气候变化领导小组和相应的职能机构
		16. 建立完善控制温室气体排放的地方性法规或行业碳排放标准
		17. 创建低碳城市或低碳园区的情况

第四节　行业控制二氧化碳排放评价指标及考核方法的初步框架

考虑到各地经济增长速度的差异,即使各省完成了中央下达的"单位地区生产总值二氧化碳排放强度下降目标",也不能完全确保国家的"单位 GDP 二氧化碳排放下降目标"能够实现。建议除对一些关键的高排放、高耗能行业,如水泥和电力行业也应提出明确的温室气体排放控制目标,并对其主管部门进行目标责任评价考核。

对行业控制温室气体排放的考核兼顾行业控制温室气体的目标落实情况、措施落实情况和工作落实情况。依据各行业自身的特点,在指标设计上有所不同。对水泥行业和电力行业的考核指标体系划分为三大考核类别、9 项考核内容,共设置 13 个考核指标(见表 1-13 和表 1-14)。水泥行业:目标落实主要考核水泥行业二氧化碳排放总量控制目标完成情况和吨水泥二氧化碳排放强度,措施落实重在考核控制水泥产量、节约能源和提高能效、替代燃料和熟料替代四个方面的工作,工作落实侧重对管理和组织工作、数据统计和报告以及行业规范/标准建设三个方面的考核。电力行业:目标落实主要考核电力行业二氧化碳排放总量控制目标完成情况和单位发电量二氧化碳排放强度,措施落实重在考核大容量高参数机组、热电联产机组、核电发展、可再生能源发展以及电力需求侧管理五个方面的工作，工作落实侧重对数据统计和报告以及行业制度和标准建设两个方面的考核。

表 1-13　水泥行业控制二氧化碳排放评价与考核初步框架

考核类别	考核内容	考核指标
一、目标落实（40 分）	（一）水泥行业二氧化碳排放总量控制目标完成情况	1. 水泥行业二氧化碳排放总量控制目标完成率
	（二）吨水泥二氧化碳排放	2. 吨水泥二氧化碳排放下降率
二、措施落实（40 分）	（三）控制水泥产量	3. 落后产能淘汰目标完成率
		4. 控制新增产能
	（四）节约能源和提高能效	5. 水泥生产中新型干法比例增长率
		6. 吨水泥综合能耗下降率
	（五）替代燃料	7. 燃料替代率
	（六）熟料替代	8. 熟料掺渣率
三、工作落实（20 分）	（七）管理和组织工作	9. 建立水泥行业控制二氧化碳排放管理体系的情况
	（八）数据统计和上报	10. 建立并完善水泥行业二氧化碳排放统计制度的情况
		11. 建立企业报告制度的情况
	（九）行业规范/标准建设	12. 组织制定和实施水泥行业低碳标准的情况
		13. 建立行业二氧化碳排放标准

表 1-14　电力行业控制二氧化碳排放评价与考核初步框架

考核类别	考核内容	考核指标
一、目标落实（40 分）	（一）电力行业二氧化碳排放总量控制目标完成情况	1. 电力行业二氧化碳排放总量控制目标完成率
	（二）单位发电量二氧化碳排放	2. 单位发电量二氧化碳排放下降率
二、措施落实（40 分）	（三）积极发展水电	3. 水电占总发电量的比重目标
	（四）优化发展火电	4. 落后产能淘汰目标完成率
		5. 供热机组占火电机组比重
		6. 燃气机组占火电机组比重
	（五）高效发展核电	7. 核电发电量占总发电量比重目标
	（六）大力发展其他可再生能源发电	8. 非水可再生能源发电量占总发电量比重目标
	（七）节能降耗	9. 供电煤耗下降率
		10. 输电线损率下降
三、工作落实（20 分）	（八）数据统计和上报	11. 建立并完善电力行业二氧化碳排放管理和统计制度
		12. 建立企业报告制度的情况
	（九）行业制度和标准建设	13. 建立行业二氧化碳排放标准

第六章　"十二五"期间我国控制温室气体排放政策建议

降低单位 GDP 二氧化碳排放行动目标既是对转变经济发展方式的新要求，又是对节约能源、发展非化石燃料和植树造林的新任务。实现我国控制温室气体排放行动目标需要在时间和空间上及早作出部署，尽快制定相应的统计、监测及考核办法，进一步落实节能和发展非化石能源等主要行动，明确电力、水泥等重点领域的主要任务，以低碳省区和低碳城市试点为突破口，充分发挥市场机制等作用。

第一节　尽早分解落实温室气体控制目标

实现"十二五"我国控制温室气体排放行动目标，需要在时间和空间上及早作出部署。国务院常务会议决定将到 2020 年单位 GDP 二氧化碳排放比 2005 年下降 40%～45%，作为约束性指标纳入国民经济和社会发展中长期规划，这是针对我国二氧化碳排放压力日益增大这一突出问题提出来的，充分体现了建设资源节约型、环境友好型社会和创新型国家的要求，是统筹经济发展和保护气候、统筹现实和长远利益、统筹国内和国际两个大局的需要，也是凝聚中国人民意愿的国家战略意图，具有明确的政策导向。

将降低单位 GDP 二氧化碳排放作为约束性指标，是我国政府在"十一五""控制温室气体排放取得成效"这一预期性目标基础上，进一步明确并强化了政府控制温室气体排放责任的指标，是中央政府在应对气候变化领域对地方政府和中央政府有关部门提出的工作要求。因此，只有将到 2020 年单位 GDP 二氧化碳排放比 2005 年下降 40%～45% 这一约束性指标先分解到"十二五"和"十三五"两个五年规划，再将"十二五"具体指标分解落实到各省市区以及有关部门，并将这些指标纳入到"十二五"国家及地方国民经济和社会发展规划，这一约束性指标才真正具有可操作性、指导意义及法律效力，也才可能将这一指标纳入到各地区、各部门经济社会发展综合评价和绩效考核。

考虑到"十二五"期间我国的阶段性特征，尤其是经济发展速度及结构、节能降耗水平以及发展可再生能源和建设核电的规模等因素，建议将实现 2015 年单位 GDP 二氧化碳排放比 2010 年至少下降 18% 作为控制温室气体排放的约束性指标纳入到国民经济和社会发展"十二五"规划纲要之中，与降低单位 GDP 能源消耗及减少主要污染物排放等一并构成我国节能减排和应对气候变化的约束性指标体系，以期进一步提高我国的可持续发展能力。

对于"十二五"单位 GDP 二氧化碳排放指标的分解，应在摸清 2005 年各省市区单位地区生产总值二氧化碳排放情况，初步测算 2015 年各省市区单位地区生产总值二氧化碳排放变化趋势，建立比较科学、公正、合理的责任分担方法的基础上，研究提出"十二五"各省市区可能的降低单位地区生产总值的二氧化碳排放行动目标。考虑到"十一五"各省市区单位 GDP 能源消耗下降与主要污染物减排等约束性指标分解的经验和教训，以及目前各地区在"十二五"约束性指标分解上的顾虑，建议通过政府上下结合、人大政协参与、科学民主的决策过程，按照抓两头、促中间的原则，最终确定有差别的"十二五"各省市区降低单位地区生产总值二氧化碳排放的行动目标。

第二节 加快制定统计、监测和考核办法

实现"十二五"我国控制温室气体排放行动目标，需要尽快制定相应的统计、监测及考核办法。制定相应的国内统计、监测、考核办法，是我国政府在国内节能减排统计监测及考核实施方案和办法实践的基础上，为了更好地落实到 2020 年我国单位 GDP 二氧化碳排放比 2005 年下降 40% ~45% 行动目标而提出的。

一是建立国家、省市区两级温室气体统计体系，加强对温室气体数据的统计分析，增加温室气体数据的权威性、规范性、一致性和透明度。从科学、合理的角度看，应建立包括排放源与汇两级，能源、工业生产过程、农业、林业和土地利用变化、废弃物处理五大领域，二氧化碳、甲烷、氧化亚氮、氢氟碳化物、全氟化碳和六氟化硫六类温室气体统计体系。针对建立国家、省市两级二氧化碳排放强度目标监测和考核的现实需要，当前的首要任务是加强国家温室气体数据库开发及管理工作，强化国家及地区能源平衡表的编制工作，提高省级温室气体清单编制能力。

二是建立重点行业及重点企业温室气体两级监测体系，加强对煤炭、电力等重点行业及企业的跟踪和监测，探索性开展企业温室气体标准化管理工作。尽管国内外目前对二氧化碳等温室气体的直接监测手段使用还比较有限，而且建立温室气体直接监测体系也需要一个比较长的过程，当前可将对化石燃料质量尤其是煤质数据，以及发电锅炉、工业锅炉和窑炉热平衡测试相关参数进行监测作为重点，并通过对电力、水泥、钢铁等二氧化碳高排放行业中的重点企业开展二氧化碳排放标准化管理工作，摸索相关监测工作经验。

三是建立国家、省市两级二氧化碳排放强度考核体系，以加强责任制。温室气体控制考核体系的最终目标是要走向与主要污染物总量控制相同的减排考核体系，当前相对量指标考核仅仅是一个必要的过渡，因此在考核指标体系及考核办法设计时，应充分考虑到未来的需求及影响。在充分吸收降低单位 GDP 能源消耗、主要污染物总量控制等约束性指标考核体系经验教训的基础上，设计出一套既能满足当前二氧化碳排放强度目标考核要求，又符合未来发展需要的温室气体控制考核体系。从本质上说，二氧化碳强度考核目标与能源强度考核目标并不矛盾，相对于能源强度考核目标来说，二氧化碳考核目标更有利于促进能源结构的优化调整，对于东部地区来说，将进一步推进核电建设，而对于西部地区来说，将更关注可再生能源的发展，进一步促进西部地区的可持续发展。

第三节 进一步落实节能降耗及发展非化石能源主要目标

实现"十二五"我国控制温室气体排放行动目标，需要进一步落实节能降耗及发展非化石能源等主要任务及专项行动。节能和提高能源效率直接降低单位 GDP 的能源消耗，而非化石能源以及天然气的发展将优化能源结构，降低单位能源消耗的二氧化碳排放。根据测算，从 1990 年到 2005 年，我国单位 GDP 二氧化碳排放下降中，节能和提高能效的贡献率约为 96%，而能源结构调整所做的贡献在 4% 左右；从 2006 年到 2008 年，我国能源活动累计少排放约 8.4 亿吨二氧化碳，其中节能和提高能效的贡献率为 82%，而发展非化石能源的贡献约占 18%。

节能降耗和发展非化石能源对实现单位 GDP 二氧化碳排放 40% ~45% 行动目标的贡献不同。在我国经济增长速度依然比较强劲，能源需求增量较大，能源效率总体水平还比较低的情况下，能源结构优化在降低单位 GDP 二氧化碳排放目标中所做的贡献明显小于节能和能源效率提升的作用，2020 年之前这种状况还将持续，即节能和能源效率提升对减缓二氧化碳排放的贡献率将维持在 80% 左右。

综
合
篇

实现单位 GDP 二氧化碳排放 40% ~45% 行动目标对节能降耗和发展非化石能源也有不同的要求。在 2020 年非化石能源发展目标固定的情况下，实现单位 GDP 二氧化碳排放 40% ~45% 行动目标，对降低单位 GDP 能源消耗的要求为 35% ~40%；如将行动目标提高到 50%，则三个五年计划的能耗降低目标都必须保持在 18% 的水平上。同样，如果从"十一五"到"十三五"能耗降低目标分别只有 18%、15% 和 10%，累计只实现下降 37% 左右，则实现单位 GDP 的二氧化碳排放下降 45% 的行动目标，需要到 2020 年将非化石能源在一次能源中的比例提高到 18% 左右。

现阶段节能降耗仍是我国降低二氧化碳排放强度的主要途径，"十二五"要继续制定严格的全国及地区节能降耗指标，努力实现 2015 年单位 GDP 能源消耗比 2010 年降低 18% 左右。"十二五"期间在继续实施节能目标责任考核的同时，应注意发挥市场和经济手段的作用；继续抓好重点用能单位节能降耗工作，逐步推进中小企业节能工作；在继续淘汰工业领域落后产能的同时，进一步抬高高耗能行业的准入门槛；进一步强化新建建筑执行能耗限额标准的监督和管理，建立并完善大型公共建筑节能运行监管体系；加快城市公交和轨道交通建设，严格执行并适时提高乘用车、轻型商用车燃料消耗量限值标准，推进新能源汽车产业化。

虽然目前发展非化石能源对减缓二氧化碳排放的贡献较小，但一旦能源需求绝对增长量放缓，非化石能源在降低二氧化碳排放强度中的作用会越来越大，到 2015 年努力实现非化石能源比重达到 11% 以上的目标。要尽快修订并进一步落实《可再生能源法》及相关配套法规和政策，有序开发水电，大力开发风电，加快开发生物质能，积极开发利用太阳能等，着力提升可再生能源的比重。要提升以核能为代表的新能源在国家能源战略中的地位，做好新能源产业发展规划，加强新能源的技术研发，增加对新能源产业的投资，促进新能源的加快发展。要加强低碳能源工程建设，推进大型核电、大型水电、西气东输、大型风电基地和清洁煤电基地等的建设。

第四节　尽快明确电力、水泥等重点领域的主要任务

实现"十二五"我国温室气体排放行动目标，需要明确电力、水泥等重点领域的主要任务。电力、水泥等行业既是我国的耗能大户，也是二氧化碳的主要排放源，控制好电力、水泥等行业的二氧化碳排放，不仅对于实现全国控制二氧化碳排放行动目标至关重要，而且对于提高国际竞争力、参与未来可能的全球部门减排具有重要意义。近年随着我国火电的快速发展，电力行业的二氧化碳排放也在快速增长，我国已经成为世界上发电二氧化碳排放总量最大的国家。2005 年我国电力行业的二氧化碳排放量约为 22 亿吨，占全国化石燃料二氧化碳排放总量的 43.5%，未来我国电力行业的二氧化碳排放将随着电力增长而继续增长，初步预测 2015 年我国电力行业的二氧化碳排放将达到 38 亿吨左右，2015 年以后，随着核电机组大批投入运行，电力行业温室气体排放增长将出现明显减缓，2020 年我国电力行业的二氧化碳排放总量可控制在 40 亿吨左右。

控制电力行业的二氧化碳排放关键是要优化发展火电、有序开发水电、积极推进核电建设、大力发展可再生能源发电，以进一步优化电源结构。煤炭仍然是我国今后相当长一段时间发电用主要能源，"十二五"时期，超临界/超超临界燃煤发电机组技术能否全面国产化是我国能否实现煤炭的高效、清洁利用关键的一步。应着力解决大型燃气轮机、大型气化炉等煤气化发电关键技术和设备的国产化，进一步提高大型循环流化床锅炉的国产化设计和制造水平，继续开展 IGCC 发电技术的示范和商业化运行，开展煤气化为基础的多联产、煤基制氢的基础性研究、试验研究和小规模示范，并积极研发电力行业的二氧化碳捕集及利用技术。

水泥行业的二氧化碳排放既有燃料燃烧产生，也有工艺生产过程排放。初步估算，2005 年我国水泥行业二氧化碳排放约为 8.3 亿吨，其中燃料燃烧排放约占 51.2%，工业生产过程排放约占 48.8%。

我国水泥行业的二氧化碳排放与国际比较有一定的差异，从吨水泥排放看，国际上先进生产工艺每吨水泥排放已控制在 0.65 吨左右，而我国的平均值则在 0.75 吨左右。从排放构成看，国际上水泥行业以工艺过程排放为主，占 60% 以上，而我国基本上是能源与生产过程各占一半，主要原因一是能耗高，二是掺废渣比例较高。从不同工艺技术单位产品排放看，新型干法水泥每生产 1 吨水泥燃料燃烧的二氧化碳排放比立窑少排放约 12%。争取到 2015 年使我国水泥行业的二氧化碳量控制在 12 亿吨以内。

水泥工业加大二氧化碳排放控制拟采取的措施主要包括以下几个方面：一是进一步推动水泥工业结构调整，加快淘汰落后生产能力，着力提高新型干法水泥比重。二是全面推进水泥生产余热利用，大力推广纯低温余热发电技术。三是推广节能新技术和新设备，重点推广以降低粉磨电耗为主的节能技术和设备，鼓励和支持企业进行电机变频调速控制等节能技术改造。四是积极推进水泥工业发展循环经济，鼓励企业利用工业废渣、低热值燃料及可燃废弃物作为混合材替代熟料，鼓励企业利用电石渣替代石灰石。

第五节　积极探索低碳发展新模式

实现"十二五"我国控制温室气体行动目标，需要积极探索低碳发展的新模式。低碳经济是一种以能源的清洁与高效利用为基础，以低排放为基本经济特征，顺应可持续发展理念和控制温室气体排放要求的社会经济发展模式，也是符合时代要求的新的经济发展理论。低碳经济的核心是低碳产业、低碳能源、低碳技术和低碳消费，它是继农业革命、工业革命、信息革命之后，世界经济形态新出现的革命浪潮，已成为由工业文明向生态文明过渡的主要特征，成为未来社会经济发展和人民生活质量改善的主流模式。

发展低碳经济不仅是全球性的探索与共识，也是我国建设生态文明的必然选择。从一定意义上说，对低碳经济理论和实践的双重探索，就是探索我国未来发展的可能道路，就是破解能源资源和温室气体排放约束的世纪性难题。低碳经济是循环经济发展的重要特征，是绿色经济发展的理想模式。发展低碳经济无疑是对传统经济发展模式的巨大挑战，也是大力发展循环经济，积极推进绿色经济发展的必然选择。从近期看，发展低碳经济，大力发展低碳产业、低碳能源和低碳技术不仅是建设两型社会和生态文明的重要载体，也是转变发展方式，确保能源安全，有效控制温室气体排放、应对国际金融危机的根本途径。从长远看，发展低碳经济也是着眼全球新一轮发展机遇，实现我国现代化发展目标的重大战略任务。

发展低碳经济是我国经济社会发展模式的新探索，也是一个需要长期努力和实践的过程，建议"十二五"期间我国促进低碳经济发展的重点任务可包括以下四个主要方面。一是转变经济发展方式，着力构建低碳产业。要积极推进产业结构的战略性调整，大力发展高新技术产业和现代化服务业，进一步强化抑制高耗能和高内涵能产品的出口政策，努力开发和生产高附加值、低能耗产品，实现整个产业结构的低碳化和低碳工业化转型。二是以节能降耗为抓手，推进低碳消费。要继续制定全国及地区节能降耗指标，进一步明确目标任务和总体要求，着力构建低碳型社会。要大力推广节能省地绿色建筑，强化新建建筑执行能耗限额标准监督管理等，着力推进低碳型建筑。要加快城市快速公交和轨道交通建设，推进新能源汽车产业化等，着力推进低碳型交通。要大力宣传低碳消费理念和低碳行为，形成可持续的消费模式。三是发展清洁能源，构建低碳能源供应体系。要大力发展水电、风电、太阳能发电等，着力提升可再生能源的比重。要提升新能源在国家能源战略中的地位。四是加大科技投入，促进低碳技术创新。要把可再生能源、先进核能、碳捕集和封存等先进低碳技术作为提升国家技术竞争力的核心内容，列入国家和地区科技发展规划。

综合篇

发展低碳经济需要夯实基础,积极推进发展低碳经济的试点工作。建议尽快在我国不同地区以及高耗能行业开展低碳经济试点,编制试点地区和行业的发展低碳经济规划,探索低碳经济发展的区域模式和产业模式。通过试点示范,建立起低碳经济发展的评价指标体系,试行以降低单位地区生产总值二氧化碳排放或单位产品二氧化碳排放为目标的考核制度,着力构建以低碳为特征的工业、建筑和交通体系,培养低碳绿色消费模式及新型消费理念,探索不同层次控制温室气体排放的体制机制。通过试点示范,实现渐进式发展,逐渐探索出一条立足于我国基本国情,并且符合当前经济发展规律的渐进式低碳发展新模式。

第六节　充分发挥市场手段和机制作用

实现"十二五"我国控制温室气体排放行动目标,需要充分发挥市场机制作用。控制温室气体排放的市场机制主要是指应用价格、税收和贸易等手段,我国实现控制温室气体排放行动目标,也需要从制度上更好发挥市场在资源配置中的基础性作用,形成既有利于科学发展又促进二氧化碳排放控制的宏观调控体系。建议进一步加强以下四个方面的工作。

一是要着力完善资源价格形成机制,充分发挥市场配置资源的基础性作用。价格形成机制是建设资源节约型、环境友好型社会的基本制度之一,目前我国的资源性产品价格还不能很好地反映供求关系,也难以充分反映资源的稀缺性和充分考虑生态恢复和环境治理成本等外部性因素。一些地方热衷于发展高耗能的产业,与资源价格偏低不无关系。加快资源性产品价格改革,向市场参与者传递正确的价格信号,是进一步发挥市场配置资源基础性作用的根本环节。建议进一步推动资源性产品价格改革,尤其是对于能源价格,应从逐步实现竞争性能源领域的市场定价、将能源生产和利用过程中的外部成本和资源消耗状况完全反映在能源产品的价格等方面着手,进一步深化能源价格改革。

二是以建立自愿减排市场为试点,探索性开展特定地区或行业二氧化碳排放贸易。在不采取行政命令设定排放限额情况下,开展自愿减排活动,并允许其减排量通过市场进行交易,有利于降低企业或项目开发方的减排成本,促进减排项目的开展。另外,也有利于引起公众的关注,增强社会控制温室气体排放的意识。一旦排放总量控制等条件成熟,应加强国家政策引导,在特定地区或行业探索性开展二氧化碳排放贸易。开展排放贸易一方面可以降低整体参与方的减排成本,另一方面也可以为我国今后参与国际排放贸易,争夺碳资源定价权,保护国家排放空间和减排量资源积累经验。建议可先在省级行政单位或电力行业开展试点。

三是在新形势下,需要重新审视清洁发展机制发展方向及政策,以保障国家利益的最大化。清洁发展机制是发达国家缔约方为实现其部分温室气体减排义务与发展中国家缔约方进行项目合作的机制,其核心是允许发达国家通过与发展中国家进行项目级的合作,获得由项目产生的"核证的温室气体减排量"。由于我国已经开发的清洁发展机制项目减排成本相对较低,在当前清洁发展机制形势尚不明朗的情形下,应慎重开展清洁发展机制项目,并应适当储备低成本减排项目。

四是开展征收碳税研究与试点,有效促进低碳经济的发展。以税收的形式内化温室气体排放的外部成本,可以调节排放活动水平。考虑到保障经济发展的基本排放需求和对高排放的严格限制,建议排放税应采取阶梯式税率,征得的排放税应主要用于资助气候友好技术研发和应对气候变化教育、宣传与培训等活动。

地区篇

地区篇（一）
吉林省控制温室气体排放综合研究

第一章　吉林省"十一五"温室气体排放控制措施评价

第一节　温室气体排放现状及特点分析

　　课题组基于吉林省 2007 年能源平衡表中的数据，采用 IPCC 清单编制方法中的部门法，通过初步计算确定吉林省 2007 年化石燃料温室气体排放总量约为 1.8 亿吨二氧化碳，人均排放量 6.6 吨，高于全国 4.6 吨的人均排放水平，除地理条件对冬季供暖及工业供热等影响外，工业结构偏重、能源效率偏低也是其中的重要原因。

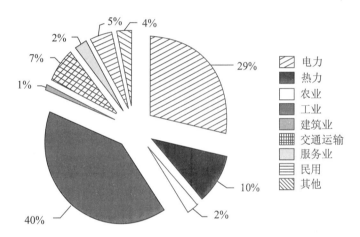

图例：
- 电力
- 热力
- 农业
- 工业
- 建筑业
- 交通运输
- 服务业
- 民用
- 其他

图 2-1　2007 年吉林省化石燃料燃烧温室气体排放量构成

　　图 2-1 的计算结果显示，在 2007 年吉林省化石燃料燃烧的温室气体排放构成中，工业和电力排放占到了总排放量的近 70%，如果再加上热力排放，则占到了排放总量的 80%，交通运输排放只占总排放量的 7% 左右。因此，电力热力及工业部门不仅是主要的温室气体排放源，同时也是温室气体排放控制的主要领域，特别是在与东北老工业基地振兴相关的能源效率提高及产业结构调整方面，这些部门将直接关系到吉林省"十二五"及未来温室气体排放控制目标能否得以实现。

第二节　三产结构及工业行业结构调整评价

　　吉林省在"十一五"规划纲要中并没有明确提出 2010 年的产业结构调整目标，但提出了产业结构进一步优化的发展战略。鉴于东北老工业基地等原因，吉林省产业结构调整非常困难，第二产业仍然是吉林省产业发展的主体。根据吉林省 GDP 公报数据和增长指数，按 2005 年不变价格核算，吉林省的三产结构由 2000 年的 20.7:40.1:39.2，调整到 2005 年的 17.3:43.7:39.1 和 2008 年的 12.9:47.4:39.7（见图 2-2）。可以看出，自 2000 年以来，吉林省第二产业比重明显提高，第三产业比重只有微量上升。第二产业比重的提高必然带来能源消费量及温室气体排放量的更快增长，而对于第三产业基础相对薄弱、缺乏快速发展的大环境的吉林省来说，通过产业结构的调整来控制能源消费总量及温室气体排放量的增长已经成为其经济发展所面临的最为严峻的挑战。

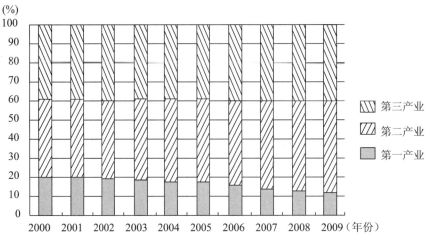

图2-2 吉林省产业结构变化

但令人欣慰的是,在吉林省的工业结构内部,重工业增加值的比重由2000年的78.27%下降为2008年的74.37%(见图2-3)。尽管重工业增加值的比重仍然高于全国平均水平,但是却与全国重工业增加值比重增长了近10%(由近60%增加到70%左右)的事实形成了明显的反差,这对缓解因第二产业比重提高而带来的能源消费和温室气体排放增长压力起到了重要作用,同时也给未来老工业基地工业结构的进一步调整留下了空间。这不仅主要得益于以农业大省为基础的食品加工业等轻工产业的快速发展,重工业比重明显偏高的现实条件也促进了这种转变。因此,吉林省在"十二五"乃至2020年以前能否继续发挥这一传统优势,继续延伸产业链,将食品加工产业进一步做大做强,将对其"十二五"及未来能效目标及温室气体排放控制目标的实现产生至关重要的影响。

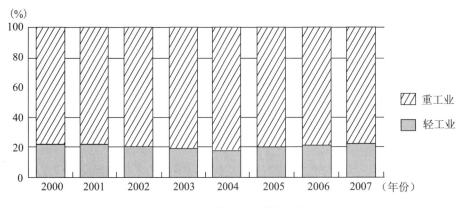

图2-3 吉林省工业结构变化

尽管吉林省属于东北老工业基地,但却基于自己的资源和产业优势,逐渐摸索、形成了具有自身特色的工业发展道路。自2000年以来,吉林省的高耗能产业增加值呈现下降的趋势,而汽车等设备制造业及现代医药业的产值则呈现上升的趋势(见图2-4,受原料和产品价格影响有波动),这也同全国设备制造业增加值比重基本保持不变、高耗能产业增加值比重上升近5%的状况形成了鲜明的对比。尽管吉林省的汽车产业和现代制药业均在全国占有重要地位,但制药业的影响更加显著。吉林省作为全国首批生态省建设试点,已经将保护生态环境与制药业的可持续发展紧密联系到了一起,使保护生态环境成为经济发展过程中的自觉行动。这种增强碳汇的行动也成为吉林省控制温室气体排放行动的一个重要组成部分。

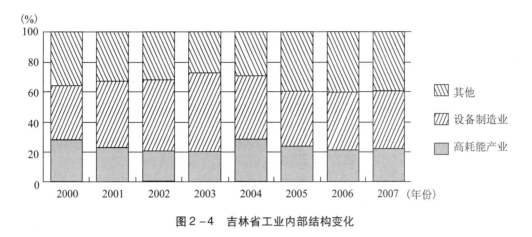

图2-4　吉林省工业内部结构变化

第三节　节能和提高能效措施评价

吉林省"十一五"实施的重点节能措施包括淘汰落后产能和实施"十大重点节能工程"。

一、淘汰落后产能

"十一五"期间，吉林省计划关停小火电机组142.7万千瓦；淘汰落后炼钢产能820万吨；淘汰落后水泥产能276万吨；淘汰落后电解铝产能7.7万吨；关闭造纸行业年产3.4万吨以下的草浆生产装置、年产1.7万吨以下的化学制浆生产线、排放不达标的1万吨以下的再生纸厂；淘汰落后酒精生产工艺和3万吨以下落后产能。同时，进行区域热电联产和集中供热改造，新增集中供热面积8110万平方米。

2007年计划关停小火电机组110.1万千瓦；淘汰落后炼钢产能27万吨。

2007年吉林省冶金行业共淘汰炼铁能力17万吨、炼钢能力50万吨、铁合金能力6.23万吨、电解铝能力5.5万吨；电力行业按照"上大压小"要求，关停了浑江电厂等共110万千瓦小发电机组；造纸行业关停93家，淘汰落后造纸生产能力12.4万吨。淘汰落后酒精生产能力20万吨，关闭不符合环保要求的小水泥企业10家、糠醛生产企业13家。

2008年计划关停小火电机组32.6万千瓦；淘汰落后炼钢产能40万吨；淘汰落后水泥产能276万吨；淘汰落后电解铝产能7.7万吨；淘汰3万吨以下落后酒精生产能力。

2008年淘汰落后产能涉及4个行业共计25家企业，其中：电力企业6家，淘汰落后产能76.1万千瓦；淘汰了落后水泥生产能力185.5万吨；淘汰落后炼钢生产能力40万吨；关闭铁合金企业3家，淘汰落后产能0.5万吨；造纸企业4家，淘汰落后产能4.35万吨，圆满完成2008年淘汰落后产能任务。

根据吉林省"十一五"期间落后产能淘汰计划，并对比2007年和2008年的实际执行情况，除关停小火电计划目前已经超额完成外，钢铁和水泥行业落后产能淘汰任务进展不是很顺利，没有按要求完成年度淘汰计划。

二、十大重点节能工程

根据《吉林省"十一五"节能规划》，其重点节能工程目标如下：燃煤工业锅炉（窑炉）改造工程，燃煤工业锅炉效率提高5个百分点，燃煤窑炉效率提高2个百分点。可节约燃煤近100万吨；区域热电联产工程，到2010年城市集中供热普及率达到40%，新增供暖热电联产机组100万千瓦，可节能107万吨标准煤；绿色交通运输、节约和替代石油工程，到2010年在此领域可形成年节能200万吨标准煤的能力；电机系统节能工程，使运行效率提高2个百分点；能量系统优化工程，在30户企业组织实施；建筑节能工程，"十一五"期间居住建筑和公共建筑严格执行节能50%的标准，从2008年1月1日起，全省地级市率先执行节能65%设计标准；绿色照明工程，推广高效节电照明系统、稀土三基色荧光灯；对重点耗能企业开展能源计量与节能效果达标工程；政府机构节能工程，按照建筑节能标准改造的面积达到政府机构建筑总面积的20%，建筑面积能耗和人均能耗在2004年基础上降低10%；实施节能监察（监测）中心能力建设工程。

　　尽管近年来吉林省在工业节能技术进步及产品推广应用方面取得了明显的成效，但作为东北老工业基地的重要组成部分，吉林省的主要相关工业部门单位产品或万元产值单耗均高于全国平均水平（见表2-1），其工业领域的节能技术潜力仍然较大。

表2-1　主要制造业万元产值单耗对比表（2003年）

项目	全国	吉林省
化工业	1.34	2.41
非金属制品业	1.88	7.11
黑色冶加	1.93	2.95
车辆制造	0.14	0.15
医药	0.29	0.31
机械制造	0.22	0.39
食品饮料	0.30	0.61
电气电子仪表	0.07	0.1
化纤	0.56	1.91
轻工纺织	0.31	0.67

　　"十二五"期间，吉林省节能工作应当以工业部门为重点领域。吉林省的工业能耗基本上可以用三个70%来形容，即：工业能耗占全省总能耗的70%；省内百户重点企业能耗占工业总能耗的70%；全国千家重点企业范围内的23户吉林企业的能耗占到省内百户重点企业能耗的70%。工业领域既是吉林省节能工作的主要领域，同时也是节能潜力最大的领域。工业领域节能状况将直接决定吉林省"十二五"及未来节能目标能否真正得以实现。

第四节　能源结构调整与可再生能源发展评价

　　吉林省是一个一次能源缺乏的省份，常规能源资源总量占全国总量不足0.3%，人均量为全国平均值的1.3%。现已探明煤炭保有地质储量20.3亿吨，可采储量10亿吨，占全国的0.46%；石油总资源量为40亿吨，石油探明地质储量占全国的6.0%，目前已形成原油生产能力450万吨/年，原油加工能力850万吨/年；天然气总资源量3 100亿立方米，占全国的0.77%。吉林省能源生产量远不能满足自身的消费需求，由省外购入能源数量不断增加，比重明显上升。2005年煤炭在一次能源消费总量中所占比重为76%，2005年全省累计净购入能源2 511万吨标准煤，占能源消费总量5 315万吨标准煤的47.2%，能源自给率只有一半左右。

　　吉林省油母页岩储量丰富，初步探明储量为174亿吨，占全国储量的56%，目前已开始建设用油页岩作为燃料的发电站。

　　吉林省具有相对丰富的可再生能源资源，风能资源量为 6 920 万千瓦，风能密度为 60~70 瓦/平方米，具有其他可再生能源无法比拟的优势。据吉林省的风能资源情况，风电场的满发小时数将在 2 000小时以上，"十一五"目标可再生能源装机占总装机的 47%，其中风电 300 万千瓦，水电 432 万千瓦，生物质发电及其他 18 万千瓦。

　　吉林省水资源丰富，可开发水电装机容量 504 万千瓦，占全国资源量的 1.33%。吉林省水电装机不仅比重大，同时还承担东北电网的调峰任务。对于装机容量大于 5 万千瓦以上的水力资源的开发率已达 70% 以上，吉林省地方水电（5 万千瓦以下的水资源）的装机容量为 118.02 万千瓦，年发电量41.87 亿千瓦时，尚具有很大的开发潜力。

第五节　生态保护与生态省建设评价

　　吉林省是中国重要的林业基地。2005 年全省林业用地面积 929.2 万公顷，占全省土地面积的48.6%；森林覆盖率高达 43.2%；活立木总蓄积量 88 413 万立方米，列全国第 6 位；全省林业产值实现 236.0 亿元。长白山区素有"长白林海"之称，是中国六大林区之一。

　　吉林省是我国最早开展生态省建设试点的 8 个省份之一，在生态省建设纲要制定和实施，以及生态省建设指标设置等方面走在其他省的前列。吉林省实施了长白山天然林保护工程和退耕还林工程。到目前为止，累计退耕还林 1193 万亩；全省森林覆盖率达到 43.2%，比 2000 年提高 0.6 个百分点；森林植被、林相结构和生物多样性明显改善。

地
区
篇

第二章 吉林省"十一五"温室气体排放控制目标进展评价

第一节 节能和碳排放控制目标完成情况评价方法

采用目标年实现率累积评价方法，即首先将总目标分解到各年，再根据各年的实际完成情况进行累计，与分解目标进行对比，得出目标是否完成或完成多少的评价结果。具体评价方法如下。

第一步：总目标的分解

$$X = (1+R)^{1/5} - 1 \qquad (2-1)$$

式中：　X 为年平均目标；

　　　　R 为 5 年的总体目标。

第二步：实际完成累计

$$Y = \prod_i (1+T_i) \qquad (2-2)$$

式中：　Y 为实际累计完成情况；

　　　　T_i 为第 i 年实际降低目标，$1 \leqslant i \leqslant 5$。

第三步：累计评价

如果 $Y < (1+X)^i$，则目标完成； $\qquad (2-3)$

如果 $Y > (1+X)^i$，则目标未完成，完成率 $= (1-Y) / [1-(1+X)^i]$。 $\qquad (2-4)$

具体评价对象主要包括温室气体排放控制目标及节能目标。

第二节 节能目标完成情况评价

吉林省"十一五"期间节能目标为：到 2010 年单位 GDP 温室气体排放强度在 2005 年基础上降低 20% 以上，争取达到 30%。如果按 20% 计算，则根据式（2-1），计算得到单位 GDP 能源强度年降低率 X 为 4.36%；如果按 30% 计算，则根据式（2-1），计算得到单位 GDP 能源强度年降低率 X 为 6.89%。

根据吉林省 2005—2009 年公报的单位地区生产总值能耗强度数据（按 2005 年可比价格计算，下同），采用式（2-2）计算得到其"十一五"前四年的累计目标完成情况 Y 为 -17.75%；如果基于单位 GDP 能源强度降低 20% 的目标，根据式（2-3），计算得到四年应累计达到目标为 -16.35%，则评价结果为目标完成。如果基于单位 GDP 能源强度降低 30% 的目标，根据式（2-3），计算得到四年应累计达到目标为 -24.82%，则评价结果为目标未完成，再根据式（2-4）计算得到相应的目标完成率为 71.5%。2005—2009 年吉林省单位地区生产总值能耗强度公报数据见表 2-2。

表 2-2　2005—2009 年吉林省单位地区生产总值能耗强度公报数据

年份	单位 GDP 能耗（吨标准煤/万元）	同比降低（%）	国家同比下降（%）
2005	1.47	—	—
2006	1.42	3.34	1.23

年份	单位 GDP 能耗（吨标准煤/万元）	同比降低（%）	国家同比下降（%）
2007	1.36	4.41	3.66
2008	1.29	5.05	4.59
2009	1.209	6.13	—

第三节　可再生能源发展目标完成情况评价

根据《吉林省"十一五"节能规划》，吉林省可再生能源发展目标为：①到 2010 年风电装机容量达到 83 万千瓦。②新增 150 万千瓦小水电装机容量。③到 2010 年建立 8 座秸秆气化发电站，总装机容量为 1 600 千瓦，年发电总量 1 300 万千瓦时。在此期间，还将建秸秆气化燃气站，供炊事燃气总量约 5 亿立方米。以上项目预计消耗玉米秸秆总量 40 万吨，折合标准煤 20 万吨。④到 2010 年在全省范围内建立大中型沼气示范工程 15 个，届时发电总装机容量约为 350 千瓦，年产燃气 80 万立方米，处理畜禽粪污 15 万吨，折合标准煤 20 余万吨。

截止到 2008 年底，吉林省的风电装机容量已经达到 106.95 万千瓦。在 2007 年 61.23 万千瓦的基础上，一年就新增装机 45.72 万千瓦，提前两年半实现了"十一五"规划的 83 万千瓦的发展目标。

第四节　温室气体排放控制目标完成情况评价

根据《吉林省应对气候变化方案》，吉林省"十一五"期间温室气体排放控制目标为：到 2010 年单位 GDP 二氧化碳排放强度在 2005 年基础上降低 20% 以上，争取达到 30%。如果按 20% 计算，则根据式（2-1），计算得到单位 GDP 碳排放强度年降低率 X 为 4.36%；如果按 30% 计算，则根据式（2-1），计算得到单位 GDP 碳排放强度年降低率 X 为 6.89%。

基于 2005 年和 2008 年吉林省能源平衡表计算得到化石燃料燃烧温室气体排放量为 1.35 亿吨二氧化碳，万元地区生产总值二氧化碳排放强度为 3.73 吨；2008 年化石燃料燃烧温室气体排放量为 1.80 亿吨二氧化碳，万元地区生产总值二氧化碳排放强度为 3.22 吨，同期下降了 13.8%。如果基于单位 GDP 碳排放强度降低 20% 的目标，根据式（2-3），计算得到四年应累计达到目标为 -16.35%，则评价结果为目标未完成，再根据式（2-4）计算得到相应的目标完成率为 84%。如果基于单位 GDP 碳排放强度降低 30% 的目标，根据式（2-3），计算得到四年应累计达到目标为 -24.82%，则评价结果为目标未完成，再根据式（2-4）计算得到相应的目标完成率为 55%。

第五节　吉林省碳排放强度下降的主要驱动因素分析

除了目标完成情况评估之外，吉林省碳排放强度变化背后的主要驱动因素以及它们对碳排放强度下降的贡献作用也是我们评估的一个主要内容。

基于前面所提出的"碳排放强度的因素分解和贡献率评估模型"，运用对数平均迪氏指数法进行近似计算，得到吉林省 2005—2008 年能源消费结构变化、三次产业结构变化、三次产业单位增加值能耗强度变化以及地区人均生产总值变化对单位地区生产总值二氧化碳排放强度变化的贡献作用，见表 2-3。结果表明，2005—2008 年间，促进吉林省碳排放强度下降的最主要贡献因素是第二产业和第三产业单位增加值能耗的大幅度下降，而第二产业比重显著提高以及人均生活用能的快速增长是最大的负贡献因素。此外，我们发现，大幅度提高人均GDP也是降低单位地区生产总值二氧化碳排放强度的一个有效途径。各驱动因素对吉林省2005—2008年间碳排放强度下降的贡献作用见表2-3。

表2-3　各驱动因素对吉林省2005—2008年间碳排放强度下降的贡献作用

指标	2005 年	2008 年	促使碳排放强度变化*（吨二氧化碳/万元）	贡献率（%）
能源结构变化（煤：油：气：零碳能源）	76.9：20.7：1.7：0.6	79.6：16.8：2.4：1.2	0.00	-0.3
三次产业结构变化	17.3：43.7：39.1	12.9：47.3：39.7	0.19	-36.9
第一产业单位增加值能耗**	0.15（吨标准煤/万元）	0.18（吨标准煤/万元）	0.01	-1.79
第二产业单位增加值能耗**	2.37（吨标准煤/万元）	1.92（吨标准煤/万元）	-0.54	106.1
第三产业单位增加值能耗**	0.60（吨标准煤/万元）	0.46（吨标准煤/万元）	-0.15	29.3
人均生活用能	0.22［吨标准煤/（人·年）］	0.32［吨标准煤/（人·年）］	0.16	-30.8
人均生产总值**	13 329（元）	20 507（元）	-0.18	34.3
合计			-0.51	100

注：*负值表示实际下降，相应的贡献率为正；正值表示实际增加，相应的贡献率为负，下同。
　　**地区生产总值按2005年不变价核算，下同。

第三章　吉林省"十二五"二氧化碳
排放强度下降目标研究

　　二氧化碳排放与地区能源消费量和能源消费结构密切相关，前者主要取决于地区社会经济发展趋势和能源技术效率，后者主要取决于地区能源资源禀赋、开发能力以及外部供应条件。

　　为了评估吉林省未来能源需求和二氧化碳排放，本章基于 Excel 构建了一个简单的能源排放评估模型，结合"十二五"和"十三五"期间吉林省主要社会经济发展指标设定，预测了吉林省到 2020 年的能源需求和单位地区生产总值二氧化碳排放变化趋势。

第一节　能源排放评估模型说明

一、一次能源需求量的预估公式

　　模型认为一个地区的能源消费总需求可以分解为三次产业的能源消费需求以及居民生活用能需求，其中第一、第二、第三产业的能源消费驱动因素为经济规模、三产结构以及各产业单位增加值综合能耗强度，而居民生活用能需求的驱动因素为常住人口规模以及人均生活综合能源消费量，从而提出了吉林省一次能源消费需求的预估公式，即式（2-5）：

$$TPEC = \sum_j e_j \times y_j \times Y + e_p \times P \tag{2-5}$$

　　式中：e_j 为第一、第二、第三产业单位增加值综合能耗强度；

　　　　　e_p 为居民生活人均综合能源消费量；

　　　　　Y 为地区生产总值；

　　　　　y_j 为第一、第二、第三产业比重；

　　　　　P 为地区常住人口。

　　第一、第二、第三产业单位增加值综合能耗强度 e_j 以及居民生活人均综合能源消费量 e_p 的核算和预测主要以 2008 年吉林省能源平衡表和人口经济数据为数据基础。课题组基于对能源平衡表的理解，将"终端能源消费"栏目下的"农、林、牧、渔、水利业"终端消费量划为第一产业终端用能，"工业"终端消费量和"建筑业"终端消费量之和划归第二产业终端用能，"交通运输、仓储和邮政业"终端消费量、"批发、零售业和住宿、餐饮业"终端消费量和"其他行业"终端消费量之和划归第三产业终端用能，"生活消费"终端消费量作为居民生活终端用能。从而得到第一、二、三产业以及居民生活分能源品种的终端能源消费量，参考《综合能耗计算通则》（GB/T 2589—2008）并根据吉林省实际"火力发电"和"供热"的投入产出计算电力和热力的等价值折合标准煤系数，可以计算出吉林省第一、二、三产业以及居民生活的综合能源消费量，再除以经济或人口数据可计算出综合能耗强度。

　　结合吉林省各产业能耗强度的变化趋势以及对未来人口经济发展的假设，可以预估其一次能源需求量。

二、二氧化碳排放和碳排放强度计算

根据碳排放量等于活动水平乘以排放因子的通用计算方法，吉林省二氧化碳排放量按下述公式即式（2-6）计算。

$$CO_2 = \sum_i F_i \times E_i = \sum_i F_i \times M_i \times \left(\sum_j e_j \times y_i \times Y + e_p \times P \right) \qquad (2-6)$$

式中：E_i 为分能源品种的一次能源需求，区分为煤炭、石油、天然气、一次电力（水电、风电、核电）以及其他非电可再生能源；

M_i 为 E_i 在地区一次能源消费总量 $TPEC$ 中的比重，主要取决于吉林省能源资源禀赋和能源发展规划；

F_i 为能源品种 E_i 的碳排放系数，同种能源的碳排放系数在 20 年时间范围内可以认为基本不变。本报告对煤的碳排放系数选取 27.0 吨碳/太焦，油为 20.08 吨碳/太焦，天然气为 15.32 吨碳/太焦，并假定可再生能源和核电为零碳排放。

单位地区生产总值碳排放强度等于二氧化碳排放量除以地区生产总值，即有：

$$C_I = \frac{CO_2}{Y} \qquad (2-7)$$

第二节　吉林省"十二五"期间主要经济社会发展指标设定

一、GDP 增长和产业结构

根据吉林省 2000 年以来和"十一五"期间的经济增长趋势，"十二五"期间吉林省仍将采取一系列行之有效的措施，通过经济结构不断改善和产业结构逐步升级，维持国民经济快速增长势头。预计"十二五"和"十三五"期间吉林省地区生产总值将分别保持年均 12% 和 10% 的增长速度，其中第一、第二、第三产业的发展预测见表 2-4 至表 2-6。由表 2-4 可以看出，"十二五"期间以及到 2020 年，吉林省第一产业增加值仍将保持小幅增长速度但相对比重继续降低，为了改善经济结构，吉林省需要加快第三产业发展而适度放慢工业增长速度，从而促进第三产业比重稳步上升，第二产业比重略有下降。尽管如此，工业在吉林省地区生产总值中仍一直占据着主要地位，工业也是吉林省能源消费的主要行业和今后节能领域的重中之重。

表 2-4　吉林省地区生产总值预测（2005 年不变价）　　　　　　单位：亿元

年份	2005	2009	2010	2015	2020
地区生产总值	3 620.27	6 352.71	7 211	12 707	20 465
第一产业增加值	625.61	742.61	774	951	1 156
第二产业增加值	1 580.83	3 097.39	3 612	6 667	10 339
第三产业增加值	1 413.83	2 510.57	2 824	5 090	8 970

表 2-5　吉林省地区生产总值增长速度　　　　　　单位：%

年份	2005—2009	2010—2015	2015—2020
地区生产总值	15.09	12	10
第一产业	4.38	4.2	4

年份	2005—2009	2010—2015	2015—2020
第二产业	18.31	13.0	9.2
第三产业	15.44	12.5	12

表2-6　吉林省地区生产总值构成预测（按2005年不变价核算）　　　　单位:%

年份	2005	2009	2010	2015	2020
第一产业	17.3	11.7	10.7	7.5	5.7
第二产业	43.7	48.8	50.1	52.5	50.5
第三产业	39.1	39.5	39.2	40.1	43.8

二、人口和城市化

由于政府继续对人口增长的控制，预计2008—2020年吉林省人口将一直维持3‰的低速增长水平，2020年达到2834万人。考虑到社会进步和城镇化发展趋势，城乡居民生活质量和水平将不断提高，人均居民生活用能仍将保持较快的增长速度，预计"十二五"和"十三五"期间分别年均增长12%和10%左右，2020年人均居民生活用能需求达到1.15吨标准煤。

第三节　吉林省"十二五"二氧化碳排放预测

结合吉林省经济发展趋势、各产业增加值综合能源消费强度发展趋势以及能源发展趋势，预测了2008—2020年吉林省一次能源需求量和温室气体排放量，预计到2015年吉林省能源需求量约为1.19亿吨标准煤，能源活动相关的二氧化碳排放量达到2.94亿吨，单位地区生产总值能耗比2005年下降36.2%左右，单位地区生产总值二氧化碳排放强度相比2005年约下降37.9%；到2020年吉林省能源需求量约为1.63亿吨标准煤，能源活动相关的二氧化碳排放量达到3.82亿吨，单位地区生产总值能耗比2005年下降45.9%左右，单位地区生产总值二氧化碳排放强度相比2005年约下降50.0%。

一、一次能源需求量[①]

结合吉林省历年能源平衡表（实物量）并根据《综合能耗计算通则》（GB/T 2589—2008）及其推荐的各种能源折合标准煤参考系数，核算了吉林省2000年以来第一、第二、第三产业单位增加值的综合能源消费强度（电力和热力均按等价值法折算成标准量，下同）、单位地区生产总值能耗、人均居民生活能源消费量，并核算了2000—2008年和2005—2008年期间的能耗变化趋势。在此基础上对"十二五"和"十三五"期间的产业能耗变化进行情景设定，结合各产业增加值预期数据即可估算综合能源消费量。根据《综合能耗计算通则》（GB/T 2589—2008），按等价值法核算的第一、第二、第三产业综合能源消费之和（包括生活消费用能）相当于一次能源需求总量，结果见表2-7。

能源结构则参考吉林省水电和风电发展计划、"赤松核电项目规划"进行推测，据此估算吉林省未来各年的能源消费结构。预计"十二五"和"十三五"期间吉林省一次能源需求量年均增长率分别

---

① 本处的一次能源需求主要指商品能源，不包括传统的生物质能。水电、风电、核电等一次电力按电热当量法核算；其他非电可再生能源主要指基于生物质开发的固体、液体、气体燃料。

为7.7%和6.4%，到2020年将达到1.63亿吨标准煤，煤炭仍将是其中的主要来源，但比重到2020年将降到74%左右，石油对能源结构的贡献率也将逐步下降；预计"十二五"和"十三五"期间吉林省天然气消费量将保持18%和13%的较快发展速度，到2020年对能源结构的贡献将达到6%；吉林省风电和水电等可再生能源资源较为丰富，并且已有较好的发展基础，2009年发电量分别达到22.2亿千瓦时和51.8亿千瓦时，未来10年仍将保持快速增长，这也是吉林省改善能源消费结构保障能源供应安全的重要举措之一，2017年后赤松核电机组陆续投产可进一步显著改善吉林省能源结构。

表2-7　吉林省2005—2020年一次能源需求量预测　　　　　　单位：万吨标准煤

年份	2005	2008	2010	2015	2020
煤	4 087	5 775	6 542	9 353	12 060
油	1 102	1 194	1 291	1 571	1 912
天然气	93	168	234	535	986
一次电力（水电、风电、核电）	29	45	107	340	1034
其他非电可再生能源	5	40	45	109	260
一次能源需求量	5 315	7 221	8 220	11 908	16 251

二、化石燃料二氧化碳排放量

根据一次能源需求量及能源消费结构，可计算出吉林省未来的二氧化碳排放量，见表2-8。预计2015年吉林省化石燃料二氧化碳排放量将达到2.94亿吨左右，每万元地区生产总值（2005年不变价）的二氧化碳排放强度为2.32吨，相比2005年水平下降37.9%左右；2020年吉林省化石燃料二氧化碳排放量将达到3.82亿吨左右，每万元地区生产总值（2005年不变价）的二氧化碳排放强度为1.87吨，相比2005年水平下降50.0%左右。

表2-8　吉林省2005—2020年化石燃料二氧化碳排放量

年份	2005	2008	2010	2015	2020
化石燃料二氧化碳排放（万吨二氧化碳）	13 509	18 044	20 765	29 433	38 192
煤（万吨二氧化碳）	11 027	15 245	17 652	25 239	32 543
油（万吨二氧化碳）	2 330	2 525	2 731	3 323	4 043
气（万吨二氧化碳）	151	274	381	872	1 606
一次电力（万吨二氧化碳）	0	0	0	0	0
其他非电可再生能源（万吨二氧化碳）	0	0	0	0	0
单位地区生产总值二氧化碳排放强度（吨二氧化碳/万元，2005年价）	3.73	3.22	2.88	2.32	1.87

第四节　确定吉林省碳排放下降目标的主要依据

对吉林省"十二五"和"十三五"单位地区生产总值二氧化碳排放强度的下降目标，主要是考虑了国家的总体目标，以及吉林省过去的经济社会和能源发展趋势以及未来的预期，参考各方意见并综合权衡后提出的。

首先，在国家能耗强度目标方面，根据我国《节能中长期专项规划》提出的节能目标，2020年全

国每万元 GDP 能耗需在 2010 年基础上大约下降 31.6%[①]；在碳排放强度目标方面，我国已经提出到
2020 年单位 GDP 的二氧化碳排放强度要在 2005 年的基础上下降 40%~45%，非化石能源占一次能源
比重达到 15% 左右[②]，增加 4 000 万公顷的森林面积和 13 亿立方米森林蓄积量等目标。这些目标有望
纳入"十二五"和"十三五"的国民经济和社会发展规划，其中 GDP 能耗强度和碳排放强度目标很
可能作为约束性指标分解到各个省和地方政府组织实施，并将制定相应的国内统计、监测、考核办法。
对比"十一五"期间，吉林省在单位地区生产总值能耗强度和碳排放强度方面提出的下降目标均赶先
全国一步，并且其实际的下降进度也略好于全国平均水平。然而，到 2008 年底，吉林省无论能耗强度
还是碳排放强度对比全国基准还有不少的差距需要追赶，因此"十二五"和"十三五"期间，吉林省
仍然有必要制定超出全国目标的能耗强度和碳排放强度下降目标。吉林省和全国在能耗强度和碳排放
强度上的变化比较见表 2-9。

表 2-9　吉林省和全国在能耗强度和碳排放强度上的变化比较

指标	单位	全国	吉林
人均 GDP	元（2005 年不变价）	18 978	13 329
GDP 能耗强度	吨标准煤/万元	1.12	1.29
"十一五" GDP 能耗强度下降目标	%	20	22
2005—2008 年 GDP 能耗强度实际下降	%	12.5	12.3
GDP 碳排放强度	吨二氧化碳/万元	2.75	3.22
"十一五"碳排放强度下降目标	%	—	>20
2005—2008 年碳排放强度实际下降	%	10.8	13.8

　　从既往的成绩看，过去十年来吉林省单位地区生产总值能耗和碳排放强度保持了较快的下降趋
势。吉林省"十一五"期间吉林省万元地区生产总值（2005 年不变价，下同）能耗从 2005 年的
1.47 吨标准煤，降到 2008 年的 1.29 吨标准煤，年均下降 4.27%，预期"十一五"末吉林省万元
地区生产总值能耗下降幅度能够超出全国平均 20% 的既定目标，2010 年相比 2005 年水平下降 22%
而降至 1.14 吨标准煤，届时吉林省单位地区生产总值能耗仍然稍高于全国平均水平；至于"十二
五"规划有望新纳入的碳排放强度指标，根据吉林省能源平衡表初步测算，吉林省万元地区生产总
值二氧化碳排放强度 2005 年为 3.73 吨，2008 年为 3.22 吨，年均下降率约为 4.8%，略高于同期万
元地区生产总值能耗的下降幅度，这是因为另一个贡献因素——能源结构的整体改善，也有助于降
低碳排放强度。

　　展望吉林省今后 10 年的能源经济发展情景，我们认为吉林省单位地区生产总值能耗和碳排放强度
仍将保持领先于全国平均水平的下降趋势。基于吉林省 2000—2008 年期间第一、第二、第三产业单位
增加值综合能耗变化趋势的分析，我们对吉林省"十二五"和"十三五"期间各产业能耗强度变化进
行了合理假设（见表 2-10），据此预估了未来各年的产业能耗强度（见表 2-11），结合吉林省主要
经济社会发展趋势，可以估算吉林省能源需求总量和地区生产总值能耗情况。结果表明，吉林省万元
地区生产总值能耗"十二五"和"十三五"期间分别有望下降 17.8% 和 15.3% 左右，到 2020 年将降
至 0.79 吨标准煤，相比 2010 年 1.14 吨标准煤的能耗水平下降 30.3%，相比 2005 年 1.47 吨标准煤的
能耗水平下降 45.9% 左右。

　　对吉林省碳排放强度变化的分析还须进一步预估未来能源消费结构的变化。结合吉林省今后 10 年
的可再生能源和核电发展计划，并假设"十二五"和"十三五"期间吉林省天然气消费量将保持 18%
和 13% 的较快发展速度，同时石油年均增长保持 4% 左右，则可以预测吉林省的煤炭需求量（见

---

① 按 1990 年不变价算，万元 GDP 标准煤耗从 2010 年的 2.25 吨下降到 2020 年的 1.54 吨，下降率为 31.5%。
② 我国政府表述的可再生能源目标习惯于按火力发电标准煤耗折算，与国际能源机构编制能源平衡表所采用的约定不同。

表 2-7），结合各种能源的潜在碳排放系数，我们估算了吉林省未来各年的能源活动二氧化碳排放以及相应的单位地区生产总值二氧化碳排放强度。结果表明，吉林省单位地区生产总值二氧化碳排放强度"十二五"和"十三五"期间分别有望下降 19.6% 和 19.4%，到 2020 年将降至 1.87 吨左右，比2005 年水平下降 50.0% 左右。

表 2-10   吉林省能源经济指标不同时段变化率预测（基于 2005 年不变价）   单位:%

分类	2000—2008 年	2005—2008 年	2010—2015 年	2015—2020 年
第一产业	-3.65	5.35	5.0	4.0
第二产业	-4.65	-6.8	-5.5	-4.0
第三产业	-3.55	-8.76	-5.0	-3.0
人均生活用能	8.62	14.11	12.0	10.0
单位地区生产总值能耗强度	-3.60	-4.27	-3.84	-3.25

表 2-11   各产业增加值能源消费强度

分类	2005 年	2008 年	2010 年	2015 年	2020 年	2015 年比 2010 年	2020 年比 2015 年	2020 年比 2005 年
第一产业（吨标准煤/万元）	0.15	0.18	0.20	0.25	0.31	27.6%	21.7%	98.2%
第二产业（吨标准煤/万元）	2.37	1.92	1.60	1.20	0.98	-24.6%	-18.5%	-58.6%
第三产业（吨标准煤/万元）	0.60	0.46	0.41	0.32	0.28	-22.6%	-14.1%	-54.9%
人均生活用能（吨标准煤/人）	0.22	0.32	0.41	0.71	1.15	76.2%	61.1%	424%
单位地区生产总值能耗强度（吨标准煤/万元）	1.47	1.29	1.14	0.94	0.79	-17.8%	-15.3%	-45.9%

第五节   目标及主要任务

一、万元地区生产总值能耗目标

到 2015 年，万元地区生产总值（2005 年不变价，下同）能耗降至 0.94 吨标准煤，相比 2005 年下降 36%；到 2020 年，万元地区生产总值能耗降至 0.79 吨标准煤，相比 2005 年下降 45%。

二、万元地区生产总值二氧化碳排放目标

到 2015 年，万元地区生产总值（2005 年不变价，下同）二氧化碳排放降至 2.32 吨，相比 2005 年下降 37%；到 2020 年，万元地区生产总值二氧化碳排放降至 1.87 吨，相比 2005 年下降 50%。

三、主要任务

2015 年，吉林省煤炭消费总量控制在 9 500 吨标准煤左右，可再生能源发电量达到 270 亿千瓦时，天然气占一次能源消费量的比重在 2005 年基础上增加 2.7 个百分点；2020 年煤炭消费总量控制在12 000万吨标准煤左右，核电和可再生能源发电量达到 840 亿千瓦时，天然气占一次能源消费量的比重在 2005 年基础上增加 4.3 个百分点。

第四章　吉林省实现"十二五"碳排放强度
下降目标途径分析

众所周知，优化产业结构、提高能源效率、积极发展零碳或低碳能源以及减少毁林是一个国家或地区控制二氧化碳排放的主要途径，从增强碳吸收汇的角度出发，还应当加强生态保护和生态建设，努力增加森林和土壤碳汇。此外，课题组通过评估吉林省 2005—2008 年间碳排放强度下降 13.8% 的过程中主要驱动因子的贡献作用，发现除上述措施之外，努力控制生活用能增长、积极发展人均 GDP 也是降低单位地区生产总值二氧化碳排放强度的有效途径。本节分析了吉林省如果要实现"十二五"单位地区生产总值二氧化碳排放强度比 2005 年下降 37% 的目标，上述途径的贡献作用以及对目标实现的敏感性，从而为政策制定者提供进一步的决策信息。

第一节　分析方法

一、卡亚（Kaya）恒等式和分解分析方法

1990 年日本能源经济学家 Yoichi Kaya 在分析二氧化碳排放控制对经济增长的影响时通过等式恒等变换将二氧化碳排放量表示为 4 个主要驱动因子的乘积，即有：

$$CO_2 \equiv \frac{CO_2}{TPEC} \times TPEC \times \frac{Y}{P} \times P = F \times I \times A \times P \tag{2-8}$$

式（2-8）被称为卡亚恒等式，它主要适用于能源活动相关的二氧化碳排放分析。

其中：P、Y、$TPEC$ 分别代表该国的国内人口总量，地区生产总值以及一次能源消费总量；$\frac{CO_2}{TPEC}$ 表示单位能源消费的碳排放系数 F，和能源消费结构密切相关；即为地区人均生产总值 A，反映该地区/国家的富裕程度；$\frac{TPEC}{Y}$ 为单位地区生产总值能耗强度 I，它取决于该地区/国家技术水平、经济产业结构、能源结构等多种因素的综合作用。

借助数学微积分原理，卡亚恒等式可以用来分析从时间 t 到 $t+1$ 期间人口、人均生产总值、能源碳排放系数以及单位地区生产总值能耗强度的变化对二氧化碳排放量变化 $\Delta CO_{2t+1,t}$ 的各自贡献：

$$\Delta CO_{2t+1,t} = CO_2(t+1) - CO_2(t) = \int_t^{t+1} \frac{dCO_2}{d\tau} d\tau = \int_t^{t+1} \frac{\partial(P \times A \times I \times F)}{\partial \tau} d\tau$$

$$= \int_t^{t+1} (A \times I \times F \times \frac{\partial P}{\partial \tau} + P \times I \times F \times \frac{\partial A}{\partial \tau} + P \times A \times F \times \frac{\partial I}{\partial \tau} + P \times A \times I \times \frac{\partial F}{\partial \tau}) d\tau$$

$$= \int_t^{t+1} (P \times A \times I \times F \times \frac{\partial \ln P}{\partial \tau}) d\tau + \int_t^{t+1} (P \times A \times I \times F \times \frac{\partial \ln A}{\partial \tau}) d\tau + \int_t^{t+1} (P \times A \times I \times F \times \frac{\partial \ln I}{\partial \tau} d\tau$$

$$+ \int_t^{t+1} (P \times A \times I \times F \times \frac{\partial \ln F}{\partial \tau}) d\tau$$

$$= \int_t^{t+1} CO_2 \times (\frac{\partial \ln P}{\partial \tau} + \frac{\partial \ln A}{\partial \tau} + \frac{\partial \ln I}{\partial \tau} + \frac{\partial \ln F}{\partial \tau}) d\tau \tag{2-9}$$

上述通过恒等变换和微积分变化得到的公式在数学意义上都是完整而准确的，但在实际应用上，完

成上述公式微积分计算所需的数据几乎不可能得到。通常,我们只能得到 P、Y、$TPEC$、A、I、F 等参数在时间系列上的离散数据,它们的时间函数和导数几乎无法得知。因此,实践应用中,通常要借助各种加权方法对式(2-9)右侧积分各子项进行近似计算,其中对数平均迪氏指数法(logarithmic mean divisia index,LMDI)因简单明了、结果稳健且无残差在最近十年来备受推崇(Ang, 2004; Muller, 2007),即有:

$$
\begin{aligned}
\Delta CO_{2t+1,t} &= \int_{t}^{t+1} CO_2 \times \left(\frac{\partial \ln P}{\partial \tau} + \frac{\partial \ln A}{\partial \tau} + \frac{\partial \ln I}{\partial \tau} + \frac{\partial \ln F}{\partial \tau} \right) d\tau \\
&= L(CO_{2t+1}, CO_{2t}) \times [\ln(P_{t+1}) - \ln(P_t)] + L(CO_{2t+1}, CO_{2t}) \times [\ln(A_{t+1}) - \ln(A_t)] + \\
&\quad L(CO_{2t+1}, CO_{2t}) \times [\ln(I_{t+1}) - \ln(I_t)] + L(CO_{2t+1}, CO_{2t}) \times [\ln(F_{t+1}) - \ln(F_t)] \\
&= \Delta CO_{2P-effect} + \Delta CO_{2A-effect} + \Delta CO_{2I-effect} + \Delta CO_{2F-effect}
\end{aligned}
\tag{2-10}
$$

其中函数 $L(x, y)$ 定义为:$L(x, y) = (x - y)/(\ln x - \ln y)$。

式(2-10)表明一个国家/地区在某个时间段的二氧化碳排放量变化可以分解为4个驱动因子各自变化产生的贡献,其中 $\Delta CO_{2P-effect}$ 代表因人口量变化引起的二氧化碳排放量变化贡献;$\Delta CO_{2A-effect}$ 代表因地区人均生产总值变化引起的二氧化碳排放量变化贡献;$\Delta CO_{2I-effect}$ 代表因地区生产总值能耗强度变化引起的二氧化碳排放量变化贡献;$\Delta CO_{2F-effect}$ 代表因能源结构变化引起的碳排放系数变化对二氧化碳排放量的变化贡献。

二、碳排放强度的因素分解和贡献率评估模型

参考卡亚公式的恒等变换并进行扩展,课题组将二氧化碳排放的影响因素扩展到能源消费结构变化和三次产业结构变化,并进而推论出单位地区生产总值二氧化碳排放强度 C_I 的驱动因素式,即式(2-12)。

$$
CO_2 = \sum_i F_i \times E_i = \sum_i F_i \times M_i \times TPEC = \sum_i F_i \times M_i \times \left(\sum_j e_j \times y_j \times Y + e_p \times P \right)
\tag{2-11}
$$

$$
C_I = \frac{CO_2}{Y} = \sum_i \sum_j F_i \times M_i \times e_j \times y_j + \sum_i \frac{F_i \times M_i \times e_p}{A}
\tag{2-12}
$$

式中:F_i 为能源品种 E_i 的碳排放系数,同种能源的碳排放系数在20年时间范围内可以认为基本不变。本报告对煤的碳排放系数选取27.0吨碳/太焦,油为20.08吨碳/太焦,天然气为15.32吨碳/太焦,并假定可再生能源和核电为零碳排放。

M_i 为 E_i 在地区一次能源消费总量 $TPEC$ 中的比重。

y_j 为地区生产总值 Y 在第一、第二、第三产业中的比重。

e_j 为第一、第二、第三产业单位增加值综合能耗强度。

e_p 为居民生活人均综合能源消费量。

A 为地区人均生产总值。

在式(2-12)的基础上,利用数学微积分原理,可以推出从时间 t 到 $t+1$ 期间能源消费结构变化、三次产业结构变化、三次产业单位增加值能耗强度变化以及地区人均生产总值变化对单位地区生产总值二氧化碳排放强度变化 $\Delta C_{It+1,t}$ 的贡献,见式(2-13):

$$
\begin{aligned}
\Delta C_I &= \sum_i \sum_j \int_{t}^{t+1} F_i \times M_i \times e_j \times y_j \times \left(\frac{\partial \ln F_i}{\partial \tau} + \frac{\partial \ln M_i}{\partial \tau} + \frac{\partial \ln e_j}{\partial \tau} + \frac{\partial \ln y_j}{\partial \tau} \right) d\tau + \\
&\quad \sum_i \int_{t}^{t+1} \frac{F_i \times M_i \times e_p}{A} \times \left(\frac{\partial \ln F_i}{\partial \tau} + \frac{\partial \ln M_i}{\partial \tau} + \frac{\partial \ln e_p}{\partial \tau} + \frac{\partial \ln A^{-1}}{\partial \tau} \right) d\tau \\
&= \sum_i \sum_j \int_{t}^{t+1} F_i \times M_i \times e_j \times y_j \times \frac{\partial \ln M_i}{\partial \tau} d\tau + \sum_i \int_{t}^{t+1} \frac{F_i \times M_i \times e_p}{A} \times \frac{\partial \ln M_i}{\partial \tau} d\tau + \\
&\quad \sum_i \sum_j \int_{t}^{t+1} F_i \times M_{i \times e_i} \times y_i \times \frac{\partial \ln e_j}{\partial \tau} d\tau + \sum_i \sum_j \int_{t}^{t+1} F_i \times M_{i \times e_i} \times y_j \times \frac{\partial \ln y_j}{\partial \tau} d\tau + \\
&\quad \sum_i \int_{t}^{t+1} \frac{F_i \times M_i \times e_p}{A} \times \frac{\partial \ln e_p}{\partial \tau} d\tau + \sum_i \int_{t}^{t+1} \frac{F_i \times M_i \times e_p}{A} \times \frac{\partial \ln A^{-1}}{\partial \tau} d\tau
\end{aligned}
\tag{2-13}
$$

实际在计算各驱动因素变化对单位地区生产总值二氧化碳排放强度变化 $\Delta C_{h+1,t}$ 的贡献时，运用对数平均迪氏指数法对式（2-13）进行近似计算。

此外，课题组还基于所构建的能源排放评估模型，分析了其中一些关键指标在假设上正负变化 1 个单位时对吉林省碳排放强度下降的敏感性。

第二节　结构调整的作用分析

按照课题组的预期，"十二五"吉林省 12% 的 GDP 增长速度仍主要依赖于工业增长来拉动，从而吉林省第二产业比重将明显上升。预计吉林省三次产业结构将从 2005 年的 17.3∶43.7∶39.1 调整到 2015 年的 7.5∶52.5∶40.1，整体上对吉林省实现 2015 年单位地区生产总值碳排放强度下降目标的贡献作用为负的 24.1%。

敏感性分析方面，在维持吉林省"十二五"期间 12% 的地区 GDP 增长速度不变的情况下，如果第三产业年均增长速度每提高 1 个百分点，相应地使第二产业年均增长速度下降 0.8 个百分点，则可以使 2015 年一次能源需求量下降 207 万吨标准煤，最终使 2015 年单位地区生产总值能耗强度相对下降 1.7%，使 2015 年单位地区生产总值碳排放强度相对下降 1.9%。

敏感性分析说明，吉林省由于所处的发展阶段制约，在完成工业化之前产业结构很难得到明显的改善，因此不能期望"十二五"期间的结构调整对单位地区生产总值碳排放强度带来实际性的下降作用。但调整产业结构，抑制第二产业过快增长、积极发展第三产业，对确保通过其他途径完成吉林省单位地区生产总值能耗和碳排放强度下降目标具有至关重要的作用。

同时，值得说明的是，上述分析所针对的结构调整仅限指三次产业之间的结构变化。而对于工业内部不同行业之间的比例调整以及产业优化升级所带来的贡献作用，本节在后文的分析中将其归入到"能效和节能"作用中统一考虑。

第三节　能效和节能的作用分析

综合对照吉林省 2000 年以来和"十一五"期间的三次产业能耗变化趋势，课题组预期"十二五"期间吉林省第二产业单位增加值能耗和第三产业单位增加值能耗将分别年下降 5.5% 和 5.0% 左右，对吉林省实现 2015 年单位地区生产总值碳排放强度下降目标的贡献作用分别为 98.3% 和 20.1%。而第一产业单位增加值能耗年均增长 5% 左右，对吉林省实现 2015 年单位地区生产总值碳排放强度下降目标的贡献作用为负的 1.9%。另外，吉林省人均生活用能量将年均增长 12% 左右，对吉林省实现 2015 年单位地区生产总值碳排放强度下降目标的贡献作用为负的 33.5%。从而整体上吉林省万元地区生产总值能耗预期年均下降 3.84% 左右，对吉林省实现 2015 年单位地区生产总值碳排放强度下降目标的贡献作用为 83%。

敏感性分析方面，"十二五"期间吉林省第二产业单位增加值能耗下降速度每加快 1%，则可使 2015 年一次能源需求量下降 417 万吨标准煤，最终使 2015 年单位地区生产总值能耗强度相对下降 3.5%，使 2015 年单位地区生产总值碳排放强度相对下降 3.8%；第三产业单位增加值能耗下降速度每加快 1%，则可使 2015 年一次能源需求量下降 82 万吨标准煤，最终使 2015 年单位地区生产总值能耗强度相对下降 0.69%，将使 2015 年单位地区生产总值碳排放强度相对下降 0.75%；而如果第一产业单位增加值能耗增长速度每提高 1 个百分点，将使 2015 年一次能源需求量增加 12 万吨标准煤，最终使 2015 年单位地区生产总值能耗强度和碳排放强度分别相对上升 0.1%。另外，如果吉林省人均生活用能需求增长速度每加快 1 个百分点，将使 2015 年一次能源需求量增加 100 万吨标准煤，最终使 2015 年单位地区生产总值能耗强度相对上升 0.84%，将使 2015 年单位地区生产总值碳排放强度相对上升 0.92%。

分析表明，提高能效和节约能源是吉林省实现"十二五"单位地区生产总值碳排放强度下降目标的根本途径，这其中最关键的是努力提高第二产业的能源使用效率，降低其单位产出的能源消费强度，其次是控制人均生活用能过快增长以及进一步提高第三产业的能源使用效率。预期农业向机械化和现代化发展将促使第一产业单位增加值能耗稳步上升，但对吉林省单位地区生产总值碳排放强度影响十分有限。

第四节　新能源与可再生能源的作用分析

参考吉林省可再生能源资源状况和水电、风电、生物质能发展计划，课题组预期 2015 年吉林省水电装机达到 450 万千瓦，风电装机达到 1 000 万千瓦，分别按年利用小时数 1 700 小时和 2 000 小时核算，年发电量分别为 76.5 亿千瓦时和 200 亿千瓦时，折合标准煤 94 万吨和 246 万吨；同期吉林省生物质能源利用量①约 110 万吨标准煤，届时新能源和可再生能源合计占到一次能源消费量的 3.77%。此外，课题组预期"十二五"期间吉林省天然气消费量将保持 18% 的较快发展速度，到 2015 年对能源结构的贡献将达到 4.5%。通过积极发展新能源和可再生能源以及天然气，2015 年吉林省煤：油：气：零碳能源的消费比重将从 2008 年的 79.6%：16.8%：2.4%：1.2% 调整到 78.6%：13.2%：4.5%：3.8%。但相比 2005 年 76.9%：20.7%：1.7%：0.6% 的能源消费结构，吉林省积极发展新能源与可再生能源的成果并不能大幅度降低单位能源的碳排放系数，从而对吉林省实现 2015 年单位地区生产总值碳排放强度下降目标的贡献作用只有 6.2%。

敏感性分析方面，如果 2015 年吉林省水电发电量每提高 10%，将使 2015 年单位地区生产总值碳排放强度相对下降 0.09%；如果 2015 年吉林省风力发电量每提高 10%，将使 2015 年单位地区生产总值碳排放强度相对下降 0.23%；如果 2015 年吉林省生物质能源利用量每提高 10%，将使 2015 年单位地区生产总值碳排放强度相对下降 0.10%。此外，如果"十二五"期间吉林省天然气消费量年增长速度每加快 1 个百分点，将使 2015 年单位地区生产总值碳排放强度相对下降 0.12%。

分析表明，吉林省受能源资源制约，水电装机增长速度甚至赶不上能源需求增长速度，风电和新能源虽然保持高速增长但前期基数较小，"以煤为主"的能源结构调整不可能一蹴而就。尽管积极发展新能源与可再生能源对吉林省实现 2015 年单位地区生产总值碳排放强度下降目标的贡献作用只有 6.2%，但持之以恒可以发挥显著成效，其中坚持到 2020 年对吉林省实现"十三五"单位地区生产总值碳排放强度比 2005 年下降 50% 目标的贡献作用将达到 11.8%。

第五节　生态保护的作用分析

鉴于我国公布的到 2020 年单位 GDP 二氧化碳排放强度比 2005 年下降 40%～45% 的目标很可能仅限于化石燃料燃烧相关的二氧化碳排放，如果仅从完成碳排放强度下降目标的功利性出发，加强生态保护对完成碳排放强度下降这个约束性指标的贡献作用为零。

但是，我国公布的减缓气候变化行动目标除了降低单位 GDP 二氧化碳排放强度之外，还包括 2020 年在 2005 年基础上增加 4 000 万公顷的森林面积和 13 亿立方米森林蓄积量的雄心勃勃的碳汇行动目标。吉林省作为我国重要的林业基地，以及最早开展生态省建设试点的 8 个省份之一，需要进一步加强植树造林、封山育林、退耕还林还草以及森林资源管理等措施，为实现我国 2020 年碳汇行动目标做出应有贡献。

---

① 主要指玉米秸秆生产燃料乙醇、气化和发电以及大型养殖场沼气。

第五章 吉林省"十二五"低碳发展的重点领域及相关需求分析

第一节 结构调整领域

产业结构调整可分为三个层面：一是在三次产业中降低第二产业的比重，提高第三产业的比重；二是调整工业部门内部不同行业之间的比例关系，提高新兴产业的比重，降低重化工工业的比重；三是改造提升各高耗能行业的技术工艺水平，促进产业优化升级。

吉林省调整三次产业结构的重点应是大力发展第三产业，特别是信息化产业、生产和生活服务业以及旅游业，包括信息传播、计算机软件开发和服务、高端金融、现代物流、现代会展、高技术研发、水利和环境管理、社会保障以及旅游业等多个方面，使之适应工业化、现代化进程。

吉林省工业内部结构调整的重点为：以汽车和石油化工等主导产业为核心，活化现有产能、提高技术层次，同时向下游产品深加工和产品多样化发展，积极开发培育下游产业、关联产业和周边产业，从制造初级产品的产业占优势向制造中间产品、最终产品的产业占优势演进。大力发展高技术含量、高附加值、低耗能的高新技术产业，包括新能源、医药和生物制药以及电子信息设备等高端产业；巩固和振兴第一产业，以大农业观念积极发展农、林、牧、副、渔业，努力开发优质高效农畜产品。

第三层次的结构调整是提升各行业的技术工艺水平，主要靠技术进步和"上大压小"来实现。工业化过程本身就是一个技术进步和产业优化升级的过程，鉴于我国企业规模通常小而分散，促进企业重组和产业聚集、发挥规模效益，对加快工业化过程中的技术进步和控制温室气体排放具有特别重要的作用，"十一五"期间的"上大压小"政策是解决这一问题的重要措施。"十二五"仍需以"上大压小"为主，通过设备更替，加快淘汰电力、钢铁、建材、电解铝、铁合金、电石、焦炭、煤炭、平板玻璃等行业的落后产能；而"十三五"则应重点关注产业结构和工业内部结构调整。

第二节 能效提高领域主要技术与资金需求分析

基于吉林省目前所处的工业化快速发展阶段及其所带来的能源供应安全和生态环境压力，课题组建议吉林省应制定 2015 年单位地区生产总值能耗强度相比 2005 年下降 36%，2020 年下降 45% 左右的目标。即使按这个目标，在 GDP 年均增长 12% 的情况下，2015 年能源需求总量也将达到 1.19 亿吨标准煤，其中 79% 左右仍需通过煤炭来满足，因此吉林省未来面临的能源供应、能源安全及生态环境压力非常巨大，继续强化"节能减排"是其实施社会经济可持续发展的必然选择。

人们通常认为，实现节能的途径包括结构节能、技术节能和管理节能三项。其中结构节能就是通过优化三次产业结构、降低重工业和高耗能产业比重以及产业优化升级来提高单位能源的 GDP 产出效率；技术节能则是通过推广运用高效节能新技术来提高能源开发和使用效率，降低主要工业产品能耗；管理节能则是指通过加强能源制度建设和管理来实现能源节约。三者之间并无严格的区分界限，各自对我国过去节能成就的贡献大小也尚没有形成定论。但多数专家认为，结构节能的贡献率在 2/3 左右，技术节能的贡献约占 1/3。有关吉林省的结构调整在上节已经有过论述。技术节能则主要通过"上大压小"和"十大节能工程"来实现。

"上大压小"应以电力、钢铁、水泥、焦炭等高耗能行业为工作重点，其中电力行业关停范围包括：单机容量5万千瓦以下的常规火电机组；运行满20年、单机容量10万千瓦级以下的常规火电机组；按照设计寿命服役期满、单机20万千瓦以下的各类机组；供电标准煤耗高、未达到环保排放标准和其他应予关停的机组。同时不再新上小火电项目，规划新建火电项目，都要尽可能采用60万千瓦及以上超临界、超超临界机组。钢铁行业重点关停工艺落后、能耗较高的小炼铁与小炼钢。水泥行业重点关停技术相对落后的小立窑及其他类型的小水泥生产设备。炼焦行业重点关停土焦和小机焦等落后设备。

"十大重点节能工程"指燃煤工业锅炉（窑炉）改造工程、区域热电联产工程、余热余压利用工程、节约和替代石油工程、电机系统节能工程、能量系统优化工程、建筑节能工程、绿色照明工程、政府机构节能工程，以及节能监测和技术服务体系建设工程。

（1）燃煤工业锅炉（窑炉）改造工程工作重点为：采用新型高效锅炉房系统更新、替代低效锅炉；通过集成现有先进技术，改造现有锅炉房系统；建设区域锅炉专用煤集中配送加工中心；采用新型技术改造钢铁、石灰、砖瓦等高耗能行业的工业窑炉。

（2）区域热电联产工程工作重点为：扩大集中供热范围，用热电联产集中供热为主的方式替代城市燃煤供热小锅炉。燃煤热电厂发展20万千瓦以上的大型供热机组，城市附近的30万千瓦以下纯凝汽发电机组改为供热机组等。

（3）余热余压利用工程工作重点为：在冶金行业推广干法熄焦、高炉炉顶压差发电、纯烧高炉煤气锅炉等先进技术；在有色金属行业推广烟气废热锅炉及发电装置、窑炉烟气辐射预热器和废气热交换器等技术；在煤炭行业推广瓦斯抽采技术和瓦斯利用技术；在建材行业推广水泥纯低温余热发电技术，综合低能耗熟料烧成技术与装备，回转窑等节能改造技术，玻璃余热发电装置，吸附式制冷系统，推广全保温富氧、全氧燃烧浮法玻璃熔窑；在化工行业推广焦炉气化工、发电、民用燃气，独立焦化厂焦化炉干熄焦，节能型烧碱生产技术，纯碱余热利用，密闭式电石炉，硫酸余热发电等技术；在纺织、轻工等其他行业推广供热锅炉压差发电等余热、余压、余能的回收利用，鼓励集中建设公用工程以实现能量梯级利用。

（4）节约和替代石油工程工作重点为：在公路运输方面推广高效节油汽油机和柴油机生产技术，整车轻量化技术，电力电子传动系统等。并开发生产燃气汽车及专用发动机、混合动力汽车的电池、发动机。在铁路运输方面对牵引变电所进行节能改造，加快铁路电气化改造；引进、开发、推广高效交直交电力机车，实施内燃机车节油工程等。在城市公共交通方面大力发展直线电机轨道交通和大运量快速公共汽车系统，推动智能交通系统的发展。在水路运输方面实现船舶大型化、规范化，改善燃油品质，提高船舶运输组织管理水平。在电力行业对燃油发电机组进行洁净煤或天然气替代示范改造，依法关闭规模小、技术落后的燃油发电机组。在石油石化行业推广采油系统优化配置技术，稠油热采配套节能技术，放空天然气和伴生石油气回收利用技术，油气密闭集输综合节能技术等，降低油田自用油率。在建材行业推广玻璃熔窑富氧或全氧燃烧技术，对大中型建材企业进行节代油改造。

（5）电机系统节能工程工作重点为：对高耗电中小型电机及风机、泵类系统的更新改造及定流量系统的合理匹配。对大中型变工况电机系统进行调速改造，推广变频调速、永磁调速等先进电机调速技术，以先进的电力电子技术传动方式改造传统的机械传动方式，改善风机、泵类电机系统调节方式，逐步淘汰闸板、阀门等机械节流调节方式，并推广软启动装置、无功补偿装置、计算机自动控制系统等。设备更新改造的重点是大型水利排灌设备、电机总容量10万千瓦以上大型企业，以及20万千瓦以上火电企业。

（6）建筑节能工程工作重点为：新建建筑全面严格执行50%节能标准；采用新技术、节能建材、节能设施，建设低能耗、超低能耗及绿色建筑，通过严格监管，使节能设计标准得以切实实施；采用新技术对既有建筑的采暖、空调、热水供应、电气、炊事等方面进行改造；启动和实施供热体制改革，推行热表计量收费制；开展再生能源技术城市级示范活动；发展节能利废建材、聚氨酯、聚苯乙烯、矿物棉、玻璃棉等的新型墙材及建设节能建材产业化基地。

（7）绿色照明工程工作重点为：进行节能灯生产技术设备改造，采用大宗采购、电力需求侧管理、合同能源管理和质量承诺等市场机制和财政补贴激励机制，推广高效照明产品；采用半导体（LED）灯改造大中城市交通信号灯系统，开展在景观照明中应用 LED 的示范。

（8）能量系统优化工程工作重点为：对炼油企业进行系统节能改造，包括炼油生产全厂能量系统优化、催化裂化过程能量优化等；对乙烯企业进行系统节能改造，包括乙烯生产全厂能量系统优化、乙烯裂解炉节能优化等；在合成氨生产方面采用原料路线优化，应用各种新技术对合成氨生产装置进行节能示范改造；在钢铁生产方面建立钢铁生产能源管理中心、炼铁高炉专家操作系统、高效连铸连轧系统等节能工程。

（9）政府机构节能工程工作重点为：对既有建筑围护结构、中央空调、采暖、照明和用电设备等进行节能改造，实现用电系统整体优化，开展新技术、新能源和可再生能源应用试点，扩大可再生能源使用范围；逐步压缩公务车辆规模，推动公务用车改革，加强公务用车的日常管理；此外，还包括推行节能产品政府采购，新建建筑节能评审和全过程监控，建立政府机构能耗统计体系。

（10）节能监测和技术服务体系建设工程工作重点为：节能监测（监察）中心严格执行节能检测规范和能效标准的技术要求，更新改造节能监测仪器和设备。开展重点耗能企业能源审计。实施能效标识备案及国家监管机制，提高有效监管的能力。推广合同能源管理等市场化机制，提高节能技术服务中心的服务水平和市场竞争力。相关节能技术需求见表 2–12。

表 2–12　吉林省"十二五"节能技术需求

结构调整	产业结构调整	计算机软件开发技术、现代金融服务和管理技术等
	工业部门内部结构调整	高效节能型工业通用设备和专用设备生产技术、自控设备和精密仪器/机械制造技术、现代制药技术、高速铁路机车生产技术、电动汽车/燃料电池汽车等新型动力及替代燃料技术、大容量/远距离/安全经济输电技术、煤炭地下气化技术等
	"上大压小"	大容量燃气—蒸汽联合循环发电和燃气轮机调峰发电技术、50 万千瓦以上大型混流或水轮机发电技术、低热值燃料的循环流化床锅炉发电技术、熔融还原/直接还原炼铁技术、水泥大型窑外分解新型干法窑生产技术、大型优质浮法玻璃生产技术等
十大节能工程	燃煤工业锅炉（窑炉）改造工程	新型高效工业锅炉和锅炉房系统技术、应用洁净煤与优质生物型煤替代原煤锅炉技术、高效节能工业窑炉系统技术等
	区域热电联产工程	热电联产技术、热/电/冷三联产发电技术
	余热余压利用工程	工业企业余热余压利用技术、工业窑炉余热利用技术、钢铁生产过程节能和流程型工业余热利用技术、有色金属冶炼节能技术等
	节约和替代石油工程	清洁燃料及节约和替代石油技术、船舶自控技术
	电机系统节能工程	高效节能电机技术、稀土永磁电机技术、变频调速技术、高效风机/泵/压缩机/高效传动系统等节能技术
	能量系统优化工程	工业窑炉生产过程自动控制与检测系统技术、高耗能行业先进成套控制技术、企业能量系统优化技术等
	建筑节能工程	建筑物供热系统节能技术、建筑物保温/新型墙材/隔热材料和技术、太阳能光热/光电建筑一体化应用技术和设备、千层地热能/污水热泵技术和设备、节能门窗及玻璃幕墙（含空气幕墙）技术、集中空调/制冷高效节能技术等
	绿色照明工程	新型高效电光源产品生产技术
	政府机构节能工程	参考建筑节能、绿色照明等部分
	节能监测和技术服务体系建设工程	节能监测（检测）技术和数据处理分析系统

地

区

篇

　　吉林省"十二五"节能投资需求：为实现2015年与2005年相比单位地区生产总值能耗强度下降36%的目标，如果按年平均12%的GDP增长速度计算，"十二五"期间在2010年能耗水平上还应当累计实现2 068万吨标准煤的节能能力。课题组参考《"十一五"十大重点节能工程实施意见读本》中有关"十一五"期间的节能量和投资估算分析，按每吨标准煤节能量约2 000元的投资需求初步测算了吉林省"十二五"期间的节能投资需求，预计总投资约为414亿元。

第三节　新能源与可再生能源领域主要技术与资金需求分析

　　吉林省水电开发率已经达到78%，但仍可以进行少量的梯级开发，未来水电开发重点主要是小水电，尤其农村小型和微型水电建设，可以充分利用小水电资源加快农村边远地区电气化建设。

　　风电是吉林省今后可再生能源开发的重点。《吉林省千万千瓦风电基地规划》已经提出了到2010年末，全省风电装机达到400万千瓦，到2015年全省风电装机达到1 000万千瓦，到2020年全省风电装机达到2 000万千瓦以上的宏伟目标。重点将发展白城、松原、四平等西部地区，以建设百万千瓦级风电场为主，实现大规模集中连片开发；控制开发中东部，选择有条件的地区，以试点和示范工程为主。同时应因地制宜地发展中小型风电场，鼓励农户使用离网户用风力发电机组。为了促进吉林省风电的进一步发展，需要全面做好风电资源测量、选址、规划、立项、开发权授予、项目核准、风电接入电网和市场消纳等方方面面的工作。在投资、信贷、价格、税收、管理等方面进一步制定实施促进可再生电力生产和消费的各种政策措施。引导风机制造产业发展，实现风电产业链的有效延伸，推进风机及关键零部件本地化生产，提高研发制造能力，着力打造从风机及核心零部件研发、制造到维护运营的优势产业链。

　　在生物质能源开发方面，应以玉米秸秆开发和大型养殖场沼气为重点。继续加大利用玉米秸秆生产燃料乙醇以及玉米秸秆气化发电及供应燃气的力度；加快大型集约化养殖场畜禽粪污的沼气化利用，在全省农村推广使用户用沼气池；选择适合的大中城市开展垃圾焚烧发电和热利用示范项目。

　　在太阳能利用方面，以太阳能热利用为重点，在农村和小城镇推广户用太阳能热水器、太阳房和太阳灶以及种植业、养殖业推广使用阳光塑料大棚。经济较发达、现代化水平较高的大中城市建筑物和公共设施配套安装太阳能光伏发电系统；在偏远地区推广使用风光混合发电系统或建设小型光伏电站。

　　相关技术需求见表2-13。

表2-13　吉林省"十二五"可再生能源技术需求

水电	百万千瓦级混流式水轮发电机组制造技术等
风电	2兆瓦以上风力发电设备设计制造技术、风电用变频器设计制造技术、大容量风机和低速风机制造技术、低重量碳纤维和其他新一代复合材料技术等
太阳能	太阳能热发电设备的设计制造技术、太阳能光伏硅材料的生产技术、太阳能真空管式控制板技术等
生物质能	大容量生物质气化炉技术、先进的生物液体燃料生产技术等
沼气	—
地热能等	地源热泵技术、潮汐/波浪/海水温差等海洋能发电技术、氢能等新能源领域关键设备的设计制造技术等

　　吉林省"十二五"可再生能源投资需求：要实现吉林省2015年水电装机450万千瓦，风电装机1 000万千瓦以及生物质能源利用110万吨标准煤的目标，建设资金是必要的保障条件。课题组参考《可再生能源中长期发展规划》中有关各种可再生能源的平均投资需求数据，初步测算了吉林省"十二五"期间可再生能源投资需求，预计总投资约为527亿元，见表2-14。

表 2-14 吉林省"十二五"可再生能源投资估算一览

项目	新增容量	单位投资	总投资（亿元）
水电	100 万千瓦	7 000 元/千瓦	70
风电	600 万千瓦	6 500 元/千瓦	390
太阳能热水器	2 万平方米	2 000 元/平方米	0.4
生物柴油/乙醇	100 万吨	6 500 元/吨	65
户用沼气	3 万户	3 000 元/户	0.9
大中型沼气工程	13 个	200 万/个	0.26
总计	—	—	526.6

第四节　生态保护领域

自 2001 年启动生态省建设以来，根据《吉林省生态省建设总体规划纲要》，吉林省已经积极采取了各种政策措施，加快生态环境和资源保护工作。在东部生态经济区实施了长白山天然林保护工程和退耕还林工程，对重点生态功能区实行强制性保护；在东中部生态经济区实施了水资源保护工程，加快实施水土流失治理工程和小流域综合治理工程；在中部生态经济区实施了松辽平原保护工程，扩大有机肥施用量，控制面源污染，增强土壤肥力，保护黑土地资源；围绕西部生态环境的修复和整治，重点实施了西部盐碱地治理和生态草建设工程；在重点功能区保护方面，启动了向海莫莫格自然保护区、波罗湖湿地和向海自然保护区的调水工程，进一步强化各类自然保护区管理和建设。启动了 56 个生态省建设优先工程项目，总投资 98.52 亿元，建立自然保护区 29 个，面积 195.1 万公顷，占全省总面积的 10.8%；生态示范区建设发展到 19 个，面积达 849.61 万公顷，占省内面积的 45.2%；完成公益林造林 9.63 万公顷，幼林培育 68.2 万公顷。

"十二五"是吉林省生态省建设的第三阶段，将继续实施突出重点、分区推进战略，加快推进各个生态经济功能区的生态恢复、建设和资源保护工作。继续实施天然林保护、天然草原植被恢复、退耕还林、退牧还草、退田还湖、防沙治沙、水土保持和防治石墨化等生态治理工程，严格控制土地退化和草原沙化。推动全社会开展造林绿化，采取人工造林、飞播造林、封山育林等多种方式造林，加快经济林、速生丰产林、生态林和水源涵养林建设，加强森林病虫害防治和森林防火工作，严格执行森林采伐限额和林木采伐许可证制度，大幅度降低天然林的采伐量，严格保护森林资源；加强自然保护区基础设施建设和管理水平，优化自然保护区体系的空间布局和类型结构，重点以国家级、省级自然保护区为核心，以市州级自然保护区为网络，以县（市）自然保护区和自然保护小区为通道，建立保护类型齐全、布局合理、生态效益和社会效益明显的自然保护区体系；加快农村生态环境建设，全面开展农村环境综合整治，通过发展沼气等措施推行人畜粪便、生活垃圾和污水的无害化处理和资源化利用。大力开展村庄绿化美化，结合林业建设，动员和组织农民植树造林，栽花种草，结合水利建设搞好村庄河道整治，绿化美化农户周边环境；加强水资源管理和水利工程建设，加强省内主要江河治理工程建设，巩固和完善江河干流堤防、重要支流河段堤防、城市和重要经济区河段的堤防建设，加强山区重要中小河流治理和山洪灾害的防治。加快大型灌区节水灌溉工程和配套建设；在全社会大力宣传资源节约和生态文明理念，树立生态消费、绿色消费、节制消费的观念。

第六章　吉林省实现"十二五"碳排放强度下降目标的保障措施

第一节　法律法规

一、完善和有效实施与应对气候变化相关的法律法规和相关标准

全面贯彻落实《节约能源法》、《可再生能源法》、《农业法》和《森林法》等法律和法规，依法建立严格的监管制度，加大执法监督检查力度。同时根据国家政策和形势需要，及时推动制定专门的地方性相关标准，为减缓和适应气候变化提供法律保证。

二、严格分类指导和准入管理

在能耗指标基础上增加碳排放强度指标，重点针对电力、钢铁、建材、石化等能耗高、排放量大的行业，区分新上项目、现运行项目和淘汰退出项目分别制定和提出分阶段的产业分类指导和准入标准，强化监管，严格把关。

第二节　管理体系

一、建立和进一步完善多部门参与的应对气候变化决策协调机制和地方管理体系

成立以省长为组长，包括能源、经济、环境、科技、财政等主管部门为成员单位的节能和二氧化碳排放控制统一领导小组，组织协调本地区应对气候变化的工作。建立地方气候变化专家队伍，根据各地区在地理环境、气候条件、经济发展水平等方面的具体情况，因地制宜地制定应对气候变化的相关政策措施。加强与中央政府和地方政府的协调，促进相关政策措施的顺利实施。

二、将应对气候变化问题纳入规划统筹实施

把节能减排和控制二氧化碳排放作为经济社会发展的重大战略，纳入全省及各级地方政府的国民经济和社会发展规划和年度计划中应统筹，在制定产业政策、科技发展计划和开展基础设施建设与管理时，应充分考虑节能减排和控制温室气体排放的要求，及早制订行动计划并切实实施，保证本地区应对气候变化目标的实现。

三、建立完善的综合性应对气候变化政策框架

构建以产业政策为核心、税收政策和金融政策为支撑、法律及行政政策为保障、科技政策为先导的综合性应对气候变化政策框架。积极探索财政、税收、信贷、补贴、政府采购等相关经济政策和市

场手段，形成明确、稳定、长期的控制温室气体排放激励机制，促进整个社会经济朝向高能效、低能耗和低碳排放的模式转变。一是要着力完善资源价格形成机制，充分发挥市场配置资源的基础性作用，建议从化石能源二氧化碳排放的外部成本着手，进一步深化能源价格改革。二是要以建立自愿减排市场为试点，在特定地区或行业探索性开展二氧化碳排放交易活动。三是启动征收碳税研究与试点，有效调控企业和个人控制温室气体排放的相关行为。

第三节　建立健全省级人民政府控制温室气体排放考核办法

建议明确提出到 2015 年力争实现单位地区生产总值二氧化碳排放强度比 2005 年下降 37%，相当于在 2010 年的基础上下降 19.6% 左右，作为吉林省控制温室气体排放的约束性指标，与降低单位 GDP 能源消耗及减少主要污染物排放一起，构成"十二五"吉林省节能减排和控制温室气体排放的约束性指标体系。中央政府则需要建立健全省级人民政府控制温室气体排放考核办法，严格实施控制二氧化碳排放强度目标责任和评价考核制度，增强地方政府和企业可持续发展能力。

对省（直辖市、自治区）人民政府控制温室气体排放工作的考核应包括以下几方面。

一、考核内容

碳排放强度下降目标完成情况、排放控制措施落实情况、组织管理工作落实情况三大类。其中"碳排放强度下降目标完成情况"重在考核各省（直辖市、自治区）单位地区生产总值二氧化碳排放强度在"十二五"期间累积下降率。"排放控制措施落实情况"则具体考核省级政府在产业结构调整、节能和提高能效、能源消费总量控制、发展低碳能源、控制工业生产过程排放以及森林碳汇建设等重点领域的工作绩效；"组织管理工作落实情况"则考核省级政府控制温室气体排放政策运行机制和工作体系的建设情况，包括管理机制、政策体系和法律法规等方面。控制温室气体排放是我国可持续发展过程中的一项长期挑战，体制机制建设至关重要。"目标完成"、"排放控制措施落实"和"组织管理工作落实"这三个大类指标分别相当于一个小系统，每个小系统又可以分解成不同的考核内容，每个考核内容通过一至数个可以量化的或具体可观察的指标来反映考核对象的相关绩效。最终形成树状结构的指标体系，使整个指标体系结构层次脉络分明、相互独立而又组织有序。

二、具体考核评分方法

可借鉴"十一五"节能考核的做法，采取百分制量化评分方法，为每个考核指标预先规定权重分值、评分标准以及考核所依据的相关数据材料。在评分标准的制定上，鉴于全国各省（直辖市、自治区）在经济水平和发展阶段上的不平衡，还可以采取差异化的考核办法，例如以人均 GDP 及人均能源消费水平是否均大于全国平均，将不包括我国台湾省、香港特别行政区、澳门特别行政区的 31 个省（直辖市、自治区）分成 A、B 两组进行差异化考核。其中 A 组人均 GDP 及人均能源消费水平均大于全国平均（暂以 2009 年统计数据为准），包括北京、天津、内蒙古、辽宁、吉林、上海、山东、江苏、浙江、福建、广东 11 个省（直辖市、自治区），其余省（直辖市、自治区）统一纳入 B 组。国家为各省（直辖市、自治区）分解碳排放强度下降目标以及制定考核评分标准时应照顾到这两组之间的差异。其中，"碳排放强度下降目标完成情况"的评分标准，应以国务院批复给各省（直辖市、自治区）"十二五"单位地区生产总值碳排放强度降低目标为基准，由国家发展改革委和国家统计局统一核定各省目标完成率并按分值乘以目标的完成率计分。对"排放控制措施落实情况"的评分标准,鉴于"十一五"节能考核在"节能措施落实情况"方面定性指标过多,造成过于依赖文字和口头汇报为主要考核方式的缺点,本课题对"排放控制措施落实情况"的考核尽可能选取定量指标,尝试以可以量化的结果而非过程来评价措施落实情况。对于每个考核指标而言,如果"全国十二五规划纲要"没有提出对应的约束性或预期性目标,则分别核实A、B组全体考核对象在该指标变化量上的平均值,以A组的平均值为基准按A组内各省(直辖市、自治区)偏离该平均值的程度进行考核评分;以B组的平均值为基准按B组内各省(直辖市、自治区)偏离该平均值的程度进行考核评分;否则,则以"全国十二五规划纲要"提出的约束性或预期性目标为基准,A、B组各省(直辖市、自治区)均按各自目标的完成率计分,如完成或超额完成目标得到该指标权重分的100%,完成90%得分90%,依次类推。"组织管理工作落实情况"为定性指标,应以相关文件、记录为依据结合实地核查进行考评。最终为每个省级人民政府确定一个综合评分来反映其控制温室气体排放工作的总体绩效。考评分成四个等级,分别是超额完成(95分以上),完成(80~95分,不含95分),基本完成(60~80分,不含80分),未完成(60分以下,不含60分)。同时,以"碳排放强度下降目标完成情况"为否决性指标,若某个省(直辖市、自治区)"十二五"末仍未完成国务院批复的单位地区生产总值碳排放强度下降目标,其考评即为未完成等级。

三、考核程序

考核程序包括考核对象自评、工作组现场核查以及国务院复核颁布结果三个步骤。"十二五"期末,要求各个省级人民政府首先对照"省级政府单位GDP碳排放强度下降目标责任评价考核计分表"准备各项考核材料,填写核查表、开展自评估并向国务院提交自评估报告。之后,由国家发展改革委依据国务院授权,会同其他管理机构组织考核工作组对各省(直辖市、自治区)控制温室气体排放工作进行现场核查,采取听取情况汇报、查阅文献档案、现场核实、重点抽查等方式,评估考核对象控制温室气体排放的工作绩效以及自评估报告所提供数据材料的可靠性,并形成综合评价考核报告上报国务院,考核结果经国务院审定后向社会公布。

四、考核时间和频率

考虑到控制温室气体排放需要全面行动和长期努力,一项减缓政策措施从实施到展现出减排效果也需要一定的时间进行数据观测、收集和分析才能得出结论,因此建议只进行五年一次考核辅以年度进展评估报告的方式来加强监督。但对参加国家低碳试点的7个省级区域(广东、辽宁、湖北、陕西、云南、天津、重庆),作为一个干中学的过程,可以试行一年一度的目标考核,积累经验教训,总结好的考核做法。其他省(直辖市、自治区)只进行五年一次的累积下降目标完成情况考核,年度进展评估则以汇报的方式向国家发展改革委提交排放控制措施和组织管理工作方面的政策实施进展,以利于地方政府发挥能动性做好长远工作布局。

省级人民政府单位GDP碳排放强度下降目标责任评价考核计分表见表2-15。

表2-15   省级人民政府单位GDP碳排放强度下降目标责任评价考核计分表

考核类别	考核内容	考核指标	分值	评分细则	数据来源
一、目标完成(30分)	(一)"十二五"万元地区生产总值碳排放强度下降	1."十二五"万元地区生产总值碳排放强度累计下降率	30	以国务院批复给各省(直辖市、自治区)的"十二五"单位地区生产总值碳排放强度下降目标为基准,按目标的完成率计分:完成目标30分,完成目标的90%得27分,完成80%得24分,依次类推,完成率低于50%不得分,每超额完成目标2个百分点加1分,最多加3分	国家统计局核定数据

续表

考核类别	考核内容	考核指标	分值	评分细则	数据来源
二、排放控制措施落实（50分）	（二）产业结构调整	2. 第三产业增加值占地区生产总值比重提高幅度	5	核算同一组内全部考核对象第三产业增加值占地区生产总值比重上升百分点数的平均值，以此平均值为基准。比重上升百分点超出基准40%以上得5分，40%以内（含，下同）、30%以内、20%以内、10%以内分别得4.5分、4分、3.5分、3分；比重上升百分点低于10%以内（含，下同）、20%以内、30%以内、40%以内分别得2.5分、2分、1.5分、1分，低于40%以上得0.5分	国家统计局核定数据
		3. 战略性新兴产业增加值占GDP比重	5	以"十二五规划"提出的8%预期性目标为基准，按目标的完成率计分：其中对A组考核对象，完成或超额完成目标得5分，完成90%得4.5分，依次类推，但低于目标的40%不得分；对B组考核对象，完成或超额完成目标得5分，完成90%得4.5分，依次类推	国家统计局核定数据
	（三）提高能效和节约能源	4. 省级人民政府节能目标责任评价考核情况	10	根据同期省级人民政府节能目标责任评价考核分数（A），按如下公式同比换算为该项得分（B）：B = A×10/100	"十二五"节能目标考核结果
	（四）合理控制能源消费总量	5. 能源消费总量控制目标实现情况	5	以"国家十二五节能规划"提出的能源消费总量控制目标为基准，或以各省（直辖市、自治区）自行提出的目标为基准，各自按目标的完成率计分：完成或超额完成目标得5分，完成90%得4.5分，依次类推	国家统计局核定数据
	（五）积极发展低碳能源	6. 非化石能源占一次能源消费比重上升率	6	以"十二五"期间非化石能源占一次能源消费比重相比2010年水平上升的百分点数（3.1个百分点）为基准，按目标的完成率计分：其中对A组考核对象，完成或超额完成目标得6分，完成90%得5.4分，依次类推，但低于目标的40%不得分；对B组考核对象，完成或超额完成目标得6分，完成90%得5.4分，依次类推	国家统计局核定数据
		7. 天然气占一次能源消费比重上升率	6	核算同一组内全部考核对象第三产业增加值占地区生产总值比重上升百分点数的平均值，以此平均值为基准。比重上升百分点超出基准40%以上得6分，40%以内（含，下同）、30%以内、20%以内、10%以内分别得5.4分、4.8分、4.2分、3.6分；比重上升百分点低于10%以内（含，下同）、20%以内、30%以内、40%以内，分别得3分、2.4分、1.8分、1.2分，低于40%以上得0.6分	国家统计局核定数据
	（六）控制工业生产过程温室气体排放	8. 控制钢铁和水泥产量增长速度	5	依据"十二五"期间国家针对钢铁、水泥行业提出的产量调整战略，以各省（直辖市、自治区）自行提出的目标为基准，各自按目标的完成率计分：完成或超额完成目标得5分，完成90%得4.5分，依次类推	国家统计局核定数据
	（七）增加森林碳汇	9. 新增森林面积目标实现情况	4	以"十二五规划"提出的新增森林面积目标为基准，或以各省（直辖市、自治区）自行提出的目标为基准，各自按目标的完成率计分：完成或超额完成目标得4分，完成90%得3.6分，依次类推	国家统计局核定数据
		10. 森林蓄积量目标实现情况	4	以"十二五规划"提出的森林蓄积量目标为基准，或以各省（直辖市、自治区）自行提出的目标为基准，各自按目标的完成率计分：完成或超额完成目标得4分，完成90%得3.6分，依次类推	国家统计局核定数据

续表

考核类别	考核内容	考核指标	分值	评分细则	数据来源
三、工作落实（20分）	（八）体制机制建设	11. 建立完善温室气体排放统计和考核制度	8	核查有关文件，考核期内建立温室气体排放统计和考核制度的，得2分；在此基础上采取相关措施改进完善的，得1分；采取相关措施实施国家低碳产品认证标识制度的，得3分；建立省级碳排放交易制度的，得2分	相关文件、实地核查等
		12. 国家低碳产品认证标识制度的实施情况			
		13. 建立省级碳排放交易制度			
	（九）建立资金和科技支撑机制	14. 在年度财政专项预算中设立气候变化专项资金	6	核查财政、科技等部门有关文件或书面证明，其中在年度财政专项预算中设立气候变化专项资金的，得2分，否则不得分；设立低碳发展基金的，得2分，否则不得分；低碳技术研发资金比重增加的，得2分，未增加不得分	相关文件、有关统计数据
		15. 设立低碳发展基金			
		16. 低碳技术研发占整个研发资金的比重增加			
	（十）组织领导、法律法规和公众参与	17. 建立省级应对气候变化领导机构和协调机制并实际运作	2	主要通过核查相关文件、会议纪要等进行确认，建立并运作的得2分，未运作的不得分	相关文件、实地核查等
		18. 出台、完善应对气候变化的地方性法律法规、规范性文件等	2	核查考核期内是否出台与控制温室气体排放相关的法规、规范性文件，制定出台的得2分，否则不得分	相关文件、实地核查等
		19. 开展控制温室气体排放的宣传和培训工作	2	核查有关文件、报道等。组织开展宣传活动的得1分，组织开展培训的得1分	相关文件、实地核查等
小计	—	—	100	—	—

第四节　资金

一、加大政府直接投入

省、市、县各级政府要在年度预算中安排低碳发展资金，支持低碳技术研发、示范和产业化项目，支持低碳相关工程、低碳技术信心服务等领域。加大对公益性能源建设项目、节能新技术推广、新能源利用、能源应急储备等领域的政府资金投入。

二、引导金融机构参与

引导银行类金融机构以绿色贷款、保险业务等方式帮助企业解决在节能减排、低碳发展领域进行技术研发、产品试制和推广运用方面的资金缺口问题。鼓励非银行类金融机构通过担保、保险、融资租赁等手段帮助企业规避在低碳发展投资领域的融资风险。

三、吸引企业投资

鼓励主要能源企业成立能源信托公司、碳信托公司、节能服务公司等开展节能减排和温室气体排放控制业务。支持企业低碳节能改造和产业升级。宣传《清洁发展机制项目运行管理办法》，鼓励企业参与清洁发展机制项目国际合作。

第五节 技术

一、加强气候变化领域的科学研究与技术开发

结合"十二五"规划研究，提出节能减排和控制温室气体排放的科技项目，鼓励建立促进低碳技术研发、示范和产业化的产学研合作机制。加强对省内相关科研工作的协调，整合科技资源，提升研究水平；结合国家科技创新体系的发展和科技体制改革进程，大力扶持和鼓励开发减缓和适应气候变化的先进适用技术，研究开发一批对减缓和适应气候变化有重大影响的关键技术；加强气候极端事件、灾害预警预报系统建设，增强气象防灾减灾能力。开展吉林省能耗和温室气体减排潜力评估，建立低碳节能技术服务平台。

二、培育节能减排和低碳发展研究队伍

加强培养节能减排和低碳发展领域的高级科技人才，建立节能减排和低碳发展省级专家库。

第六节 国际合作

一、学习国外节能减排和低碳发展的先进技术和管理经验

积极参加节能减排和低碳发展的国际会议，了解节能减排和低碳研究的最新进展。鼓励科研机构、企业和国外掌握先进低碳技术的科研机构和企业开展低碳合作。积极利用国际低碳相关援助资金，支持节能、可再生能源利用、林业碳汇等领域的项目建设。

二、推动清洁发展机制项目实施

开展清洁发展机制项目潜力评估和项目调查，积极参与国际 CDM 项目合作。

第七节 公众意识

一、加强节能减排和低碳发展方面的教育培训工作

积极组织有关节能减排和低碳发展专题的科普宣传与培训活动，全面提高全省各级政府、企事业单位决策者的节能和温室气体减排意识，逐步建立具有较高节约资源、保护环境、减少排放、可持续

发展意识的干部队伍。

二、强化舆论引导、信息发布和交流

利用电视、网络、图书、音像、报刊等大众传媒，广泛宣传我国应对气候变化的各项方针政策，提高公众应对气候变化的意识，积极开展节能减排和低碳发展舆论宣传，倡导节约用能、绿色出行、适度消费的低碳生活理念，营造低碳发展的社会氛围。建立和完善公益性的低碳节能信息科普网站，使之成为公众交流和获取低碳生活相关知识与技巧的有效平台。

地区篇

第七章 吉林省案例研究的总结及对全国的借鉴意义

对吉林省碳排放强度下降的主要驱动因素分析表明，第二、第三产业单位增加值能耗下降是促使吉林省"十一五"单位地区生产总值碳排放强度下降的首要因素，并且仍将是吉林省实现"十二五"单位地区生产总值碳排放强度下降目标的根本途径，这其中最关键的是必须努力提高第二产业的能源使用效率，降低其单位产出的能源消费强度。在近中期，降低我国单位 GDP 二氧化碳排放将主要通过努力降低单位增加值能耗和单位能耗的碳排放量来完成。

从长远来看，控制二氧化碳排放归根结底是要促进发展方式的转变。转变发展方式必须优化产业结构，以经济增长的质量取代经济增速作为导向，以低碳的发展模式，降低单位经济增长所需要的能源和碳排放需求，突破能源资源对发展的制约，使我国能在有限的能源资源供给情况下实现经济和社会的稳定可持续发展。尽管吉林省由于所处的发展阶段制约，在完成工业化之前产业结构很难得到明显的改善，因此不能期望"十二五"期间的结构调整对单位地区生产总值碳排放强度带来实际性的下降作用。但努力调整产业结构抑制第二产业过快增长、积极发展第三产业，却是确保吉林省通过其他途径能够完成单位地区生产总值能耗和碳排放强度下降目标的关键一环。与此同时，工业内部不同行业之间的比例调整以及产业优化升级所带来的广义上的结构调整，对降低单位地区生产总值能耗强度和碳排放强度发挥了非常重要的作用。

建议国家在将"十二五"碳排放强度下降目标分解到各省（直辖市、自治区）时要充分考虑到它们在发展阶段和能源资源禀赋上的显著差异。从发展阶段及减缓能力方面看，东中西部发展阶段各异，因处于不同发展阶段，其不仅在未来发展的排放空间需求上有明显的差异，在控制温室气体排放的手段（特别是发展第三产业的能力及条件），以及经济实力上均存在明显差异；从资源禀赋方面看，各省的水电、核电、风电等主力新能源禀赋及发展潜力的差异将对其未来温室气体排放控制存在明显的影响，同时各省对天然气等清洁能源的可获得性及潜力也将对其未来温室气体排放控制产生较大的影响。因此，国家在将"十二五"碳排放强度下降目标分解到各省（直辖市、自治区）并且制定相应的考核办法时需根据各省的具体情况予以区别对待。

根据吉林省的相关经验，能源消费总量的 70% 来自工业部门，而其中的 70% 又来自国家与省内重点企业，建议依托目前的节能管理体系，在此基础上进一步强化并逐步建立针对省级政府和省重点企业的相关温室气体排放统计、监测和考核体系，抓住并做好重点企业的工作也就等于抓住了重点和大头。

研究还发现，尽管 2011 年 3 月 14 日第十一届全国人民代表大会第四次会议审议和批准的《国民经济和社会发展第十二个五年规划纲要》设定"十二五"时期全国 GDP 年均增速为 7%，但是吉林省政府的"十二五"经济增长目标很可能达到 12%，其他省市如黑龙江、安徽、福建、广西、重庆、贵州、云南、甘肃、宁夏等也力图在今后五年实现经济总量翻番。这将导致全国经济速度大大超过 7% 的预期值，如此一来，尽管"十二五"以及到 2020 年我国单位 GDP 碳排放强度将得到大幅度下降，但对能源消费的需求仍可能倍增，相应的碳排放量也可能倍增，给我国今后的可持续发展带来了严峻挑战。因此，建议中央政府尽早采取措施纠正各地发展速度与国家规划的显著偏离，如通过能源消费总量控制或者地区碳排放上限控制来限制各地经济粗放式过快增长。

地区篇

地区篇（二）
上海市交通运输温室气体排放控制综合研究

第一章　上海市交通运输能源消费及
温室气体排放现状分析

第一节　上海市交通运输业发展现状

一、上海市社会经济发展概况

上海是我国最大的城市，"十一五"期间经济发展经历了大起大落。2009 年实现生产总值（GDP）15 046.45 亿元（占全国 GDP 的 4.56%），按可比价格计算，比上年增长 8.2%，见图 2－5。从 2008 年起上海市连续十六年来第一次出现 GDP 增长幅度低于 10% 的情况。金融危机的影响已经显露无疑。2009 年上海市常住人口达到 1921.32 万人，户籍人口占 71.8%。2009 年上海市人均 GDP（按常住人口计算）超过 10 000 美元。上海市社会经济发展已经处于转型期。2010 年前三个季度，上海市 GDP 同比增长超过 11%，显示出明显的回暖迹象。

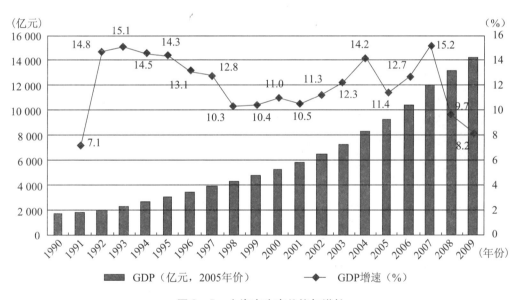

图 2－5　上海市生产总值与增长

2009 年上海三产的比重为 0.7:39.9:59.4，优于全国平均水平。2005 年之后，特别是金融危机以来，上海产业结构改善进展比较明显，第二产业比重持续下降，第三产业比重快速上升（见图 2－6）。2009 年第三产业增加值的增长速度为 12.2%，远远超过第二产业（2.5%）①。在第二产业中，电子信息产品制造业、汽车制造业、石油化工及精细化工制造业、精品钢材制造业、成套设备制造业和生物医药制造业为重点发展工业行业，其工业增加值占整个工业增加值的 60% 以上。2009 年交通运输业增加值在第三产业增加值中的比重为 8%，呈下降趋势，显示出远洋运输业和航空业在全球金融动荡中受到明显影响。未

----

① 但 2010 年前三个季度，工业发展呈现出"报复性"增长趋势，增幅同比达到 20%。

来上海将继续加快发展先进制造业和现代服务业，建设国际金融中心和国际航运中心^①。

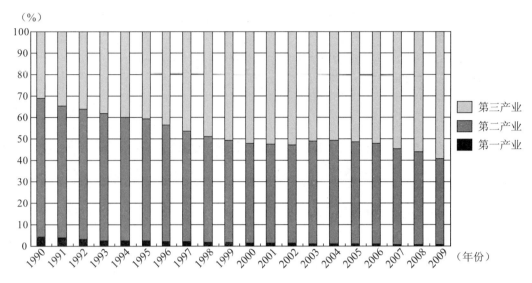

图2-6 上海市产业结构变化

二、上海市交通运输业发展现状

作为我国最大的工商贸易、港口城市和正在加紧建设的国际航运中心，交通运输在上海经济发展中的地位极其重要。这里将上海交通运输划分为城市交通和对外交通两类，前者指城市公共交通体系和个体交通（以客运为主），后者由公路交通、铁路交通、水运和民用航空组成。

（一）城市交通基本情况

机动车保有量是衡量道路交通发展的重要指标之一。根据《上海统计年鉴》，2008年上海市民用机动车总量达到261.5万辆（相当于北京市2005年的水平），是2000年的2.51倍（见表2-16），年均增长速度达到12.7%。千人机动车拥有量为138辆（而同期北京市达到207辆），相对于上海市的社会经济发展水平，其机动车保有水平并不高，主要得益于"十五"以来上海市实施的机动车总量控制措施。

在机动车总量中，汽车与摩托车平分秋色。摩托车的比重与汽车相当（2008年之前摩托车比重一直超过汽车），是上海市道路交通的特色之一。几年来，随着相关控制措施的出台，摩托车增长速度已经放缓，在机动车总量中的比重开始下滑。在汽车中，载客汽车占83.4%，载货汽车占16.6%。

2008年上海市拥有轿车82.96万辆，占民用汽车总量的62.8%，其中私人轿车59.59万辆；每千人轿车拥有率仅为44（按常住人口计算，以下同），而同期北京市已经达到103。轿车保有量虽低，但2005—2008年私人轿车的年均增长率达到22.8%，已经成为上海市机动车发展的主要驱动力，这一点与全国各大城市的消费趋势类似。牌照拍卖制度促使外省市牌号汽车进入上海。根据平峰时段高架道路日均机动车的流量统计，外省号牌的机动车流量约9%～13%。如果牌照拍卖等政策出现松动，本地私人轿车会以更快的速度发展。

上海市城市交通的另一个特色是助动车。虽然该交通工具被列入非机动交通行列，但与能源消费相关，不可忽视。2008年上海拥有非机动车千万辆，其中电动自行车超过200万辆，燃油气助动车30万辆左右。由于上海市限制燃油助动车的发展，电动自行车和燃气助动车发展得很快，尤其是前者。

---

① 《国务院关于推进上海加快发展现代服务业和先进制造业 建设国际金融中心和国际航运中心的意见》（国发〔2009〕19号）。

表 2 - 16　上海市机动车发展情况　　　　　　　　　　　　　单位：万辆

年份	2000	2005	2006	2007	2008
民用车辆	104.29	221.74	238.12	253.60	261.50
民用汽车	49.19	95.16	107.04	119.70	132.12
载客汽车	32.69	76.00	87.06	98.92	110.73
轿车	—	53.59	62.81	72.81	82.96
私人轿车	5	32.21	40.95	50.15	59.69
载货汽车	14.38	19.16	19.98	20.78	21.39
摩托车	53.77	120.42	124.15	125.97	127.37
轻便摩托车	53.40	—	—	—	—
其他机动车（拖拉机、农用运输车等）	1.33	5.94	6.71	7.71	1.32

注：2008 年其他机动车中不包括专用特种车辆。

资料来源：历年《上海工业能源交通统计年鉴》、《上海统计年鉴》。

上海市的公共交通较发达。到 2008 年底，上海拥有 9 条轨道交通线，共计 160 座运营车站，运营线路长达 264 公里，初步形成"一环七射八换乘"网络运营格局，线网规模居全国之首，在世界位列第七。上海还拥有世界首条商业运行的磁悬浮线路。到 2009 年底，轨道交通运营里程达 355 公里，拥有列车线路 2 000 余条。伴随着轨道交通的快速发展，公交吸引力进一步提升。2008 年公交客运量同比增长 8.5%（见表 2 - 17），轨道交通全年日均客流量突破 300 万大关，首次超过出租客运量，成为市民出行主要交通方式之一。公共汽车和出租车的发展已进入平稳期，公共电汽车总量维持在 1.6 万辆左右，出租车 4 万 ~5 万辆，客运比例趋于下降。轮渡的发展趋于萎缩，客运量逐年下降。

表 2 - 17　上海市公共交通发展

年份	2000	2005	2006	2007	2008
地面公交					
公交线路长度（公里）	23 260	21 794	21 776	22 375	22 919
公交线路条数（条）	978	940	944	991	1 058
运营公交车数（辆）	17 939	17 985	17 284	16 944	16 573
客运总量（亿人次）	26.49	27.81	27.4	26.5	26.6
轨道交通					
运营车辆（节）	216	695	829	1117	1431
线路长度（公里）	62.92	147.8	169.4	262.83	264.3
行驶里程（万列·公里）	—	1 142	1 457	1 697	2 516
客运总量（万人次）	3 991	59 406	65 569	81 395	112 798

续表

年份	2000	2005	2006	2007	2008
出租汽车					
营运车辆（辆）	42 943	47 794	48 022	48 614	48 590
载客车次（万次）	37 599	56 401	58 920	57 764	61 600
运营里程（亿公里）	46.48	58.12	61.05	60.66	63.18
#营业里程（亿公里）	24.35	—	—	36.68	41.27
客运总量（亿人次）	—	10.29	10.73	10.51	11.13
轮渡					
年末轮渡船数（艘）	95	54	53	50	49
乘客人数（亿人次）	1.85	1.25	1.19	1.13	1.02
公共交通客运内部结构（%）					
地面公交	—	61.40	59.72	57.26	53.18
轨道交通	—	13.12	14.30	17.59	22.50
出租	—	22.72	23.39	22.71	22.28
轮渡	—	2.76	2.59	2.44	2.04

　　资料来源：历年《上海工业能源交通统计年鉴》，《上海统计年鉴》，上海市综合交通2008年度报告，上海市综合交通2009年度报告等。

　　2008年全市出行总量达到4 697万人次/日，出行频率为2.49次/人·日（基本与北京相当）。其中，公共交通出行方式占23.9%，个体交通方式占20.9%，非机动交通占55.2%（见图2-7），虽然出行比例在下降，但非机动交通在上海城市交通中仍占据重要地位。

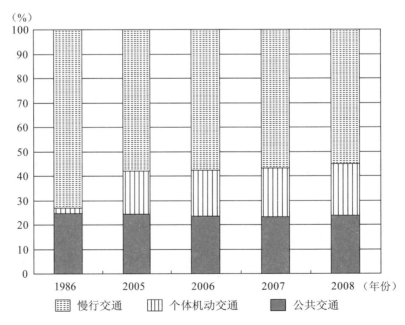

图2-7　上海城市交通出行构成变化

（二）对外交通基本情况

上海市对外交通，特别是水运和航空，在其经济社会发展中占据重要位置。上海港口货物年吞吐量已多年保持世界第一，集装箱年吞吐量列世界第二（仅次于新加坡），同时上海还是我国唯一一座拥有两个国际机场的城市。

水运在对外货物运输中的地位举足轻重，其货运周转量在对外货运中的比例一直维持在98%左右（见图2-8）。"十一五"前四年货运周转量呈现出先涨后跌的局面，2007年比2005年增长31.5%，2008年与2007年基本持平，2009年比2008年下跌10%。铁路、公路和民用航空在对外货运中的比例微小，影响不大。

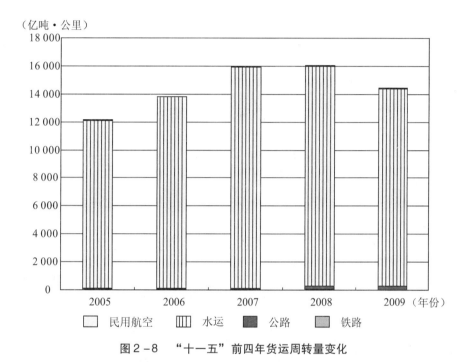

图2-8　"十一五"前四年货运周转量变化

民用航空是对外旅客发送的主要途径，其客运周转量在对外客运中的比例从2005年的80%上升到2009年的85%。与货运不同的是，旅客运输只在2008年出现短暂低迷（见图2-9），2009年立刻大幅回升。由于世博会的召开，2010年民航的客运周转量还会出现较大增长。

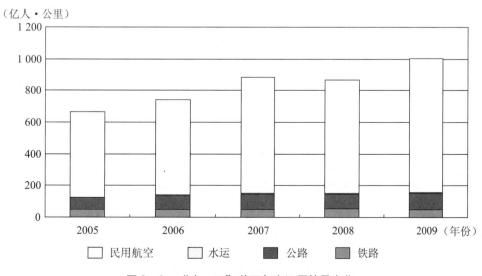

图2-9　"十一五"前四年客运周转量变化

第二节 上海市能源消费状况和温室气体排放清单编制[①]

一、上海市能源消费现状

2008 年上海能源消费总量达到 1.02 亿吨标准煤[②]，占全国能源消费总量的 3.54%，与 2000 年相比，年均增幅达到 8.4%（见图 2-10）；当年人均能源消费达到 5.41 吨标准煤[③]，是全国平均水平的 2.5 倍，世界平均水平的 2 倍。粗略估计，2009 年能耗总量为 1.05 亿吨标准煤。金融危机以来能耗增幅呈较明显的下降趋势。

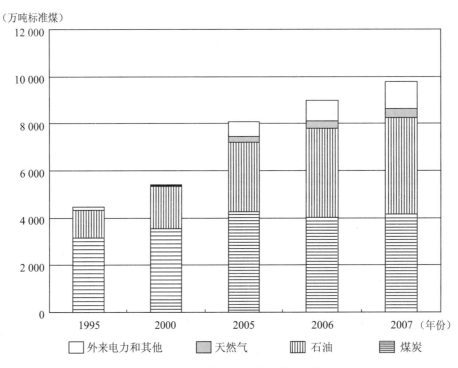

图 2-10 上海市能源消费总量和结构

能源结构不断改善。煤炭逐年下降，从 2000 年的 65% 下降到 2007 年的 42.7%[④]；天然气和市外电力等清洁能源供应快速增加；石油的比例也稳步增长。尽管在一次能源总量中的比例还非常微小（不到 0.5%），但太阳能、风能等可再生能源建设在上海也有了实质性起步。2008 年全市 2.8 兆瓦，可再生能源发电装机容量近 90 兆瓦，其中风电总装机 39.4 兆瓦；太阳能光伏发电累计安装 2.8 兆瓦，太阳能建筑一体化示范楼宇超过 200 幢，生物质发电装机容量 43.5 兆瓦。天然气发展预期较好。

---

① 在深入研究上海市交通运输清单之前先编制上海市整体排放清单，一方面是为了更充分地了解上海市交通排放的比例，另一方面也是对省级清单编制的尝试。

② 以发电煤耗计。此处 2008 年和 2009 年数据的能源消费数据为计算值。不同口径数据略有不同。

③ 按常住人口计算。

④ 由于 2008 年的分品种能源数据尚不非常齐备，这里选择 2007 年的能源结构数据进行说明。

在终端能源消费中，石油为第一大能源，占 43.31%（见图 2－11），年增速超过 10%；其次为电力，2007 年电力消费 1016 亿千瓦时，相当于 2005 年的 1.7 倍。人均装机接近 1 千瓦，达到发达国家水平；煤炭的比重为 16.36%，天然气尚待发展。与全国水平相比，不论是一次能源结构还是终端能源结构，上海市都处于较领先位置。

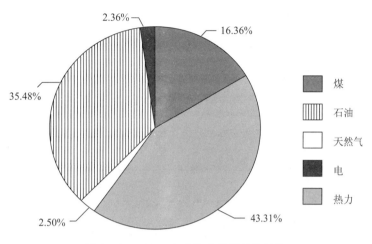

图 2－11　2007 年上海市终端能源结构

工业部门一直是上海市能源消费的主要部门，尽管最近几年所占比例呈明显下降趋势（见表 2－18）。2007 年第二产业占终端能源消费的 59%，第一产业持续下降，不到 1%，第三产业呈上升态势。交通运输业能耗比重持续上升，由 2000 年的 11%（1068 万吨标准煤）上升到 2007 年的 19.34%（1840 万吨标准煤）。居民生活能源消费总量在上升，但比例变化不大，发展空间还比较大。

表 2－18　上海市分产业能源消费结构　　　　　　　　　单位:%

年份	1995	2000	2005	2006	2007
第一产业	1.81	1.99	1.23	0.89	0.81
第二产业	78.57	68.63	61.61	59.03	59.01
第三产业	12.16	20.72	28.83	31.51	31.62
其中：交通运输	6.78	11.04	17.57	18.38	19.34
生活消费	7.45	8.66	8.36	8.57	8.56
合计	100	100	100	100	100

近年来上海市节能降耗成效较明显。2005 年万元 GDP 能耗约为 0.90 吨标准煤，2009 年降低为 0.736 吨标准煤[1]，比 2005 年降低 18.1%（见图 2－12），目标实现进度高于全国平均水平。工业增加值能耗从 2005 年的 1.27 吨标准煤/万元降低到 2008 年的 0.958 吨标准煤/万元，降低 24.6%，为能源强度的降低做出了巨大贡献。

---

[1]　此处的能耗强度数据均为笔者计算值，与其他来源数据或有不同。公报数显示 2009 年能源强度为 0.727 吨标准煤/万元，按此计算上海市几近完成节能任务。

（吨标准煤/万元）

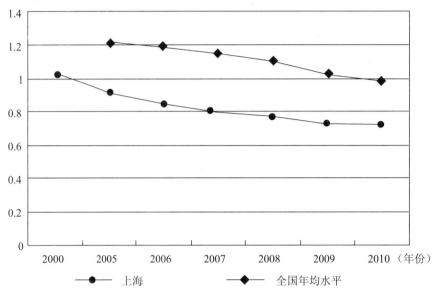

图2-12　上海市能源强度变化及与全国平均水平的比较

根据以上分析可以看出，上海市能源消费增长较快，人均能源消费量远高于全国平均水平，几乎与发达国家水平相当。这与上海市工业结构较重的特点密切相关。交通运输能耗占全部能耗的20%左右，高于全国比例（10%左右）。

能源结构相对优化，石油在一次能源和终端能源中占据重要位置。这与上海市的航空、水路交通运输（沿海、内河和远洋）发达相关。外来电力占据越来越重要的位置。天然气尚处于发展之初。

上海作为航运和海运中心，能源消耗较其他地区有明显差别。具体表现为交通运输行业具有明显的高耗能特征，因此交通耗能比例高，燃料油、航空煤油在终端能源中的比例高，交通运输业增加值能耗高。金融危机的影响使交通运输业增加值能耗进一步上升（实载率显著下降），给节能减排工作带来相当的压力。

二、上海市能源燃烧二氧化碳排放清单[①]

基于能源平衡表，研究采用了两种方法计算上海市能源利用二氧化碳排放量。两种方法的主要区别之处在于对电力排放的处理。在第一种方法中，外来电力生产排放算为零，本地电力生产排放全部归属于电力部门排放（也就是终端电力排放为零）；在第二种方法中，首先外来电力按照华东电网平均排放因子计算其排放量，然后与本地电力生产排放合并，按照终端电力消费情况，将电力总排放量划分到各个终端消费部门（电厂自用能排放依然属于电厂自身排放）。活动水平数据主要来源于2005年上海市能源平衡表，排放因子数据来源于初始国家信息通报的研究成果。

按以上两种不同方法计算，2005年上海市能源利用二氧化碳排放分别为1.76亿吨和1.95亿吨，前者占全国能源燃烧二氧化碳排放的3.54%[②]，人均排放9.4吨，与欧盟平均水平相当。外来电力排放可占总排放量的10%。分部门和分燃料排放可见表2-19和图2-13。在方法一中，工业排放占3/4；在方法二中，工业排放所占比例为62.5%，而第三产业和居民生活所占比例显著提高，凸显了第三产业和居民生活能源消费以电为主的特征。

---

① 由于稍后的情景研究以2005年为基年，因此本章的排放分析也以2005年为主，对2006—2008年数据进行粗略估算。

② 全国二氧化碳排放按55.6亿吨计（第二次国家信息通报初步结果）。

交通运输业排放占总排放的 16.62%（而 2005 年全国交通能耗二氧化碳排放仅占总排放量的 7% 左右），占第三产业排放的 80% 以上。但由于交通运输业消耗电力较少，如果考虑终端电力排放，其排放只占第三产业排放的 57.8%。

表 2-19　上海市 2005 年分部门温室气体排放（两种方法）

方法	方法一		方法二	
指标	排放量（万吨）	比例（%）	排放量（万吨）	比例（%）
第一产业	166	0.9	223	1.14
第二产业	10 203	75.2	12 250	62.95
第三产业	3 600	20.5	5 343	27.46
其中：交通运输业	2 947	16.8	3 086	15.86
居民生活	584	3.3	1644	8.45
合计	17 550	100	19 460	100

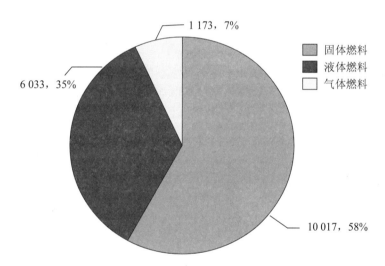

图 2-13　分燃料排放（第一种方法）

在工业部门内部，电力工业排放占总排放的 40%；而采用第二种方法，电力工业自身排放只占不到 3%，而大量消耗电力的通信、计算机和其他电子设备制造业的排放明显上升。

二氧化碳排放强度为 1.90 吨标准煤/万元，比全国平均水平低 20% 左右。

可以看出，上海市能源二氧化碳排放总量大而集中，发电和其他工业占排放总量的 75%；人均排放量高，达到发达国家平均水平；交通排放比例较高。

按照粗略估算，2006—2009 年的能源二氧化碳排放量分别为 1.84 亿吨、1.95 亿吨、2.04 亿吨和 2.07 亿吨，排放强度分别为 1.77、1.62、1.55 和 1.45 吨二氧化碳/万元（2005 年价）；2009 年排放强度比 2005 年下降约 23.4%，排放强度的降低幅度远高于能源强度，显示出上海市"十一五"期间能源结构的改善力度很大。"十一五"前四年，上海市油、气和外来电力的增长幅度较大，而煤炭比例呈下降趋势。2005—2009 年上海市能源二氧化碳排放和排放强度见图 2-14。

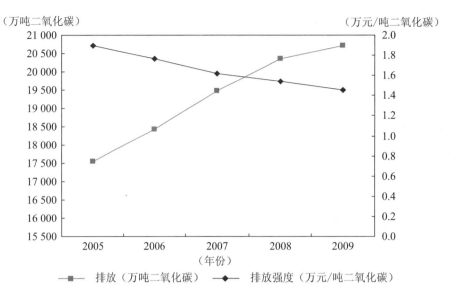

图 2 - 14　2005—2009 年上海市能源二氧化碳排放和排放强度

第三节　上海市能源平衡表改造：方法和结果

一、改造原因

对上海市交通运输和建筑物温室气体减排进行技术和政策分析的基础工作，是掌握这两个部门的能源消费和温室气体排放情况，而这恰恰是我国各级能源统计工作中最薄弱的环节。在我国的能源统计体系中，交通运输业仅包括对从事社会运营的交通运输企业的统计，相应的能源消费统计量也只包括其运输工具的燃料消费，一些非交通行业的道路或水运交通工具以及大量的社会非运营交通工具的燃油消耗没有被纳入交通行业的能源消耗统计中。初步估算，近年统计数据中交通业消费汽油数量比实际消费低 2 500 万吨以上，消费柴油数量比实际消费低 1 500 万吨以上[1]。在省（市）级能源平衡表中，这个问题同样存在。例如，按照统计，2008 年上海市交通运输业消耗汽油 132.3 万吨，只占终端汽油消费量的 26.3%，实际上汽油的用途相当狭窄，90% 以上应用于交通。

二、交通能耗测算方法

本书采用了"从底向上"的方法对上海市交通运输部门能耗进行测算[2]。首先将交通运输部门划分为若干子部门（见图 2 - 15），在情况最为复杂、统计基础最薄弱的道路交通中又细分出公共客运、

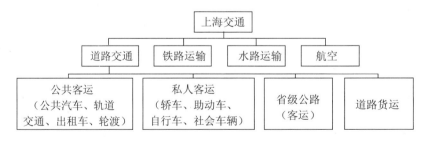

图 2 - 15　上海市交通运输结构图

---

① 李连成、吴文化，我国交通运输业能源利用效率及发展趋势，综合运输，2008 年第三期，pp: 16 - 20。
② 第四章将从另一种方法计算城市交通耗能量。两种方法的结果将进行校核和对比。

私人客运（此两者为城市客运的组成部分）、省级公路客运和道路货运等组成部分。

公共客运和私人客运是城市交通的主要组成部分，指不属于公路交通营运部门管理的城市机动客车，主要为公共汽车、出租车、轨道交通机车、私人客车、摩托车、助动车及机关团体拥有的社会车辆；省级公路客货运主要指公路营运部门管理的机动车辆，这些车辆的客货运量一般都统计在案。

城市客运交通能源消耗测算方法为：

$$EC_{ki} = VS_{ki} \times U_{ki} \times FE_{ki} \qquad (2-14)$$

式中：EC_{ki} 表示由 i 料驱动的第 k 种车的能源消费量；

VS_{ki} 表示由 i 料驱动的第 k 种车的保有量；

U_{ki} 表示由 i 料驱动的第 k 种车的年平均运营距离（公里）；

FE_{ki} 表示由 i 料驱动的第 k 种车的能源强度（如升汽油/公里）。

根据上海市实际情况，城市客运交通车辆和燃料类型划分列在表 2-20。

表 2-20 城市交通车辆类型和燃料类型

公共交通	公共汽车	汽油、柴油、CNG、LPG、电力（燃料电池、生物燃料）
	轨道交通	电力
	出租车	汽油、LPG（柴油、生物燃料）
私人交通	家庭轿车	汽油（柴油、电力）
	公务轿车	汽油
	其他客车	汽油、柴油（生物燃料、电力）
	摩托车	汽油
	助动车	电力、LPG
	自行车	—

注：括号中的燃料为未来可能出现的燃料品种，在情景分析中需考虑。

道路货运和省级公路客运的能源消耗测算方法为：

$$EC = TURNOVER \times EI \qquad (2-15)$$

其中：$TURNOVER$ 为客运周转量（人·公里）或货运周转量（吨·公里）；EI 为完成单位周转量所消耗能源（吉焦/人·公里或吉焦/吨·公里）。

经以上方法计算的能耗量均需与统计数据（如公交系统能耗统计）进行比较和验证。铁路运输、水运和航空能耗数据基本来源于上海市统计局。

三、上海市交通运输能源消费

根据以上方法，研究测算了 2005 年上海市交通运输和建筑物能源消费。2005 年上海市交通运输能源消耗约为 1 770 万吨标准煤，占终端能耗的 22.2%，建筑物能耗约为 1 315 万吨标准煤，占终端能耗

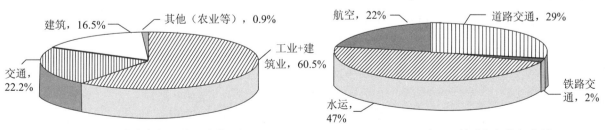

图 2-16 上海市各部门能源消费比例　　　图 2-17 交通运输分部门能耗比例

的 16.5%（见图 2－16）。在交通运输内部，水运能源消耗几乎占一半，道路交通次之，占 29%，航空 22%，铁路运输能耗比例很小（见图 2－17）。

在道路交通中，2005 年城市客运消耗 360 万吨标准煤，占 70%，占全部交通能耗的 1/5。在城市客运交通中，公共交通能耗占 40%，约 145 万吨，个体交通占 60%。在公共交通内部，公共汽车耗能占 1/3，轨道交通不到 10%[①]，出租车的比例超过 50%，轮渡能耗约占 2.5%。虽然出租车在公共交通出行比例中的份额只有 20% 左右，但其能耗比例却超过 50%，这不能不成为一个应该关注的问题。

交通运输能耗消费以油品为主：燃料油占 44%（主要为水运消费），航空煤油占 21%，汽油和柴油分别占 18% 和 13%，其余为电力、天然气、LPG 等。

根据《上海市综合交通——2008 年度报告》和《上海市综合交通——2009 年度报告》[②]，2007 年全市交通运输能耗 2 100 万吨标准煤，其中城市交通占 21.4%；2008 年交通运输能耗 2440 万吨标准煤，其中城市交通占 20.2%，数据与本书结果基本契合。2005—2008 年，上海市交通运输能耗年均增长率达到 11%。

四、上海市交通运输温室气体排放

依然以两种方法计算了 2005 年交通运输和建筑物温室气体排放。在方法一中，交通运输能源活动二氧化碳排放量约为 3718 万吨，占 21%；建筑物排放 785 万吨，占 4.4%；在方法二中，交通排放略有增加，建筑排放猛增至 3 550 万吨，占总排放量的 18%，见图 2－18。

在交通运输排放中，城市交通排放 700 万吨，占 18.8%（方法一），公共交通和个体交通各占其中的 39% 和 61%。

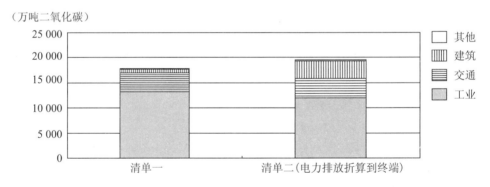

图 2－18　分部门温室气体排放

利用上海市综合交通年度报告和上海市城市综合交通规划研究所提供的数据（这些数据与本报告的计算数据有非常好的可比性）进行粗略估算，2006—2008 年上海市交通运输排放分别约为 4 000 万吨、4 400 万吨和 4 700 万吨，排放增速低于能耗增速，其中城市交通约为 760 万吨、820 万吨和近 900 万吨。

---

① 总体而言，轨道交通的能源消费由两部分组成：一部分是列车的牵引负荷，即轨道列车为乘客提供运输服务时所消耗的能源（可称直接能耗）；另一部分是车站的动力照明，即轨道车站用于集散乘客时所消耗的能源，主要包括车站内的空调、照明及电动扶梯等的能源消费。本书所计算的仅仅是第一部分能耗。实际上，后一种能耗也相当可观，基本上占直接能耗的一半以上，整个轨道交通能耗的 1/3 强。

② 这两份参考文件的统计口径与本书略有不同，前者包括轨道交通的辅助用能，但不包括非机动交通（助动车）的能耗，而本书正相反。由于目前轨道交通和助动车在城市交通能耗中的比例不是很大，因此这两套数据具有一定可比性。

第二章 城市交通温室气体控制指标
体系研究及上海市初步评价

第一节 城市交通温室气体控制评价指标体系

上海市作为国际航运中心和空中枢纽，交通运输具有其他省区不能比拟的特点，但作为一个超大型城市，针对城市交通的温室气体控制研究和示范能为全国许多地方带来启示。

相比交通运输行业的节能减碳，由于涉及大多数居民的生活方式和行为方式，城市交通一直是节能管理的难点，私人交通更是如此。要逐步克服这个难点，首先需建立起有效的城市交通节能和温室气体控制评价指标体系。已经被普遍使用的增加值能耗（增加值温室气体排放量）指标在城市交通中不适用，本书将尝试建立一套多层次评价指标体系。

影响城市交通能耗和 GHG 排放的因素包括三个层次：城市规划和城市格局；城市出行的交通模式和比例；机动车节能减碳技术水平（见图 2-19）。节约能源和减缓温室气体排放、评价节能减碳效果也应该从这三个方面入手。

图 2-19 影响城市交通排放的三因素

城市规划在交通节能方面有十分重要的意义，从某种意义上讲，城市规划就是交通规划。它除对城市道路布局和公共交通的实施有长久的战略影响外，还将直接影响到未来城市交通模式的取向和交通需求。在节能减碳的背景下，一个好的城市规划将有效降低人们的出行距离，有利于公共交通发展，从而有效降低温室气体排放。但是我国目前的城市发展（尤其是大城市）基本处于"蔓延"阶段，都市边缘持续不断扩张，居住用地与商业等其他用地分离，大规模的单一居住地位于城市外围郊区，但城市新区（郊区）不能脱离对城市主城的基础设施、社会服务设施及就业等的依赖。这种低效率的开发模式导致人们长距离通勤，趋向于消耗大量的自然资源，需要大量的公共服务和基础设施的资金投入。当我们把视野从国内放大到全世界的时候会发现，城市用地的扩张性蔓延并非中国所特有，全球都在密切关注着城市化地区土地盲目扩张的现象及其后果，并不断有新的研究成果出现，如新城市主义（New Urbanism）、精明增长（Smart Growth）、"紧凑城市"理论等，以促进城市的可持续发展。其中"紧凑城市"（Compact City）理念得到了越来越多人的支持，其两个最重要的理论依据是：①密集型的城市形态有助于减少城市对周围生态环境的侵蚀，从而降低人类活动对自然环境的影响；②空间紧凑型城市可以大大减少对道路交通，尤其是对私人轿车的依赖，从而减轻道路交通压力、降低对石油等资源的消耗，减少大气污染等。在我们所选择的指标中应该有反映城市规划优劣的特定指标，这是从源头减少需求、降低温室气体排放的途径。

城市出行的交通模式和比例是影响城市交通能耗和排放的结构性指标。从世界特大城市解决交通出行的成功模式来看，发展以大容量轨道交通为主的公共交通是必经之路，特别是对人口密度高、出行量大、办公和商业集中的城市中心地区，地铁是解决快速输送的最佳方式。我国的轨道交通发展较晚，到目前还没有一个城市形成完整的网络。像上海这样的城市，轨道交通承运的全年日均客流刚刚超过出租车；公共交通（地面公交＋轨道交通＋出租车）占总出行的比例远不足1/3。公共交通，特别是轨道交通还有待进一步发展。此外，非机动交通（包括清洁助动车）在我国城市交通中一直占举足轻重的地位，但随着机动交通的发展，非机动交通呈下降趋势。作为一种零排放或低排放的交通方式，非机动交通应该始终占有一席之地，这也正是欧洲国家努力提倡自行车交通的原因。

机动车节能减碳技术水平是影响城市交通能耗和排放的结构性指标。广义地说，减少机动车单车排放的技术措施是开发节能与新能源汽车。通过技术改造提升现有车型的燃油经济性、发展小排放汽车、混合动力汽车、淘汰老旧车是现阶段比较务实可行的"无悔"措施，大规模发展生物燃料汽车、电动汽车、燃料电池汽车等，尚需假以时日。

根据以上分析，本书将城市交通温室气体控制指标体系分为四个大类，分别为温室气体排放类指标、与城市规划相关的指标、结构性指标和技术类指标，见表2-21。

表2-21　城市交通温室气体控制指标体系

大类	具体指标	现有统计体系支持程度（可获得性）
交通需求指标：与城市规划相关的指标	平均出行距离（公里/出行）	难度较大
	出行频率	难度较大
结构性指标	公共交通承担的出行比例（%）	较好
	其中：轨道交通承担的出行比例（%）	较好
	非机动交通承担的出行比例（%）	较好
技术类指标	小排量汽车占新车销售比重	较好
	新能源/节能公共汽车占全部公共汽车的比重	较好
	节能助动车（如燃料电车两轮车）的比例	较好
	新增乘用车温室气体排放量（克二氧化碳/车·公里）	较好
综合性指标：温室气体排放类指标	城市交通人均能耗（吨标准煤/人·年）	难度较大
	城市交通人均二氧化碳排放量（吨二氧化碳/人）	难度较大
	人公里温室气体排放量（克二氧化碳/人·公里）	难度较大

这里以平均出行距离（公里/出行）作为衡量城市规划是否有利于交通GHG减排的指标。例如，1986—2008年，北京市居民平均出行距离从6公里增加到9.3公里，预计2010年将达到10公里，很好地反映了北京"城市蔓延"的特征。结构性指标和技术类指标在上文中已有描述，这里不再赘述。

人均出行单位距离所排放的温室气体量（克二氧化碳/人公里）[①]是评价城市交通温室气体控制效果的最直观的指标，计算公式可见式（2-16）。由于影响因素非常多，关键环节涉及计算不同交通模式、不同技术类型的车辆（如表2-20所列）的排放量，需要大量的统计和调查数据，基础工作尚不健全。新增乘用车的车公里温室气体排放量的可获得性较好，但只能反映城市交通的一个侧面，无法对整个城市的交通排放给予全面评价。对城市中实际运行比重逐渐增大的私人乘用车来说，这个指标对推动节能减碳还是有较大意义的。

$$克二氧化碳/人·公里 = \frac{城市交通二氧化碳排放量}{城市交通客运周转量}$$

---

① 城市客运统计多以"人次"（尤其是公共交通）作为统计指标，但对涉及能源的研究，客运周转量（人公里）是比客运量（人次）更为科学的概念。

$$\approx \frac{公共交通二氧化碳排放量 + 私人机动交通二氧化碳排放量}{年出行总量 + 平均出行总量} \qquad (2-16)$$

第二节 上海市"十一五"中前期交通运输温室气体控制初步评价

尽管我国交通领域专门针对温室气体减排的政策措施还不是很多，但众多相关政策都会带来温室气体减排效益。例如，从 20 世纪 90 年代末开始，以控制大气污染为出发点，许多城市在机动车污染物排放控制和缓解拥堵方面做了很多工作，带来了一定的节能减碳成果。随着国家首部燃油经济性标准的发布、"十一五"国家强制节能目标及省级目标的确定和十大节能工程的开展，城市机动车、铁路、水运、航空等的节能工作和油品替代工作逐渐开展。这些工作更直接促进了能源节约和温室气体减排。这些政策措施还在延续，并不断有更具针对性的政策出台。本节的主要目的是对"十五"、"十一五"上海市交通部门能源环境主要政策措施进行梳理，分析这些政策的由来、效果和得失之处，为未来政策措施的制定和实施奠定基础，促进上海交通进一步向节能减碳、清洁、高效的方向发展。

一、主要政策技术措施

上海市政府在《上海市节能减排工作实施方案》（沪府发〔2007〕25 号）提出了到"十一五"末包括交通在内的第三产业万元增加值能耗下降 15% 的目标[①]，全面提升整个交通行业的服务保障功能和综合竞争力。为此，实施了如下主要政策技术措施。

（一）技术措施：鼓励发展替代燃料汽车和高效清洁汽车

上海市是 1999 年由科技部、原国家环保总局、原国家计委和原国家经贸委等 13 个部委局联合实施"空气净化工程——清洁汽车行动"的首批 12 个试点城市之一，由此开展了替代燃料汽车的发展。同时，上海也是 2009 年科技部推动的"十城千辆"和财政部、科技部、国家发改委、工业和信息化部联合启动的"节能与新能源汽车示范推广"活动的首批试点城市。从以改善大气质量为主要目的到以节能和推广新能源为出发点，我国汽车工业发展迈出了新的一步。作为我国第一大城市，上海在这方面也取得一定成果。

与其他清洁汽车行动示范城市相同，上海也选择了天然气（CNG）汽车和液化石油气（LPG）汽车作为主要的替代燃料汽车。上海现有的 1.8 万辆公交车中，有 141 辆在运 CNG 汽车和 30 辆 LPG 车，占公交车辆总量的 0.94%。全市 4.5 万辆出租车中，LPG 单燃料车 4515 辆，占 10%，另有 3.8 万辆改装为汽油/LPG 双燃料车（但真正使用 LPG 的汽车不多）。另有 10 余万辆 LPG 助动车取代汽油助动车。但由于气源受限，CNG 汽车发展后劲有限（2010 年规划目标为 800 辆）；LPG 汽车的动力性能受到质疑，使用范围也不宜扩大。

上海公共汽车柴油化的倾向很明确。80% 以上的公交车由柴油驱动。柴油出租汽车的研发工作一直在持续。相比汽油、CNG 和 LPG，清洁柴油在节能和减排二氧化碳方面具有更大的优势。随着"十城千辆"和"节能与新能源汽车示范推广"活动的推广，混合燃料汽车、纯电动汽车和燃料电池汽车也将在上海得到发展。到 2009 年 6 月，全市 74 辆公交车，10 辆上海市政府班车、10 辆微软上海分公司班车，还有电力工程车、租赁客车等共计 148 辆"电池 + 电容"纯电动汽车在路上行驶。以二甲醚替代柴油，也在上海市的考虑范围之列。同时，"十一五"期间，上海还将充分利用现在运营的 500 辆电车，并考虑适度发展，在有条件的线路上，将汽车改为电车，并积极研究发展新型电车。2010 年世博会成为上海展示节能和新能源汽车的综合示范区。

[①] 其实在 2007 年出版的《上海能源白皮书》中，曾提出在"十一五"将交通运输业万元增加值能耗降低 15% 的目标。

（二）政策措施一：大力实施"公交优先"战略

公共交通一直以来都在上海市城市交通中占重要地位，并没有像其他大城市一样一度面临萎缩局面，近年来，通过优化公交站点、调整路线、轨道交通增能、公交换乘优化措施，公交吸引力进一步提高。"十五"以来，上海市继续以规划为先导，以设施为基础，加快公共交通和城市道路建设。作为全国第一部城市化交通白皮书，2002 年出版的《上海市城市交通白皮书》提出了"轨道交通为主，地面公交为辅、出租车为补充"的高效、快捷、清洁的一体化交通发展模式。在地面公共交通已渐趋饱和的情况下，上海市依靠轨道交通建设（包括世界首条商业运行磁悬浮），公共交通取得很大进展。可以说上海市的轨道交通发展在全国屈指可数。2008 年，上海公共交通承担的日交通出行总数为 1369 万乘次，占居民总出行比重的 23.9%（其余有 55.2% 为非机动交通），占机动总出行比重的 53%。2009 年全市公交客运量和出行比重进一步提高，为全社会节能降耗做出了贡献；轨道交通运营线路长度达到 355 公里，已建成公交专用道 113 公里。

（三）政策措施二：严格控制私人机动交通发展

上海市是全国唯一一个明确地实施机动车总量控制的城市，通过牌照收费制度、停车制度等政策有效地抑制了私人汽车的无序发展。目前一辆轿车的牌照费用基本相当于一辆微型轿车的销售价。同时，上海市还坚持先购停车位后发放车牌照的做法。虽然遭到众多非议，但这些制度在控制机动车总量方面起到了重要作用。2008 年上海千人拥有私人轿车数量仅为 44 辆，仅为北京市的 40%；上海市日增汽车数量仅为 200 辆；粗略估计①，牌照拍卖制度实施十年以来，累计减少轿车注册量 100 万辆，一年就减排二氧化碳约 400 万吨，而北京市连续多年日增汽车超过千辆。这两个城市的做法具有标本意义。

（四）政策措施三：优化运输结构，推进结构节能和技术节能

上海市努力通过统筹建设综合运输体系，整合、优化运输结构和方式，推进公路运输、水路运输及其他运输方式的协调发展，努力实现多种运输方式的"无缝衔接"和"零换乘"；加快与海、空枢纽配套的集疏运体系建设，大力推进水水中转和国际中转比例，2008 年上海港水水中转比例约 38%，同比提高近 2 个百分点。内河运输具有成本低、能耗少、污染少的优势，上海市交通部门采取措施引导提高内河运输比重。航空、铁路管理部门结合行业特点充分挖掘节能减排潜力，运用科学管理、合理调度、科技进步等手段，提高本行业的能源利用效率。机场、港口等企业为航空、水运和道路客货运输企业提供便捷、高效的换乘、中转、装卸等服务，有效降低相关企业能耗。

上海市交通运输业在开展节能工作中呈现出若干亮点。例如，2008 年上航 14 架 737 - 800 飞机进行加装小翼改造，在 900 公里航程中节油效果达到 2.6%；上海港务集团对柴油消耗占总量 1/4 的集装箱轮胎起重机实施推广油改电项目，可节省标准煤约 50%，实现了"零"排放，能耗费用节省 70% ~ 80%。中国远洋运输（集团）总公司（中远）、中国海运（集团）总公司（中海）分别淘汰旧船 5 艘和 20 艘；航运企业通过采用经济航速、减停班线的方法节能；航空企业通过合理安排航班计划、双发滑行改单发滑行、停机检查使用地面电源车（减少使用辅助动力装置）等方法节能；上海海事局开辟上海至崇明新航道，车客渡航程缩短 20 分钟，节能率 18%。

（五）政策措施四：健全体制机制，完善统计评估体系

上海市在"十一五"之初就成立了交通行业节能减排工作推进协调小组，下设办公室，负责日常工作，制订工作计划，落实政策措施。同时积极发挥上海市交通运输业协会等社会中介组织的作用，协助政府部门做好相关基础性、事务性工作。健全节能减排责任体制，每年与 4 家中央在沪交通单位和 5 家上海重点交通运输企业签订节能目标推进书和责任书。

---

① Personal communication.

上海市高度重视统计工作，加强基础、基层工作，探索有效的交通运输节能减排统计、评价、考核的指标体系和方法。在本书进行过程中，研究人员对上海市统计数据的相对健全留下了深刻印象。

二、温室气体控制成效初步评价

对外运输：虽然上海市在交通运输行业采取了很多节能降耗的措施，但由于交通运输业在上海的特殊地位，再加上整个行业正处于水平提升、市场扩张、竞争加剧的快速发展阶段，能源强度基数大，上升速度也很快，增加值能耗仍然呈现徘徊甚至上升趋势。初步计算，上海市 2005 年交通运输业的万元增加值能耗高达 2.43 吨标准煤/万元[①]，是上海全社会平均值 0.90 吨标准煤/万元的 2.7 倍，"十五"期间上升了 23%。"十一五"前三年（2006—2008 年），第三产业的万元增加值能耗有微弱下降，2009 年出现了较大幅度下降；但 2006—2009 年四年间，交通运输业增加值能耗不降反升（见图 2 - 20）（2009 年上升尤其显著），给上海市节能工作带来巨大挑战。针对 2010 年工作，上海市提出了较为务实的目标：确保交通运输业单位增加值增速比前四年平均增速下降 2 个百分点，用能增量控制在 100 万吨标准煤以下。可以看出，为了控制交通能耗的快速增长，总量控制的概念开始在上海市出现。2010 年第一季度数据显示交通运输业万元增加值能耗呈下降趋势，同比下降 5.3%。说明随着总体经济形势的逐步好转以及世博会带来的拉动效应开始显现，航空、海运业等业务量强劲反弹，载客率、载货率显著上升，带动港口、机场等设施利用率相应提高，单位运输量能耗相应下降，交通运输各行业营业收入大幅提高，经济效益明显好转。

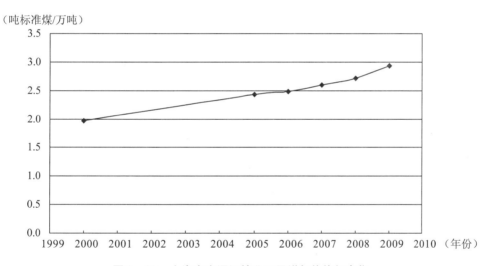

（吨标准煤/万吨）

图 2 - 20 上海市交通运输业万元增加值能耗变化

城市交通：根据计算，2005 年上海城市客运二氧化碳排放量约为 700 万吨，碳排放密度约为 70.8 克二氧化碳/人公里[②]，相比北京的 75 克二氧化碳/人公里[③]，上海市城市交通的碳密度并不高。"十一五"前三年，在公共交通内部，轨道交通的客运比例从 2005 年的 13% 猛增到 2008 年的 22.5%；新能源和节能型公共汽车的数量不断上升。但就整个城市交通而言，公共交通的出行比例还处在下降阶段，虽然 2008 年比 2007 年有所提升，但还没有恢复到 2005 年的水平（见表 2 - 22）。个体机动出行比例在上升，非机动交通比例逐渐下降。2008 年城市客运的碳排放密度增长至 80 克二氧化碳/人公里左右。其他指标也都有显著提高。

---

① 此处的交通运输业万元增加值能耗数据为笔者计算数据，与其他来源数据或有不同。

② 2005 年出行总量 4295 万人次/日，平均出行距离为 6.3 公里。

③ 上海摩托车保有量远高于北京，由于载客人数有限，摩托车的能耗和排放强度并不比轿车低，这也是在上海市机动车保有量远低于北京的情况下，城市交通汽油消耗量和二氧化碳排放强度并不比北京低很多的原因。

表2-22   2005—2008年上海市单位人公里二氧化碳排放量变化情况

年份	2005	2006	2007	2008
公共交通出行比例（%）	24.4	23.6	23.2	23.9
轨道交通在公共交通中的比例（%）	13.1	14.3	17.6	22.5
非机动交通比例（%）	59.6	57.6	56.7	55.2
城市交通人均能耗（千克标准煤/人）	202.4	—	—	255.0
城市交通人均二氧化碳排放（千克二氧化碳/人）	393.6	—	—	468.6
人公里二氧化碳排放（克二氧化碳/人公里）	70.8	—	—	79.4

　　如果维持2005年的城市交通结构和技术不变，2008年的城市交通排放将增长至800万吨左右。而在实际情况中，2008年的城市交通排放已经增长至近900万吨。可以说，私人机动交通的增长完全淹没了轨道交通发展所可能带来的减排效果（即使在私人机动交通受到一定限制的情况下）。在一定条件下，公共交通出行比重提高1%，可实现城市交通能源消耗总量下降1.5%；公共交通出行比重增加5%，能耗下降约9%①。可见，即使在比较严格的机动车总量控制措施下，公共交通在上海市节能减碳中的作用尚未充分发挥。

---

　　① 全国二氧化碳排放按55.6亿吨计（第二次国家信息通报初步结果）；此数据与城市、交通状况、时间点选择密切相关。在笔者针对北京市的研究中，公交提升1%，大约节能0.8%（2005年）。

第三章　国内外城市交通减排技术和政策措施评述

　　控制城市交通温室气体排放，必须运用一系列技术手段和政策措施合理控制交通需求量、优化出行结构、适当控制机动车规模、降低机动车平均行驶里程、提高单车的平均燃油经济性水平和降低汽车排放水平（见图 2 – 21）。在需求尚处于发展甚至井喷阶段，机动车技术水平的提高对控制城市交通温室气体排放有十分重要的意义（见图 2 – 21 中虚线所示部分），同时技术进步也会带来改善区域环境质量、强化石油/能源安全等协同效益。政策措施将更多地在优化结构、降低机动车使用频率等方面发力。两者相辅相成，可使城市交通温室气体排放得到有效控制。

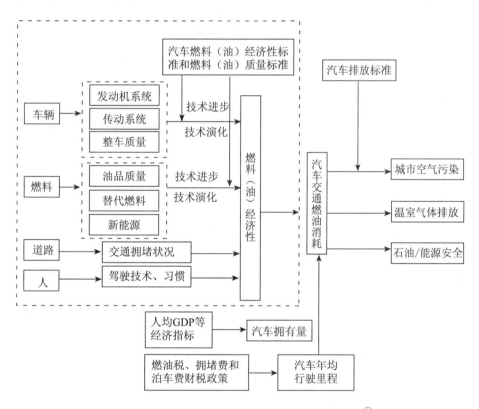

图 2 – 21　城市交通温室气体控制技术和政策措施①

第一节　城市交通减排技术评述

　　从减排温室气体的角度看，城市交通（特别是轿车）减排技术主要包括传统高效汽车（通过各种措施提高现有汽车技术的效率）和替代燃料（新能源）汽车。

---

　　① 参考：许光清，邹骥，杨宝路，冯相昭，郑露荣，控制中国汽车交通燃油消耗和温室气体排放的技术选择与政策体系，气候变化研究进展，2009，Vol. 5（3）：167 – 173。

一、提高传统机动车能源效率

在所有机车燃料中，石油基燃料（汽油、柴油）拥有燃料生产阶段最高的能量效率，同时配以先进的汽车驱动技术，使得全生命周期的总能量消耗和温室气体排放与其他燃料相比表现均衡。因此，在今后相当长一段时间内，传统内燃机车仍将占据不可撼动的主导地位，并且随着发动机的改进和其他配套技术的改善，能源效率还有提升的空间。

（一）现代柴油汽车和生物质柴油汽车技术

经过多年发展，相比传统汽油车，柴油机动车已经在节约能源和成本效益方面都具有明显的比较优势。一般来说，现代柴油汽车的燃油经济性（公里/升）比同类汽油车高 20% 左右，能源强度（如千焦/公里）低 10% 左右（柴油的密度较高），单位行驶里程的二氧化碳排放也比汽油车低 10% 左右。目前较先进的柴油车的二氧化碳排放强度仅为 80 克/公里左右。

现代柴油发动机的另一个优势是它能够以生物柴油做动力，运行阶段的二氧化碳排放更将大大降低，但在生物柴油的生命周期排放以及生产环境标准、对发展中国家可持续发展的影响、对粮食安全的影响等问题上依然存在一些质疑。

欧盟一直致力于推广高效柴油车，柴油轿车普及率很高。2005 年柴油轿车在欧盟 15 国轿车销售市场中的比例已经接近 50%。

欧盟 2008 年底通过的应对气候变化一揽子协议中，有两项法案（legislation）分别针对节能轿车和生物燃料（主要指生物柴油）。在前一项法案中，2012 年新车平均排放降低到 120 克/公里的目标（约相当于 5.5 升/100 公里的汽油车和 4.8 升/100 公里的柴油车）得到重申，法案认为现有的能效技术完全可以使轿车排放降低到 130 克/公里（约相当于 5.9 升/100 公里的汽油车和 5.2 升/100 公里的柴油车），再利用其他辅助技术，如空调系统、轮胎技术等，取得另外 10 克/公里的减排量。针对 2020 年，欧盟提出了一个初步目标——95 克/公里，从 2013 年起将对这个目标进行审评。在《生物燃料法案》中，欧盟设定了统一的最低目标：到 2020 年生物燃料的渗透率达到 10%（2007 年的比例为 2.6%，2005 年以来增长很快。2010 年的目标为 5.75%）；欧盟将建立严格的生产标准，包括生物燃料的减排性能、对生物多样性和土地利用变化的影响，保证生物燃料的环境效益高于任何可能的负作用。同时，欧盟承诺加快第二代生物燃料开发，密切监控生物燃料对土地利用、粮食、饲料的影响，必要时采取适当行动。

（二）混合动力汽车（hybrid vehicle and plug-in hybrid vehicle）[1]

国际机电委员会电力机动车技术委员会建议把混合动力汽车定义为"由两种或两种以上的储能器、能源或转换器做驱动能源，其中至少有一种能提供电能的车辆"。目前最常见的是内燃机和蓄电池组合的混合动力汽车，插电式混合动力汽车可以直接通过电网充电。这种汽车既拥有比电动汽车更长的蓄驶里程，也拥有很好的燃油经济性。日本丰田汽车生产的"Prius"的汽油—电动混合动力汽车在整个行驶过程中会根据车辆的行驶状态来控制汽油发动机或电机的运转，发动机只有在普通行驶和全面加速的两个阶段消耗燃料，在减速制动阶段由车轮来驱动马达将车辆的制动能量转换成为电能并进行回收，因此燃料经济性指标仅为每百公里 4.5 升汽油（市区），与普通汽油轿车相比，其二氧化碳排放减少 50%。重型混合动力汽车也陆续面世，如柴油—电动混合巴士，其二氧化碳排放量比普通柴油车降低 10%～16%，如果动力系统继续改善，温室气体排放还有下降空间[2]。混合动力轿车基本已经市场化，在日本和美国拥有较大市场销售份额。2009 年 9 月混合动力车在日本新车销售量中占一成。丰田、三菱、铃木等公司开发的可使用家庭电源充电的混合动力车的面世，将进一步加快混合动力车普

---

① 混合动力汽车既具有传统内燃机的特点，也有某些电动汽车的特点。
② 梅娟，范钦华，赵由才，编著. 交通运输领域温室气体减排与控制技术［M］. 北京：化学工业出版社，2009：47.

及的步伐。但混合动力车在国内的销售情况不佳，主要原因还在于购置成本和对新技术的观望态度。

（三）发动机技术改进

不论是柴油汽车还是汽油汽车，都已可通过涡轮增压技术、停缸节油技术、无凸轮配气机技术的进入和提升，进一步改善能源效率。根据 ExonMobil 的估计，发动机相关技术可以为现有汽车技术提供 15% 左右的能效改进空间①。

（四）汽车辅助技术改进

除了对发动机技术的改造，对动力传输系统、汽车材料和轮胎的改进，也可进一步改善传统汽车技术的能效，节能空间可达 20%。

二、替代燃料和新能源汽车

替代燃料汽车是指使用非石油产品驱动的汽车。替代燃料一般包括：①压缩天然气（CNG），液化石油气（LPG）。②生物质燃料，如生物乙醇、生物柴油等。可以百分之百采用这些燃料（需要专门发动机），可以直接在无铅汽油或柴油中添加最多 15% 的生物质燃料（不需要改变发动机）。③煤基燃料，如甲醇、二甲醚。④电（蓄电池）。⑤氢（燃料电池）。

（一）CNG 汽车和 LPG 汽车

CNG 汽车和 LPG 汽车，尤其是前者，是许多城市解决公共交通污染的首选措施之一。相比而言，虽然这两种替代燃料汽车在污染物减排和保障石油安全方面有一定意义，但其温室气体排放并不占优势（见表 2-23），尤其是天然气汽车，排放强度比柴油车高 20% 以上。LPG 汽车，由于多是双燃料汽车，实际污染物排放和动力性能都受到质疑。此外，天然气作为一种优质能源，未来在工业行业和民用方面的需求量会非常大。因此，除非在资源非常丰富的地区，从控制温室气体排放角度出发，发展 CNG 和 LPG 汽车要比较慎重。

表 2-23 CNG、LPG 汽车与传统汽车的排放强度对比

汽车类型	典型能耗	二氧化碳排放水平
柴油公共汽车	~25 升/100 公里	~688 克/公里
CNG 公共汽车	~38 立方米/100 公里	~832 克/公里
汽油出租车	~8 升/100 公里	~178 克/公里
LPG 出租车	~10 升/100 公里	~171 克/公里
天然气出租车	~8.7 立方米/100 公里	190.5 克/公里

资料来源：根据调研数据计算。

（二）电动汽车

电动汽车具有运行阶段无排放、效率高和无噪声的特点。随着传统发电技术的进步、非化石能源发电技术的推广，即使按照全生命周期排放，电动汽车也可能在温室气体排放方面具有很强的竞争性，因此成为世界各国研发的重点。一般而言，一次充电行驶里程至少达到 100 公里以上、自重轻，能够实现家庭充电的电动汽车才可能有竞争力。目前推广电动汽车最大的障碍依然是蓄电池的能量储存、持久性、成本和基础设施建设。应用最广泛的还是铅酸电池、镍氢电池和锂电池。铅酸电池的比能量最低（0.03~0.04 千瓦时/千克），但充电效率优于镍氢电池，技术最成熟，成本最低，但生产过程的排放备受诟病；镍氢电池和锂电池的成本远高于铅酸电池，优点在于比能量较高（前者达到 0.08 千瓦

① David Reed, The Outlook for Energy: A View to 2030.

时/千克,后者已经突破0.1千瓦时/千克),镍氢电池的寿命较长。最近10年,磷酸铁锂离子电池的研发有重大突破,成为攻关重点。一般而言,铅酸电池多用于低端汽车产品,比功率较高的镍氢电池较适合混合动力技术,而能量型的锂离子电池主要用于插电式混合动力汽车和纯电动汽车。

在传统汽车制造技术方面,我国还处于落后地位,但就电动汽车而言,各国基本处于同一起跑线,我国有成本和市场优势,有潜力成为新能源汽车的领头羊。我国已经建立起以混合动力汽车、纯电动汽车、燃料电池汽车为重点,以多能源动力控制系统、驱动电机、动力蓄电池以及燃料电池关键部件为重点的研发和产业化布局,掌握了电动汽车整车开发的关键技术,形成了各类电动汽车的开发能力,实现了电动汽车关键零部件的自主开发和商业化,特别是在锂离子动力电池的研发和应用上不逊于其他国家。2009年我国开展了为期三年的"十城千辆"新能源和节能汽车示范行动,旨在推广自主研发产品,促进产能提升,形成"政策扶植—价格降低—市场推动"的良性循环。目前蓄电池研发和生产企业众多,基本形成了中东部为主的产业化布局,到2010年末,动力蓄电池的产能可以达到3 201兆瓦时(按照1辆电动轿车的能量约为30千瓦时计算,这些产能可以装配10万辆电动轿车),比2009年增长2倍多,堪与风力发电能力的增长速度媲美。一些汽车厂商也在积极进军全球电动车市场。总部设在深圳的比亚迪公司研制的混合动力和电动双模汽车,很快将投入商业化。还有一些中国企业为美国、日本、意大利和芬兰的电动客车提供电池。

尽管目前电动轿车的百公里电耗已经降低到16度电左右,考虑电力生产、输送过程中的间接排放,每公里二氧化碳排放量约为200克,相当于百公里油耗为9升/100公里左右的传统汽油汽车,减排潜力还有待发展;对大型汽车而言,效率较高的"电容+电池"电动公交车一次充电可行驶250公里(不开启空调),每公里约耗电0.8千瓦时,考虑电力生产、输送过程中的间接排放以及充电损失,电耗相当于1.25千瓦时/公里,每公里排放二氧化碳1 250克,与柴油车相比还有一定距离。对电动大型客车、混合动力客车及轿车的分析和比较见"世博"案例报告。

目前一些即将下线的车型,例如尼桑的Leaf 74、雪弗兰的Volt、奥迪的e-tron、大众的E-UP都在使用高性能锂电池,一次续驶里程130公里以上,充电时间较短,将为电动汽车市场注入更多活力。

(三)氢燃料电池汽车(HFCV)

尽管"氢经济"的概念已经存在相当长一段时间了,但氢燃料电池汽车是距离商业化应用阶段最遥远的技术之一,因为生产和运行燃料电池汽车的要素——大规模制氢系统、氢存储运输送系统、专用燃料电池——都处于早期研究阶段,需要等到技术和成本方面的突破。在可再生能源发电和制氢技术取得重大突破之前,氢气制造过程中的碳排放将是影响HFCV生命周期排放的最重要因素。

这里选用6种不同制氢和运输途径组合来比较HFCV的生命周期排放:

(1)煤气化制氢,通过管道输送到加气站,无碳捕获和存储(CCS),简称coal+C-H₂;

(2)煤气化制氢,通过管道输送到加气站,有碳捕获和存储(CCS),简称coal+C-H₂+CCS;

(3)集中或分散式天然气重整制氢,管道输送(NG+C-H₂);

(4)集中或分散式天然气重整制氢,以液态方式用低温储罐输送(NG+L-H₂);

(5)生物质重整制氢(wood+C-H₂);

(6)风电电解水制氢(wind elec+C-H₂)。

由图2-22可以看出,基于化石燃料的氢燃料电池汽车的生命周期排放最高,尤其是没有CCS参与的煤炭重整路径(大于200克二氧化碳当量/公里);在利用CCS技术的情况下,排放强度可大大降低(小于100克二氧化碳当量/公里)。如果由生物质制氢或可再生电力电解水制氢,HFCV的排放可大大降低(小于20克二氧化碳当量/公里)。利用目前应用范围最广的天然气重整制氢技术的HFCV的排放比基于煤炭重整的HFCV低,但依然远远高于生物质制氢HFCV。由于液化氢气(提高运输效率)需要更多能源,因此其排放强度高于气态氢气路径。

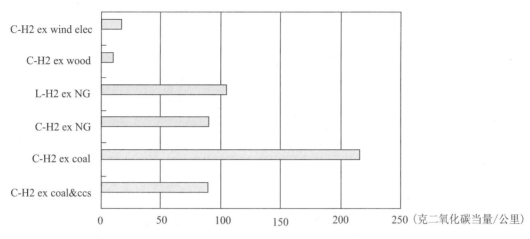

图2-22　氢燃料电池汽车的生命周期排放

资料来源：JRC，2006。

即使基于天然气的 HFCV 的排放情况比较乐观，但天然气有限的储量将大大限制此路径的燃料电池汽车的普及。生物质制氢也面临同样的问题。同时，成本、基础设施建设等因素也制约着燃料电池汽车的发展。

（四）生物乙醇汽车

生物乙醇是用甘蔗、玉米或其他谷类、其他农产品或剩余物酿造的一种液体物质。大多数情况下，甘蔗是生产乙醇的最便宜的原料，其生产工艺的副产品也能够出售。乙醇辛烷含量高，可以用作汽车燃料。

乙醇燃料汽车使用的通常是一种混合燃料 E85——用 85% 的乙醇和 15% 的无铅汽油混合而成。实际上多年以来，出于能源安全或空气质量等的考虑，乙醇还被大规模地用作汽油添加剂混在汽油中制成 10% 乙醇成分的混合液体，称作酒精—汽油混合燃料。

乙醇燃料汽车与同型号的汽油车相比，其烟雾污染物排放可以减排 30%～50%。然而，由于乙醇要用农作物做生产原料，当原料种植用到的机械、化肥、杀虫剂以及谷物干燥和发酵消耗的能源都考虑进乙醇的生命周期碳排放分析中，乙醇生产和使用过程总的碳排放并不占优势。同时，粮食安全因素也限制了乙醇燃料的大规模推广。

（五）甲醇汽车

甲醇通常叫做木精，可从天然气、煤或生物质中提取出来。甲醇用作发动机燃料的最常见的形式是 M85——由 85% 的甲醇和 15% 的无铅汽油混合而成。M85 燃烧排放的二氧化碳比汽油略低一点（1.3%），但其全周期二氧化碳排放可能值得商榷。甲醇作为代替石油燃料的一种清洁替代燃料，其另一个优势是它可以从煤或生物质中制取，因而有利于能源安全。

（六）太阳能电池汽车技术

太阳能动力汽车是通过光伏电池利用太阳能做动力的电动汽车。光伏电池把太阳能转换成电能以直接驱动电动汽车或者储存到蓄电池中。光伏电池只有在太阳照射的时候才能生产电能，在没有太阳光的时候，太阳能电池汽车必须使用蓄电池中存储的电能。

光伏电池目前被使用在一些电动汽车样车上以延长其可行驶的路程。做工最精致的光伏电池也只有 20% 的转换效率，因此太阳能电池汽车只能从太阳能中得到一小部分的电力，离不开用传统的方法为它的蓄电池补充电量。如果要求太阳能电动汽车百分百地依靠太阳能做动力，则太阳能电池汽车必须要有非常大的表面积以接受太阳光照射，同时要求太阳能利用效率非常高、车辆自重小，并且载重量很少（1～2 人，不带蓄电池）。

三、城市交通减排技术小结

从技术角度讲，通向低碳城市交通的技术路径可以有多种选择。结合资源可获得性和丰富程度、生命周期排放、基础设施建设、成本等因素，在 2020 年以前，传统汽、柴油汽车能效的提高（包括混合动力汽车）依然是减缓城市交通温室气体排放的首选。提高能效的途径有多种，包括提高柴油轿车、混合动力汽车的市场普及率、改进传统发动机、提高传输系统效率以及对空调设施、轮胎进行改进，等等。尽管我国力推电动汽车的研发和推广，但新能源汽车的市场培育期难以跨越，不应急功近利、拔苗助长，还是应该脚踏实地，多管齐下。

第二节　城市交通减排政策评述

一、交通需求管理和引导政策

在以伦敦、巴黎、纽约、东京、新加坡等为代表的大城市的城市交通发展历程中可以看到，当交通供给与交通需求出现矛盾，造成拥堵时（这几乎是不可避免的），交通需求管理就成为共同的选择（见表 2－24）。需求策略可以分为两类：一类是引导性的公共交通优先策略，包括轨道交通建设、地面公交信号优先、公交专用道、公交一票制以及票价优惠等措施；另一类是限制性的个体交通控制策略，包括中心区交通拥堵收费、停车位数量控制和高收费、汽车总量控制、汽车合乘等措施。这些措施的初衷虽然都不是减排温室气体，但无疑可以降低私人机动交通出行率，从而达到减排的效果。此外，由于网络技术的发展，网上银行、电话会议、网上购物、居家办公等服务的普及也可以有效地降低交通需求量。这里要特别谈到小汽车需求管理措施。

表 2－24　世界大城市交通需求管理措施

城市	倡导公共交通	调控个体交通
伦敦	城区 462 公里地铁系统；公交专用道和公交信号优先；改善公共汽车设施；公交票价平稳；一体化智能卡票制	交通拥挤收费，费率上涨，范围扩大
巴黎	地铁和区域快速铁路；公交一票制；特定群体公交补助；"无障碍"公交设施	—
纽约	地铁和通勤铁路；地铁系统一票制；830 条公交汽车运营线路；轨道交通与私人交通之间的停车换乘（P＋R）设施	中心区停车高收费
东京	2 000 公里的轨道交通网络，良好的驳运体系	提高燃油税、提高停车费；道路拥堵费
新加坡	以地铁为主体的轨道交通系统；公共汽车行车路线优化；港湾式停车站	新车注册附加费；地区通行许可制度与电子道路收费系统
中国香港	重轨、轻轨、公共汽车、小型公共汽车、电车、出租车、轮渡相结合的公交系统	首次登记税及每年牌照费；汽油税、道路通行费及拥挤收费；停车位

资料来源：孙斌栋，赵新正，潘鑫，胥建华. 世界大城市交通发展策略的规律探讨与启示［J］. 城市发展研究，2008，15（2）：75－80.

对以小汽车为代表的个体机动交通工具的购置和使用的控制是保障公交优先和交通通畅的关键。在这方面，新加坡、中国香港、英国伦敦和日本东京最具有代表性。新加坡和香港由于城市空间的限制，很早就意识到道路供给增加的有限性和交通需求管理的重要性，因而都从拥有和使用两个方面控制小汽车的交通需求。新加坡的私人交通控制措施主要是通过财税配套政策间接调节小汽车的保有量，以车辆配给措施强制干预小汽车的购买，并于 1975 年和 1998 年先后引进了人工道路收费系统和电子道路收费系统，通过收取"拥堵费用"来控制进入中心区的交通量。根据相关研究，收费制度的实施一天可节约能源 1.043 吉焦①。中国香港主要采用首次登记税及车辆每年牌照费来调节私家车的拥有量，同时采用较高的汽油税、道路通行费、拥挤收费及电力道路收费等措施调节其使用。英国伦敦于 2003 年正式实行了"交通拥挤收费"政策（Congestion Charging），实施效果很明显，每天进入伦敦市中心的汽车减少了 5 万辆，交通流量下降了 16%，收费区的二氧化碳排放减少了 19%。除高昂的市区停车收费制度，日本东京也于 2000 年指定了《交通需求管理东京行动方案》，提出道路拥堵收费制度等多项需求管理方案。

反观我国大城市目前所实施的交通政策，还主要停留在以道路建设（包括高架桥、环路、放射路等）为主要特征的交通供给方面；在交通需求管理领域，公交优先落实乏力，对于个体交通需求的控制，除了上海采取了私家车牌照拍卖之外基本上处于空白状态。

二、鼓励非机动交通发展

非机动交通（步行和自行车骑行）是"低碳交通"的首选。与非机动交通在亚洲国家的出行比例中逐渐下降的趋势相反，欧洲国家的非机动交通发展非常迅速。在荷兰、丹麦、瑞典、德国等国家的城市交通中，步行和自行车出行比例占 30% 甚至 40% 以上。欧洲国家制定的主要激励措施包括：①强化自行车基础设施建设，包括各种类型的自行车专用道（路）和通道网络，使自行车出行更为方便；②采取各种交通抑制措施，限制低机动车车速，减少小汽车的使用或至少使步行和骑自行车出行更加安全；③明确保障行人和骑行者利益的交通法规，要求机动车驾驶员以一种最大程度减少行人和骑行者危险的方式驾驶机动车；④建立足够的安全的自行车停车场所；⑤从税费角度提高私人汽车使用成本；⑥从娃娃抓起，强化安全教育。这些政策措施的效果非常明显。

三、促进节能和新能源汽车技术的普及

（一）基于发动机尺寸、效率及二氧化碳排放实施税务减免

为加速新能源/节能汽车的普及，许多国家都采取了激励措施。日本从 2001 年开始实施汽车绿色税制以促进减排，截至 2005 年，累计涉及以上税收减免的车辆达到 1017 万辆，具体减免规则见表 2-25。除对节能汽车的优惠外，对电动车（包括燃料电池）、甲醇、压缩天然气和混合动力车（货车、公共汽车）购置税费减免 2.7%，对混合动力车（客车）减免 2.2%。

表 2-25　日本汽车绿色税务计划（2004—2005 年）

节能环保汽车		汽车税 （29 500 ~ 111 000 日元/年）	购置税
燃油经济性	排放水平		
超过 2010 年燃油经济性限制值的 5%	★★★★	减免 50%	减 30 万日元
超过 2010 年燃油经济性限制值的 5%	★★★	减免 25%	减 20 万日元
达到 2010 年燃油经济性	★★★★	减免 25%	减 20 万日元

资料来源：中国城市交通节能政策研究. P114-115.

与日本类似，英国通过对低碳车辆和传统车辆采取不同的购买和使用税费政策来促进节能减碳。家庭用车的车辆税按二氧化碳的排放量和燃料类型划分为 6 个级别，其中 AAA 级别最高，其车辆税最

① SPO road pricing, 2005.

低。燃油经济性好、低碳排放车辆的车辆税比其他车辆低得多。例如，在 AAA 级别，使用替代燃料的车辆税是 55 英镑；而在 D 级别，使用柴油车的车辆税是 165 英镑（见表 2-26）。公司车辆的车辆税按照车辆价格的百分比进行收费。对清洁燃料车，如电动车、双燃料车、液化石油气车或液化天然汽车，给予一定优惠。除了税收，政府还为购买清洁燃料车辆的消费者以及对现有车辆进行改革、降低排放的消费者提供补贴。补贴额度采取定额补贴的方式，按照车的重量类别、所选的减排装置分为很多类，但最高不超过发票价格的 75%。2009 年颁布的《低碳交通：更环保的未来》提出从 2011 年起，为超低碳汽车提供每辆 2 000~5 000 英镑的补贴。

表 2-26　英国的小汽车车辆税　　　　单位：英镑

级别	AAA	AA	A	B	C	D
二氧化碳排放强度（克·公里/公里）	≤100	100~200	121~150	151~165	166~185	>185
替代燃料车	55	55	95	1 158	135	155
汽油车	65	75	105	125	145	160
柴油车	75	85	115	135	155	165

资料来源：中国城市交通节能政策研究. P115。

（二）严格的燃油经济性标准/温室气体排放标准

美国、日本、加拿大、韩国以及中国都实施了以每加仑英里数、每升行驶公里数或百公里油耗为指标的燃油经济性标准，而且日趋严格；欧盟和美国加利福尼亚州还实施了以克每公里或克每英里为标准的温室气体排放标准。

（三）交通管控措施

美国加利福尼亚州、弗吉尼亚州允许混合动力汽车使用多乘客通道（HOV），巴黎市区禁行 SUV。

第四章　上海市"十二五"城市交通
温室气体控制目标分析

上海的交通运输业非常特殊，在沪注册的对外交通企业大都是全球大型运输企业，受国际经济状况变化的影响较大，与上海城市发展关系相对较小，且运输工具能耗是企业主要的运行成本，企业自身的节能积极性较大。为此，本章主要对城市交通的温室气体排放情景和减排目标及减排政策措施进行研究。

第一节　城市交通能源环境模型的建立

城市交通能耗的测算通常从机动车拥有量着手，利用年平均运营里程和平均燃油经济性等参数进行估算，正如第一章中所进行的计算。但是这种方法有一定缺陷，一是可能造成一定疏漏，如就上海市而言，拥有外地牌照但长期在本地行驶的车辆为数可观，但在这种方法中可能被忽略；二是与通常的城市交通统计指标（例如居民出行特征、出行结构等）脱节，因此不易对未来作出准确判断。因此，本书拟建立一个多层次的城市交通能源环境模型（见图2-23），从需求端着手，逐步过渡到交通结构和技术，从而对未来城市交通的能源需求和排放走向进行定量判断和情景模拟。这种方法可以克服前述方法的弊端，但基础数据需求量较大。这两种方法的计算结果应该有一致性。

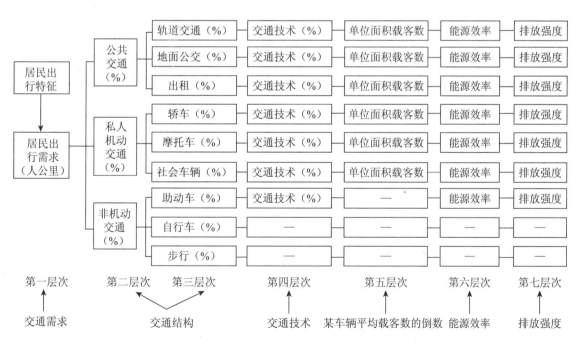

图2-23　城市交通能源环境模型的技术路线图

第一层次：交通需求层次，单位为人公里[①]。此参数与城市规模、收入水平相关。一般而言，随着生活水平的提高，居民出行频率（次/人·日）会上升；随着城市规模的扩展，平均出行距离会上

[①]　就城市交通能源研究而言，客运周转量（人公里）是比客运量（人次）更科学的概念。

升。兼之人口总量的上升，总交通需求会逐年上升。这种连锁现象在我国城市发展中尤为突出。如何满足这些需求是城市规划必须关注的问题。

第二层次和第三层次：同为交通结构层，单位为%。公共交通、私人机动交通和非机动交通是满足交通需求的三大类方式，第二层次表示这三种交通模式所承担的客运周转量比例；第三层次为其内部比例构成，以公共交通为例，轨道交通、地面公交和出租为基本模式，共同承担公交出行。

第四层次表征交通技术，单位为%，即不同技术类型车辆所完成的客运周转量比例，技术分类与分能源品种交通技术类似。以地面公交为例，第四层次应该给出柴油汽车、汽油汽车、天然气汽车、电车等车辆所完成的客运周转量比例（在地面公交中所占的比例）。

第五层次为某车辆平均载客数的倒数。例如，汽油公共汽车的平均实载人数为30人，则此处的数值为0.03。此层的设计是为了将人公里转换为车公里，同时也为分析实载率提高的效果提供依据。

第六层次和第七层次分别为能源效率和排放强度。以汽油公共汽车为例，第六层次的参数为汽油公共汽车的百公里油耗，第七层次为汽油的二氧化碳排放因子。

这七个层次的数据可以逐层相乘，最终得到某种技术的耗能量和排放，例如：

$$汽油公共汽车耗能量 = 交通需求（人·公里）× 公共交通比例（\%）× 地面公交比例（\%）$$
$$× 汽油公共汽车比例（\%）× 1/汽油公共汽车实载人数（1/人）$$
$$× 单位公里油耗（升/公里）× 汽油密度（千克/升）$$

该模型在基础数据完备的情况下，简单实用。但由于所需数据众多，各种统计数据和计算数据应该做到左右逢源，各得其所，因此模型使用初期的工作很艰巨。同时必须强调的是基年和已知年份的模型运转结果与已有数据或研究成果进行对比非常重要，从而保证各种数据的合理性。

第二节 上海市城市交通"十二五"和2020年发展情景简析

一、"十二五"和2020年城市交通发展前景预测

（一）客运周转量

根据上海市人口和计划生育委员会预测，2015年全市常住人口为2140万人，2020年将达到2250万人；经济社会活动增加促使全市居民出行强度保持上升势头，而且出行距离随城市扩展和活动空间扩大将不断延长[①]，最终结果是城市客运周转量不断上升，2015年和2020年将分别是2005年的1.58倍和1.90倍，见表2-27。

表2-27 客运周转量估算表

指标	单位	2005年	2008年	2010年	2015年	2020年
常住人口	万人	1 778.42	1 888	1 950	2 140	2 250
日出行率	次/人·日	2.23	2.33	2.4	2.55	2.65
日出行总量	万人次	4 295	4 697	5 032	5 868	6 411
出行平均距离	公里	6.3	6.5	7	7.3	8
年客运周转量	亿人·公里	987.64	1 114.36	1 285.74	1 563.46	1 872.10

注：①出行率和平均出行距离来自上海综合交通规划院和上海交通大学；②出行总量中还考虑了流动人口的出行（占总量的7%左右）。

---

① 与世界大城市相比，上海市居民出行距离仍有可能随城市范围扩大而延长，大伦敦居民平均出行距离约为7.7公里/次，东京交通圈约为8.8公里/次。

（二）出行结构变化

在大力发展公共交通（特别是轨道交通）、继续限制个体机动交通、尽量保护非机动交通的背景下，对公共交通、个体机动交通和非机动交通这三类主要交通方式的结构比例进行的估计①见表2-28所示。

表2-28　2005—2020年出行构成（以人次计）　　　　　　　　单位:%

年份	2005	2008	2010	2015	2020
公共交通	24.3	23.9	25	30	35
个体交通	17.8	20.9	22	21	20
非机动交通	57.9	55.2	53	49	45
合计	100	100	100	100	100

注：在模型运行过程中，以人次计的出行构成需转换成以周转量计的构成形式，以下同。

资料来源：参考上海交通大学提供数据。

（三）公共交通内部出行构成

在公共交通内部，轨道交通将有很大发展，地面公交继续保持基础性地位，出租车出行构成逐年下降（见表2-29）。

表2-29　公共交通内部出行构成（以人次计）　　　　　　　　单位:%

年份	2005	2008	2010	2015	2020
轨道交通	13.13	22.50	30	45	60
地面公交	61.40	53.18	50	40	30
出租车	22.72	22.28	20	15	10
轮渡	2.74	2.05	—	—	—
合计	100	100	100	100	100

（四）个体机动交通内部构成

小客车的出行比例保持上升势头，其他社会车辆和摩托车呈下降趋势。此外，对非机动交通（助动车、步行）内部比例也进行了假设，见表2-30和表2-31。

表2-30　个体机动交通内部构成（以人次计）　　　　　　　　单位:%

年份	2005	2008	2010	2015	2020
小客车	55.62	62.20	65	70	75
其他社会车辆	15.17	14.35	13	10	8
摩托车	29.21	23.44	22	20	17
合计	100	100	100	100	100

---

① 在发达国家的大城市通勤出行中，公共交通出行占60%~80%，这里所假设的2020年公交出行比例为35%，但非机动交通占45%，体现出中国城市特色。

表2-31 非机动交通内部构成（以人次计）   单位:%

年份	2005	2010	2015	2020
助动车	26.7	24.2	23.7	23.6
步行	73.3	75.8	76.3	76.4
合计	100	100	100	100

各出行模式中的技术选择根据上海市实际情况而定，例如公共汽车柴油化、天然气汽车发展空间有限、混合动力汽车和电动汽车将逐渐进入公交系统（包括出租车）。

二、"十二五"和2020年上海市城市交通能耗和二氧化碳排放情景分析

计算结果表明，在以上情景假设下，2015年和2020年上海市城市交通的能源需求将分别达到680万吨标准煤和770万吨标准煤，"十二五"和"十三五"年均增长速度分别为3.5%和2.5%；相比"十一五"期间达到8.2%的增速，由于公共交通份额的逐渐提升以及新能源/节能汽车的逐渐渗透，城市交通能耗增速可能明显降低。但即使如此，由于零排放的非机动交通的萎缩，2020年城市交通能耗依然是2005年的2.04倍，高于客运周转量的增长（1.90倍）。就二氧化碳排放而言，由于能源结构的改善尤其是电力的比例有很大程度的提高（电力的比例从2005年的3%提高到2020年的17%，

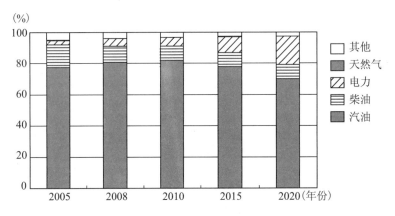

图2-24 上海"十二五"和2020年城市交通能源结构变化

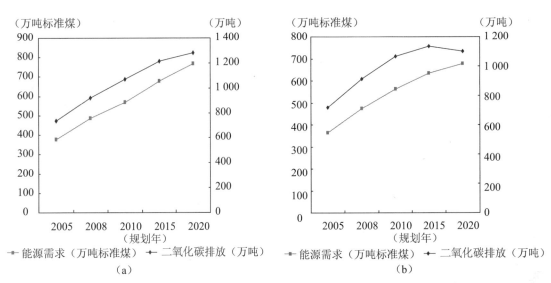

图2-25 上海"十二五"和2020年城市交通能源需求和二氧化碳排放情景

见图2-24），2020年上海城市交通排放约为2005年的1.83倍，约1 280万吨［见图2-25（a）］，增速明显低于能耗增长，特别是"十三五"期间。2015年城市交通排放强度（二氧化碳/人·公里）可望降低到2008年水平（约80克/人·公里），2020年可望比2005年降低5%左右。

　　在以上分析中，除了假设公共交通发展很快外，对公共交通内部技术构成也尽可能做了优化，但个体机动交通技术构成变化不大。如果假设从"十二五"开始严格规定轿车的能耗或排放准入标准，例如2015年和2020年轿车的平均燃油经济性分别比2005年提高8%和16%（轿车的平均寿命为10年，两个五年规划可使在用轿车的平均能耗显著降低），并采取有效措施促进新能源汽车的市场渗透率（例如2020年新能源汽车的渗透率达到5%），"十三五"期间城市交通二氧化碳排放有可能登顶并开始下降，如图2-25（b）所示。从2005年到2020年，城市交通排放在上海市二氧化碳总排放中的比例将从2005年的4.2%上升到5%左右，之后下降到2020年的3.6%。

第三节　上海市城市交通"十二五"及2020年温室气体控制目标

　　通过以上分析可以看出，要有效控制并尽快稳定未来上海市城市交通二氧化碳排放，"十二五"及2020年必须做到：

　　（1）扭转"十一五"期间公共交通在出行比例中总体下降和城市交通能耗上涨过快的趋势。由于世博会的召开，2020年公共交通出行比例会有短暂提升，应警惕世博会结束后可能出现的个体交通反弹现象。"十二五"末公共交通出行比例应不低于30%，2020年不低于35%。

　　（2）在公共交通内部，"十二五"轨道交通在公共交通出行中的比重应超过地面公交，2020年占绝对比重。要特别控制出租车的能耗增长，使其能耗比例与其所承担的客运比例相适应。"十二五"期间及之后，出租车总能耗应实现零增长（约90万吨标准煤左右）。

　　（3）努力维持非机动交通比例，"十二五"和2020年非机动交通在出行结构中的比例分别不低于50%和45%。

　　（4）继续引导个体私人交通的发展，特别要严格控制摩托车发展，使个体机动交通出行中比例在"十二五"期间登顶并缓慢下降，2020年维持在20%左右。

　　（5）从"十二五"起严格控制轿车的能耗/排放准入标准。新上市轿车的平均排放强度不超过140克/公里（相当于6.2升汽油/100公里，目前普通轿车燃料消耗限值约8.1升汽油/100公里，相当于180克/公里）。这对在"十三五"期间稳定城市二氧化碳排放异常关键。

　　上海市"十一五"及2020年城市交通指标和温室气体控制目标见表2-32。

表2-32　上海市"十一五"及2020年城市交通指标和温室气体控制目标

大类	具体指标	2005年	2015年	2020年
交通需求指标	平均出行距离（公里/出行）	6.3	7.3	8
	出行频率（次/人·日）	2.23	2.55	2.65
结构性指标	公共交通承担的出行比例（%）	25	30	35
	其中：轨道交通承担的出行比例（%）	3.2	13.5	21.0
	非机动交通承担的出行比例（%）	57.9	49	45
	新能源/节能公共汽车占公共汽车保有量的比重（%）	—	10	15
	每公里平均温室气体排放量（克二氧化碳/车·公里）	—	140	120
综合性指标	城市交通人均能耗（千克标准煤/人）	202.4	320	340
	城市交通人均二氧化碳排放量（千克二氧化碳/人）	393.6	570	570
	每公里温室气体排放量（克二氧化碳/人·公里）	70.8	77	70

第五章 上海市"十二五"对外交通 温室气体控制目标简析

第一节 "十一五"交通运输业之动荡

"十五"期间上海市的交通运输业（也可称对外交通）经历了剧烈的动荡：先期发展迅猛，中后期徘徊低迷。而其能源消费一直在上涨，造成增加值能耗的一路上扬（由于对外交通能源品种单一，可以判断其增加值排放也在同比攀升）。这些现象在前文的回顾中已有描述，这里再列举一些数值说明，见表2-33。

表2-33 "十一五"前四年交通运输业发展变化情况

年份	交通运输业增加值增长幅度（%）	交通运输业增加值在三产中的比例（%）	交通运输业增加值能耗（吨标准煤/万元）	三产增加值能耗（吨标准煤/万元）
2005	—	12.2	2.43	0.47
2006	11.3	12.0	2.48	0.48
2007	8.6	10.9	2.60	0.46
2008	0.9	9.7	2.74	0.45（初步估算）
2009	-8.6	8.0	2.95（初步估算）	—

这些数据表明上海市在"十一五"初期所制定的第三产业能耗强度目标难以实现。"十一五"上海节能总体目标：到2010年，全市万元生产总值综合能耗比2005年下降20%左右，其中第三产业（包括交通、旅游、商贸等行业）：万元增加值能耗下降15%。而现在看来"十一五"前期第三产业增加值能耗勉强维持平稳中略有下降的状态。可以说交通运输业增加值能耗的上扬带来了非常负面的影响。

"十一五"后期上海市交通系统用能预计还将有较大增长。一是世博会的举办吸引大量旅客流动；二是经济形势好转，业务量出现报复性反弹；三是基础设施继续扩容。

第二节 "十二五"对外交通运输发展前景

一、国内形势

上海市独特的区位优势和城市定位决定了交通运输业在其经济发展中的重要地位。整个交通运输系统不仅要保证整个城市的超常规发展，还承担着转变经济增长方式、大力提升第三产业增加值的重任。但是由于对外交通的高能耗特征以及其他原因，交通运输业不论在发展向好阶段还是发展低迷阶段都难以有效实现能耗强度降低，很有可能出现交通运输业增加值比重越高，整个三产增加值能耗越难以大幅下降的现象。

如何有效降低对外交通增加值能耗？我国在航运规模上已经处于世界前列，上海的货物吞吐量位列全球第一，水运能耗占上海市交通系统能耗的一半，在沪远洋运输企业均为大型央企，船舶能效水平不低于国际先进水平，所以提高单位货物所实现的价值量是关键。这要求上海在运价制定、航运中介等附加值更高的航运相关领域开展工作，提高航运对经济的贡献度。但现实情况是上海在港口、码头等基础设施建设等方面居世界领先水平，但在航运高端服务业方面发展滞后，2006年全球船舶贷款市场中上海不到1/10，在航运指数期货、运费远期/期货合约和运费期权等航运价格衍生品方面上海还是空白。与之相比，伦敦航运服务业表现卓越，对全球航运形成"无形"控制，即使英国的船舶拥有量和登记船舶数都不占优势，但伦敦依然是当之无愧的国际航运中心①。

上海远洋航运的发展也与我国"十二五"期间发展定位密切相关。"十二五"期间我国将继续制定严格的节能减排政策，发展内向型经济，注重改善民生，逐步改变初级产品出口战略、降低对外贸易依存度应该成为必然选择。发展模式的根本改变也有利于上海这样的港口城市减轻压力，改善出口结构，提高货物运输附加值。

二、国际形势

由国际海事组织（IMO）和国际民航组织（ICAO）主导的国际航空航海温室气体减排谈判形势严峻。由于游离于公约之外，加之谈判规则不同，发展中国家难以通过有效手段反制其突破"共同但有区别的责任"原则。从2012年1月1日起欧盟将把所有进出欧盟的国际航班的温室气体排放纳入排放贸易体系，上海的航空业发展必将受到影响。与之类似，强制性能效标准、温室气体排放标准以及市场手段也将很有可能应用于国际航海业。作为最大港口城市和正在建设的航运中心，上海将受到影响，应在客货运量、客货运收益、可能的附加费用之间做出选择，不应排除降低国际航运海运出行频次和价值量较低的货运量的可能。

三、上海市"十二五"及2020年对外交通温室气体控制目标

国内外形势都要求上海（我国）国际航空航海业做出选择。基于这些判断，"十二五"末上海市交通运输业的增加值能耗应在"十一五"末的基础上降低15%，相当于比2005年降低2~3个百分点；2020年在2015年的基础上再降低10%。

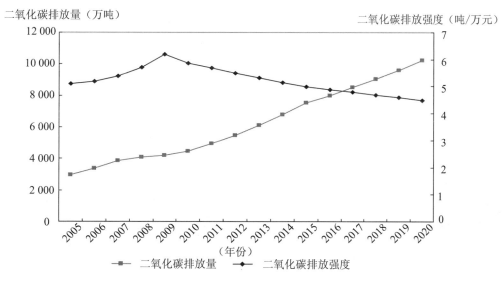

图2-26　上海市2005—2020年对外交通排放量和排放强度情景

---

① 英国的船舶拥有量只占全球的3%，船运货物只占世界总量的1.5%，但其船运收入却占世界货运收入的3%，占世界所有航运收入（货运与客运）的近4%。

　　根据以上假设以及对"十二五"及 2020 年上海市社会经济发展的展望，2015 年和 2020 年对外交通二氧化碳排放将分别达到 7 180 万吨和 9 300 万吨（见图 2 - 26），占总排放量的比重为 27.6% 和 31.1%，排放总量和比例都比"十一五"期间显著提高。但是对外交通运输增加值在三产中的比例维持在 10% 左右（三产增加值比例将在 2020 年提高到 70%）。可见，由于对外交通能效提升空间有限和能源结构潜力不大，在经济发展中维持和提高其增加值比例将带来温室气体排放的成倍上升。大幅度提高对外运输的货运价值量将是唯一途径，或主动压缩对外交通运输量。

　　可以看出，在控制温室气体排放的大背景下，上海建设国际航运中心的重任将给自身节能减碳带来极大挑战。

四、政策建议

　　与其他国际大都市相比，上海的社会经济发展路径非常特殊。2 000 多万吨的钢铁产量、300 万吨的乙烯产量、2 000 万吨的原油加工能力、近 100 万辆的汽车生产能力、6 亿吨的港口货物吞吐量，拥有其中的任何一项，都可以被称为"钢铁城"或"化工城"或"石油城"或"汽车城"或"远洋运输城"，上海面面俱到。因此即使上海能源强度指标低于全国平均水平，它的人均二氧化碳排放却达到发达国家水平，不足为奇。在人均 GDP 超越 10 000 美元的时候，上海市有必要认真考虑未来发展路线，这是战略性问题。

　　中央和上海都未放弃在上海继续大力发展工业的思路，现在的口号是加快发展"先进制造业"，建设世界先进制造业基地，集中发展特色产业——精品钢、石化和精细化工、电子信息、汽车制造业、成套设备制造业。未来工业增加值还将在 GDP 中占据显著地位。可以想象一下，在上海市能源效率水平已相对较高的情况下，如果缺乏在产业结构调整方面的坚定决心，能源和排放强度的降低空间将比较有限。

　　上海市调整产业结构的重要举措是加快建设国际航运中心和金融中心。但从目前的情况看，上海市交通运输业的增长值能耗是工业的增加值能耗的 2～3 倍，"十一五"前四年，工业增加值能耗下降趋势明显，而前者不降反升，上涨幅度惊人，给 GDP 能耗的降低带来巨大挑战。目前上海市人均私人轿车拥有率还处于较低的水平，非机动交通的比例也在 50% 以上，未来城市交通能耗还有相当的上涨空间。如果说 CCS 或许可以成为工业减排的最后答案，那么交通运输行业的减排或许只能等待低碳或无碳燃料的真正普及，成本显然较高。此外，建筑能耗需求也有合理的上升空间需求。

　　可以预料，上海市的低碳发展之路将比较艰难。

第三节　上海市交通运输低碳发展之路

一、城市交通

　　在城市交通方面，上海市已经为国内其他大城市做出了榜样。首先，公共交通特别是轨道交通的发展速度之快在全国首屈一指；其次顶着重重压力实施机动车总量控制政策，使其机动车和私人轿车拥有率不仅大大低于北京，也远低于许多二线城市；最后，非机动交通所占比例维持在 50% 左右，为减少碳排放贡献很多。2005 年，上海市人公里二氧化碳排放约为 70 克，远低于北京同期的 80 克的水平。

　　但也可以看到，随着私人机动交通难以抑制的增长，"十一五"前四年，低碳的公共交通和非机动交通在出行结构中的比重在下降，私人交通比重在上升，城市交通能耗上涨幅度较大。情景分析表明，如果能在 2020 年将私人机动交通比例维持在 20%，同时非机动交通比例维持在 45% 左右，城市交通能耗的增长率将显著降低，同时由于能源结构的改善，二氧化碳排放的降低幅度更大。此外，如果同时能尽快提高轿车的燃油经济性，2020 年之前城市交通排放有望登顶。基于此，提出以下建议。

（一）实施优于全国平均水平的燃油经济性标准/排放标准

《乘用车燃料消耗量限值》（GB 19578—2004），从 2005 年 7 月 1 日起正式实施。但就限值水平而言，我国的汽车的燃油经济性还逊于日本和欧洲等发达国家水平。汽车制造业是上海的支柱产业之一，同时如果一旦机动车总量控制政策取消，上海会成为汽车销售热点城市，供销两旺的局面有可能出现。因此，上海完全有必要也有可能实施优于全国平均水平的燃油经济性标准，禁止劣于此标准的新车在上海销售。或者，效仿加利福尼亚州①，上海可直接实施轻型车温室气体排放标准，例如到 2015 年新上市轻型车平均二氧化碳排放不应高于 140 克/公里（相当于欧盟 2008 年水平），2020 年不高于 120 克/公里（相当于欧盟 2012 年后水平）。

（二）鼓励低碳和无碳汽车在私人领域的普及

建议上海市将对小排量乘用车减征车辆购置税的政策常态化，税率可以保持不变，对 1.6 升及以下排量乘用车减征收车辆购置税，税率为 5%。将对新能源汽车的优惠政策扩展到私人消费领域，例如建立长期的购车补贴机制，实施有利于低碳无碳汽车发展的扶持和激励政策，例如优先办理停车位手续、减免部分停车费。

（三）引导小汽车的合理使用的政策

首先，要降低出租车能耗比例，对出租车能耗实行总量控制。上海市出租车年消耗燃油超过 80 万吨标准煤，占公共交通用能的一半左右，但客运量只占公交的 20% 左右。因此，建议提高出租车实载率，利用 GPS 技术快速定位热点地区，减少空驶率；提倡电话预约，增加专用候车地点，减少出租车巡游频率和强度。

其次，应严格限制公车的数量和使用。目前上海市的公车占轿车保有量的 1/4 左右，它的使用基本不受任何限制，也对价格等因素不敏感。建议严格限制公车数量和公车使用人，加强公车管理，严格要求只准在工作时间因公务需要才能使用公车。公务车身外有显著标识，并使用电子监控公车私用。

再次，要鼓励汽车合乘。建立多乘客通道（HOV），解决汽车合乘合理不合法的问题，扩大宣传，鼓励市民自发采取合乘方式出行，如通过居住社区网上论坛的方式自由组合合乘，给予乘员数超过 2 人（包括司机）的非出租车一定的通行便利；鼓励有条件的单位（机关、事业单位，大型企业、公司内部）和学校使用班车和校车。

最后，要采用经济手段引导小汽车的使用。一旦牌照收费制度取消，可代之以对小汽车使用的外部成本征收费用的政策，例如征收小汽车排放税（费）和（或）土地资源占用费。

（四）提高公共交通用能效率和吸引力

1. 提高大容量交通工具的实载率

虽然与一些国际大都市相比，上海市公共交通比例稍低，但上海市公共交通的发达程度在全国超大城市中首屈一指，而且还将有较大的发展。但是在研究中发现，公共交通的平均实载率较低，例如，公共汽车的平均载客人数只有 15 人/台车，实载率不到 25%；轨道交通的平均载客人数不超过 400 人/列车（每列车一般由 6~8 节车厢组成），实载率不到 30%，从 2005 年到 2008 年，轨道交通的实载率还在下降。情景研究表明，如果轨道交通的实载率在目前的水平上提高一半，则 2020 年城市交通能耗可下降 40 万吨标准煤。因此，上海市在大力发展公共交通的同时，还需要进一步优化路线，培育客流，有效提高大容量交通工具的实载率。

---

① 美国加利福尼亚州 2005 年推出机动车温室气体排放标准，将其纳入污染物排放标准之内，2008 年 5 月被 EPA 拒绝，2009 年 6 月 30 日被授权通过，开始实施。根据预测，该标准可以帮助加州将其机动车二氧化碳排放在 2030 年左右稳定下来。

2. 减少轨道交通的非交通用能

研究中还发现，上海市轨道交通的非交通用能（机车空调、站场照明、通风、滚梯等设备耗能等）几乎占整个轨道交通能耗的一半。这部分用能还有较大的节约空间，可通过节能设备的普及、传感器的应用、地铁入口合理设计等方式减少这部分非交通用能。

3. 建立灵活的公交票价体系

北京已经大规模地实施低票价制度。但大幅度降低票价可能会导致公交企业和政府财政不堪重负，可持续性存疑，因此不鼓励上海效仿。但可以改革票价体系，灵活地设计票价，可区分出通勤（学）周（月、年）票、随机票制、高峰票制、假日票制等多种方式。在制度设计方面，补贴应鼓励出行者对公共交通的选择，并与提高公交服务质量和行业管理挂钩。所以，建议对公交企业实行成本规制管理，计算出每人次的单位成本，并根据当地政府的财力进行补贴，这对实现政府服务招投标，提高对城市公交企业补贴的科学性和合理性，对缓解大部分公交企业亏损具有重要的现实意义。市政府应当对城市公共交通经营者因开通偏僻地区线路、实行低票价、月票以及老年人、残疾人等减免票措施和完成政府指令性任务形成的政策性亏损纳入财政预算，定期给予补贴和补偿。

4. 解决公共交通的接送用问题

破解交通"最后一公里"难题，建议在大容量公交场站附近，建立自行车租赁点，并实行低租赁服务费的政策，如第一小时内免费，一小时至两小时收取一元，两小时以上至三小时为两元，超过三小时按每小时三元计费。近期，可选择大型社区、CBD等附近示范，之后逐步推广使用。

（五）保护非机动交通

欧洲的众多城市已经把发展非机动交通作为城市交通发展的战略目标之一，采取各种措施予以鼓励。上海的非机动交通在出行比例中还占据一定优势，未来应给予合理保护，使之能为低碳交通做出贡献。保护非机动交通合理的使用空间，营造人性化的非机动交通环境，充分发挥非机动交通在短距离出行中的主导地位以及与公共交通换乘的灵活性。可以采取的措施包括：保护和建设非机动交通的基础设施。通过封闭或半封闭的自行车道保护行人的安全；如果条件不允许，可以通过明显的交通标志区别快行车道和慢行车道；禁止汽车随意侵占自行车道和自行车位；设立足够的、安全的自行车存放处，适当给予公共单车租赁服务补贴。做好自行车与公共交通的衔接，大力推进自行车对公共交通的辅助作用；应该采取行之有效的措施打击盗窃自行车现象。

很重要的一点是要提高公众绿色出行的理念。实践证明，公众自发行为在追求可持续交通目标方面是最有效和最具有推动力的。可以采取的方式包括：通过企业引导的方式鼓励员工积极参与绿色出行，包括错峰上下班，给予员工公共交通出行补贴，鼓励借助公共交通方式进行通勤出行；通过与包括网站、报纸、电台在内的城市媒体合作，与广大公民一起参与讨论城市交通发展的问题，听取公众建议，形成公众参与互动的出行氛围。

（六）发展紧凑型城市，尽可能缩短出行距离

上海市依然是个在发展中的城市，大量新城、新社区还在建设当中。在城市规划中，应本着建设紧凑社区和城市的观点，减少交通出行刚性需求，尤其是对于新规划的城市开发区，应进行高密度开发，建立紧凑型的发展模式，减少居民出行距离。避免在统筹城乡过程中形成新一轮的城市蔓延；依靠城区与开发区之间、社区与社区之间通过大容量快速交通通道连接，大幅度提高城市郊区的公交服务能力。

二、对外交通

上海市的对外交通是能耗和排放大户，尤其是远洋运输。随着对外交通的发展，"十二五"及2020年其能耗和排放的总量和比例都将有较大上升。在沪注册的对外交通企业大都是全球大型运输企业，受国际经济状况变化的影响较大，与上海城市发展关系相对较小，且运输工具能耗是企业主要的

运行成本，所以企业自身的节能积极性较大，能效水平不低。"十一五"期间上海市对外交通运输经历了大起大落，运输量和增加值随全球经济形势涨落，而增加值能耗则一路上扬。建立"国际航运中心"的定位将促进上海继续推进对外交通，减缓其能耗和排放的有效手段是放大"分母"——提高运输所实现的价值量，而非一味注重货运量本身。这与全国的发展模式转变有关，非上海一己之力可以改变。

（一）正确理解"国际航运中心"定位

货运量大不是表征国际航运中心的唯一指标，更重要的是要在附加值更高的高端航运服务业方面占据一席之地。借助建设国际金融中心之力，上海应该在航运融资、保险、船舶经济、法律服务、咨询服务等方面投入更多的力量，而不是一味建设港口和码头、盲目提高质量不高的货运量。

（二）慎重扩大运力

虽然国际航运业已经触底反弹，全球集装箱闲置运力比例大幅度降低，但在相当一段时间内，航运市场供过于求的压力仍将继续存在，航运公司应审慎发展运力，并且更加注重结构调整。短期内可减缓航运能耗强度上升趋势，长期内也可应对国际谈判可能对国际航运业带来的负面影响。

（三）对远洋航运进行单独考核

远洋航运业与全球经济和贸易休戚相关。在沪的远洋公司如中远、中海都是大型央企，由于能源管理实行"属地"管理制度，这些公司的能耗都记在上海账上。可尝试将大型远洋公司的能耗/排放从上海市整体能耗/排放中剥离，单独进行考核。

地区篇

地区篇（三）
上海市建筑部门温室气体排放控制综合研究

第一章　上海市建筑部门温室气体排放及其控制措施

　　未来 20 年是我国城市化的高峰，将有 4 亿～5 亿的人口进入城市。发达国家的经验表明，随着城市化的进程与后工业化社会的到来，交通和居住能耗将逐步上升，甚至取代工业成为城市能耗主体。目前，尽管我国上海、北京这样的一线城市，其生活用能占终端能源消费的比例仍不算高，但是城市生活用能和交通用能的上升速度非常快。更值得注意的是，高碳的生活方式一旦形成，就很难扭转，对于一线城市来说，必须在城市尚未形成高耗能的生活方式前及早部署，避免生活方式被锁定于高排放状态。因此，未来节能减排的推进需要在不放弃抓重点工业企业减排的同时，更注重通过优化城市运行模式与生活方式、普及碳减排理念等路径实现城市减排。

　　上海是我国重要的经济中心城市，改革开放的前沿。上海市人均生产总值在 2008 年率先突破 1 万美元台阶，达到 10529 美元[①]，相当于中等发达国家水平；城市化率接近 90%，位居全国第一，超过美国、欧盟、日本等发达国家平均水平[②]；城镇居民家庭人均年可支配收入 28 838 元，农村居民家庭人均纯收入 12 324 元，均高于全国其余省份[③]。

　　上海的发展为全国做了示范，上海的发展现状很有可能就是中国其他地区的未来。当前，面对我国所处的深化改革的历史时期，上海致力于探索的低碳发展之路是落实时任中共中央总书记胡锦涛对上海所提出的"四个率先"[④] 要求的具体表现，也是上海实现"四个率先"发展目标的重要抓手。建筑和交通是与城市化发展关系最为密切的部门，上海的率先发展为研究建筑和交通部门温室气体排放及其控制措施提供了最可能的案例，也将为全国的建筑和交通部门排放控制提供示范和经验借鉴。

第一节　上海市概况

一、自然环境

　　上海市地处东经 120°51′～122°12′，北纬 30°40′～31°53′，位于太平洋西岸，亚洲大陆东沿，中国南北海岸中心点，长江和钱塘江入海汇合处。东濒东海，南临杭州湾，西接江苏、浙江两省，北接长江入海口，是长江三角洲冲积平原的一部分，平均高度为海拔 4 米左右。上海属北亚热带季风性气候，四季分明，春秋较短，冬夏较长，日照充分，雨量充沛，是典型的夏热冬冷地区。上海市示意图见图 2 - 27。

---

① 上海市政府网站［EB/OL］. http：//www. shanghai. gov. cn/shanghai/node2314/node3766/node3796/node18137/index. html.

② 余芳东. 我国城市化率处在世界中等收入国家水平［J］. 经济要参（国家统计局），2010（18）.

③ 中国统计年鉴 2010。

④ "四个率先"是时任中共中央总书记胡锦涛 2006 年在参加十届全国人大四次会议上海代表团的审议时，对上海提出的要求和期望。具体内容是：希望上海率先转变经济增长方式，把经济社会发展切实转入科学发展轨道；率先提高自主创新能力，为全面建设小康社会提供强有力的科技支撑；率先推进改革开放，继续当好全国改革开放的排头兵；率先构建社会主义和谐社会，切实保证社会主义现代化建设顺利进行。

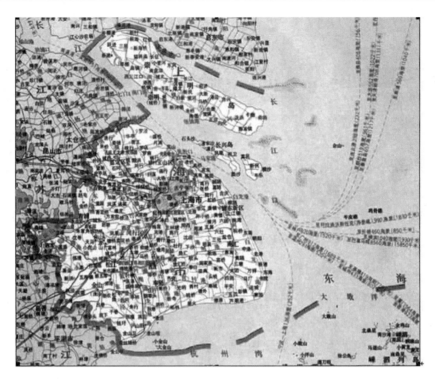

图2-27 上海市示意图

二、经济发展

改革开放，尤其是浦东开发以来，上海经济再度得以快速发展。2009年全市生产总值（GDP）达到15 046亿元①，按不变价计算，已经是2000年全市生产总值的2.7倍，是1992年浦东开发之初的7.0倍，是1978年改革开放之初的20.5倍；1992年以来，上海全市生产总值占全国的比例平均达到4.3%（见图2-28）。上海已经逐步形成国际金融中心、贸易中心、航运中心和经济中心的基本框架，为率先全面建设小康社会、率先实现基本现代化奠定了基础。

图2-28 上海市经济发展情况

与此同时，上海市三次产业结构发生了显著变化（见图2-29）。1992—2009年，第三产业得到迅速发展，由占GDP比重的36.1%上升到59.4%，而第二产业比重由60.8%下降到39.9%，同时第一

---

① 如非特别注明，文中上海市相关数据引自《上海统计年鉴2010》。

产业由 3.1% 下降到 0.8%，并且以不变价格计，上海市 2009 年第一产业增加值已经低于 2000 年水平，第一产业出现绝对下降。

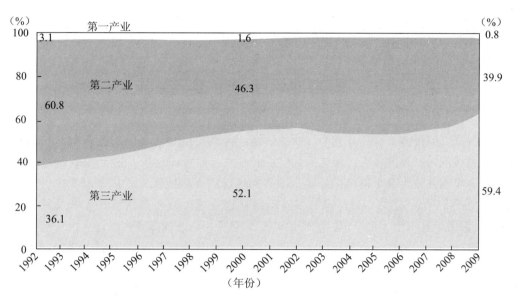

图 2-29　上海市产业结构变化

2009 年上海市第三产业增加值按可比价格计算，已经达到 1992 年的 8.5 倍，是 1978 年的 34.1 倍，远高于 GDP 的增速。第三产业的迅速发展，为上海全市单位 GDP 能耗由 20 世纪 90 年代初的 3.107 吨标准煤/万元（2005 年不变价，下同），下降到 2009 年的 0.727 吨标准煤/万元，以及相应的单位 GDP 二氧化碳排放下降，做出了积极贡献。然而，第三产业的发展也使得公共建筑能耗与温室气体排放显著增长。

三、人口和人民生活

2009 年，上海市常住人口达到 1 921 万人，比 2000 年增长 17.4%，比 1992 年增长 38.3%，2009 年全市常住人口继续增长，达到 1 921 万人。2008 年上海户籍人口为 1 391 万人，农业人口为 174 万人。如果将流动人口均计为城镇人口，则 2008 年上海城市化率已达到 90.8%，比 2000 年提高 11.6 个百分点，比 1992 年提高 21.1 个百分点，见图 2-30。

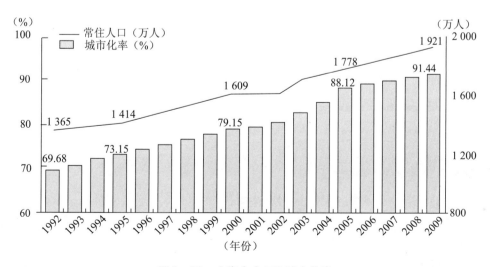

图 2-30　上海市人口和城市化率

　　2009 年，上海城镇居民家庭人均可支配收入达到 28 838 元，农村居民人均纯收入达到 12 483 元，分别比 2000 年增长了 2.5 倍和 2.2 倍；城镇居民人均消费性支出为 20 992 元，农村居民人均生活消费支出为 9 804 元，分别各比 2000 年增长了 2.4 倍。人民生活水平的提高和人口的增长，也带来人均生活能耗的增加和居民居住建筑能耗总量的显著增加。

第二节　上海市建筑部门温室气体排放现状

　　建筑部门温室气体排放，是指在人们在商业建筑、公共机构建筑和居住建筑中开展各种活动所消耗能源导致的直接或间接排放。工厂建筑能耗导致的排放，通常计算在工业活动的排放中。

　　一般来说，全国共分为 5 个建筑热工区，即严寒地区、寒冷地区、夏热冬冷地区、温和地区和夏热冬暖地区，见图 2 - 31。上海市处于夏热冬冷地区，这一地区主要是指长江流域及其周围地区，涉及 16 个省、自治区、直辖市。这一地区的特征是夏季炎热、冬季潮湿寒冷。过去由于经济和社会发展的原因，这一地区的一般居住建筑少有采暖空调设施，居住建筑的设计对保温隔热问题不够重视，围护结构的热工性能普遍很差，冬夏季建筑室内热环境与居住条件恶劣。随着经济发展和人民生活水平的快速提高，居民普遍自行安装采暖空调设备。由于没有科学的设计和采取相应的技术措施，致使该地区冬季建筑采暖、夏季建筑空调能耗急剧上升，相应的温室气体排放量显著增加。上海的气候特征和建筑采暖空调能耗特征，在这一地区具有较好的代表性，并且具有一定的超前性，其采取的建筑节能减碳相应政策措施和取得的经验在这一地区具有推广应用的潜力和价值。

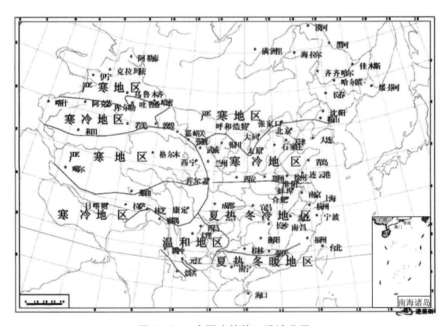

图 2 - 31　全国建筑热工设计分区

一、上海市各类建筑物构成情况

　　随着经济社会的发展，上海市各类建筑物建造面积快速增长，建筑物面积总量已经由 1990 年的 27 947 万平方米增加到 2008 年的 76 451 万平方米，18 年间增长了 174%，见图 2 - 32。同时，建筑类型的构成也发生了明显变化，居住建筑占建筑物总面积的比例由 1990 的 87.4% 下降到 2008 年的 75.8%，其中农村居住建筑下降 41.4 个百分点，而城镇居住建筑上升 29.9 个百分点；商业建筑所占比例显著提升 9.3 个百分点，公共机构建筑提升 2.2 个百分点。

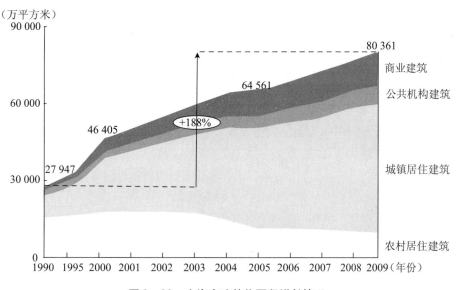

图 2－32　上海市建筑物面积增长情况

城镇居住建筑所占比重的大幅提升，反映了上海快速城市化进程中对城镇居住建筑需求的快速增长，城镇居住建筑所占比重与城市化率呈线性相关，相关系数高达 0.997（P＜0.01）；同时，城镇化进程中第三产业成为解决劳动力就业的重要途径，对商业建筑的建筑面积需求大幅增加，使得商业建筑所占比重也大幅提升，商业建筑所占比重与第三产业就业人员比重的相关系数达到 0.972（P＜0.01）。

二、上海市建筑部门温室气体排放现状

2000—2008 年，上海市建筑部门温室气体排放增长迅速。总量由 2000 年的 799.9 万吨上升到 2008 年的 1458.3 万吨，增长了 82.3%，年均增长达到 7.8%；如果计入建筑部门电力、热力消费导致的间接排放，则 2000 年和 2007 年总排放量分别达到 2091.2 万吨和 4528.7 万吨，8 年间增长了 116.6%，年均增长达到 10.1%，见图 2－33[①]。

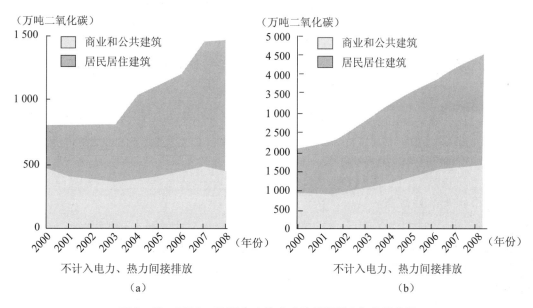

图 2－33　2000—2007 年上海市建筑部门温室气体排放量

---

① 计算方法和详细数据请参见第二章。

　　建筑部门排放年均增速高于全市排放增长 1.7 个百分点，因此建筑部门排放占全市排放量的比例由 2000 年的 6.3% 上升到 7.1%，如果计入电力、热力消费的转移排放，年均增速则高于全市 4.0 个百分点，所占比例则由 16.5% 上升到 22.2%，见图 2-34。

　　商业和公共建筑排放的增长是导致上海市建筑部门温室气体排放增长的主要原因。2000—2008 年，计入电力、热力消费导致的间接排放，则上海市商业和公共建筑排放增长了 152.6%，远高于居民居住建筑仅 73.5% 的涨幅。同期，商业和公共建筑占全市排放的比例提高了 5.1 个百分点，而相比之下，居民居住建筑所占比例仅上升了 0.6 个百分点。

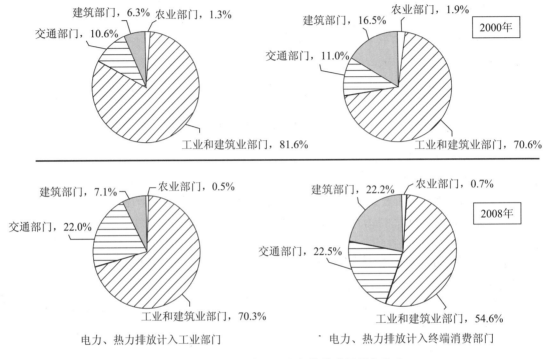

图 2-34　上海市各部门温室气体排放量所占比重

第三节　上海市建筑部门温室气体排放控制措施

　　如本章定义所示，建筑部门温室气体排放是指在人们在商业建筑、公共机构建筑和居住建筑中开展各种活动所消耗能源导致的直接或间接排放，因此建筑部门温室气体排放的控制措施，主要是建筑节能和在建筑中利用非化石能源的措施。

一、上海市建筑节能政策

　　在全国各省市中，尽管上海市并不是建筑能耗最高的城市，但却是最重视建筑节能的城市。上海的建筑节能工作已拥有较好的基础。上海建筑节能法制建设初见成效；上海在全国率先成立了节能监察机构，并且在发展中国家城市中成为率先拥有绿色电力机制的城市。上海在建筑节能条例、标准、执法、用能管理等方面积累了一定经验。

　　上海在 20 世纪 90 年代初期开始探索研究建筑节能的思路和途径。1998 年 9 月 22 日，上海市第十一届人民代表大会常务委员会第五次会议审议通过了《上海市节约能源条例》，这为推进全市节约能源，提高能源利用效率，保护环境，实施可持续发展战略奠定了法律基础。

　　和全国情况一样，上海的建筑节能工作首先是从居住建筑起步。2001 年 10 月，原国家建设部颁布实施我国《夏热冬冷地区居住建筑节能设计标准》后，上海建筑节能工作正式启动。

《夏热冬冷地区居住建筑节能设计标准》不仅规定了夏热冬冷地区居住建筑节能设计指标，即通过增强建筑围护结构保温隔热性能和提高空调、采暖设备能效比的节能措施，在保证相同的室内热环境指标的前提下，与未采取节能措施前相比，采暖、空调能耗应节约50%；而且还规定了建筑节能综合指标——建筑物耗热量、耗冷量指标和采暖、空调全年用电量。根据采暖度日数（HDD为1691）和空调度日数（CDD为164），可得上海地区用于空调采暖耗电的控制指标为55.1千瓦时/（平方米·年）。该标准的实施为上海地区居住建筑的建筑、热工、暖通空调设计提供了依据。

在执行国家标准的同时，上海还先后编制颁布了《住宅建筑围护结构节能应用技术规程》、《住宅建筑节能检测评估标准》、《通风与空调系统性能检测规程》、《住宅建筑节能工程施工质量验收规程》等一系列上海市地方技术标准规范，为本市建筑节能工作推进提供了有效的技术支撑。

之后，上海市在建筑节能政策法规的制定、节能居住建筑的认定以及建立建筑节能管理网络等方面开展了多项工作。

上海市建设和管理委员会（简称"市建委"）于2002年9月10日印发了《上海市节能住宅建筑认定管理暂行办法》，该文件规定了节能住宅的认定条件及程序，有利于节能住宅和示范小区的认定，也有利于开展建筑节能试点工作。

同年9月23日，又推出《上海市"十五"期间建筑节能实施纲要》（简称《纲要》），其指导思想为：贯彻落实可持续发展战略，以节约能源、保护环境和改善建筑物使用功能、提高建筑物整体质量为目标，以推进建筑节能与新型建材和住宅产业现代化相结合为原则，因地制宜、分步实施、稳妥推进，促进本市建筑节能工作跨越式的发展；《纲要》制定了建筑节能的推进目标，并规定采用分步实施的原则进行推进。即：

在2002年，要求新建（在建）100万平方米住宅建筑的围护结构，执行《夏热冬冷地区居住建筑节能设计标准》（以下简称《节能设计标准》）的规定。重点是在创建"国家康居示范工程"、"四高优秀小区"和"上海市新型墙体材料与节能住宅示范工程"等项目中试点推进建筑节能。鼓励在自愿申报的节能公共建筑与节能居住建筑的围护结构节能项目中试点推行建筑节能。

到2003年，要求30%的新建（在建）住宅建筑和部分公共建筑的围护结构保温隔热性能执行相关的《节能设计标准》的规定。重点是在城市中心区域的住宅小区和政府投资的公共建筑项目中推进建筑节能。鼓励在新建住宅建筑中试点设计选用节能型的采暖、空调等设备。在既有住宅建筑中，结合"平改坡"等工程的推进，引导市民选用节能型的建筑门窗和照明设备。

到2004年，要求70%的新建（在建）住宅建筑和部分公共建筑的围护结构保温隔热性能执行相关的《节能设计标准》的规定；要求50%的新建住宅建筑设计选用节能型的采暖、空调等设备。重点是在小城镇建设中的住宅小区、公共建筑中的商业建筑和医疗卫生建筑项目中推进建筑节能。鼓励在既有住宅建筑中试点开展围护结构保温隔热性能的节能应用技术研究。

到2005年，要求该市全部新建（在建）住宅建筑和部分公共建筑的围护结构保温隔热性能执行相关的《节能设计标准》的规定。全部新建（在建）住宅建筑设计选用节能型的采暖、空调等主导设备；重点是在全部新建（在建）住宅建筑和公共建筑中的文化教育建筑项目中推进建筑节能。鼓励在既有建筑的围护结构中，试点开展节能改造措施的研究和技术应用。

《纲要》还确立了上海推进建筑节能工作的领导小组和办公室等有效的组织管理框架和职责保障体系。在横向，基本形成了由上海市建设交通委牵头，协调房地等相关委办局和市建筑建材业各职能部门共同推进建筑节能的管理体系。在纵向，明确了市区两级建设行政主管部门负责制的建筑节能属地化推进工作新格局，为加快推进上海建筑节能工作奠定了组织保障。

最后《纲要》制定了完善建筑节能行政法规和技术法规体系、加大建筑节能专业培训和舆论宣传力度、加大科研投入和注重示范引导、广泛拓展国内外建筑节能合作、形成建筑节能系统工程的政策聚焦等五个方面的实施措施，以促进节能目标的实现。

按照《上海市"十五"期间建筑节能实施纲要》的要求，通过执行《夏热冬冷地区居住建筑节能设计标准》，在中心城区、一城九镇特色风貌示范小区以及"四新"、"四高"小区和国家康居工程中开展了新型墙材与建筑节能试点工作，已有安亭新镇、上海春城、东方城市花园、昌里花园、漓江山水等一批居住建筑小区通过了节能建筑的认定。经检测平均节能效率达到50%，居住建筑质量得到提高，居住环境明显改善，住户反映满意，取得了较好成效。

2003 年 3 月 25 日，上海市建委编制了《推进本市建筑节能单元标识试点工作协调会会议纪要》，这为上海推行居住建筑能效标识提供了一个契机。

由于贯彻落实建设部、原国家计委、原国家经贸委、财政部等四部委联合印发的《关于实施〈夏热冬冷地区居住建筑节能设计标准〉的通知》（建科〔2001〕239 号）及上海市建委印发的《上海市"十五"期间建筑节能实施纲要》（沪建建〔2002〕691 号），上海的建筑节能科研与试点应用取得了阶段性成果。为进一步推进本市建筑节能工作、达到不断降低建筑使用能耗的目标，市建委、市发展改革委、市经委、市规划局于 2003 年 8 月 28 日联合颁发了《关于进一步加快推进本市建筑节能工作的若干意见》（沪建建〔2003〕658 号），对该市的新建居住建筑建设项目及政府机关办公用房、商场、旅馆等提出了按时间节点和区域范围执行国家设计节能标准的要求。

2005 年 4 月 15 日，上海市建设交通委印发了《进一步加强上海民用建筑工程项目建筑节能管理若干意见》（沪建建〔2005〕212 号）的通知，对建设项目有关建筑节能的初步设计方案审查、施工图设计文件审查、节能备案、工程监理、项目竣工验收等各个环节都作了明确的规定。6 月 28 日，上海市建筑业管理办公室、上海市建材业管理办公室又印发了《上海市公共建筑建设项目初步设计方案建筑节能审查要点》、《上海市公共建筑建设项目施工图设计文件建筑节能审查要点》、《上海市民用建筑节能审查备案登记表（公共建筑部分）》等实施文件，这说明上海已经开始了从招投标、扩初设计、施工图审查、施工现场动态监管到竣工验收备案等环节的全过程监管。这些文件为推进本市建筑节能工作，确保民用建筑节能标准的执行，提供了有力的依据，而且也体现了上海对节能重点的把握程度——公共建筑的能耗较大，是节能工作的重点。同年 6 月 13 日，《上海市建筑节能管理办法》（上海市人民政府令第 50 号）颁布，标志着上海的建筑节能工作已经走上了依法管理的轨道。

上海市 2004 年夏季空调用电负荷高达 800 万千瓦以上，占全市用电的 40% 以上。为了缓解高峰电力需求，市经委、市建设交通委、市旅游委于 2005 年 4 月 25 日发布了关于加强本市空调使用管理的若干意见，提出了对上海市空调采取节能维护、清洗、改造，对电力空调的运行采取优化调控（倡导办公楼、商场、宾馆等场所的夏季空调温度设定不应低于 26℃），鼓励使用高能效的节能空调等措施，这对有效降低夏季空调用电起到了十分重要的作用。该文件还提出了强制实施房间（家用）空调能效标识制度的意见，这有利于房间空调器市场的整顿和规范。

与党中央的"建设节约型社会"相呼应，上海市委、市政府提出了"发展循环经济、建设节约型城市"的目标，上海市委办公厅、市政府办公厅于 2005 年 7 月 1 日发布了关于要求各级党政机关率先垂范、带头勤俭节约、自觉节能的通知，要求党政机关人员从自己做起，从身边事做起，养成自觉节约一度电、一杯水、一张纸的良好习惯；要求党政机关严格执行有关政府采购节能产品的规定，办公区要广泛使用绿色照明灯具，推广使用节约型水阀和卫生器具，并加强对各种耗能设备的监测评估；要求加强对办公楼宇的管理，尽量采用昼光照明，办公区室内温度夏季不低于 26℃、冬季不高于 20℃，切实杜绝"长明灯、长流水"等现象，尽量减少办公设备的待机时间等。该文件从党政机关办公楼抓起，目的是在市民心中树立榜样，以便形成全民参与节能的行动，该文件的形成也为今后节能改造工作找到了突破口。此外，该文件侧重从行为上和管理上进行节能，这说明上海市的建筑节能工作已经全方位展开。

2005 年 8 月 26 日，上海市人民政府印发了关于本市贯彻《国务院关于做好建设节约型社会近期重点工作的通知》实施意见的通知，其中对建筑节能方面的规定是，严格执行《上海市建筑节能管理办法》，新建住宅和政府投资的公共建筑，按照节能率50%设计、建造；以办公楼、商场、宾馆等公共建筑为重点，每年选择50万平方米既有建筑开展节能改造的试点示范；制定并实施市、区县两级机关办公用房的节能改造计划；启动低能耗、超低能耗和绿色建筑示范工程。此外，还推行空调、冰箱等产品的强制性能效标识管理，鼓励开发节能型空调、电梯、照明灯具等新产品。尤其重要的是，对可再生能源利用提出了明确目标，这有利于推动可再生能源在建筑上的应用。

2005年10月10日，上海市建设和交通管理委员会关于印发《实施〈上海市建筑节能管理办法〉有关问题说明》的通知，其中对《上海市建筑节能管理办法》进行了详细说明并参考其他一些文件对其做了补充，这使得各建筑节能标准及法规更具可操作性。

为了实现2010年上海市单位生产总值综合能耗比"十五"期末下降20%左右的目标，上海市人民政府于2006年5月9日印发了《关于进一步加强本市节能工作若干意见的通知》（沪府发〔2006〕9号），该文件提出了分解任务目标，其中建筑节能15%；该文件还提出了加强能源统计和计量管理的节能管理措施——完善统计指标和统计网络体系，配备必要的能源计量器具。统计和计量体系的完善是建筑节能得以顺利进行的根本保证。此外，差别化能源价格政策、能耗限额标准及财政激励和优惠政策等也是该通知的亮点之处，尽管目前很多体系还很不完善，但这为培育节能市场体系起到了至关重要的作用。

为全面推进建筑节能工作，减少建筑能耗，节约能源，降低温室气体排放，改善环境质量，加快建设资源节约型、环境友好型城市，上海市建设和交通委员会结合上海世博园区的建设，于2006年12月1日印发了《上海市建筑节能"十一五"规划》，其目标是：新建公共建筑全面实现50%的节能目标，新建居住建筑从节能50%加快过渡到节能65%的目标水平；既有民用建筑节能改造以公共建筑节能改造为重点，以结合"旧小区平改坡综合改造"为突破口，以政府既有办公建筑节能改造为垂范，以运用市场化节能改造机制为手段，加大既有建筑节能改造的存量挖潜。继续完善标准规范和技术支撑体系，通过低能耗、超低能耗和绿色建筑示范，引导建筑节能发展方向。

其中对建筑用能设备的规定尤其突出，鼓励分布式供能和能源多元化系统的推广应用，结合世博园区建设示范，开展热电冷联供、水源和地源热泵系统、高效能空调系统，以及蓄冷、燃气空调、热回收、变流量控制系统、高效送风和自然光、遮阳、照明与空调的协调控制等节能技术的推广应用；鼓励大型公建和居住建筑选用节能等级（达到节能评价值的能效等级）的空调设备和照明灯具；居住建筑因地制宜地推广应用空气源热泵热水器，试点应用地源热泵、水源热泵等节能系统，还提出了全装修住宅的概念。

提出了结合世博园区建设，推广太阳能光电系统的应用技术的试点及低能耗、超低能耗和绿色建筑的示范工程，鼓励试点应用太阳能空调、利用生物质能的热电冷联供系统等新技术。

在政策法规保障体系方面，提出研究并试点开展大型公共建筑能源审计，逐步实施既有公共建筑能源系统分项计量、分区控制、智能管理，定期采集能源消耗数据，开展统计分析和建立公共数据库；为可再生能源在建筑中的规模化应用提供政策保障；完善建筑业和建筑物能耗统计体系和方法；修订节能建筑认定管理办法；在节能标准体系方面提出制定"市博园区绿色建筑评价标准"、"上海市民用建筑太阳能应用技术规程（光热和光电系统）"、"上海市既有建筑节能改造设计标准"、"上海市既有公共建筑节能改造检测评估技术规程"等一系列的标准和规范，全面配合建筑节能工作的开展。而且还从创新集成技术研发体系、规范市场监管体系、增进建筑节能社会共识、探索建筑节能激励政策等方面做了详细规定。

2007年1月26日，上海市人民政府办公厅又印发了《上海市节约能源"十一五"规划》（沪府办发〔2007〕3号），该规划提出了十大节能工程，其中建筑领域方面就包括五项——建筑节能工程、空调和其他家用商用电器节电工程、绿色照明工程、分布式供能等工程、政府机构节能工程，并规定了各项节能工程的目标，这说明上海对建筑节能工作是十分重视的。

《上海市建筑节能"十一五"规划》和《上海市节约能源"十一五"规划》两项规划，为上海"十一五"期间从新建建筑、既有建筑节能改造和可再生能源应用三个方面全面推进建筑节能工作进行了详细规划。

2007年8月7日，上海市人民政府印发了《上海市节能减排工作实施方案》，为建筑节能示范项目提出了明确目标，要求"十一五"期间，新建建筑严格执行国家节能50%的标准，并加快达到65%的标准，强化新建民用建筑执行节能强制性标准的全过程监督管理；要求政府办公建筑率先示范，结合旧住房综合改造，加快既有建筑节能改造，实施3 000万平方米既有建筑节能改造；结合世博园区和世博场馆建设，对建筑节能新技术、新材料和新体系等进行规模化示范，实现综合技术攻关示范项目300万平方米；可再生能源与建筑一体化的建筑面积年均增长20%；建立全市建筑节能数据库；要求全市开展建筑节能项目示范，包括50万平方米新建居住建筑实施节能65%的标准，100万平方米既有公共建筑实施节能50%的改造，并开展可再生能源利用与建筑的结合示范，开展低能耗、超低能耗和绿色建筑示范。

2008年11月，上海市人民政府发布《市人民政府贯彻国务院关于进一步加强节油节电工作通知的通知》，要求通过汽车节油、锅炉窑炉节油、电机系统节电、空调节电、照明节电、办公节电等六大领域措施落实，其中后三项均为建筑节能提出了明确要求。

2009年3月17日，上海市人民政府印发《本市2009年节能减排重点工作安排》。对商业、旅游业提出了单位增加值能耗下降的具体目标，对教育系统提出了生均能耗下降、卫生系统单位医疗业务量能耗下降、市级机关能耗总量下降的具体目标。提出了明确的推进发展分布式供能，鼓励通过合同能源管理模式推进公共建筑节能改造，完善适合上海市气候特点和发展要求的建筑节能技术体系，完成80幢建筑能源审计工作，开展商业、旅游饭店业、公共机构、教育系统、卫生系统节能管理等具体工作任务量、项目及其责任部门。

2010年3月18日，上海市人民政府印发《上海市2010年节能减排和应对气候变化重点工作安排》，延续了2009年的工作模式，并且增加了其他公共机构能耗总量下降的要求，见表2-34。

表2-34 2010年上海市节能减排和应对气候变化主要目标

全市及各领域		节能目标	责任部门
节能	万元生产总值综合能耗	下降3.6%左右，完成"十一五"节能目标	市发展改革委及市节能减排工作领导小组各成员单位
	工业	单位增加值能耗下降3.6%以上	市经济信息化委
	建筑施工业	单位增加值能耗下降3%	市建设交通委
	商业	单位增加值能耗下降3%	市商务委
	旅游饭店业	单位增加值能耗下降1.5%，力争下降2%	市旅游局
	交通运输业	单位增加值能耗增速比前四年平均增速下降2个百分点	市建设交通委会同市交通港口局
	公共机构 教育系统	生均能耗下降2%	市教委、市政府机管局
	卫生系统	单位医疗业务量能耗下降2%	市卫生局、市政府机管局
	市级机关	能耗总量能耗下降1%	市政府机管局
	其他公共机构	能耗总量有所下降	市政府机管局会同科技、文化、体育等部门

续表

全市及各领域		节能目标	责任部门
减排	二氧化硫排放量	控制在 38 万吨以内，争取进一步下降	市环保局、市发展改革委、市经济信息化委
	化学需氧量排放量	控制在 25.9 万吨以内，争取进一步下降	市环保局、市水务局
	环境空气质量优良率	达到 85% 以上	市环保局
节水以及碳汇	万元生产总值用水量	79 立方米左右，与上年基本持平	市水务局、市经济信息化委
	新增绿地	1 000 公顷	市绿化市容局（市林业局）
	人工造林	10 000 亩	

通过执行国家及上海市制定的一系列建筑节能政策法规、制定并实施建筑节能技术标准规范、建立建筑节能管理网络体系和实施全过程监管、加强节能宣传培训等，但是上海建筑节能发展仍不平衡，既有建筑节能改造的规模推广举步维艰，建筑能耗的统计体系尚未建立，对耗能较大的公共建筑还缺乏有效的监管措施，可再生能源在建筑中的应用刚刚起步，建筑节能的技术体系还有待进一步丰富和完善。

二、上海市建筑节能技术措施

2005 年上海市建筑节能推进工作确定了三大目标：一是新建住宅建筑全面执行建筑节能设计标准；二是新建公共建筑项目中政府投资的办公用房及辅助设施率先执行建筑节能设计标准，其他办公楼、商场、旅馆和由它们组成的综合楼项目通过试点不断推进，按建筑节能设计标准执行；三是对既有建筑节能改造项目开展应用技术、政策措施和市场化推进机制的探索和研究。其采用的主要技术是围护结构改造和建筑用能设备节能。

上海市建筑围护结构的种类多样。早期建筑物外墙主要以 240 实心粘土砖、120 钢筋混凝土圆孔板为主，窗户以单玻实腹钢窗为主，围护结构的总体热工性能较差。20 世纪 70 年代推广粘土多孔砖后，墙体热工性能有所改善，但随着混凝土小型空心砌块墙体的应用和钢筋混凝土剪力墙结构高层建筑的兴起，又使该部分建筑外墙的保温隔热水平显著下降（仅为实心黏土砖的 2/3 ~ 1/2），导致室内热环境低下，传热量比实心粘土砖增加 30% ~ 60%。从 20 世纪 80 年代末开始，随着上海城市建设的飞速发展，高层建筑大规模兴建，玻璃幕墙在公共建筑中得到了广泛的应用，而采用玻璃幕墙的公共建筑，其能耗通常要高于常规公共建筑。上海地区建筑围护结构热工性能见表 2 - 35。

表 2 - 35 上海地区建筑围护结构热工性能

围护结构	材料及构造	墙体厚度（毫米）	传热系数［瓦/（平方米·开尔文）］		
			普通建筑	节能居住建筑	节能公共建筑
外墙	240 黏土多孔砖	280	1.7	1.5	1.0
	190 混凝土小砌块	230	2.5	1.5	1.0
	200 钢筋混凝土	240	3.2	1.5	1.0
屋面	120 钢筋混凝土圆孔板	160	2.8	1.0	0.8
	120 钢筋混凝土板	—	1.0	0.8	—
	架空屋面	360	2.4	1.0	0.8
外窗	单玻实腹钢窗	—	6.4	4.7 ~ 2.5	4.7 ~ 2.5

地区篇

地
区
篇

　　2006 年，上海市率先在政府投资项目中开始执行公建节能设计标准，当年共有 185 万平方米的新建公共建筑执行了节能设计标准，也就是说围护结构的热工特性符合规定值。此外，还严格控制能耗较高的玻璃幕墙建筑的建设规模，鼓励采用热工性能优良的双层中空玻璃、Low‐e 玻璃等产品及采取遮阳等节能措施。对既有公共建筑而言，围护结构的改善实现的可能性相对较小，较之墙体保温，改善玻璃的性能被认为更加实际和有效。

　　上海在推进住宅建筑节能的过程中，对新建住宅建筑，主要是针对围护结构采取节能措施，加设保温系统。如上海春城小区采用了外墙聚苯板保温系统；东方金门花园小区外墙采用胶粉聚苯颗粒保温浆料内保温系统；中新公寓采用聚苯板/混凝土复合保温外墙整体浇捣系统和三维钢丝网架 EPS 聚苯板与混凝土整体浇捣施工工艺；昌里花园分别采用挤塑聚苯板和胶粉聚苯颗粒保温砂浆两种外保温技术。对既有住宅建筑改造，则主要采取了三种节能措施：①屋顶平改坡；②外墙保温，尤其是外保温；③将原来的单层玻璃窗换成双层中空玻璃窗。其中以外墙保温为主。

　　上海在建筑节能技术研发方面也取得了突出成绩。形成了外墙外保温、外墙内保温、自保温、一次浇捣外保温和门窗屋面节能等住宅围护结构节能技术体系，可基本满足多层、小高层和独立住宅等各类住宅建筑对围护结构节能技术的需求。

　　建筑用能设备方面，20 世纪 70 年代，上海除少数高档宾馆具有较陈旧的空调系统外，大部分公共建筑无集中空调，居住建筑无房间空调器。随着经济的发展，特别是上海成为改革开放前沿的 90 年代以来，公共建筑如宾馆、饭店、商务楼等都把集中空调作为基础设施之一。2009 年底，上海每百户家庭空调器拥有量已由 1993 年的 5 台增加至 196 台（见图 2‐35），在全国各省市中仅次于广东省。

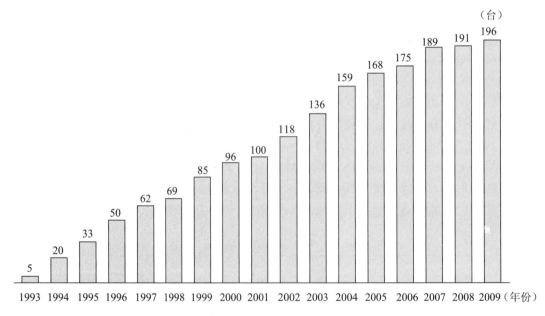

图 2‐35　上海历年每百户居民房间空调器拥有量

　　通过对公共建筑节能现状的调研，可以得知已有近 70%的建筑已经考虑并采取了一部分的节能措施，其中以水泵节能（加装变频器）和照明节能（更换节能灯）为多，热回收、利用太阳能、冷却塔节能等相对较少。这说明目前公共建筑的节能还停留在比较单一的阶段，缺乏系统性和整体考虑，节能的力度也不够，许多建筑尽管采取了节能措施，但也只是很小的一部分，未全面展开，见图 2‐36。此外，调查中还发现，加强运行管理和控制照明被认为是最有可能实现的建筑节能途径，其次为空调系统节能。围护结构的改善对于既有公共建筑而言实现的可能性相对较小，较之墙体保温，改善玻璃的性能被认为更加实际和有效。

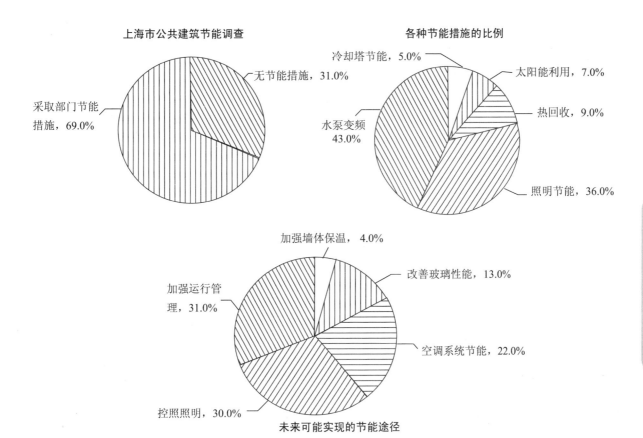

图 2 - 36 上海市公共建筑节能现状与节能技术路径

通过对住宅建筑节能现状的调研，可以得知有近30%的家庭认为，他们每月能耗支出的最大项是空调，其次是照明和冰箱，见图 2 - 37。

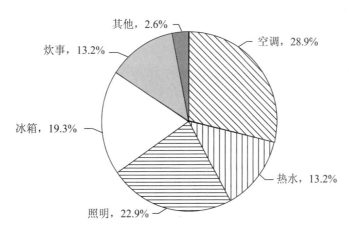

图 2 - 37 上海市居民居住能源支出

定期清洗空调过滤网、提高制冷设定温度和减少待机时间是居民采用最多的三种减少空调能耗的方式，而购买节能空调的意愿并不是太强，多数住户表示在换房或重新装修时会考虑购买节能空调；价格依然是居民在购买空调时考虑的首要因素；当问及为减少家庭能耗支出愿意采取哪些方式时，更换节能灯具成为首选项，占23%，其次为选用节能型冰箱（18%）和节能型燃气灶（18%），另外有13%的住户选择了不愿意采取任何节能措施，见图 2 - 38。

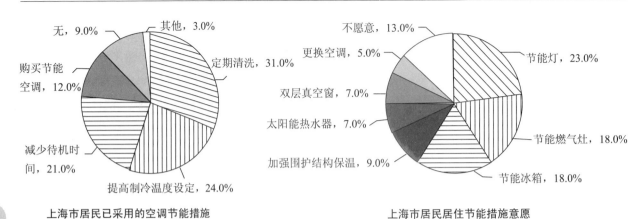

上海市居民已采用的空调节能措施   上海市居民居住节能措施意愿

图2-38   上海市居民建筑节能现状与节能技术路径

三、上海市建筑利用非化石能源利用政策

电力供应为各种商业活动、公共服务和居民生活提供了便利，降低了人群近距离污染暴露的危险，但同时也导致用电间接排放二氧化碳在建筑部门二氧化碳排放中的重要性显著增加。2000—2008年，上海市建筑部门化石能源燃烧导致的直接二氧化碳排放年均增长7.8%，而同期建筑用电间接导致的二氧化碳排放年均增长达到11.4%，使得间接排放占建筑部门全部二氧化碳排放的比重从61.8%上升到67.8%，尤其是居民建筑间接排放占比从49.7%上升到72.6%。积极利用非化石能源满足居民的电力和热力需求，将有效缓解建筑部门二氧化碳排放。

上海市2006年发布了《上海市能源发展"十一五"规划》和《上海市建筑节能"十一五"规划》，提出瞄准未来世界能源技术革命的方向，发展新能源和可再生能源，使上海成为国内重要的新能源和可再生能源技术研发和产业化基地之一；推进能源的清洁利用，扩大清洁能源的利用，使能源与环境协调发展的目标；要求结合世博园区建设示范，开展热电冷联供、水源和地源热泵系统等技术的推广应用；重点开发与建筑结合的太阳能光热系统技术体系，通过试点示范，使太阳能利用在新建建筑和既有建筑节能改造中推广，并得到规模化应用，到2010年要争取对符合条件的新建民用建筑和实施节能改造的既有建筑全部实施与建筑物统一规划、同步设计、同步施工和同步交付使用的太阳能光热系统，并建成与建筑结合的太阳能光热系统示范建筑300万平方米（含城市级示范项目）；结合世博园区建设，重点突破太阳能光电系统的应用技术试点示范，到2010年在大型公共建筑中太阳能光电系统示范应用10兆瓦，鼓励试点应用太阳能空调、利用生物质能的热电冷联供系统等新技术。

2008年发布了《上海市可再生能源和新能源发展专项资金扶持办法》，以支持可再生能源和新能源发展，推动节能减排和能源结构优化。由市节能减排专项资金安排建立用于可再生能源和新能源发展专项扶持的资金，市发展改革委根据全市可再生能源和新能源项目发展情况，编制提出年度扶持资金使用计划，于每年9月底前报上海市节能减排工作领导小组办公室。扶持资金支持的重点领域包括市发展改革委核准的示范项目，包括风电项目，100千瓦及以上太阳能光伏发电和大型光热利用项目，生物质能、地热能、海洋能等利用项目，石油制品替代能源应用项目，氢能应用示范项目，可再生能源的资源勘查、评价和标准制定和市政府确定的其他领域。资助方式主要是无偿资助和贷款贴息两种。

在各种非化石能源利用技术中，风力发电技术较为成熟，发展风力发电是上海推进可再生能源开发利用的重点领域。上海在崇明、长兴、横沙三岛和南汇、奉贤沿海区域具有较丰富的风力资源。为扩大上海市风力发电规模，改善电源结构，上海市发展和改革委员会与上海市电力公司于2006年组织编制了《上海市风力发电"十一五"规划和2020年远景目标》，并将规划列入上海市城市发展总体规划。规划根据上海地区风资源分布特点，结合上海市城市发展规划，规划在具有经济开发价值或良好开发价值的沿岸岸线、滩涂和近海的海上区域，进行风电开发。规划目标提出，"十一五"期间新增风电场装机容量31万千瓦，全市风力发电总装机容量将达到33.44万千瓦，远期新增风电场装机容量为70万~90万千瓦。至2020年，全市风力发电总装机容量超过100万千瓦。

2005年8月，作为我国首个利用世界银行贷款的风电项目，总装机容量2.1万千瓦的上海崇明、南汇风力发电场并网发电。该项目共安装了14台单机容量为1 500千瓦的风力发电机，其中在崇明东滩东旺沙安装了3台风机，南汇滨海森林公园安装了11台风机。之后，总容量为1.5万千瓦的上海崇明、南汇风力发电场二期扩建的10台1 500千瓦的风力发电机，于2008年9月全部投入运行。同月，我国第一个大型海上风电场，也是国家发展和改革委员会确定的海上风电示范项目之一的上海东海大桥海上风电场开建，由34台国产3 000千瓦风电机组组成，总装机容量为10.2万千瓦，年发电量为2.67亿千瓦时。东海风电项目已于2010年7月并网发电。除此之外，长兴岛青草沙正建设长兴岛青草沙13万千瓦风电场，为海岛居民和各项活动提供绿色能源，还有芦潮港5 000千瓦试验风电场和崇明北沿风电场一期4.95万千瓦等项目准备开建。根据规划，上海将建设13处风电场，其中陆上8处，海上5处，总规划装机容量187万千瓦，主要布局在三岛两区（崇明、长兴、横沙、南汇、奉贤），重点在海上。同时，上海可以结合市区高层建筑发展部分竖轴风力发电机（VAWT）。到世博会举办期间，上海风电装机容量已达到14万千瓦左右。

2005年，上海市政府颁布了《上海市太阳能开发利用行动计划》，明确了上海市近期在光热利用方面将以太阳能热水系统为主，太阳能与其他能源互补利用；光伏发电以发展产业为主，应用方面推进试点示范。养老院、医院、学校、办公楼、低层住宅小区等是太阳能应用的重点对象，试点城镇、高科技园区等为重点示范区域；重点扶持3~4家光伏电池生产企业，组建上海太阳能工程技术研究中心，加强太阳能利用关键技术的攻关，来促进光伏发电和太阳能产品的技术提升和市场推广。规划提出，到2007年安装与建筑结合的太阳能热水系统10万平方米（集热面积）光伏发电示范项目达到5兆以上，产业目标是到2007年，光伏电池组件生产能力达到150~200兆瓦，光伏电池单片生产能力达到100~150兆瓦，产值100亿元。目前，上海光伏发电达到7~10兆瓦，新增18万~20万平方米太阳能建筑一体化光热系统；光伏电池生产能力达到300兆瓦，光伏组件生产能力达到500兆瓦。其中，上海世博园区中集成的4.5兆瓦的光伏电池，成为国内在一个园区内最大的光伏发电。国内单体面积最大的并网型兆瓦级太阳能光伏发电项目——上海临港太阳能光伏发电示范项目也已经投入商业运行。同时，上海也在积极普及太阳能热水系统。政府投资建设的项目有条件的必须安装太阳能利用设施。上海市近期确定将薄膜太阳能技术作为主导发展方向，这将使光伏发电的成本下降，且更方便太阳能建筑一体化（IBPV）的发展。

利用地表以下100米深度内相对恒温的土壤蓄热和取热、利用地表水体（江河水和海水）与空气之间的温差资源，以及利用处理后污水相对恒温的条件，发展热泵采暖制冷技术，是近年来国内的发展热点。上海作为一个"三高"（高密度、高层、高容积率）城市，要大面积推广地源热泵有一定局限。但可以在郊区、开发区，包括崇明三岛和临港新城等地，较大规模地建立示范项目，将土壤源和海水源结合，利用滩涂和补偿用地，建设"能源总线"（分布式水源热泵）系统，成为城市基础设施。地源热泵和江水源热泵技术在上海世博会场馆建设中得到了示范应用。世博轴的空调冷热源就采用了地源热泵系统加江水源热泵系统，不仅使空调冷热源系统的设计和建筑景观得到了很好的融合，而且充分体现了绿色、节能、环保的理念，避免了冷却塔可能产生的漂水、卫生、噪声等问题，为减小城市热效应起到了一定的作用，同时也是打造节能建筑、绿色建筑不可缺少的组成部分。但是，从工程造价角度分析，地源热泵的埋管工程和江水源热泵的取水工程方面都会增加投资。灌注桩埋管工程的施工须与结构桩基施工同时进行，取水工程有一定的水工施工工作量，也增加了施工组织的难度。另外，江水经升温或降温后再排入江中，对自然界生态究竟有无影响，还需经实践的检验。

第四节　上海市建筑部门温室气体排放控制措施的成效和问题

一、取得的成效

"十一五"期间，上海的建筑节能取得了积极的成效，管理网络不断健全，监管力度不断加强，标准规范不断完善，技术水平不断提高。建筑节能推进主要取得了四个方面的发展。一是由新建住宅建筑节能工程试点向全面推进发展，上海市 2002 年完成住宅建筑节能试点工程 104 万平方米，2003 年为 319 万平方米，2004 年为 846 万平方米，自 2005 年起全市所有的新建住宅都已按国家标准设计建造。二是由住宅建筑向公共建筑节能发展，自 2006 年 7 月 1 日起，上海市所有新建公共建筑都纳入节能设计和建造的监管中，2007 年共有超过 1 000 万平方米公共建筑按节能标准设计建造。三是由新建建筑节能向既有建筑节能改造发展，在全面推进新建住宅和公共建筑节能的同时，上海积极探索既有建筑节能改造，完成了《上海市既有建筑节能改造技术规程》，并结合住宅旧小区综合改造和平改坡，开展既有建筑节能改造试点，每年按 20% 的增长进度发展，2007 年完成近 700 万平方米住宅和公共建筑的建筑节能改造。四是由节能建筑向绿色生态建筑方向发展，上海市在抓好建筑节能的同时，积极开展绿色生态建筑试点工作，编制了《上海市绿色建筑实施细则》，进行了数十万平方米的绿色生态住宅、生态办公楼、生态工业园区、生态农庄等工程试点和建设。

二、存在的问题

上海的建筑节能工作取得了一定的成绩，但建筑用能占上海能源消费量的比例在逐年上升。随着经济发展和人民生活水平的提高，建筑能耗的实物量和相对值的提高已经成为一种刚性趋势。因此，建筑节能已成为上海节能减排的重点领域之一。上海推进建筑节能工作的主要瓶颈体现在以下几个方面。

（一）技术标准不完善

一是缺乏技术标准支撑。近几年来，因为有了建筑节能的国家标准，因此上海在编制地方标准方面投入不大，仅有《住宅建筑节能设计标准》、《公共建筑节能设计标准》等 3 项地方性标准和相关的 5 项应用规程。但由于建筑节能技术与地域、气候和居住习性密切相关，上海的建筑节能技术理应在参照国家标准基础上更多体现本地特点。例如，国家标准中"节能 50%"的目标，对于北方采暖地区而言，是可以量化的指标。而对于像上海这样的夏热冬冷地区，它仅是一个计算值，或者说是一个虚拟值。因此，上海应该研究适合当地的建筑节能目标。例如，可以要求建筑能耗增长的弹性系数小于 1；也可以确定夏季削减电力负荷高峰的数量。二是建筑节能技术标准与其他标准、规范、规章不匹配。比如，现有的建筑施工标准规定，建筑的外粉刷层厚度不得超过 3.5 厘米，但要实施建筑外墙外保温，其结构层以外的厚度肯定要超过 3.5 厘米，导致开发企业、施工企业难以把握。既有居住建筑如果实施外墙外保温改造，并严格执行该标准，则会与《上海市城市规划管理技术规定》关于居住建筑间距、日照的规定，以及《上海市植树造林绿化管理条例》关于居住区绿地率的控制要求不相一致。由于建筑节能外保温工程增加了新建项目总的建筑面积，虽然增加的部分不计入容积率指标，但仍然计入建筑面积，实际建筑总面积大于土地出让合同约定的面积，与《上海市土地使用权出让管理办法》的要求相矛盾。

（二）缺乏有效的建筑节能检测体系

一是缺乏有效的建筑能效检测技术与手段。目前，单项建筑保温材料在实验室中的检测技术已经十分成熟，但缺乏的是便捷的集成检测和现场检测技术。现场检测需要通过夏热和冬冷两个跨度较长的时间间隔来实现，很难对节能改造后的综合能效作出全面客观的评估。二是缺乏评估检测标准。近年来，上海虽然积极构建技术标准体系，为建筑节能提供技术支撑，制定了地方性的《住宅建筑节能检测评估标准》，但对耗能比例较高的公共建筑仍缺乏科学的检测评估标准，以及对不同类型建筑的能耗评价指标。三是缺乏第三方节能检测。缺乏对建筑节能工程的验收、能效率分析及评估的公正、公平的第三方节能检测认证体系。

（三）缺乏经济、成熟的建筑节能技术及产品

一是缺乏成熟的节能产品。当前在建筑节能技术及相关产品市场上，多数产品性能尚不能满足建筑节能技术的需求。节能产品生产规模小，因此产品价格下不来。例如节能保温门窗和门窗密封产品，价格是普通门窗的 5～10 倍。住宅中应用的多为现场制作的或小作坊的产品，热工性能难以保证。外保温墙体施工主要由"散兵游勇"式的施工队伍承担，很难防止墙面开裂及热桥，其耐久性完全没有保障。二是现有节能产品及设备投入产出不合理。例如，一台能效等级为 2 级的房间空调器比 5 级产品的功率低约 180 瓦，而售价却要高约 1 500 元。如果以上海居民年平均使用空调 800 小时计算，每年可以节约 144 千瓦时电，节省约 86 元电费。简单投资回报期长达 17 年，而房间空调器的设计寿命只有 10 年。三是建筑节能技术整合不够。建筑节能是一个综合的系统工程，仅仅采用单项技术或者将几项技术生硬地组合在一起是无法达到节能效果的。需要多工种、多专业、多环节、多产品、多系统的整合与集成。但目前在建筑节能技术应用中只强调单项节能技术，特别是只强调围护结构保温隔热技术。须知如果单靠围护结构节能措施而不提高用能设备能效是不可能得到实质性节能的。四是既有建筑的节能改造尚缺乏适用技术和节能效果的评价方法。对既有住宅建筑节能改造的经费从何而来、能否结合"平改坡"实施改造、是否只改造窗户等能耗关键部位等问题一直存在不同意见。不管是由谁来"埋单"，花钱买节能量是必需的回报。但随着居民家用电器的增多、空调使用时间的延长，能耗增长是一种刚性的趋势，并不因是否做过节能改造而改变。例如，在上海某既有住宅小区调研发现，节能改造前，90 户家庭的户均年用电量 1 695.9 千瓦时，改造后，户均年用电量反而增加为 1 862.2 千瓦时。其实这种结果很好理解，除了上述居民生活水平提高因素之外，节能改造本身也给了居民一种心理暗示：我的住宅比较节能了，今后我可以更放心大胆地使用空调了。这主要是因为我国住宅能耗的起点很低。在这种条件下，节能效果的评价可能更多地采用计算值和相对值。

（四）缺少专业技术人才与专业服务队伍

建筑节能是专业性很强的新兴行业，上海的节能工作起步晚，目前缺乏该领域的专业技术人才，如建筑能源综合规划和技术集成、大型设施的能源管理、节能改造和合同能源管理等方面的专业技术人才以及建筑节能方面的专业施工队伍等。另外，合同能源管理（CEM）是建筑节能和既有建筑节能改造的市场化道路。上海对这一市场的培育投入力度还不够，相应的人才也就不能脱颖而出。在建筑领域成功的 ESCO 公司不多，仅有的也都是国外公司。建筑节能技术的应用性特点非常明显。大学扩招以后，社会上对大学教学质量的诟病其实更多地集中在学生能力的下降。而建筑节能技术恰恰更需要其专业人员具备跨学科、跨专业的能力。在建筑节能人才培养方面，大学责无旁贷。必须让学生在校期间就树立节能节约节俭的理念，学习必要的建筑节能技术，尤其是跨专业的技术。

（五）建筑节能管理有待加强

在宏观层面，一是建筑节能管理机构有待完善。目前，不同区县建筑节能管理职能机构有的是墙体办，有的是节能办，有的是规划科，还有的是质量监督管理站，分属不同机构，造成职能交叉，管理边界不清，责职不明，不同区县建设主管部门对建筑节能目标、任务、管理程序的认识参差不齐。二是管理流程、不同环节责任分担以及监管主体等都有待规范。三是工作协调机制有待建立。本市建筑节能的主管部门是市建设和交通委，但建筑节能目标的落实涉及市、区多个政府部门，需要形成有效的工作机制来协同推进，如技监局、经委及工商行政主管部门；规划、房地与建设部门；以及财政

税务等管理部门。既有建筑的节能改造更是复杂。建筑节能缺乏整体目标、任务、计划的分解落实，以及相关协同的工作协调机制。四是亟待建立起建筑能耗的统计制度和大型公共建筑能源审计制度。对建筑能耗的绝对值和相对值，都是根据估计的数字。实际上对建筑能耗的总体态势，政府主管部门，是"心中无数"的，由此会带来一系列决策科学性的问题。

在微观层面，一是大部分公共建筑和物业管理公司没有专门的能源管理机构和专职管理人员，缺乏节能目标、节能规划，以及责任的落实。二是能源管理在运行管理中的地位不高。政府办公楼一般由机关事务管理局或办公室行政处负责管理，但这些部门对部分职位高的领导的用能缺少有效的约束，不敢管，也不能管。三是没有建立系统能耗台账统计制度和系统能耗计量制度，更谈不上分系统、分项或分户的能耗统计和计量。四是尚未建立目标责任管理制度。大部分公共建筑的所有权人和使用单位没有将能耗列入目标责任管理，没有相关的能源消耗定额和支出限制，缺乏明确的能耗目标约束和长期的节能创新激励机制。五是缺少常规性的能耗分析和能效诊断，从而难以发现节能改造的突破口，按照常规做法和面上经验采取的节能措施效果并不明显。六是没有掌握耗能设备运行管理的科学方法以及对节能技术的科学认识。社会上充斥着形形色色的"节能"技术，有的技术可能在一定条件下有效，有的技术不一定适合上海的气候条件，有的技术可能被夸大了节能效果。运行管理人员很难判断。加之某些专家也成了某种技术的代言人，因此不乏受骗上当和花冤枉钱的情况。

（六）建筑节能意识有待提高

目前，建筑节能的重要性尚未形成社会共识。建筑节能工作讲得多，落实在行动上的少。很多发展商认为执行建筑节能标准只会增加建筑安装成本，因此建筑节能是政府的事，没有政府经济补贴，发展商一般不愿意采用节能措施。多数发展商抱有"踩线"心态：只要我把车停在白线上，交警就不能罚我的款。在这种心态驱使下，建筑节能成了一场"猫捉老鼠"的游戏。阴阳图纸、偷工减料、以次充好不是个别现象。个别单位对建筑节能采取不配合甚至抵制的态度。其中比较突出的如上海铁路南站。前几年为了树立上海金融中心的形象，搞的所谓"内光外透"工程，在建筑物内外的照明使用上存在一定程度的浪费。实际上在国际上树立了一个负面形象，为国外"中国能源威胁论"制造了口实。值得注意的是，建筑节能领域中也开始出现形式主义和面子工程的倾向。例如，把地源热泵技术、太阳能利用技术当作建筑节能的"标志性"技术和节能标签，只要采用这两项技术就是节能建筑，完全不考虑技术的适用性。因为有的项目经济性很差、有的项目节能效果很差，导致节能技术的社会公信力下降，使得节能成为一种"作秀"、成为一种"点缀"。居民对各种号称"节能"的技术、节能改造的工程质量普遍持有怀疑态度。因此，上海市围绕建筑节能的示范宣传和普及力度有待加强。

第二章　建筑部门温室气体排放测算方法

建筑部门温室气体排放基本可以认为完全来自能源活动，其中既包括燃煤、燃气、使用生物质燃料等导致的直接排放，也包括电力和热力消费导致的间接排放。然而我国温室气体排放清单测算中，关于能源活动排放清单的测算是基于能源加工与利用的环节，并非针对终端用能部门，因此国家温室气体排放清单不能直接提供建筑部门温室气体排放数据。此外，我国当前的能源统计体系是基于国民经济生产部门分类，没有考虑能源消费发生的场所，因此现有的能源统计体系也不能直接提供建筑部门能源消费数据。本章基于对能源平衡表的改造，并结合上海市建筑能耗抽样调查，提出建筑部门温室气体排放的测算方法，并测算了上海市 2000 年以来建筑部门的温室气体排放量。

第一节　国外建筑能耗统计方法

建筑能耗是指发生在建筑物运行过程中的终端能源消耗，主要包括来自商业建筑、公共机构建筑、城镇住宅建筑、农村住宅建筑、交通站场等建筑中的各种能源消费活动。工业生产用建筑的能耗在很大程度上与生产要求有关，并且一般都统计在生产用能中，因此建筑能耗一般均不包括工业建筑运行中的能源消耗。

美国能源部能源信息机构（EIA）自 1979 年以来每四年进行一次商用建筑物（commercial building）能耗调研（CBECS），它的目的在于提供美国商用建筑物能源消耗和支出的统计数据以及这些建筑物的相关能源特性的信息。能耗调研是基于一系列商用建筑物的样本而进行的。因为每幢建筑物是建筑能耗的最基本个体，它也是商用建筑物能耗调研的最基本的分析单元。

商用建筑物能耗调研的数据采集是分两个阶段进行的，分别是建筑物特性调研和能源供应商的调研。只有当建筑物特性调研中的被调对象不能提供能耗和支出的信息或是提供的信息有误时，才需要进行能源供应商的调研。

对建筑物特性的调研是通过与对象建筑物的业主、经理或是租房者进行的交谈而获取信息，并对这些信息进行处理的。在调研中，对被访者的主要问题是建筑物的面积、建筑物的用途、能源设备的类型、能源在建筑物中的储存方法、所使用的能源类型，以及在建筑物中的能耗总量和总价。

在建筑物特性调研完成之后，若有个别被调对象无法提供令人满意的能耗及能源费支出的信息，则需要对这些案例进行能源供应商的调查。对能源供应商调查所采集的数据包括建筑物实际能耗以及由能源供应商记录的所收取的能源费。该调查依据由法律规定的美国能源信息部门所拥有的数据采集权，以邮件通信的方式进行。

通过数据采集，EIA 最终得到能源终端使用强度的统计，并在美国能源部信息网站上公布。所有整理及分析好的数据都包括在数据库中，公众可以很方便地检索和下载数据。

美国商用建筑物能耗调研是美国政府和学界了解掌握整个美国商用建筑的能耗现状的有力手段，整个过程严谨科学，非常值得我国建筑节能工作者学习和借鉴。

第二节　建筑能耗统计现状及上海的实践

宏观层面，根据我国现有能源统计体系，终端能源消费分为大农业，工业，建筑业，交通运输、仓储及邮电通信业，批发和零售贸易业、餐饮业，城乡生活和其他等七大类。没有建立专门的建筑能耗统计体系。而建筑能耗涉及七大类中的后四大类，包括：①交通运输、仓储及邮电通信业终端能耗中仓储建筑、邮电服务建筑、交通站场等的能耗；②批发和零售贸易业、餐饮业终端能耗中非交通能耗的部分；③城乡生活终端能耗中私人机动交通以外的能耗；④其他部分终端能耗中非交通的能耗，如医院、学校、政府等公共机构建筑中的能耗。简言之，上述四类终端能耗中，扣除用于交通部分后的能耗。然而，就目前的能源统计体系而言，在终端能耗中分离出用于交通的能耗需要依靠能源品种及其用途、居民私人机动交通发展情况、公共交通牵引动力能耗水平等一些间接信息进行估算。一方面，不同地区的这些信息可能存在较大差别，需要一地一议；另一方面，上述估算所需信息的统计口径未必统一，甚至缺乏统计，为估算交通能耗，进而得出建筑能耗带来了困难。当然，在宏观层面分析问题，对数据的精确性要求往往不需要很高，而更重要的是准确性，因此在当前能源统计体系无法直接提供建筑整体能耗水平的情况下，上述估算方法基本上可以满足宏观研究的需求。

微观层面，对于建筑能耗的统计可以采用分户、分项计量的方法，即对建筑个体以及建筑内的用能设备个体进行独立能耗计量，并加以统计。这种方法可以有效诊断出建筑内部能耗的分布，为合理有效地利用能源、进行建筑节能改造提供基础信息，这是宏观能源统计无法做到的。然而，尽管这一方法在技术上可以实现，但是如果能耗统计的目的是获得全社会建筑能耗水平数据，为温室气体排放测算提供基础，则其所需要的计量系统将过于庞杂，成本过高，不具有实际运用意义。但是分建筑分项计量的建筑能耗计量和统计方法，也为宏观层面进行建筑能耗统计提供了另一种途径，即通过统计不同建筑类型的建筑面积，乘以各类型建筑平均的单位面积能耗，可得出全社会的建筑能耗。

"十一五"期间，上海市在建筑能耗统计方面开展了宏观和微观两方面的工作探索。

宏观方面，上海市能源统计系统对交通能耗统计进行了完善，从而可获得建筑能耗数据。2009年11月，上海市统计局依照《中华人民共和国统计法》和国家统计局《能源统计报表制度》的规定，结合上海市实际，制定了上海市"能源统计报表制度"。在对"规模以上工业企业能源购进、消费与库存"、"非工业和交通运输业企（事）业单位水及能源消费情况"、"交通运输业企业水及能源消费情况"的统计中，在分品种"消费量合计"项下，单列"运输工具用"一项，由此可实现对除农业外的产业部门交通能耗统计；农业部门交通能耗的统计可根据能源消费分品种进行测算；居民生活部门的交通能耗根据"成品油供应企业调查表"中"销售给本市—生活"一项可得。由此，上海市能源统计部门完成了全市交通能耗的统计，相应地可获得全市建筑能耗数据。

微观层面，上海市城乡建设和交通委员会加强了建筑能耗统计和分项计量工作，获得了部分建筑类型能耗实测数据。2008年，上海市建设交通委制定下发了《上海市国家机关办公建筑和大型公共建筑节能监管体系建设工作方案》（沪建交联〔2008〕77号）和《关于进一步加强本市民用建筑能耗统计调查工作的通知》（沪建交联〔2008〕540号），对机关办公建筑和单栋建筑面积达2万平方米以上的大型公共建筑进行全面调查统计，对全市街道和镇区的居住建筑、中小型公共建筑（不含政府办公建筑）、向城镇民用建筑提供集中供热（冷）的锅炉（机）房（制冷站）进行指定抽样调查。2010年1月，市城乡建设和交通委员会又下发了《关于加强本市国家机关办公建筑和大型公共建筑能源审计管理工作的通知》，对机关办公建筑、单体建筑面积2万平方米以上的大型重点用能公共建筑、连续两年建筑总能耗达到2000吨标准煤以上或者单位建筑面积能耗超过同类建筑平均水平的建筑等，进行建筑能源审计。截至2010年5月，上海市城乡建设和交通委、上海市建筑科学研究院已完成全市

1 000多幢大型公共建筑的能耗统计，并探索制定建立针对不同类型公共建筑的用能定额制度，采用相对刚性的指标，通过用能定额约束建筑业主的用能行为并加以引导；对居住建筑能耗也按计划进行了抽样调查。尽管目前建筑能耗统计和分项计量工作中，还存在建筑用能部门与能源消费管理部门不匹配、不同管理系统中建筑物名称不符、统计调查对象对能耗统计的理解力尚难以完全符合调查统计要求等难点，但是上海市的探索已经初步积累了分类型建筑能耗数据，为测算全市建筑能耗奠定了基础。

第三节　建筑部门温室气体排放测算方法

由于建筑部门温室气体排放均来自能源活动，因此建筑部门温室气体排放的测算可基于建筑部门能耗测算进行。相应地，可分为宏观法和微观法。

一、宏观法

建筑部门温室气体排放测算的宏观法，是指依据能源平衡表，将表中涉及建筑部门的终端消费能耗根据能源品种及其用途、建筑与交通能耗的比例等进行平衡表拆分计算。表2-36是上海市2008年能源平衡表中涉及建筑能耗的部分。

表2-36　上海市2008年能源平衡表（部分）

终端消费	第三产业消费			生活消费		
	交通运输、仓储和邮政业	批发、零售业和住宿、餐饮业	其他	合计	城镇	乡村
煤合计（万吨）	5.91	44.67	48.89	54.32	44.17	10.15
原煤（万吨）	5.91	44.67	48.89	54.32	44.17	10.15
洗精煤（万吨）	0	0	0	0	0	0
其他洗煤（万吨）	0	0	0	0	0	0
型煤（万吨）	0	0	0	0	0	0
焦炭（万吨）	0	0	0	0	0	0
焦炉煤气（亿立方米）	0	0	0	0	0	0
其他煤气（亿立方米）	0.20	2.93	3.92	9.64	9.36	0.28
油品合计（万吨）	1 262.86	118.02	170.21	177.84	118.13	59.715
原油（万吨）	0	0	0	0	0	0
汽油（万吨）	89.90	39.31	59.54	84.99	71.39	13.60
煤油（万吨）	319.35	0.15	0.03	0.12	0.12	0
柴油（万吨）	145.27	56.37	73.46	41.15	24.19	16.96
燃料油（万吨）	670.78	6.74	1.85	0	0	0
液化石油气（万吨）	6.61	5.58	4.05	32.39	8.74	23.65
炼厂干气（万吨）	0	0	0	0	0	0
天然气（亿立方米）	0.25	1.01	2.49	5.72	5.07	0.65
其他石油制品（万吨）	30.95	9.87	31.28	19.2	13.69	5.51
其他焦化制品（万吨）	0	0	0	0	0	0

终端消费	第三产业消费			生活消费		
	交通运输、仓储和邮政业	批发、零售业和住宿、餐饮业	其他	合计	城镇	乡村
热力（万百万千焦）	22.33	55.33	92.74	16.53	16.53	0
电力（亿千瓦时）	23.72	64.36	150.38	146.55	135.83	10.72
其他能源（万吨标准煤）	0	0	0	0	0	0

其中，不论是第三产业的部分，还是生活消费的部分，都是由建筑能耗和交通能耗组成的。将表中属于交通用能的部分扣除，即可作为建筑能耗，相应地可测算出各种能源消费导致的二氧化碳排放。

一般来说，目前交通运输工具基本已经不再使用煤做燃料，因此三产和生活中消费的煤都应看作建筑能耗的部分。与之类似的还有焦炉煤气、其他煤气、炼厂干气、热力和其他能源。与之相反，汽油通常被认为基本只用于交通工具。而其他燃料品种按用途讲，均涵盖了交通和建筑两大部门。例如煤油，其基本用途是动力燃料、照明、机械部件洗涤剂、溶剂、化工原料等，其中在目前的三产和生活活动中，主要是用作航空燃料，仅有极少部分用作照明。因此，根据能源平衡表基本可将交通运输、仓储和邮政业的煤油消耗导致的排放认为是交通部门排放，而其余部分认为是建筑部门的排放。柴油的主要用途是重型运载工具的燃料以及发电和采暖，根据平衡表，可以将交通运输业和城乡居民生活消费的柴油消耗认为是使用交通工具导致的，而将其他三产终端消费的柴油按一定比例拆分，分别归入建筑和交通部门。燃料油主要用于电厂发电、船舶锅炉燃料、加热炉燃料、冶金炉和其他工业炉燃料，交通运输业中用于交通的燃料油主要是船只使用，因此可根据当地船舶使用情况进行估算，同时可以认为其他三产中的燃料油消费都用于锅炉，而生活活动不消费燃料油，因此在交通运输业中扣除用于交通工具的部分，三产和生活中的其余所有燃料油消费导致的排放都归于建筑部门。液化石油气（LPG）和天然气在三产和生活活动中的使用主要是作为汽车燃料和炊事燃料，用作汽车燃料的 LPG 和天然气用量取决于该地区 LPG 和天然气汽车的保有量和使用状态，扣除这部分后，三产和生活中的其余所有 LPG 消费导致的排放都归于建筑部门。其他石油制品包括石脑油、溶剂油、蜡制品、沥青等，在交通工具中主要用作燃料添加剂，在其他三产活动和生活活动中有诸多用途，可以考虑将交通运输业中 90% 的其他石油制品消费认为是交通工具的消费，相应的二氧化碳排放计入交通部门，其余部分全部计入建筑部门。电力在交通部门中的消费与该地区电动交通工具（城市轨道交通、电气化铁路、无轨电车、电动汽车）的发展状况相关，这里将用于牵引动力和车辆暖通与照明的电力消费计入交通部门，而场站通风空调、照明、电梯等设备系统能耗，以及其余三产、生活用电计入建筑部门。再分别乘以全国平均的分燃料品种二氧化碳排放因子，可得出根据能源平衡表拆分得到的建筑部门和交通部门二氧化碳排放量，见表 2-37。

表 2-37 根据能源平衡表拆分得到建筑部门二氧化碳排放量

终端消费部门	建筑部门二氧化碳排放量	
交通运输、仓储和邮政业	少部分燃料油、少部分 LPG 和天然气、少部分其他石油制品、部分电力	全部原煤、焦炉煤气、其他煤气、炼厂干气、热力和其他能源导致的排放
批发、零售业和住宿、餐饮业	全部煤油、部分柴油、全部燃料油、大部分 LPG 和天然气、全部其他石油制品、全部电力	
其他第三产业	全部煤油、部分柴油、全部燃料油、大部分 LPG 和天然气、全部其他石油制品、全部电力	
城乡居民生活	全部煤油、全部 LPG 和天然气、全部其他石油制品、全部电力	
以上合计		

地区篇

其中，建筑部门电力和热力消费不直接排放温室气体，但是考虑发电和制热时的化石能源燃烧导致温室气体排放，因此在计算建筑部门温室气体排放时，应计入其电力和热力消费的间接排放。对于热力消费的间接排放，可按照加工转换投入的化石能源量进行测算；对于电力消费的间接排放，严格地说，应该按照当地电源结构测算，如式（2-17）所示。

$$C_{b,e} = E_b \times \frac{C_l \times \dfrac{E_{l,f}}{P_{l,f}} + E_{in} \times Inet}{E_{l,f} + E_{l,r} + E_{in}} \qquad (2-17)$$

式（2-17）中，$C_{b,e}$ 表示建筑部门电力消费的间接排放；E_b 表示建筑部门的电力消费，后面的系数即当地单位电力消费的排放量；C_l 为本地火力发电的二氧化碳排放；$E_{l,f}$ 为本地火电消费；$P_{l,f}$ 为本地火电发电量；E_{in} 为输入电力；$Inet$ 为区域电网综合排放因子；$E_{l,r}$ 为本地可再生能源电力消费；E_{in} 为输入电力消费。

二、微观法

建筑部门温室气体排放测算的微观法，是指通过典型建筑温室气体排放调查获得不同类型建筑单位建筑面积排放，再结合不同类型建筑的建筑面积和空置率，自下而上得出全区域建筑部门温室气体排放量。其中，典型建筑温室气体排放调查主要基于建筑能耗调查开展，一般得出每平方米的年标准煤耗数，再根据当地单位能源消费的二氧化碳排放量进行排放估算。

采用微观法测算，需要进行建筑能耗调查。调查分为居住建筑与公共建筑两大类。对于居住建筑，根据不同的地域分布，并考虑到房屋的建造年代、住户的收入水平等，抽取若干居住建筑小区，对小区内的住户进行调查；对于公共建筑，主要按其不同用途分为办公楼（写字楼、政府办公建筑）、商办综合楼、宾馆、医院、商场、大型超市、影剧院、体育场馆和会展建筑等类型，在不同的类型中进行随机抽样调查。建筑能耗抽样调查又分为能耗数据采集和问卷调查两部分，抽样调查是为了获得基本的建筑分项能耗数据，问卷调查主要是为了了解建筑中人的用能行为和各种耗能设施的能耗状况。

地方统计部门提供了历年不同类型建筑量，如《上海市统计年鉴》。单位能源消费的二氧化碳排放，可通过当地当年能源结构大致估算得出。

第四节　上海市建筑部门温室气体排放测算

一、宏观法计算结果

根据上一节中的算法，以 2008 年能源平衡表为例，上海市交通运输、仓储和邮政业，批发、零售业和住宿、餐饮业，其他第三产业和城乡居民生活中全部的煤、焦炉煤气、其他煤气、炼厂干气和其他能源消费的二氧化碳排放，热力消费导致的间接二氧化碳排放都归于建筑部门。

批零宿餐业，其他第三产业和城乡居民生活中消费煤油的排放归于建筑部门。批零宿餐业，以及其他第三产业消费的柴油中，按70%用作商业发电，其排放计入建筑部，这一计算结果与按照柴油车辆消费排放计算的结果近似。交通运输业10%的燃料油、批零宿餐业和其他第三产业全部的燃料油消费导致的排放计入建筑部门。建筑部门LPG消费导致的二氧化碳排放包括交通运输业的10%、批零宿餐业和其他第三产业的80%以及居民生活的全部。由于上海市的天然气汽车发展较为缓慢，此处将交通运输业70%的天然气消费归入建筑部门，批零宿餐业、其他第三产业和生活活动全部的天然气消费均认为是建筑部门的消费。交通运输业10%的其他石油制品，以及批零宿餐业、其他第三产业和生活活动全部的天然气消费均认为是建筑部门的消费。根据研究，上海市轨道交通牵引能耗约占总能耗的

60%，其余为车站通风空调、照明、电梯等设备系统能耗①，因此本节将交通运输业电力消费的60%计入交通部门，其余部分以及批零宿餐业、其他第三产业和生活活动的耗电导致的间接二氧化碳排放均计入建筑部门。对2008年以前的能源平衡表均按照上述比例进行估算，得出上海市历年建筑部门二氧化碳排放，见表2-38。

表2-38 上海市建筑部门二氧化碳排放 单位：万吨二氧化碳

年度	直接排放		间接排放		合计
	商业和公共建筑	居民居住建筑	商业和公共建筑	居民居住建筑	
2000	320.16	479.71	818.16	473.15	2 091.17
2001	396.10	410.22	902.67	500.11	2 209.10
2002	427.92	388.07	1 038.64	551.31	2 405.93
2003	448.77	359.19	1 262.16	773.87	2 843.99
2004	646.06	391.06	1 399.48	825.83	3 262.43
2005	698.72	408.86	1 543.99	981.69	3 633.25
2006	752.53	450.62	1 614.40	1 074.35	3 891.90
2007	962.49	487.47	1 708.92	1 099.86	4 258.74
2008	1 005.27	453.07	1 870.55	1 199.84	4 528.73

由表2-38中可以看出，2000—2008年上海市建筑部门排放呈逐年增长趋势，年均增长10.1%；其中电力和热力消费导致的间接排放占全部排放的比重在60%以上，年度间不规则波动，最低的2000年为61.8%，最高的2003年达到71.6%。商业和公共建筑、居民居住建筑在直接排放和间接排放的变化趋势上不尽相同，其中居民居住建筑的直接排放呈不规则波动，其余都呈逐年增长趋势。但居民居住建筑中间接排放的占比基本呈逐年上升，这说明电力和热力在上海市居民生活能源消费中的重要性在增加，从能源使用效率和环境卫生的角度说，生活用能的状况在改善。

二、微观法计算结果

上海市建筑科学研究院对上海市建筑能耗进行了调查。调查流程分别见图2-39和图2-40所示（张蓓红等，2008）。

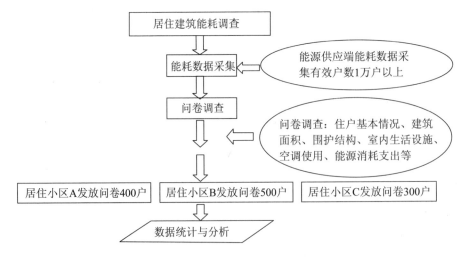

图2-39 上海市居住建筑统计调查设计流程

---

① 宋键. 上海城市轨道交通"十一五"节能实施目标与策略［J］. 城市轨道交通，2009，22（2）：19-23.

　　居住建筑能耗调查采集有效户数达到 10 000 户以上，发放问卷调查表超过 1 000 户。居住建筑能耗数据来源是上海市电力公司及燃气管理部门，采集的数据要求为以户为单位的逐月用电量及燃气消耗量，根据地域划分，采取在每个地区内抽取若干居住建筑小区，对抽取的小区内的住户全部抽样的方法。由于数据的来源不同，以及受客观原因所限，即使在同一个小区中采集的住户也不可能完全一致，因此应选取采集的样本中电力和燃气重合的样本量。

　　对采集的能耗数据样本进行筛选。筛选的原则是：考虑分布区域、居住建筑建造年代、住户收入水平的平衡；部分样本显示的能耗数据过小（月耗电量小于 10 千瓦时），说明该房屋无人居住或存在其他特殊情况，因此列为删除样本。此外，对电力采集样本中年耗电量超过 10 000 千瓦时的高档小区样本进行了适当调整；尽量考虑电力样本与燃气样本的重合。

　　在经过数据筛选后的样本中，选取三个居住建筑小区进行家庭能源消耗详细调查，调查采用填写问卷表格的方式进行。问卷表围绕调查目的进行设计，做到详细、完整和规范，对问卷的问题能够进行各种统计计算和分析，以反映总体数量特征。居住建筑能耗问卷表的调查内容包括：住户基本情况、建筑基本情况、围护结构、室内生活设施、空调使用情况、能源消耗支出以及节能意愿和趋势等。对于回收问卷视为无效的有两种情况：一是问卷表填写的内容有明显的虚假或不实的情况；二是统计重点项目无回答的情况。对后一种情形，部分采用了局部替代方法，即对调查中的项目缺失值用同一调查中具有类似背景的参加者的数值来替代。例如，对于同一居住建筑楼中面积、朝向、住户人数等相似的对象，可以认为家用空调的安装情况也基本相同，据此可以对部分用户空调安装情况的缺失数据进行补充。

　　公共建筑能耗调查采集有效户数达到 100 户以上，发放问卷调查表超过 40 户（见图 2 - 40）。由电力公司提供全年逐月电量数据的公共建筑，包括了办公楼、商办综合楼、商场、宾馆饭店、大型超市、医院、影剧院、体育场馆、会展建筑及其他公共建筑设施。在此基础上，由燃气公司提供这些建筑的当年逐月燃气耗量，由于电力公司登记的建筑名称、地址可能与燃气公司的相关信息不符，由燃气公司提供用量数据不一定能与电力数据完全匹配，其中也包括部分建筑实际未使用燃气的情况。在此基础上，进行建筑面积资料查找和现场访问，包括除电、燃气以外建筑其他能源使用情况的现场调查，并进行数据整理和筛选。在此过程中，发现部分建筑的能耗数据异常，可能是由于调研和采集的数据本身存在问题，因此把这部分数据删除。

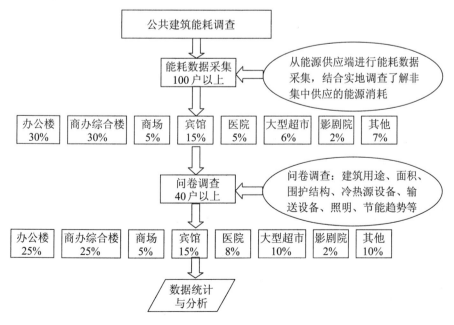

图 2 - 40　上海市公共建筑统计调查设计流程

在建筑基本信息和能耗数据采集的基础上，选取部分建筑进行详细调查，调查方式为问卷抽样，调查内容包括：建筑基本信息、用途和入住情况、围护结构、冷热源设备、输送设备、照明和电梯、节能趋势和意愿等。调查途径有两种：一是组织专人进行现场调查，通过和物业的询问与沟通填写问卷；二是由物业公司直接进行问卷表格的填写。

地方统计部门提供了历年不同类型建筑量，如《上海市统计年鉴》。单位能源消费的二氧化碳排放，可通过当地当年能源结构大致估算得出。

调查得出上海市各建筑类型能耗平均水平，见表2-39。其中，学校建筑因功能复杂，在该次调查中不作为典型建筑进行调查取样，单位建筑面积能耗指标取用该次调查得到的其他公共建筑平均能耗指标。

表2-39　上海市各类建筑类型能耗平均水平

类别	亚类	能耗指标（千克标准煤/平方米·年）	空置率
居住建筑	城镇	13.2	0.1
	农村*	12.1	—
公共建筑	办公建筑	48.7	—
	商场店铺	64.3	—
	宾馆	59.0	—
	医院	61.5	—
	影剧院	27.8	—
	其他	34.3	—
	学校	34.3	—
合计		51.4	0.03

资料来源：*李沁笛等，2010；其余：张蓓红等，2008。

上述上海市的调查中，未包括农村居住建筑的能耗情况，因此在测算上海市建筑能耗时，须通过其他渠道计入农村居住建筑能耗。例如，清华大学2006年、2007年的调研统计结果显示，南方地区农村平均建筑能耗为12.1千克标准煤/平方米·年（李沁笛等，2010）。此外，上述调查也为对交通站场的建筑能耗进行调查，因此需要通过能源平衡表中的交通运输业建筑能耗中进行修正。

由于建筑能耗调查的成本非常高，建立如本章第二节所述的建筑能耗统计体系是采用微观法测算建筑能耗和二氧化碳排放的必要手段。在此之前，一般数年才能开展一次建筑能耗调查。因此，对一定时期内的建筑能耗和排放采用微观法进行测算，只能采用最近一次的建筑能耗调查数据。考虑到上海市的建筑能耗调查于2004年开展，为比较微观法和宏观法的测算结果，本节分别测算了2005年上海市的建筑能耗和排放，结果见表2-40。

表2-40　上海市两种算法的2005年建筑部门能耗和二氧化碳排放测算结果比较

	宏观法能耗	微观法能耗	宏观法排放	微观法排放
商业和公共建筑	874.29	801.51	2 242.71	1 824.48
居民居住建筑	549.76	595.16	1 390.54	1 471.66
合计	1 424.05	1 396.67	3 633.25	3 296.14

由表2-40可知，通过两种方法获得的建筑部门能耗数据基本可比，差距在2%左右，而排放差距

较大，约有10%的差距，这也说明采用全国平均的分能源二氧化碳排放因子（宏观法）或全国平均的单位能耗排放量（微观法）作为乘数，对于上海而言可能有所偏差。另外，就建筑类型来看，微观法对商业和公共建筑能耗的测算结果偏低，可能是由于在对建筑能耗调查中，对除电力和燃气外的能源消费都采取问卷调查的方式获得，不一定完全反映了实际的能源消费量；而对居住建筑能耗的测算结果偏高，可能是由于城镇住宅空置率的估计偏低，以及农村住宅建筑单位平方米能耗偏高所致。

　　总的来说，两种测算方法都能对建筑能耗进行可接受的估算。相比之下，微观法受制于建筑能耗统计的抽样代表性、建筑使用率（或空置率）的不确定性、现场调查的信息缺失等因素，因此基于微观法进行的排放测算可能带来较大的误差。而由于宏观法直接基于实际能源消费统计测算，因此如果在能源平衡表之外能够获得更加基础的原始数据，从而使得能源平衡表的拆分更加合理，则宏观法测算可以得出相对更加可靠的建筑部门排放数据。

地

区

篇

第三章 上海市建筑部门温室气体排放趋势分析

建筑部门温室气体排放与一个国家或地区的能源消费紧密相关，而能源消费又受到社会经济、人口、科学技术发展，以及国家和地区能源、环境和应对气候变化政策的影响，从而形成了一个复杂系统。上海市建筑部门温室气体排放趋势与上海市的经济发展、产业结构、人口、能源消费、生活水平直接相关。对于这个复杂系统中各种因素之间的复杂关系，很难用简单的线性回归模型表达清楚，因此本章采用系统动力学方法分析上海市未来一段时期建筑部门温室气体排放趋势，以确定上海市建筑部门未来温室气体排放控制目标。

第一节 上海市经济社会发展情景预期

在分析上海未来的碳排放情景时，一个不可回避的问题是上海未来的城市规模。城市规模越大，能耗和碳排放也越大，而限制城市规模又会使上海陷入过度老龄化的困扰。另外，从低碳发展来看，上海未来的经济转型和经济发展潜力是最基本和最核心的影响因素。因此，需另外要对上海经济转型的内涵以及上海未来的发展空间进行研判。

一、上海市人口发展预期

从户籍人口来看，上海早在1979年就进入了人口老龄化阶段，之后老年人口数量快速增长、老龄化率持续上升。2009年65岁及以上户籍老年人口为221万人，占户籍总人口的15.8%[①]，这一指标已接近西方发达国家的老龄化水平。但由于大量年轻人口源源不断地涌入和定居上海，所以从常住人口的定义出发，上海人口的老龄化水平并不是很高。而且目前外来人口为上海贡献了GDP，上海却无须承担其社会保障开支，这是上海城市经济迄今仍充满活力的基本原因之一。但正因为如此，人们对一个高度老龄化社会可能带来的种种消极后果还缺乏足够的认识。

为防止过高的老龄化水平造成的问题，结合我国的城市化进程，上海需要在今后几十年中不断吸收年轻人口的迁入。大量净迁入人口会导致城市规模的扩张，但这种扩张不应该是无节制的。上海需要在能够容忍的老龄化水平和城市规模之间寻找一种平衡。

上海市历年常住人口自1978年以来持续增长，但年增幅在0.336% ~ 5.292%之间波动。2000—2009年常住人口年均增长1.993%，2005—2009年期间常住人口年均增长1.951%，基本维持平稳增长。因此，本章以2009年上海市常住人口为基数，以2005—2009年年均增长率为系数，设定上海2010年、2015年和2020年常住人口规模分别为1 958.80万人、2 157.48万人和2 376.32万人。这与上海市人口计生委近期发布的报告数据基本可比，但略高于其预计的2015年2140万人，2020年2 250万人[②]。

二、上海市产业发展预期

现阶段和未来一段时期决定产业发展的关键是经济转型。对上海而言，可能包含了三个方面：一

---

① 2009上海市老年人口和老龄事业发展［EB/OL］. 上海市人民政府网站，http://www.shanghai.gov.cn/shanghai/node2314/node2315/node18454/userobject21ai400326.html.

② http://www.china.com.cn/renkou/2010 - 07/07/content_ 20440151. htm.

是经济结构的转型，主要意味着从二产拉动向三产主导转移，从出口导向向内需导向转移；二是从追求经济增速到追求经济质量的转型；三是从工业化向后工业化的转型。对于上海来说，这几种转型可能是同步进行的。

改革开放以来上海 GDP 的高速增长很大程度上是由投资驱动的。大规模的旧城改造、城市基础设施建设、房地产业的发展和产业资本的引入构成了资本形成的基本内容，由此又拉动了本地重化产业。这种由起吊机经济拉动的高速成长应该是城市经济发展的一个特定阶段，而非永久的主旋律。

事实上，上海大规模的旧城改造和基础设施建设高潮已经过去。从现有的发展来看，上海基础设施建设的历史欠账已经逐步还清，并建成了不亚于发达国家的公共交通体系、高速公路系统。"十二五"期间，上海可能因虹桥商务区建设、二级旧里弄改造、迪斯尼项目以及城市轨道交通的建设需求，建设投资总规模还不会明显收缩，但由于上海的经济总量越来越大，其对 GDP 增速的拉动力将会弱化。而"十三五"以后，上海的建设投资规模会趋于收缩。中远期的建设投资主要将满足迁入人口和改善型的住房建设需求和相应的配套建设，以及城市更新改造的相关建设。城市建设对 GDP 的拉动从长远来看将呈弱化趋势。

同时，由于城市建设投资的需求下降，上海对重化产业的需求也会下降。可以假定，全国的基础设施建设高潮的消退滞后于上海，但是上海重化产品中的低附加值的大宗产品并不具备市场优势，在长三角的基建高潮消退以后，上海的这部分产能在市场竞争中必然会逐步退出。上海如果要继续保留重化工业，其整体向高端化方向转变，产能收缩，质量提高，将会是基本趋势。

此外，为适应"四个中心"的建设以及满足上海居民提升自身生活质量的需求，在今后的几十年内，上海在居住、教育、医疗、卫生、文化、体育、休闲、娱乐等领域的基础设施水平和服务能力需要得到极大提升。与"四个中心"建设相匹配的通信、信息、管理及其所需要的设施建设水平也将得到极大提升。工业内部的升级换代以及新兴产业的发展也会要求较大的投入。以上内容逐步会成为上海未来资本形成的主体，从而资本形成的内容将从外延性的扩张转向功能的完善。与此同时，最终消费占 GDP 的比重会逐步上升至发达社会的水平。

因此，预计上海未来的经济增长速度将会逐步下降。与所有发达国家的经历类似，上海将逐步进入后工业化阶段。目前，上海的发展阶段处于工业化的后期，或由工业化向后工业化转变的门槛上。

由工业化向后工业化转型，基本的表现之一就是经济增长速度的逐步放缓，直至一个成熟的发达社会所需要的相对平稳的增长。由于中国的经济增长长期以来是政府主导的，实现经济增长方式的转型首先就取决于政府对不同发展阶段所应有的经济增长速度的认识。对此，上海市政府如何看待和应对，是上海未来发展的决定性因素，尤其是考虑到如果上海经济增速减缓的同时，其余省份仍在工业化的高速增长。上海市委市政府对此已经有了相关的判断：未来上海的发展必须摒弃 GDP 主义，需要在理顺与周边地区关系的基础上，着力培育上海的核心竞争力，从投资和外贸驱动型的发展模式转向内外兼修型，在这个过程中实现向后工业化的转型。

因此，本章对上海市"十二五"和 2020 年以前的产业发展的设定见表 2-41。

表 2-41　上海市"十二五"和 2020 年以前的产业发展情景

指标		GDP	第一产业	第二产业	第三产业		
					交通业	商业	合计
2010 年（万元，2005 年价）*		15 743.29	103.49	6 690.83	730.61	8 218.37	8 948.97
增速（%）	2011—2015 年	7.6	1.0	4.5	10.0	9.8	9.8
	2016—2020 年	7.4	0.5	3.4	10.0	9.6	9.6
万元（2005 年价）	2015 年	22 706	109	8 319	1 177	13 102	14 278
	2020 年	32 517	112	9 815	1 895	20 696	22 591

注：＊预计值。

从整体上说，这里假定未来上海不再增加重化工业，既有的重化工业也不减少，但可以更新改造，经济增长主要依靠服务业和先进制造业的拉动。但是考虑到中国在 2020 年以后全国性的基础设施建设基本完成，因此重化工业发展受到市场需求影响，将有部分相对落后的产能实现自然淘汰。另外，未来上海的投资增速会有较大幅度的下降，对 GDP 的拉动力减弱，消费在未来十年内依然会有快速的增长，成为拉动 GDP 增长的主要动力。但从中远期看，随着中国城市化率的上升，上海净迁入人口的数量会逐步减少，再加上上海老龄化率的上升，消费的增速也会逐步趋缓。同时，从上海市"四个中心"建设的目标看，上海市未来一段时期包括交通运输业和商业在内的第三产业将有较快发展。考虑到未来农业劳动力的进一步退出，但会部分因生态农业、有机农业、碳汇农业的发展以及由此带来的产品附加值的提高，减缓农业增加值的下降。

三、上海市单位产业增加值排放发展预期

第一产业方面，农业劳动力的进一步退出，将使得上海第一产业的能耗和排放强度上升，但是这种上升会部分被产品附加值的提高所抵消。因此，假定未来十年间上海第一产业单位增加值能耗维持不变。

第二产业方面，上海市第二产业能耗和排放强度将会随着第二产业内部产业结构的升级以及技术进步带来的能效提高而下降。2000—2009 年期间，上海市第二产业单位增加值排放量年均下降 5.0%。假设 2011—2020 年期间，第二产业单位增加值排放保持 5.0% 左右的幅度下降，相应地，每五年下降约 23%，到 2020 年，基本可达到美国 2005 年单位第二产业增加值排放强度水平 1.467 吨二氧化碳/万元（2005 年不变价）。这一假设通过淘汰落后产能、节能技术改造、产业内部结构调整、管理水平提升、产品附加值提升，以及全市能源结构的调整，有望实现。

第三产业方面，上海市未来第三产业的单位增加值排放将随着金融等高附加值产业的发展而下降，但从第三产业内部看，交通单位增加值排放难以有较大幅度下降，而商业单位增加值排放有望较大幅度下降。2000—2009 年上海市交通运输业单位增加值排放年均增长 7.1%，批发和零售业、住宿和餐饮业单位增加值排放年均增长 4.0%，其他第三产业单位增加值排放年均下降 1.0%。本章考虑，交通运输业相对其他第三产业而言属于高耗能行业，并且其产业特征决定了其能耗特征，因此要大幅降低交通运输业的单位增加值排放恐有难度，但必须进行一定的控制。此处假设 2010 年上海市交通运输业单位增加值排放与 2009 年持平，2020 年回复到 2005 年水平，即 2011—2020 年交通运输业单位增加值排放年均下降 2.1%。将批发和零售业、住宿和餐饮业以及其他第三产业合并作商业考虑。上海市 2005 年商业单位增加值排放强度为 0.179 吨二氧化碳/万元（2005 年不变价），2009 年下降到 0.164 吨二氧化碳/万元（2005 年不变价），假设 2010 年与 2009 年持平，并且上海市 2030 年商业单位增加值排放强度下降到美国 2005 年水平的 0.030 吨二氧化碳/万元（2005 年不变价），2010—2030 年间年均降低 8.7%，相应地，2015 年和 2020 年分别为 0.104 吨二氧化碳/万元和 0.066 吨二氧化碳/万元（2005 年不变价），见表 2 - 42。

表 2 - 42   上海市"十二五"和 2020 年以前的产业增加值排放强度情景

指标		GDP	第一产业	第二产业	第三产业		
					交通业	商业	合计
2010 年（吨二氧化碳/万元，2005 年价）*		1.468	0.779	2.434	6.008	0.164	0.641
增速（%）	2011—2015 年	-5.5	维持	-4.9	-2.1	-8.7	-3.3
	2016—2020 年	-5.1	维持	-4.9	-2.1	-8.7	-2.8
吨二氧化碳/万元（2005 年价）	2015 年	1.108	0.779	1.890	5.414	0.104	0.542
	2020 年	0.851	0.779	1.467	4.879	0.066	0.470

注：* 预计值。

第二节　上海市建筑部门温室气体排放情景

本节采用系统动力学方法研究上海市建筑部门温室气体排放情景。系统动力学方法是一种定性与定量结合，系统、分析、综合与推理的方法，它是定性分析与定量分析的统一，以定性分析为先导，定量分析为支持，两者相辅相成，螺旋上升逐步深化解决问题的方法。本节在分析建筑能耗和温室气体排放时，采用从计算建筑空调的能源需求入手，推算不同情景下建筑的能源需求量，再从能源需求量与温室气体排放量的关系推算建筑的温室气体排放量。为此，首先利用系统动力学构筑建筑空调能源需求模型。

一、建筑空调能源需求模型

在设计建筑空调能源需求模型时，将能源终端需求按能源形式分为电力需求和清洁能源需求两部分，按需求主体分为住宅空调能源需求和公共建筑空调能源需求，是为了更清楚地反映能源需求与经济发展和技术更新的过程。在此，将天然气和地热、太阳能等可再生能源一样作为清洁能源。

建筑空调可持续发展系统的动力学框架共包括 6 个子系统，分别为人口子系统、经济子系统、能源子系统、技术子系统、政策子系统与环境子系统，相互之间的影响关系与总体框架见图 2-41。其中，政策子系统为定性影响其他子系统，其他子系统互相之间的关系均以定量关系计算。

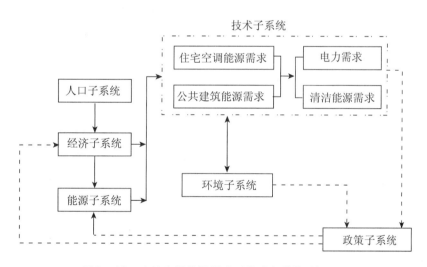

图 2-41　建筑空调能源需求系统动力学模型框架图

（一）人口、经济能源子系统

根据前面对上海市人口和经济增长的情景假设，则全市 2010 年、2015 年和 2020 年人均 GDP 分别为 80 372 元、105 243 元和 136 838 元（2005 年不变价）。将人口、GDP 和人均 GDP 作为模型的外生变量引入。

经济子系统还包括建筑面积参数。根据建设部提出的小康社会的住房标准：到 2020 年实现"户均一套房、人均一间房、功能配套、设备齐全"。按此标准换算成住宅建筑面积，两室一厅的单元房为80～105 平方米，按户均人口 2.6 人计算，人均住宅建筑面积为 30.8～40.4 平方米，2005 年上海人均住宅居住面积为 15.5 平方米，换算成建筑面积约为 25.8 平方米，2020 年分别按低线、中线和高线人均住宅建筑面积 31.1 平方米、35.8 平方米和 40.5 平方米计算，16 年年均递增率为 1.2%、2.2% 和3.0%。其中，2010 年的上海世博会的举办，导致建筑业的快速发展，因而在此期间住宅建筑面积增长率较大,其后随着越来越多的人实现居者有其屋,住宅建筑面积的增长将逐渐下降。以此作为设置情景的依据,2010 年上海市人均住宅建筑面积三种情景分别为 29.0 平方米、30.2 平方米和 31.5 平方米,2015 年分别为 30.3 平方米、33.9 平方米和 38.1 平方米。2020 年上海市住宅建筑总面积约为 7.39 亿平方米、8.51 亿平方米和 9.62 亿平方米(见表 2 - 43)。

表 2 - 43　上海市住宅建筑面积情景

情景	项目	2010 年	2015 年	2020 年
情景 A	人均住宅建筑面积(平方米)	29.0	30.3	31.1
	住宅建筑总面积(万平方米)	56 805	65 372	73 904
情景 B	人均住宅建筑面积(平方米)	30.2	33.9	35.8
	住宅建筑总面积(万平方米)	59 156	73 139	85 072
情景 C	人均住宅建筑面积(平方米)	31.5	38.1	40.5
	住宅建筑总面积(万平方米)	61 702	82 200	96 241

发达国家一般人均公共建筑物建筑面积接近人均居住面积的 50%,上海 2006 年人均公共建筑面积为 8.9 平方米,为人均居住面积的 51.3%,首次达到 50% 以上,并且之后历年都在此水平以上,已经相当于发达国家的水平,2009 年达到 56.4%。2006—2009 年这一比例年均增长 3.2%,其中 2008—2009 年出现增长 6.2% 的飞跃,而实际上,在这一比例已经处于 50% 以上后,难以再长期高速增长。考虑到 2006—2008 年这一比例年均增长 1.7%,以及上海市三产发展将导致的公共建筑面积增长,因此按照这个增长水平推算,可以假设 2010 年、2015 年和 2020 年上海市人均建筑面积占人均居住面积的比例分别达到 57.4%、62.5% 和 68.1%。相应地,可测算出 2010 年、2015 年和 2020 年上海市公共建筑面积,见表 2 - 44。

表 2 - 44　上海市公共建筑面积情景

情景	项目	2010 年	2015 年	2020 年
情景 A	人均公共建筑面积(平方米)	9.99	11.36	12.71
	公共建筑总面积(万平方米)	19 563.71	24 514.42	30 196.99
情景 B	人均公共建筑面积(平方米)	10.40	12.71	14.63
	公共建筑总面积(万平方米)	20 373.24	27 427.03	34 760.52
情景 C	人均公共建筑面积(平方米)	10.85	14.29	16.55
	公共建筑总面积(万平方米)	21 250.24	30 825.07	39 324.06

考虑到发达国家建筑部门能耗约占全部能耗 1/3 的比例,此处设定上海市建筑能耗占全市能耗上限为 30%,在系统中主要起到约束作用。

(二) 技术子系统

技术子系统主要考虑建筑空调的保有量、空调器性能、使用频率、维护程度等因素。其中又分为住宅空调能耗技术系统和公共建筑空调能耗技术系统。

1. 住宅空调能耗系统

住宅空调能耗系统见图 2 - 42。

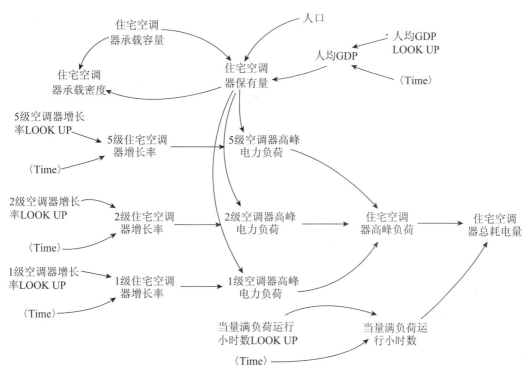

图2-42 住宅空调器能耗系统

地区篇

由于近几年房间空调器价格的不断降低，其价位已基本和电冰箱、洗衣机和电视机处在一个水平线上，而随着城市居民的可支配收入和消费水平的不断提高，上海的家庭空调器拥有量发展非常迅速。在模拟住宅空调器增长情况时，引入人均GDP和每百户居民空调器拥有量这两个指标。经过对历史数据的统计发现，上海市人均GDP与房间空调器保有总量的增长趋势高度相关，相关系数达0.994 2。在考虑房间空调器能效等级的增长时，参考了文献"上海市建筑能耗统计分析报告"的调研结果。该文献对上海市10 000户居民住宅能耗和节能意愿的调研统计结果显示，定期清洗空调过滤网、提高制冷设定温度和减少待机时间是居民采用最多的三种减少空调能耗的方式，而购买节能空调的意愿并不是太强，多数住户表示在换房或重新装修时会考虑购买节能空调；品牌和价格依然是居民在购买空调时主要考虑的两大因素。空调、热水器和冰箱依次为居民认为占家庭能源费用支出比例最大的三项用能。考虑到上述调研结果，在情景设定时，情景A设定为人们对购买高能效等级的产品意愿非常低，以产品的价格为主要因素；情景C设定为人们在宣传教育下有了较高的节能和环保意识，愿意主动购买和更换高能效等级产品，见表2-45。

表2-45 不同能效等级的住宅空调器保有量增长情景设计

情景类别	情景描述	情景设置
情景A	人们使用2005年以前购买的空调器产品直至产品寿命终期，新购买产品中低成本和低能效的空调器占80%，其余为节能产品	2020年5级产品占86.3%，其余为2级产品；2010年5级产品占94.62%，2级产品占5.38%
情景B	一部分人们在产品寿命终期前主动更换能效更高的产品，2010年节能产品的市场份额提高到20%，到2020年市场基本上被节能产品覆盖	2010年5级产品占80%，2级产品占20%；2020年99%为节能的2级产品，1%为5级产品
情景C	人们主动更换低能效级别的产品，购买高能效级别的产品。2010年住宅空调器实现年能耗量下降15%的目标	2010年95%的产品为节能的2级产品，仅有5%的产品为满足市场准入等级的产品；2020年80%的产品为更高能效的1级产品，其余为满足节能等级的2级产品

地
区
篇

2. 公共建筑空调能耗系统

公共建筑空调能耗分析主要参考了同济大学和上海市建筑科学研究院做的两次调研,从调研结果上判断冷源变化趋势。调研表明 2005 年上海市公共建筑空调驱动能源以电为主的格局仍然存在,但天然气和复合能源的使用正逐渐增加。在该次调查的建筑中,以电为单一冷源的占 90.4%,以天然气为夏季冷源的建筑已经增长至 4.8%,冬季热源则有 19.1%。另外,根据上海市统计年鉴上提供的几类公共建筑面积估算当年公共建筑空调用电量与装机总功率。假设电制冷机组中又有 37.5% 为水冷离心式制冷机(取 GB/T 18430.1—2001 中的平均能效比 4.6),37.5% 为水冷螺杆式制冷机(取 GB/T 18430.1—2001 中的平均能效比 3.75),25% 为螺杆式风冷热泵冷热水机组(取 GB/T 18430.1—2001 中的平均能效比 2.55),可以得到历年总装机功率。按照制冷机组的装机功率占空调系统设备总装机功率的比重 66.7% 计算,当年夏季电力高峰负荷中公共建筑空调系统的装机电力需求占其中的 28%。按照全年公共建筑制冷机运行的满负荷当量小时数为 609 小时计算,当年这几类公共建筑空调系统用电量占年度公共建筑用电总量的 34.1%。同时,文献"上海市建筑能耗统计分析报告"分析认为,上海市公共建筑空调能耗占建筑能耗的 35% 左右。本节在由空调系统能耗推算建筑使用能耗时,取 35% 的数据。本节在建立系统动力学模型时,选择了若干个对公共建筑空调系统能耗有绝对性影响的因素设定不同情景,包括空调设备的能源利用效率、公共建筑节能率、空调系统的冷热源形式、清洁能源作为空调系统驱动能源的发展等,其情景设定分别见表 2-46、表 2-47、表 2-48-1 和表 2-48-2。

为缓解电力供应紧张,高峰电力不足的矛盾,我国如今大力推广使用高能效空调,实施空调能效标识制度和准入制度。同时,在建设部《1996—2010 年建筑节能技术政策》的基本目标中提到:新建空调公共建筑应执行空调公共建筑节能设计标准,确立了我国建筑节能的阶段目标从 30%、50% 到 65% 逐步推进。基于此,本节设定空调系统设备能效和公共建筑节能情景如表 2-46 所示。

表 2-46 空调系统设备能效和公共建筑节能情景设计

情景类别	空调系统设备能效	公共建筑节能
情景 A	新建建筑遵守公共建筑节能设计标准,既有建筑仍旧使用满足 GB/T 18430.1—2001 的产品直至报废,报废后更换满足节能设计标准的产品;2020 年 100% 的产品为满足公共建筑节能设计标准的产品	新建建筑遵守公共建筑节能设计标准,但总体节能率未能实现
情景 B	新建公共建筑遵守公共建筑节能设计标准,80% 既有公共建筑进行节能改造,更换能效更高的产品;2020 年 100% 的建筑满足公共建筑节能设计标准,且产品均为满足节能等级的 2 级产品	新建建筑遵守公共建筑节能设计标准,80% 既有建筑实施节能改造,总体节能率 5.8%
情景 C	2010 年公共建筑空调系统实现能耗量削减 50%,严格遵守公共建筑节能设计标准,2010 年之后能效比进一步提高;2020 年 100% 的建筑符合公共建筑节能设计标准,其中 80% 的产品为更高能效的 1 级产品,其余为满足节能等级的 2 级产品	公共建筑全面执行公共建筑节能设计标准,总体建筑节能率 15% 顺利实现

从前面列举的调研结果可以看到,电力驱动的集中式制冷机组仍是现在公共建筑最主要的冷热源方式,但空气热源热泵也占据了相当大的比重,主要由于其夏季制冷冬季供热,可以节省冬季热源机组及其相关的投资,这是众多业主选择的理由。目前有一部分大型的公共建筑中采用活塞式空气热源热泵机组或者多联式空气热源热泵机组为冷热源。但事实上,这种机组的能效比比离心机低很多,这也是这类建筑空调系统能耗较高的一个原因。因此,为了进一步提高节电量,减少电力高峰负荷,应该对空气热源热泵机组的使用条件有所限制。因此,本节在做情景设计时,除了能效比,还对冷热源形式做了不同情景的设置,总体趋势是降低空气热源热泵作为冷热源形式的比重,提高离心机或螺杆

机的比重，见表 2 - 47。

表 2 - 47 上海市不同机组形式装机功率的情景设置

情景类别	2015 年	2020 年
情景 A	37.5% 为水冷离心式制冷机，40% 为水冷螺杆式制冷机，22.5% 为螺杆式风冷热泵	40% 为水冷离心式制冷机，40% 为水冷螺杆式制冷机，20% 为螺杆式风冷热泵
情景 B	40% 为水冷离心式制冷机，40% 为水冷螺杆式制冷机，20% 为螺杆式风冷热泵	42.5% 为水冷离心式制冷机，40% 为水冷螺杆式制冷机，17.5% 为螺杆式风冷热泵
情景 C	42.5% 为水冷离心式制冷机，40% 为水冷螺杆式制冷机，17.5% 为螺杆式风冷热泵	45% 为水冷离心式制冷机，40% 为水冷螺杆式制冷机，15% 为螺杆式风冷热泵

电力和燃气作为优质的能源各有其特点，在不少应用领域中具有可替代性和互补性。由空调负荷所带来的夏季电力高峰负荷急剧增加，但夏季的燃气负荷却处于全年的低谷。这说明电力和燃气在供热、制冷和热水供应等可替代领域中存在可相互削峰填谷的互补性。由于电力形成的负荷曲线与燃气的负荷曲线正好可以形成季节性的互补，因此大力推广燃气空调将是解决民用建筑电力驱动空调造成电力高峰负荷不足的途径之一。目前上海市天然气空调推广应用并不充分，这主要受到上海市电力和天然气供应保障的影响。因此，推广应用燃气空调，需首先研究冬季天然气的削峰措施，研究夏季储气措施和冬季可中断用户的政策。在情景设置中，本节对此做出的考虑见表 2 - 48 - 1 和表 2 - 48 - 2。

表 2 - 48 - 1 上海市燃气空调发展情景设置（一）

情景类别	情景描述
情景 A	天然气紧张问题由于技术进步缓慢未能得到及时、有效的解决，燃气空调发展受阻，政府未制定颁布支持燃气空调发展的政策
情景 B	天然气紧张问题由于技术进步暂时得到缓解，燃气空调的发展在一定程度上得到政府鼓励和政策支持
情景 C	通过能源结构的调整、能源形式多样化以及技术的全面进步，天然气紧张问题已经得到解决，政府鼓励支持燃气空调发展

表 2 - 48 - 2 上海市燃气空调发展情景设置（二）

情景	指标项	2010 年	2020 年
情景 A	直燃机装机冷量所占比重（%）	5.00	6.00
	直燃机装机冷量（万千瓦）	70.8	112.8
	直燃机消耗热量（万千瓦）	59.0	94.0
	直燃机燃气消耗量（万立方米/时）	6.0	9.5
	当量满负荷运行小时数（时）	609	609
	直燃机燃气用量（亿立方米/年）	0.36	0.58
	总天然气需求量（亿立方米）	60	90
	直燃机天然气用量占总用量比重（%）	0.6	0.6

续表

情景	指标项	2010 年	2020 年
情景 B	直燃机装机冷量所占比重（%）	6.00	8.00
	直燃机装机冷量（万千瓦）	76.4	147.9
	直燃机消耗热量（万千瓦）	63.6	123.2
	直燃机燃气消耗量（万立方米/时）	6.4	12.4
	当量满负荷运行小时数（时）	609	609
	直燃机燃气用量（亿立方米/年）	0.39	0.76
	总天然气需求量（亿立方米）	60	90
	直燃机天然气用量占总用量比重（%）	0.7	0.8
情景 C	直燃机装机冷量所占比重（%）	7.00	10.00
	直燃机装机冷量（万千瓦）	81.4	178.9
	直燃机消耗热量（万千瓦）	67.8	149.1
	直燃机燃气消耗量（万立方米/时）	6.8	15.0
	当量满负荷运行小时数（时）	609	609
	直燃机燃气用量（亿立方米/年）	0.42	0.92
	总天然气需求量（亿立方米）	60	90
	直燃机天然气用量占总用量比重（%）	0.7	1.0

开发新能源和可再生清洁能源是 21 世纪世界经济发展中最具决定性影响的技术领域之一，充分利用可再生能源是调整终端用能结构的主要途径。在建筑中，目前应用于空调系统上的技术较为成熟的可再生能源利用技术主要是太阳能和地热能利用。

太阳能作为一种取之不尽且无污染的自然能源，被认为是 21 世纪以后人类可期待的、最有希望的能源，得到了国际社会的普遍重视，如我国建设部在《建筑节能技术政策（1996—2010）》中，就明确地将太阳能热利用纳入了国家建筑节能的范畴。因此，研究开发太阳能在建筑中的应用及制冷空调技术对节能环保都具有重要意义。我国太阳能资源非常丰富，但在商业楼宇中的应用相对来讲很少。目前在建筑中太阳能应用有两种方式，即太阳能与建筑一体化的被动式利用，以及太阳能光伏发电、太阳能集热器、太阳能采暖与太阳能空调的主动式利用。其中太阳能光伏发电成本较高，其投入市场化应用还难以预期。太阳能集热器一般用于制取生活热水，目前多用于一些新建或改造的节能住宅小区中。

地热在空调系统上的应用也有主动式应用和被动式应用，主动式应用的主要形式是地源热泵。目前，部分地区地方官员规定凡是新建建筑都必须采用地源热泵，这种盲目地将地源热泵作为唯一节能的空调系统冷热源形式是绝对错误的。建筑的情况千差万别，其空调方案也不可能完全相同。没有一种空调系统方案是绝对节能的，这要视建筑的具体情况而定。鉴于此，地源热泵的应用应持实事求是的态度。

总的来说，可再生能源在我国住宅建筑和商业建筑中的应用还处于初级阶段，其发展还要经历一个较长的时间。本节中，对可再生能源的应用发展用其装机冷量占总装机冷量的比重来表示其发展。

最终，构筑的公共建筑空调系统能源需求模型见图2-43。

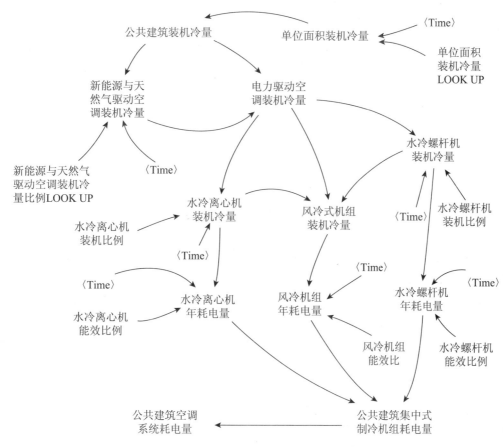

图2-43　公共建筑空调器系统能源需求模型

（三）政策、环境子系统

　　一般情况下，政府通过经济杠杆和行政手段来引导终端能源消费结构，如通过制定更为严格的环境排放标准以及征收环境税，迫使能源生产企业采用先进的环保技术或选用更为清洁的能源资源。节能方面，一方面可以通过行政手段，强制实行能源效率标准，以法规手段要求企业生产高效节能的产品，推广能源效率标识，引导消费者购买高效节能产品，以市场作用促使企业生产高效节能产品；另一方面通过推行经济激励制度，以经济杠杆来引导终端消费。

　　尽管经济社会发展处于国内领先水平，但上海终究是一个资源匮乏的城市，未来上海建筑业的发展态势依然会十分猛烈，更多的公共建筑带来更多的能耗，建筑节能工作将面临十分严峻的局面。目前，上海正在致力于发展循环经济，建立节约型社会，减少碳排放，推广节能建筑。因此，上海必须出台更为严格的建筑节能法规和碳排放政策。本节设计了未来水平年里上海环境保护和节能政策进程的三个情景，见表2-49。

表2-49　上海市建筑节能与环保激励政策情景设置

情景类别	建筑节能与环保激励政策	其他环保政策
情景A	完善节能法规，落实节能目标，运用行政手段引导建筑节能，但缺乏利用经济杠杆引导建筑终端消费用能的政策	沿用现行的环境保护标准，实施二氧化硫排放标准，对煤炭实行强制性替代，考虑天然气代煤，同时增加天然气在终端消费中的比重，加强清洁煤技术和除尘脱硫装置的推广使用

续表

情景类别	建筑节能与环保激励政策	其他环保政策
情景B	完善节能法规，落实节能目标。推行建筑能源审计和能耗限额政策，同时辅以必要的行政手段	沿用现行的环境保护标准，2020年前二氧化硫排放得到控制。清洁煤技术和除尘脱硫装置得到进一步的推广使用，天然气发电得到进一步推广，天然气在终端消费中的比重进一步增加
情景C	完善能源价格机制和激励节能减排的税收制度。节能政策、措施富有成效	采用更为严格的排放标准，并加强实施力度和更为严格的环境执法体系，制定烟尘和氮氧化物排放的更为严格标准。强制采用先进的脱硫和清洁煤技术，天然气发电得到充分推广，天然气在终端消费中的比重进一步增加

根据上述情景设定，可以将情景 A、情景 B、情景 C 分别命名为拮据情景、积极情景和高质量情景。

情景 A（拮据情景）的主要特征是：人民生活水平提高步伐较缓慢，人均居住面积和人均公共面积占有量较低，对空调器的使用基于物尽其用，而较少考虑提前换用高效设备，清洁能源供给不足，政府低碳节能政策不够严格，法律和经济保障不足。

情景 B（积极情景）的主要特征是：人民生活水平提高步伐较快，人均居住面积和人均公共面积占有量较高，对空调器的使用考虑高效因素，清洁能源供给保障能力提高，政府低碳节能政策较严格，法律和经济保障加强。

情景 C（高质量情景）的主要特征是：人民生活水平提高步伐快，人均居住面积和人均公共面积占有量高，人民群众低碳节能意识强，主动考虑空调器性能的高效和维护，清洁能源供给较充足，政府低碳节能政策严格，法律和经济保障有力。

二、上海市建筑能耗计算结果分析

住宅建筑能耗和排放计算结果见表 2-50。

表 2-50 上海市住宅建筑能耗

情景类别	空调总耗电量（亿千瓦时）		住宅总耗电量（亿千瓦时）		住宅总能耗（万吨标准煤）		住宅总排放（万吨标准煤）		人均住宅排放（吨二氧化碳/人）	
	2015 年	2020 年	2015 年	2020 年	2015 年	2020 年	2015 年	2020 年	2015 年	2020 年
情景A	80	102	254	323	1 173	1 451	1 938	2713	0.898	1.142
情景B	72	84	226	271	1 044	1 216	1 869	2 274	0.866	0.957
情景C	65	80	211	258	974	1 156	1 676	2 163	0.777	0.910

其中，住宅总排放根据总电耗和总能耗结果折算。将住宅电耗的排放按全国平均单位电力消费排放量①进行折算，假设 2015 年和 2020 年单位电力消费排放量分别为 6.8 万吨和 6.0 万吨二氧化碳/亿千瓦时。将住宅非电力的能耗排放按照各化石能源排放因子折算，其中对于住宅非电力能源消费进行如表 2-51 所示的假设。

---

① 单位电力消费排放量 = 各种化石能源火力发电排放/终端电力消费量（忽略电力进出口），计算得出 2008 年这一数值约为 8.2 万吨二氧化碳/亿千瓦时。

表2-51　上海市住宅非电力能源消费　　　　　　　单位:%

年份	2008	2015	2020
煤	19.6	16.0	13.0
液化石油气	28.0	28.0	25.0
天然气	38.4	43.0	50.0
煤气和其他	14.0	13.0	12.0
合计		100	

和2005年人均住宅排放相比，到2015年和2020年，按照情景A的计算结果，人均住宅排放分别增长15%和46%，但如果按照情景C的设定模式发展，其增长趋势将比情景A相对缓慢，到2015年和2020年，人均住宅排放分别比2005年下降1%和增长16%。此处需要说明的是，本节在进行模型设定时，仅仅考虑了消费者购买和使用电力驱动房间空调器的行为模式的改变，但没有考虑家庭其他电器和用能设备的增加、使用行为模式改变以及技术进步因素。

近年上海人均生活能耗和电耗及其相应的温室气体排放均呈加速上升趋势。说明在现阶段住宅建筑能耗的需求增长是刚性的，温室气体排放增长也是必然的。能耗增加的原因有多方面。例如，近年来全球气候变暖导致建筑负荷的增加，即建筑用能需求增加；而随着居民消费能力的增强，用能的方式也在逐步改变，家用电器增加，设备使用时间延长，对居住环境舒适程度的要求也提高，表现在使用空调的时间延长，因此空调的能耗增长是必然的，居住建筑能耗的增长也是必然的。从模型的计算来看，三个情景的计算结果都显示居民年耗电远低于《夏热冬冷地区住宅建筑节能设计标准》（JGJ 134—2001）中的限值（仅用于空调采暖56千瓦时/平方米·年）。计算结果见表2-52。

表2-52　单位面积空调器耗电量与住宅总耗电量计算结果

情景类别	单位面积空调器耗电量（千瓦时/平方米）		单位面积住宅总耗电量（千瓦时/平方米）	
	2015年	2020年	2015年	2020年
情景A	12.22	13.74	38.87	43.76
情景B	9.78	9.90	30.92	31.86
情景C	7.97	8.34	25.67	31.36

公共建筑能耗和排放计算结果见表2-53。

表2-53　上海市公共建筑能耗

情景类别	空调总耗电量（亿千瓦时）		公建总耗电量（亿千瓦时）		公建总能耗（万吨标准煤）		公建总排放（万吨二氧化碳）		单位面积公建排放[吨二氧化碳/平方米·年]	
	2015年	2020年	2015年	2020年	2015年	2020年	2015年	2020年	2015年	2020年
情景A	139	164	407	482	3 196	3 027	6 796	6 011	0.28	0.20
情景B	125	147	366	430	2 876	2 700	6 114	5 362	0.22	0.15
情景C	110	129	322	377	2 525	2 370	5 368	4 707	0.17	0.12

其中，公共建筑总排放的计算方式与居住建筑一致。将非电力的能耗排放按照各化石能源排放因子折算，其中对于非电力能源消费进行如表2-54所示的假设。

表2-54　上海市公共建筑非电力能源消费　　　　　　　　　　　　单位:%

年份	2008	2015	2020
煤	16.0	13.0	10.0
其他煤气	4.6	3.5	2.0
液化石油气	1.0	1.0	1.0
天然气	11.0	18.0	25.0
煤油	0.1	0.0	0.0
柴油	29.9	28.0	25.0
燃料油	24.4	24.5	25.0
其他石油制品	13.1	12.0	12.0
合计	100		

由此可得出上海市2015年和2020年建筑部门总的能耗和二氧化碳排放,见表2-55。

表2-55　上海市建筑能耗和二氧化碳排放计算结果

能耗(万吨标准煤)	住宅建筑		公共建筑		合计	
	2015年	2020年	2015年	2020年	2015年	2020年
情景A	1 173	1 451	3 196	3 027	4 369	4 477
情景B	1 044	1 216	2 876	2 700	3 920	3 916
情景C	974	1 156	2 525	2 370	3 499	3 526

排放(万吨二氧化碳)	住宅建筑		公共建筑		合计	
	2015年	2020年	2015年	2020年	2015年	2020年
情景A	1 938	2 713	6 796	6 011	8 733	8 724
情景B	1 869	2 274	6 114	5 362	7 984	7 636
情景C	1 676	2 163	5 368	4 707	7 044	6 869

　　计算结果表明,在A、B、C三种情景下,2015年上海市建筑部门二氧化碳排放将分别达到8 733万吨、7 984万吨和7 044万吨,将分别占届时全市二氧化碳排放的34.7%、31.7%和28.0%;2020年建筑部门排放二氧化碳将分别达到8 724万吨、7 636万吨和6 869万吨,比2015年均有不同程度下降。这是由于情景设定中,随着建筑用能设备的更新、建筑能效的提高、可再生能源应用率的提高等因素,到2020年时建筑总排放得到了更好的控制。相应地,建筑部门排放占全市排放量的比重分别为31.5%、27.6%和24.8%。

第四章 上海市建筑部门温室气体排放控制目标分析

总的来说，由于产业结构的调整，第三产业的加快发展，以及人民群众生活水平的提高，建筑部门能耗的增长在一定时期内将是必然的，相应的温室气体排放也必然增长。因此，建筑部门温室气体排放控制目标应该是总量和分类别相结合的目标，一方面要减缓建筑部门排放总量的增长速度，设定总量控制目标，另一方面要对各种类型的建筑进行区别对待，设定不同的排放控制指导性目标。

第一节 上海市建筑部门温室气体排放参考情景

上海市 2000—2008 年建筑部门温室气体排放年均增速高于全市整体排放增长水平，其中住宅建筑排放年均增速为 7.13%，公共建筑排放年均增速为 12.32%，建筑部门合计排放年均增速为 10.15%，均高于全市排放年均增速的 6.14%。以这一年均增速外推，2015 年、2020 年上海市建筑部门二氧化碳排放量将分别达到 9 120 万吨和 1.53 亿吨。相应地，全市二氧化碳排放量分别达到 3.10 亿吨和 4.18 亿吨，见图 2-44。建筑部门排放占全市排放量的比例，将从 2000 年的 16.4%，增长至 2015 年的 29.42% 和 2020 年的 36.62%。可将此作为排放控制目标的参考情景。

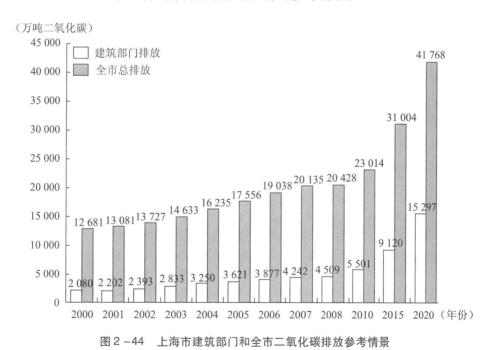

图 2-44 上海市建筑部门和全市二氧化碳排放参考情景

第二节 住宅建筑排放控制目标

在参考情景中，上海市住宅建筑二氧化碳排放 2015 年和 2020 年将分别增长至 2 676 万吨和 3 776 万吨。相应地，人均住宅排放将由 2000 年的 0.59 吨/人·年，增长至 2015 的 1.23 吨/人·年和 2020

年的 1.57 吨/人·年，2020 年将超过美国 20 世纪末的人均住宅排放水平的 1.31 吨/人·年，而 2015 年已超过美国 2005 年人均住宅排放水平的 1.19 吨/人·年①。

但是在第三章的控制情景中，由于三种情景都对建筑能耗和排放进行了不同程度的控制，因此相应地降低了人均住宅排放，见表 2－56。

表 2－56 上海市人均住宅排放 单位：吨二氧化碳/人·年

年份	参考情景	拮据情景 A	积极情景 B	高质量情景 C
2015	1.23	0.89	0.86	0.77
2020	1.57	1.13	0.95	0.90

考虑到同济大学对上海市居住建筑节能的调查中显示，上海市居民的住宅节能意识较强，同时上海市政府在执行居住建筑节能标准、实施建筑节能改造、提高公众低碳节能意识等方面的工作效果，因此本书认为上海市可以将住宅建筑排放目标设定为：

"十二五"时期人均住宅排放不超过 0.85 吨二氧化碳/人·年，2020 年不超过 0.95 吨二氧化碳/人·年。

第三节 商业与公共服务建筑排放控制目标

在参考情景中，上海市公共建筑二氧化碳排放 2015 年和 2020 年将分别增长至 6 444 万吨和 11 521 万吨。相应地，单位面积公共建筑排放将由 2000 年的 0.148 吨/平方米·年，增长至 2015 年的约 0.234 吨/平方米·年和 2020 年的 0.331 吨/平方米·年②。

在考虑设定公共建筑排放目标时，应该将商业与公共服务建筑③区别对待。这是因为商业建筑中各种导致排放的活动通常可以产生增加值，可以用单位增加值排放进行衡量，当然也可以用单位面积排放进行衡量，都可以起到引导产业内部结构调整，促进高附加值商业活动发展的作用。但是对于学校、医院等公共服务建筑，其产生的效益不能通过增加值合理反映，并且这一部分建筑的主要目标应该是为人民群众提供充足的公共服务，这些建筑的排放应该看作是全市基本生存排放，应该加以充分保障。因此本书认为上海市在设定公共建筑排放目标时，应当预留公共服务建筑排放空间，同时设定商业建筑的排放强度指导性目标。

对于公共服务建筑，根据微观法排放计算可知，上海市 2004 年学校和医院建筑的单位面积二氧化碳排放量分别约为 80.9 千克二氧化碳/平方米·年和 145.1 千克二氧化碳/平方米·年，假设由于各种教学、医疗电气设备的广泛使用，使得这一排放强度 2015 年和 2020 年分别比 2004 年提高到 100%和 150%。同时，1995—2009 年上海市学校和医院建筑总面积占全市公共建筑面积的比例分别平均为 16.9%和 4.1%，但 2005 年以来，这一比例分别处于 16%和 4%以下，并且逐年降低，2009 年已分别降低至 13.8%和 3.2%。本书考虑，学校和医院建筑作为改善民生的基本保障之一，应该得到加强，因此，设定 2015 年和 2020 年学校建筑面积占公共面积比例分别提高到 16%和 20%，医院建筑面积占公共建筑面积比例分别提高到 5%和 7%。相应地，可以得出在三种控制情景下上海市学校和医院 2015 年和 2020 年排放量平均约为 1 115 万吨二氧化碳和 2 108 万吨二氧化碳，占届时上海市公共建筑二氧化碳排放的平均比例分别为 18.3%和 39.3%，这一比例相比于 2008 年的 12.1%均有大幅度提高。

---

① 美国温室气体排放数据引自 UNFCCC 网站提供的美国历年国家温室气体清单，人口数据引自 WRI。
② 此处将公共建筑面积设定为情景 A、B、C 的平均值。
③ 由于上海市统计年鉴中没有将政府办公建筑和一般办公楼区别，因此此处公共服务建筑不包括政府机构建筑。

商业建筑排放包括了交通运输业的建筑排放和其他第三产业的建筑排放。情景设定中，2015 年和 2020 年单位三产增加值排放分别为 0.54 吨和 0.47 吨二氧化碳/万元（2005 年不变价）。然而根据对公共建筑部门排放的计算，在扣除学校和医院建筑的排放后，在三种情景下，2015 年单位三产增加值的建筑排放分别为 0.41 吨二氧化碳/万元、0.35 吨二氧化碳/万元和 0.29 吨二氧化碳/万元，2020 年单位三产增加值的建筑排放分别为 0.18 吨二氧化碳/万元、0.14 吨二氧化碳/万元和 0.10 吨二氧化碳/万元。如果加上三产中交通部门的排放，很可能难以保证设定的单位三产增加值排放预期，这一点在 2015 年尤为明显。这表明 2015 年公共建筑部门单位增加值排放控制形势比较严峻。因此，本书认为上海市"十二五"期间应设定相对严格的指导性目标，2020 年的目标则可相对宽松：

"十二五"时期单位三产增加值的建筑排放控制目标为 0.29 吨二氧化碳/万元，2020 年目标为 0.14 吨二氧化碳/万元。

第四节　建筑排放整体控制目标

基于上述分析，本书认为上海市"十二五"建筑部门整体的温室气体排放控制方案应采取高质量情景的设定，加强建筑部门低碳节能方面的工作，减缓人均住宅排放，保障学校和医院等公共服务建筑的排放空间，较大幅度降低商业建筑单位增加值排放，最终使"十二五"建筑部门排放偏离参考情景达到 20% 以上。上海市建筑部门温室气体排放控制目标见表 2-57。

表 2-57　上海市建筑部门温室气体排放控制目标

年份	整体	住宅建筑	公共服务建筑	商业建筑
2015	偏离参考情景 20% 以上	人均 0.85 吨二氧化碳/人·年	保障 1 115 万吨二氧化碳的排放空间	单位增加值排放 0.29 吨二氧化碳/万元
2020	偏离参考情景 45% ~ 50% 以上	人均 0.95 吨二氧化碳/人·年	保障 2 108 万吨二氧化碳的排放空间	单位增加值排放 0.14 吨二氧化碳/万元

2020 年继续上述思路，但考虑到节能潜力和高附加值第三产业发展已经在"十二五"期间打下了较好的基础，因此尽管"十三五"时期商业建筑单位增加值排放控制的目标也有相当大难度，但压力会相对减小，在继续做好住宅建筑排放控制等工作的基础上，使得 2020 年建筑部门排放偏离参考情景达到 45% ~ 50% 以上。

总的来说，上海市"十二五"建筑部门的温室气体排放将由目前占全市排放的 22% 左右，上升至 30% 左右，接近发达国家建筑、交通和工业三部门排放各占约 30% 的水平；但随着建筑部门低碳节能措施的进一步推进，建筑部门温室气体排放占全市的比例有望下降到 27% 左右，其降低的份额将被交通部门取代。

地区篇

第五章   建筑部门温室气体排放控制措施政策建议

很多国外城市围绕低碳城市的建设目标，在建筑、能源等方面进行了积极实践，例如美国奥斯汀实施的绿色建筑项目，美国伯克利、德国柏林和海德堡提出的强化建筑标准，美国旧金山建设城市太阳能系统、美国休斯敦实施的房屋节能改造项目等，其思路和经验值得上海借鉴。而伦敦作为"低碳经济"的最早提出者，也在控制建筑部门温室气体排放方面实施了一系列的政策措施可供借鉴，包括"绿色家居计划"、商业和公共部门的"绿色组织计划"、分布式能源与城市规划项目等。上海市"十二五"和2020年以前控制温室气体排放，尤其是公共建筑部门的排放仍有较大的难度，为此本书提出如下政策措施建议。

第一节   以低碳理念贯穿建筑设计、使用和维护

通过制定和完善适应上海特点的低碳建筑标准，并在运行和维护中通过行为节能、能耗审计、维护改造等手段监测和控制建筑部门的温室气体排放，将低碳理念贯穿于建筑设计、使用和维护的全过程，是上海市未来一段时间应重点开展的工作。

其中首先是应尽快开展既有建筑节能改造、建筑能源管理、建筑能耗计量、建筑能耗测评，以及与合同能源管理配套的标准、规范与图集的制定。注意建筑节能技术标准与上海市其他标准、规范和条例之间的一致性。例如，应明确新建建筑确因实施外墙保温节能工程而增加的建筑面积，不计入相关土地使用权出让合同约定的总建筑面积，也不计入业主产权证面积范围等。需要尽快制定在建筑设备招标中的最低能效等级标准。应将对设备能效的要求，作为招标书文本的必备条款。住宅建筑节能不仅要考虑节能降耗，还要考虑减排增汇、改善室内空气品质、提高舒适性和安全性，进而向住宅产业化发展，像造汽车那样造房子，为居民提供优质的住宅产品。

应当尽快研究建立建筑能耗统计、审计和计量体系。将建筑能源消费纳入国民经济能源统计体系，建立以单幢建筑为单位的上海建筑能耗公共数据库。重点开展对既有大型公共建筑能源审计，先选择政府机关办公建筑、政府投资的和列入政府采购清单的宾馆酒店，以及大学校园等公共建筑进行能源审计和能耗监测。对重点耗能大型公共建筑实行分系统的能耗计量，并且实行大型公共建筑能耗限额和超能耗加价制度。

应当制定恰当的既有居住建筑节能改造的技术路线和政策措施。寿命在20年以上的既有住宅，应结合旧城改造和历史建筑保护，针对不同对象制定节能改造的技术路线，一事一议。在旧城改造和保护性修缮的方案中，必须要有节能篇章。具体来说，上海地区既有住宅改造，应考虑"改窗不改墙、改墙不改窗、又改窗又改墙"等三种方案，根据不同对象采用。窗户改造宜以不动窗框的改造技术和增加有效的固定外遮阳技术为主，尽量减少扰民。改造融资采用政府出大部分，居民出少部分的方法，低保家庭政府全包。改造所用产品以及施工单位，应按照政府采购的有关规定，采用招标方式统一确定，以便大幅度降低成本。

应当尊重建筑物的生命周期，尽可能抑制大拆大建，延长建筑物的使用寿命，降低单位时间建筑的碳足迹。

第二节　调整能源结构

能源结构调整和新能源的使用并不是个新鲜事物，已经有了多年的发展历程，可大致分为三个阶段。第一阶段，从 20 世纪 60～70 年代，国外一些国家开始大规模发展核电和天然气。一些城市借此进行了能源结构调整，从过去以煤为主变成以天然气和核电为主，这样不仅显著改善了大气环境，而且大幅降低了经济发展的碳强度。这一阶段也伴随着各国产业的升级。这是因为更清洁的能源结构所导致的高成本需要由更高的经济运行质量来抵消。第二阶段与《京都议定书》的签订有关。当气候变化问题日益凸显，西方发达国家具有越来越强的碳减排压力的时候，迎来了可再生能源的一波革命，其中最重要的就是对风能的利用。风力发电的技术和设备制造得到迅猛发展，风能已经在欧盟很多国家，如德国、荷兰、丹麦、挪威、英国等的能源利用中占据相当大的比重。这一阶段与可再生能源的技术发展和突破相适应。第三阶段，从 2003 年英国提出"低碳经济"概念以来，欧洲提出了具体的低碳目标和低碳路线图，提倡低碳交通、低碳建筑和低碳生活。于是一些低碳和无碳新能源，如太阳能、生物质能等，在很多城市得到应用和推广。一些城市通过制定太阳能利用政策，以低息贷款、补助或税率优惠等方式推广住宅太阳能应用，并重点鼓励企业使用可再生能源和低碳能源，并以减税等激励性措施激励企业、家庭、个人更多地使用节能减排产品。一些城市注重对能源消费空间布局的优化。在城市能源消费的空间布局中，市中心依靠大规模热电联产供热，依靠大规模太阳能光电装置为公共和商业建筑供电；中心边缘区热密度较高的医院、高校和商住综合建筑适合使用热电联产供热，其他剩余潜能则由社区安置的新能源技术弥补；工业区是城市最主要的耗能区域，适合安置风能发电、垃圾发电、生物质发电等大型可再生能源发电项目；郊区人口和住房密度较低，比较适合微型发电技术。

对上海而言，调整能源结构主要是提高上海的外电比重，本地煤电机组的滚动升级，适度扩大天然气发电比重，稳步发展可再生能源，合理规划分布式能源系统。随着华东地区核电和水电比重的不断上升，上海提高外电的比重不仅可以减少本地对煤炭的需求，同时可以降低上海的碳排放。这里需要考虑的是，今后国家在计算地区碳排放时是否将消费外来电力导致的间接排放计入消费端，因此这一措施并不是低碳的根本解决方案，但是上海市可以通过对清洁电力的优先选购，提供区域外地区电源结构的优化。当前，上海百万千瓦超超临界机组已处于世界领先水平。在今后的几十年中，将逐步取代本地煤电中的老机组，不断提高上海的煤电效率。未来上海若能逐步获得稳定的天然气供应来源，可以适度扩大本地天然气发电比重。分布式能源系统具有较高的能源利用效率，但是其应用受限于规划布局和构筑物间的有效距离，需要以有效需求为导向，合理规划分布式能源系统。

这里需要我们注意的是，国外能源结构的改善和新能源的使用从 20 世纪 60 年代中期就开始进行了，已经经历了 50 年的发展历程，且这一历程与各国的产业升级和新能源的技术发展突破相伴随，而上海则是从 20 世纪 90 年代才开始不断降低煤炭在能源使用中的比重。因此，尽管上海具有新能源利用的后发优势，但是还是应该尊重能源结构转型的规律，不要急于求成，而是要脚踏实地地稳步推进。

第三节　引导建筑使用者行为节能

行为节能在建筑节能中占有重要地位。国际经验表明，建筑部门温室气体排放控制需要通过立法进行严格监管。除此之外，还要采取自下而上的措施，包括邀请居民、企业的参与，这将有机会从道德层次改变个人的生活习惯，市民对于减碳目标也将更有意愿达成。

人们居住、工作在建筑物中的各种用能行为只是为了满足基本的饮食、光照、温度、湿度等生活和环境需要，因此建筑用能应该着眼于使各种能耗设备保障人们正常的作息，做到适可而止。开着冷风盖被子、开着窗户用暖气、没人的房间不关灯等行为是应该通过各种教育、宣传、价格等措施坚决制止的。

我国通过各种应对气候变化、低碳、节能的宣传，已经让节约能源、控制温室气体排放的理念被广泛接受，但是将概念转换为理念，将理念转化为行动，还有许多过程。上海市应当利用教育机构覆盖面广、教育理念相对先进、舆论媒体发达等特点，在将低碳理念从 know-what 向 know-how 的转换上进行先行探索，使市民在自己家中、工作单位、公众场所都能自觉做到行为低碳，并且形成社会低碳的氛围，加强市民个体与上海市整体的低碳行为互动。

除了宣传引导外，政府部门还应该探索一些有助于控制温室气体排放，实现建筑低碳的措施。硬件方面，政府应当完善能耗统计和公示，使居民能对住宅、员工能对工作环境、公众能对公共场所的碳排放有直观认知，与宣传舆论形成低碳理念相呼应，促进市民的低碳行为，减少建筑部门的温室气体排放。

软件方面，政府应当鼓励管理节能，并采取价格手段进行调控。居民和企业是节能的主体。为调动其减排积极性，可以发挥市场机制在节能中的作用，通过财政、税收、金融等经济政策，鼓励和促进居民和企业节能降耗。价格手段中，对住宅建筑而言，阶梯式能源价格可以发挥有效的节能作用，但是如果辅之以实时能源消费标识，则将更加有利于居民掌握自己本时间段已经消费的能源及其价格，使居民可以积极主动地采取节能措施。对于公共建筑而言，通过引进合同能源管理等模式，实施管理节能，是统筹能源消费规划和因地制宜采取节能措施的重要途径。政府应当对于合同能源管理从人才储备、技术引进、营业收支等方面予以支持。此外，还可以探索采用超能耗加价制度，首先制定大型公共建筑能耗限额，再由各大型公共建筑自行申报下一年用电和用气全年额度，并每月收取该额度的基本耗电费和基本耗气费。申报额度高于能耗限额的部分，加倍收取基本费。收取的基本费作为建筑节能基金，制定公开、透明的基金管理办法，不允许任何单位、企业和个人任意动用这部分基金。对建筑物实际能耗，采取年终决算的方法。如果实际能耗低于申报额度，而申报额度低于能耗限额，则低于部分加倍退还基本费；如果申报额度低于能耗限额，实际能耗高于申报额度，其高于申报额度而低于能耗限额部分加倍收取电度费或气费，而其高于申报额度同时又高于能耗限额部分 4 倍收取电度费或气费；如果申报额度高于能耗限额，而实际能耗又高于申报额度，高于部分 4 倍收取电度费或气费。多收取的电度费和气费应全部归入建筑节能基金。

行业篇

行业篇（一）
电力行业控制温室气体排放综合研究

第一章　我国电力行业发展及温室气体排放

电力行业的温室气体排放主要是火电厂燃烧化石燃料产生的，主要成分是二氧化碳。研究电力行业温室气体排放，发电环节是关注的焦点。

第一节　发电增长及结构变化

"十五"以来，我国发电增长一直保持较高的增长速度。1997年亚洲金融危机以后，我国的电力建设速度减缓。2002年全国经济进入了以重化工加速发展为特点的新一轮高速增长时期，电力需求增长加速，全国出现了大范围的电力短缺。2003年和2004年，全国发电年增长率达到了16.27%和14.66%，仍不能满足电力需求的增长。为了解决缺电问题，各地建设了大量的投资相对少、建设周期短的火电厂，2006年全国新增装机容量突破了1亿千瓦，全国电力装机容量不足的局面开始得到缓和。2006年，火电装机占全国装机容量的比例达到了77.6%，比2000年上升了3.23个百分点，火电发电占全国发电总量的比例达到了82.9%，比2000年上升了1.9个百分点。

"十一五"前四年，全国电力继续保持较高的增长速度，装机容量年均增长率超过了14%，非化石能源发电的发展加快。2009年全国电力装机容量达到了8.74亿千瓦。其中，火电装机的比例为74.6%，比2006年下降了2个百分点，水电装机的比例为22.5%，比2006年上升了1.9个百分点。2009年，全国核电装机容量达到了908万千瓦，并网风力发电装机容量达到了1 613万千瓦，分别比"十五"末增加了32%和14倍。发电装机结构有所改善（见图3-1）。

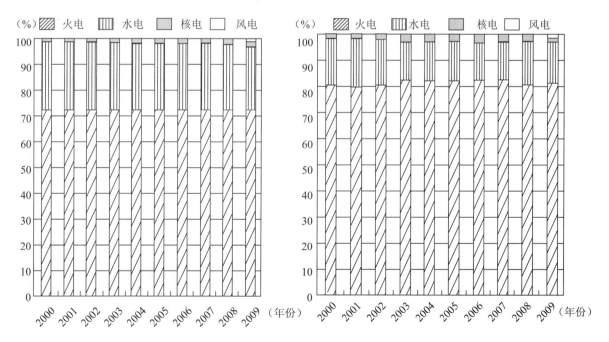

图3-1　"十五"以来全国装机和发电结构变化

"十一五"前四年，全国发电年均增长率为10.02%，火电发电量基本稳定在82%左右，发电能源结构恶化的趋势得到了扭转。2009 年，全国发电总量达到了 3.66 万亿千瓦时，比 2005 年增长了 47.1%，其中水电发电量增加了 44%，核电发电量增加了 25.3%，风电发电量增加了近 10 倍。

第二节　火电装机构成

20 世纪 90 年代中，国家明确要求新建火电厂应采用 30 万千瓦及以上的高参数、大容量机组，并规定 30 万千瓦和 60 万千瓦机组的供电煤耗不得超过 330 克标准煤/千瓦时，禁止在大电网内建设中小容量凝汽式机组。2000 年，30 万千瓦以上机组的装机容量占 6 000 千瓦以上火电机组的比例从 1995 年的 38.8% 增长到 54.6%。

1999 年 5 月，国务院办公厅转发了原国家经贸委《关于关停小火电机组有关问题的意见》，要求在 1999 年底关停单机容量 2.5 万千瓦及以下凝汽式机组，2000 年底前关停单机容量 5 万千瓦及以下中压、低压常规燃煤（燃油）机组，2003 年底前关停单机容量 5 万千瓦及以下高压常规燃煤、燃油机组。2002 年以后由于缺电，不仅小机组退役计划没有得到有效落实，为了缓解缺电之急还新建了一批小机组。2004 年 10 万千瓦以下的火电机组容量比 2002 年增加了近 8 500 万千瓦，2005 年 10 万以下火电机组占全国火电装机容量的比例达到了 31.94%，其中 6 000 千瓦以下火电装机容量占全国火电装机容量的比例增加到了 15%（见图 3 - 2）。

行业篇

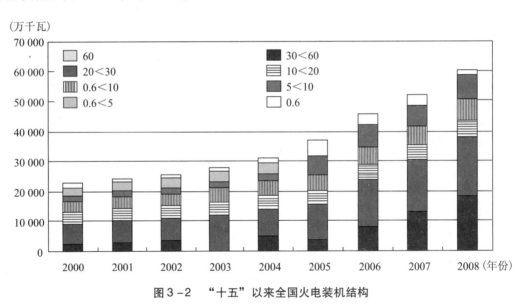

图 3 - 2　"十五"以来全国火电装机结构

注：2003 年 60 万千瓦及以上机组无单独统计。

"十一五"期间，关停小火电的力度加大，火电装机结构显著改善。"十一五"前四年，累计关停火电机组 6 006 万千瓦，超过了国家"十一五"关停小火电机组 5 000 万千瓦的总目标。2008 年，全国 0.6 万千瓦以下机组容量比 2005 年减少了 4 000 多万千瓦，30 万千瓦及以上机组占全国火电装机容量的比例从 2005 年的不足 50% 提高到 65% 以上。

第三节　燃煤火电效率

"九五"期间我国火电厂效率提高较快，"十五"初期火电发电效率提高速度减缓。2004 年和 2005 年，由于小火电机组的比例显著增加，特别是 6 000 千瓦以下的小机组大量增加，对全国火电平均发电煤耗降低起到了负面作用，全国火电平均发电煤耗出现了反弹。

"十一五"期间，随着大量小火电机组强制退役，全国火电发电效率显著提高。2007年全国淘汰小机组1 438万千瓦，占年初全国火电装机容量的3%，退役机组平均供电煤耗483克标准煤/千瓦时；2008年全国关停小火电机组1 669万千瓦，退役机组平均供电煤耗高于全国平均水平30%左右；到2009年底，全国累计关停小火电机组6 006万千瓦。按照中电联发布的数据，2009年我国火电机组的发电效率达到了40.11%，已经与德国和日本燃煤发电的效率水平持平；火电机组的供电效率达到了37.46%，比美国电力公司所属燃煤机组的供电效率高5个百分点（见图3-3）。

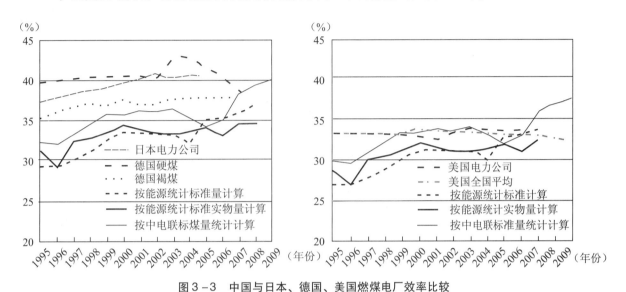

图3-3　中国与日本、德国、美国燃煤电厂效率比较

第四节　发电燃料消费及二氧化碳排放

随着火电发电量的快速增加，发电的能源消费和二氧化碳排放也不断增长。"十五"期间，全国发电煤炭消费年均增长率为12%，全国新增煤炭消费量的84.64%被用于发电，到2005年发电煤炭消费占全国煤炭消费的比例已从2000年的50.8%上升到53.3%，增加了2.5个百分点，2007年进一步

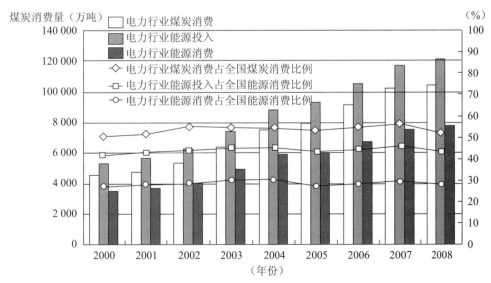

图3-4　2000—2008年电力行业能源消费及占全国的比例

增加到56.2%。2005年，全国全口径发电煤炭消费103 263.5万吨，燃油消费1 602万吨，分别比2000年增加了89%和36%；发电燃气消费202亿立方米，比2000年增加了1.05倍。2008年，全国全口径发电煤炭消费135 351.7万吨，比2005年又增长了31%（见图3－4）。

"十一五"前四年，全国火电发电量年均增长率为10.13%。2009年，全国火电发电量为3.01万亿千瓦时，全国6 000千瓦以上燃煤机组发电量2.87万亿千瓦时，6 000千瓦以上燃煤机组煤炭消费13.97亿吨，比2005年增长了27.36%。

随着发电煤炭增长，电力行业的二氧化碳排放也快速增加。2005年，全国火电二氧化碳排放量约为22亿吨，比2000年增加了74%；电力行业的二氧化碳排放量占全国化石能源消费二氧化碳排放量的40.27%，比2000年增加了4个百分点。2006年燃煤发电的二氧化碳排放一年就增长了3亿多吨，2007年以后发电的二氧化碳增长开始减速。初步测算，2009年全国火电机组二氧化碳排放量为32.38亿吨，比2005年增加了46.4%，发电二氧化碳排放占全国能源消费二氧化碳排放量的比例为44.47%，比2005年增加了4.2个百分点（见图3－5）。

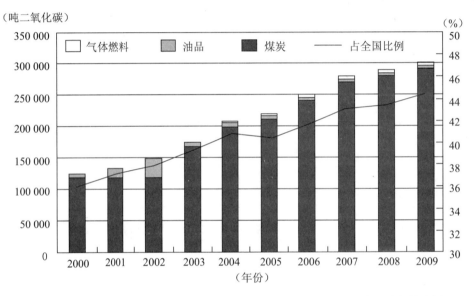

图3－5　2000—2009年发电二氧化碳排放占全国能源消费二氧化碳排放量的比例

第二章 "十一五"我国电力行业二氧化碳减排效果分析

第一节 "十一五"我国电力行业温室气体排放控制的相关措施

一、发展水电、核电和风力发电

"十一五"期间，全国非化石能源发电开始加速发展。到 2009 年底，全国水力发电装机容量达到了 1.63 亿千瓦，核电装机容量达到了 908 万千瓦，分别比 2005 年增加了 46.11% 和 30.85%，年均增长率分别为 13.47% 和 8.94%。

"十一五"前四年，我国风力发电装机年均增长率为 113.2%，是世界风电发展最快的国家之一。2008 年，我国风电装机容量从 2005 年占全球风电装机容量的 2.12% 大幅上升到 10.11%；2009 年并网风力发电装机容量达到了 1215.3 万千瓦，比 2005 年增加了 7.5 倍（见表 3-1）。

表 3-1 "十一五"前四年我国风力发电增长速度

年份	中国		全球	
	装机容量（万千瓦）	增长率（%）	装机容量（万千瓦）	增长率（%）
2005	126.5	—	5 903.3	—
2006	259.9	106.67	7 415.3	25.61
2007	590.6	126.54	9 384.9	26.56
2008	1 210	106.98	12 079.8	28.72
2009	2 510	107.44	1 5921.3	31.80

二、加快小机组退役

"十五"期末，10 万千瓦及以下小火电机组容量占全国火电装机容量的 30%，平均发电煤耗为 450 克标准煤/千瓦时左右，比 60 万千瓦超临界的火电机组高 150 克左右，比 30 万千瓦的火电机组高 110 克左右。火电小机组比例高，造成我国火电平均发电煤耗水平较高。

"十一五"期间，加快小火电机组退役成为电力行业节能减排的重点措施。国家发改委制定了"十一五"期间关停 5 000 万千瓦落后小机组的目标，2007 年 1 月国务院批转发展改革委、能源办《关于加快关停小火电机组若干意见的通知》，明确了关停机组的范围，将关停目标分解到各省（区、市）。国家发展改革委与除西藏自治区外的 30 个省（区、市）签订《关停目标责任书》。2007 年 4 月，国家发展改革委商国家电监会印发了《关于降低小火电机组上网电价促进小火电机组关停工作的通知》，决定降低小火电机组上网电价。2007 年 8 月，国家发展改革委下发了《关于降低北京、河南等地区统调小火电机组上网电价的通知》，分四批公布了小火电机组降价方案。

2006 年全国关停小火电机组 38 台、容量 121.2 万千瓦，小油机 190.8 万千瓦。2007 年全国关停小火电机组 553 台、容量 1 438 万千瓦，超过了计划关停 1 000 万千瓦的计划。关停机组的平均容量为 2.6 万千瓦/台，平均供电煤耗为 483 克标准煤/千瓦时。2008 年全国关停机组 3 267 台，容量 1 669 万千瓦，再次超过了 1 300 万千瓦的关停计划。到 2009 年 6 月底，全国累计关停小火电机组 7 467 台，总容量5 407万千瓦，提前一年半完成"十一五"关停小火电机组5 000万千瓦的任务。2009年全年，全国关停小火电机组2 617万千瓦，年底累计关停小火电机组已达到6 006万千瓦。2010年5月国务院提出了2010年9月底以前进一步关停1 000万千瓦小火电机组的目标，到2010年7月15日全国已关停小火电机组468台，合计1 071万千瓦，提前完成了2010年的关停目标。2006—2008年退役机组分类见表3-2。

表3-2　2006—2008年退役机组分类

机组分类	合计	
	台数	容量（万千瓦）
大于或等于300兆瓦	2	60
大于或等于200兆瓦小于300兆瓦	4	84
大于或等于100兆瓦小于200兆瓦	82	926.68
大于或等于50兆瓦小于100兆瓦	125	711.51
大于或等于25兆瓦小于50兆瓦	153	436.55
大于或等于10兆瓦小于25兆瓦	354	452.95
大于或等于6兆瓦小于10兆瓦	248	157.04
小于6兆瓦	370	78.93
油机及其他	2520	316.52
合计	3858	3224.19

2006年以前，我国10万千瓦级火电机组的数量和容量一直保持增长，随着"十一五"小机组关停计划开始实施，2007年10万千瓦及机组的数量也开始下降，2007年比2006年减少了21台。到2009年6月底，我国单机10万千瓦及以下燃煤机组比重降至17.42%，比2005年下降了12.6个百分点。

三、发展高效火电机组

"十五"以来，通过引进消化吸收国外技术，我国的电站装备制造水平得到了很大提升。2004年11月，我国首台国产化60万千瓦超临界机组投入运行。2005年国家发改委颁布的《产业结构调整指导目录》，把新建燃煤水冷机组的发电煤耗限制标准从330克标准煤/千瓦时更新为300克标准煤/千瓦时，把30万千瓦燃煤水冷机组纳入限制建设类。2006年10月我国第一台国产1 000兆瓦超超临界机组投运，2007年8月我国第一台国产600兆瓦超超临界机组投运。2007年国家发改委颁布的《产业结构调整指导目录》，把单机60万千瓦及以上超临界、超超临界机组火电站纳入了鼓励类，同时进一步把新建燃煤水冷机组的发电煤耗限制更新到286克标准煤/千瓦时。

"十一五"期间，单机容量600兆瓦及以上高参数、高效率的火电机组增长加快。到2008年底，全国已投入运行的国产600兆瓦超临界火电机组已达100台左右，1 000兆瓦超超临界火电机组达到了8台，600兆瓦超超临界机组达到了5台。2005年底，全国共有超临界机组18台，只有2台国产组，到2008年全国超临界以上参数机组增加到83台，新增机组基本都是国产机组。到2009年底，全国已投运的1 000兆瓦超超临界机组达到了21台。

表 3 - 3　30 万千瓦及以上机组燃煤火电

年份	2005	2006	2007	2008	2009
台数	480	635	754	893	1 011
装机容量（万千瓦）	17 491	24 441	30 327.1	37 264.3	42 890.5
占火电装机比例（%）	45.53	50.44	54.7	61.97	65.78

　　国产 600 兆瓦及以上火电机组的发电效率已经基本接近世界同类机组的水平。国产 1 000 兆瓦超超临界机组（玉环电厂）的发电煤耗为 272.9 克标准煤/千瓦时，国产 600 兆瓦超超临界机组（营口电厂）的发电煤耗为 274.65 克标准煤/千瓦时，国产 600 兆瓦超临界机组的发电煤耗约为 280～284 克标准煤/千瓦时。2009 年底，我国 30 万千瓦及以上机组占火电机组的比重已经从 2005 年的 45.53% 提高到 2009 年的 65.78%（见表 3 - 3），火电机组平均单机容量已经从 2000 年的 5.4 万千瓦提高到 10.31 万千瓦。高效火电机组的快速增长，对减缓发电能源消费和二氧化碳排放增长发挥了重要作用。

四、加快发展热电联产

　　"十一五"前四年，全国热电联产机组增长加快，热电联产占全国火电装机容量的比例有较大幅度提高。2005 年全国单机 6 000 千瓦以上热电联产机组容量 6 981 万千瓦，2009 年增加到 13 198 万千瓦，占全国 6 000 千瓦以上火电机组总容量的 22.42%，比 2005 年提高了 10.68 个百分点。

五、其他措施

　　为促进火电厂提高资源利用效率，实现节能减排，2007 年 4 月国家发展改革委公布了《火电行业清洁生产评价指标体系（试行）》，一级指标包括能源消耗、资源消耗、资源综合利用、污染物排放等指标，二级指标为反映火电发电特点的技术考核指标。通过开展对标活动，促进了电厂加强管理和对已有机组的节能技术改造，对减少电力行业二氧化碳排放发挥了重要作用。

　　"十一五"期间，通过进行火电机组汽轮机组汽缸流通部分改造、锅炉点火器、油枪、吹灰器改造、厂用电动机变频调速、改进电厂监控和推广机电炉一体化控制，已有火电机组的发供电效率不断得到改善。根据火电机组抽样数据，60 万千瓦及以上机组的发电煤耗 2006 年、2007 年、2008 年分别比上年降低了 1.64 克标准煤/千瓦时、3.08 克标准煤/千瓦时和 2.15 克标准煤/千瓦时，30 万千瓦级机组、20 万千瓦级机组和 10 万千瓦级机组的平均发电煤耗也分别比上年不断降低，见表 3 - 4。

表 3 - 4　"十一五"期间火电机组平均发电煤耗变化

单位：克标准煤/千瓦时

年份	2006	2007	2008
600 兆瓦及以上机组	- 1.64	- 3.08	- 2.15
300 兆瓦机组	- 0.67	- 2.12	**
200 兆瓦机组	- 4.51	- 3.4*	**
100 兆瓦机组	- 3.14	- 2.4*	**

　　注：*供电煤耗；**无数据。

　　2007 年 8 月发展改革委等部门制定了《节能发电调度办法（试行）》，要求在保障电力可靠供应的前提下，优先调度可再生发电，火电机组调度按照能耗和污染物排放水平由低到高依次排序，最大限度地减少能源消耗和污染物排放。在国家电网公司覆盖的区域内，开展了发电权交易，利用市场机制促进高效环保机组替代低效、高污染火电机组发电，用水电、核电等清洁能源发电替代火电机组发电。

行业篇

南方电网公司覆盖的区域,以广东、贵州为试点开展了节能发电调度,并通过加强水火互济和省间互补尽量减少水电弃水。这些措施对于降低发电煤炭消费和温室气体减排也发挥了积极的作用。

第二节 "十一五"我国电力行业二氧化碳减排效果

一、"十一五"前四年减排效果

"十一五"前四年,由于火电发电效率不断改善,电力行业温室气体减排取得了明显的效果。2006年、2007年、2008年和2009年,我国6 000千瓦以上火电机组的二氧化碳排放强度分别比上年降低了14.2克二氧化碳/千瓦时、76.77克二氧化碳/千瓦时、13.96克二氧化碳/千瓦时和11.21克二氧化碳/千瓦时;与2005年的排放强度相比,相当于分别减少了二氧化碳排放3 359万吨、25 500万吨、30 080万吨和34 690万吨(见图3-6)。

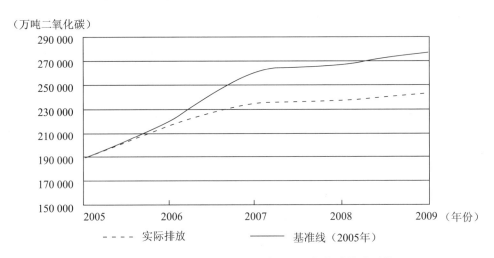

图3-6 全国6 000千瓦以上火电机组二氧化碳排放测算

二、2010年电力行业温室气体排放测算

预计2010年全国电力装机容量将达到9.5亿千瓦,其中水力发电装机容量将达到2.1亿千瓦,核电装机容量将达到1亿千瓦左右,风电总装机容量将达到3 000万千瓦,全国火电装机的比例将进一步下降到72%左右。

2010年计划关停小火电机组1 000万千瓦,到2010年7月小火电关停计划已提前超额完成,考虑到下半年可能继续关停一部分小火电机组,2010年小火电关停可能达到1 300万千瓦。

2008年全国火电机组产量10 227.3万千瓦,其中1 000兆瓦超超临界机组12台,600兆瓦超超临界机组9台,600兆瓦超临界机组36台,350兆瓦超临界机组4台,超临界以上参数机组的产量占全部火电机组产量的40%。国家发改委已要求新建600兆瓦机组应采用超临界以上参数以及对新建300兆瓦以下火电机组限制加强,2009年和2010年新建60万千瓦以上超临界参数机组对电力行业二氧化碳减排的作用将进一步加强。

初步测算,2010年我国火电发电量将达到3.3万亿千瓦时,比2009年增加10.15%,火电发电的燃料消耗将达到12.55亿吨标准煤,比2009年增加6.84%,发电的二氧化碳排放将达到34.43亿吨,比2009年增加6.34%。预计2009年全国发电二氧化碳排放强度比2008年降低1.8%,2010年比2009年降低4.19%。"十一五"期间,全国发电二氧化碳排放强度总体降低17.28%。

三、二氧化碳减排量的不确定性问题

根据中电联发布的统计数据，全国6 000千瓦及以上火电机组发电煤耗"九五"期间降低了16克标准煤/千瓦时，"十五"期间降低了14克标准煤/千瓦时，"十一五"前四年又下降了23克标准煤/千瓦时。2009年我国火电机组的发电效率已与日本燃煤发电和德国硬煤发电持平、比德国褐煤发电效率高2个百分点，我国火电机组的供电效率则比美国电力公司所属燃煤机组高4个百分点，比美国全国燃煤发电效率高5个百分点。

毋庸置疑，随着大量小火电机组强制退役，我国火电发电效率显著提高，与国际先进水平的差距已大大缩小，但我国燃煤机组发电效率是否真的已经达到国际先进水平还值得商榷。

目前我国还存在大量的亚临界以下蒸汽参数的燃煤机组。2009年，我国60万千瓦级及以下机组占全国火电装机总容量的78.4%，其中30万千瓦及以下机组占36.55%。60万千瓦机组中约有一半为亚临界蒸汽参数，30万千瓦以下机组几乎全部为亚临界蒸汽参数，这些机组的发电效率在38%左右。我国现有国产20万千瓦燃煤机组200多台，平均发电煤耗在330克标准煤/千瓦时以上。另外，10万千瓦以下机组占全国燃煤机组容量13%左右，平均发电煤耗在380克标准煤/千瓦时以上。我国所有凝汽机组基本都参与调峰，运行工况经常偏离额定参数，有些机组燃用劣质燃料，这些都会造成发电煤耗增加。受这些条件制约，我国燃煤机组的发电和供电效率要达到世界先进水平是有一定难度的。

根据国家统计局发布的数据计算，"十五"期间我国全口径火电发电煤耗下降并不明显，2004—2005年全国火电发电煤耗出现了明显反弹，与10万千瓦以下机组比例上升的情况比较吻合（见图3-7）。

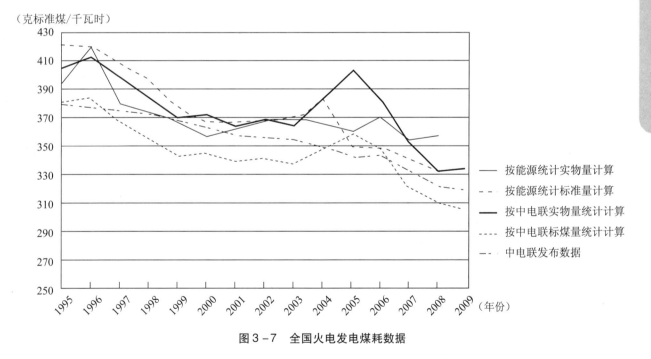

图3-7　全国火电发电煤耗数据

由图3-7中可以看出，由于统计方法和统计口径不同、折标系数不一致，造成火电发电煤耗的计算结果存在很大差别，导致二氧化碳排放量估算有很大的不确定性。发电煤耗数据失真也将有可能对温室气体减排措施制定产生偏差，给电力行业温室气体减排造成额外的压力或代价。

第三节　我国电力行业温室气体减排的代价

一、小机组退役

到 2010 年 7 月，全国关停小火电 7 077 万千瓦，付出了很多无法统计的代价。除了电厂固定资产报废、机组拆除清理等直接经济成本，关停小火电企业的大部分职工面临下岗，直接影响到几十万人就业。

根据能源局公布的数据，到 2009 年 6 月，全国关停小火电机组 7467 台、5 407 万千瓦，涉及近 40 万职工就业岗位，平均每万千瓦关停机组涉及近 80 人就业，其中需要重新安置工作的人员约 62 人。到 2009 年 6 月，华能、大唐、国电、华电和中电投五大发电集团关停机组容量 2 233 万千瓦，涉及职工 26 万人。五大发电集团的下岗职工主要在集团内部进行安置，费用支出主要由各发电集团承担，部分职工被安排到新建项目上岗，部分被分流到辅助服务部门，失业职工相对较少。对边远困难省份，中央财政安排了 20 多亿元补贴小火电机组关停，主要用于下岗职工安置和培训。到 2009 年 6 月，西部省区共关停小火电机组 928.4 万千瓦，平均每关停 1 万千瓦小机组的补贴额度为 215.42 万元。其他省、市大部分制定了各自的小火电关停补助政策，补助标准不一。河南省补助标准为每 1 万千瓦关停容量一次性补助 300 万元，浙江省补助标准为每 1 万千瓦关停容量补助 100 万元，湖北省的补贴标准为每关停 1 万千瓦补贴 30 万元。

按关停 1 万千瓦小火电机组需要安置职工重新就业 60 人、需补贴 100 万元粗略估算，2006 年至 2010 年 7 月，全国累计关停小火电机组 7 077 万千瓦，需要安置 42 万人，至少需要补贴费用 70 亿元。

二、可再生能源发电

为了促进可再生能源发电的发展，国家对可再生能源发电不仅采取了减免税等优惠政策，并实行直接的价格补贴。2006 年国家发改委制定了《可再生能源发电价格和费用分摊管理试行办法》，明确规定了对可再生能源发电的补贴方法。从 2006 年 7 月开始，除农业用电以外，每千瓦时用电加收 0.001 元的可再生能源发展基金，从 2010 年 4 月开始每千瓦时用电又增加可再生能源发展基金 0.001 元。

2006 年，国家对可再生能源发电的电价补贴为 2.5 亿元，2009 年补贴资金增长到 66.5 亿元。不同省区也对可再生能源发电制定了补贴政策。山东省规定，风力发电在每千瓦时 0.61 元的基础上补贴 0.09 元，生物质发电在燃煤机组标杆电价的基础上每千瓦时补贴 0.25 元。

全国风力发电的快速增长，与国家的电价补贴政策直接相关。2006 年，国家对风力发电的补贴平均为每千瓦时上网电量 0.24 元，2009 年平均为 0.22 元。2009 年，全国并网风力发电补贴资金达到了 53 亿元，占全国可再生能源发电补贴资金的 79.8%。

第三章　电力行业二氧化碳减排评价方法及案例研究

第一节　电力行业温室气体减排量的 MRV 方法研究

发电的温室气体排放强度是反映电力行业温室气体排放的重要指标，然而由于不同国家或地区的自然环境、资源禀赋和发展水平不同，导致不同国家或地区的发电能源结构、发电装机结构、电厂运行环境差别很大，发电的温室气体排放强度也有很大差别。忽视这些客观差异，简单比较各国的发电温室气体排放强度，将难以客观和公正地评判不同国家在电力行业温室气体减排方面做出的努力。

一定时期内，电力行业温室气体减排效果可以用发电温室气体排放强度的变化量来反映，这一指标可以部分剔出客观因素对发电温室气体排放强度的影响。计算发电温室气体排放强度变化量的方法比较简单、数据需求量小，不需设定基准线，计算结果可信度高。比较给定时期内不同国家/地区发电温室气体排放强度的变化量，能够比较直观地反映不同国家/地区电力行业的温室气体减排效果。

通常，发电温室气体排放强度变化量的计算仅能反映电力行业温室气体减排的综合效果，不能反映不同减排措施对电力行业温室气体减排的具体贡献，因而难以对不同减排措施的具体减排效果进行分析和核证。本节将以二氧化碳为例，提出电力行业各种减排措施减排效果量化评价的计算方法。

电力行业的二氧化碳排放主要是火电厂燃烧化石燃料发电造成的。定义电力行业的发电二氧化碳排放强度为 I^{CO_2}，I^{CO_2} 的通用计算公式为：

$$I^{CO_2} = \frac{CO_2}{GEN} = \frac{\sum_{i=1}^{n} gen_i \cdot e_i^{CO_2}}{\sum_{i=1}^{n} gen_i} \qquad (3-1)$$

式中：I^{CO_2} 为电力行业的发电二氧化碳排放强度；

　　　CO_2 为发电的二氧化碳排放总量；

　　　GEN 为发电总量；

　　　n 为发电技术的种类；

　　　gen_i 为第 i 种发电技术的发电量；

　　　$e_i^{CO_2}$ 为第 i 种发电技术的单位发电量的二氧化碳排放强度或排放因子。

对电力行业发电二氧化碳排放强度 I^{CO_2} 用台劳公式展开，可得到电力行业发电二氧化碳排放强度变化量的计算公式如下：

$$
\begin{aligned}
\Delta I^{CO_2} &= \sum_{j=1}^{\infty} \frac{1}{j!} \left[\sum_{i=1}^{n} \Delta gen_i \frac{\partial}{\partial gen_i} + \sum_{i=1}^{n} \Delta e_i^{CO_2} \frac{\partial}{\partial e_i^{CO_2}} \right]^j I^{CO_2} \\
&= \sum_{i=1}^{n} (e_i^{CO_2} - I^{CO_2}) \Delta SH_i + \sum_{i=1}^{n} \Delta e_i^{CO_2} SH_i \\
&\quad + \sum_{j=2}^{\infty} \frac{1}{j!} \sum_{k=0}^{j} \frac{j!}{(j-k)!\,k!} \left[\left(\sum_{i=1}^{n} \Delta gen_i \frac{\partial}{\partial gen_i} \right)^{j-k} \left(\sum_{i=1}^{n} \Delta e_i^{CO_2} \frac{\partial}{\partial e_i^{CO_2}} \right)^k \right] I^{CO_2}
\end{aligned} \qquad (3-2)
$$

式中：Δgen_i 为第 i 种发电技术发电量 gen_i 的变化量；

　　　$\Delta e_i^{CO_2}$ 为第 i 种发电技术二氧化碳排放因子 e_i 的变化量；

　　　$SH_i = \dfrac{gen_i}{GEN}$ 为第 i 种技术的发电量占发电总量的百分比；

ΔSH_i 为与起始时间相比，SH_i 的比例变化。

由于 $\underbrace{\dfrac{\partial^k I^{CO_2}}{\partial e_{i_i}^{CO_2} \cdots \partial e_{i_i}^{CO_2}}}_{k} \equiv 0$ $(k \geqslant 2,\ i_i = 1,\ \cdots,\ n)$，可得：

$$\Delta I^{CO_2} = \sum_{i=1}^{n} (e_i^{CO_2} - I^{CO_2}) \Delta SH_i + \sum_{i=1}^{n} \Delta e_i^{CO_2} \cdot SH_i$$

$$+ \sum_{j=2}^{\infty} \frac{1}{j!} \left\{ \left[\sum_{i=1}^{n} \Delta gen_i \frac{\partial}{\partial gen_i} \right]^j I^{CO_2} + \frac{j!}{(j-1)!} \left[\left(\sum_{i=1}^{n} \Delta gen_i \frac{\partial}{\partial gen_i} \right)^{j-1} \left(\sum_{i=1}^{n} \Delta e_i^{CO_2} \frac{\partial}{\partial e_i^{CO_2}} \right) \right] I^{CO_2} \right\}$$

$$= \sum_{i=1}^{n} (e_i^{CO_2} - I^{CO_2}) \Delta SH_i + \sum_{i=1}^{n} \Delta e_i^{CO_2} \cdot SH_i$$

$$+ \sum_{j=2}^{\infty} \frac{1}{j!} \left\{ (-1)^{j-1} (j-1)! \underbrace{\sum_{i_1=1}^{n} \cdots \sum_{i_j=1}^{n}}_{j} \underbrace{\Delta SH_{i_1} \cdots \Delta SH_i}_{j} \left[\underbrace{(e_{i_1}^{CO_2} + \cdots + e_{i_j}^{CO_2})}_{j} - j \cdot I^{CO_2} \right] \right\}$$

$$+ \sum_{j=2}^{\infty} \frac{1}{j!} \frac{j!}{(j-1)!} \left\{ (-1)^{j-2} (j-2)! \sum_{i=1}^{n} \Delta e_i^{CO_2} \cdot \frac{\partial}{\partial e_i^{CO_2}} \left[\underbrace{\sum_{i_1=1}^{n} \cdots \sum_{i_{j-1}=1}^{n}}_{j-1} \underbrace{\Delta SH_{i_1} \cdots \Delta SH_{i_{j-1}}}_{j-1} \underbrace{(e_{i_1}^{CO_2} + \cdots + e_{i_{j-1}}^{CO_2})}_{j-1} \right] \right\}$$

$$+ \sum_{j=2}^{\infty} \frac{1}{j!} \frac{j!}{(j-1)!} \left\{ (-1)^{j-2} (j-2)! \sum_{i=1}^{n} \Delta e_i^{CO_2} \underbrace{\sum_{i_1=1}^{n} \cdots \sum_{i_{j-1}=1}^{n}}_{j-1} \underbrace{\Delta SH_{i_1} \cdots \Delta SH_{i_{j-1}}}_{j-1} [-(j-1) \cdot SH_i] \right\}$$

$$= \sum_{i=1}^{n} (e_i^{CO_2} - I^{CO_2}) \Delta SH_i + \sum_{i=1}^{n} \Delta e_i^{CO_2} SH_i$$

$$+ \sum_{i=1}^{n} \sum_{j=2}^{\infty} (-1)^{j-1} \underbrace{\sum_{i_1=1}^{n} \cdots \sum_{i_j=1}^{n}}_{j} \left(\underbrace{\frac{e_{i_1}^{CO_2} + \cdots e_{i_j}^{CO_2}}{j}}_{j} - I^{CO_2} \right) \underbrace{\Delta SH_{i_1} \cdots \Delta SH_{i_j}}_{j}$$

$$+ \sum_{i=1}^{n} \sum_{j=2}^{\infty} \Delta e_i^{CO_2} \sum_{k=0}^{j-1} \frac{(-1)^{j-2}}{(j-1)} k \cdot \Delta SH_i^k \underbrace{\sum_{i_1 \neq i}^{n} \cdots \sum_{i_{j-k-1} \neq i}^{n}}_{j-k-1} \underbrace{\Delta SH_{i_1} \cdots \Delta SH_{i_{j-k-1}}}_{j-k-1}$$

$$+ \sum_{i=1}^{n} \Delta e_i^{CO_2} \cdot SH_i \sum_{j=2}^{\infty} (-1)^{j-1} \underbrace{\sum_{i_1=1}^{n} \cdots \sum_{i_{j-1}=1}^{n}}_{j-1} \underbrace{\Delta SH_{i_1} \cdots \Delta SH_{i_{j-1}}}_{j-1}$$

整理上式，可得：

$$\Delta I^{CO_2} = \sum_{i=1}^{n} (e_i^{CO_2} - I^{CO_2}) \sum_{j=1}^{\infty} (-1)^{j-1} \cdot \Delta SH_i^j$$

$$+ \sum_{i=1}^{n} \Delta e_i^{CO_2} \cdot SH_i$$

$$+ \sum_{i=1}^{n} \Delta e_i^{CO_2} (SH_i - 1) \sum_{j=2}^{\infty} (-1)^{j-1} \cdot \Delta SH_i^{j-1}$$

$$+ \Delta I_{rsm}^{CO_2} \tag{$3-2'$}$$

定义：

$$\Delta I_i^{CO_2} = |_{\Delta gen_i} - (e_i^{CO_2} - I^{CO_2}) \cdot \sum_{j=1}^{\infty} (-1)^{j-1} \cdot \Delta SH_i^j \tag{$3-3$}$$

$$\Delta I_i^{CO_2} = |_{\Delta e_i} = \Delta e_i^{CO_2} SH_i \tag{$3-4$}$$

$$\Delta I_i^{CO_2} = |_{\Delta gen_i, \Delta e_i} = \Delta e_i^{CO_2} (SH_i - 1) \sum_{j=2}^{\infty} (-1)^{j-1} \cdot \Delta SH_i^{j-1} \tag{$3-5$}$$

$$\Delta I_{rsm}^{CO_2} = \Delta I^{CO_2} - \sum_{i=1}^{n} (\Delta I_i^{CO_2} |_{\Delta gen_i} + \Delta I_i^{CO_2} |_{\Delta e_i} + \Delta I_i^{CO_2} |_{\Delta gen_i, \Delta e_i}) \tag{$3-6$}$$

式（$3-3$）的 $\Delta I_{\Delta gen_i}^{CO_2}$ 代表第 i 种发电技术因发电比例改变对整个发电二氧化碳排放强度的影响，式（$3-4$）的 $\Delta I_i^{CO_2} |_{\Delta e_i}$ 代表第 i 种发电技术因二氧化碳排放因子改变对整个发电二氧化碳排放强度的影

响，式（3-5）的 $\Delta I_i^{CO_2}|_{\Delta gen_i,\Delta e^i}$）代表第 i 种发电技术发电比例和二氧化碳排放因子变化共同对发电二氧化碳排放强度的影响，式（3-6）的 $\Delta I_{rsm}^{CO_2}$ 为残余项，可视为因多种发电技术比例及二氧化碳排放因子改变同时对发电二氧化碳排放强度产生的综合影响。

发电的其他各种温室气体或污染物排放强度变化，同样可以采用式（3-2'）、（3-3）、（3-4）、（3-5）进行计算，仅需把二氧化碳排放因子替换为相应的温室气体或污染物的排放因子。对于非化石能源发电，因 $e_i^{CO_2}$、$\Delta e_i^{CO_2}$ 均为0，式（3-4）和式（3-5）恒等于0，非化石能源发电对于电力行业二氧化碳排放强度的影响仅取决于其发电份额的改变。

采用式（3-2'）、（3-3）、（3-4）、（3-5），可计算出在给定时间段内一个国家或地区发电二氧化碳排放强度变化的绝对量。由于各国或各地区资源条件不同，发电能源结构不同、发电的技术水平也不同，用发电二氧化碳排放强度变化的绝对量评价电力部门的减排努力有时会有失公允。从公平性的角度出发，以二氧化碳排放强度相对变化作为减排效果评价的 MRV 指标将更为合理。二氧化碳排放强度变化的相对量可由 I^{CO_2} 除以 I^{CO_2} 得到：

$$\Delta i_i^{CO_2} = \frac{\Delta I_i^{CO_2}}{I^{CO_2}} = \Delta i_i^{CO_2}|_{\Delta gen_i} + \Delta i_i^{CO_2}|_{\Delta e_i} + \Delta i_i^{CO_2}|_{\Delta gen_i,\Delta e_i} + \Delta i_{rsm}^{CO_2} \qquad (3-2'')$$

$$\Delta i_i^{CO_2}|_{\Delta gen_i} = \frac{\Delta I_i^{CO_2}|_{\Delta gen_i}}{I^{CO_2}} \qquad (3-3')$$

$$\Delta i_i^{CO_2}|_{\Delta e_i} = \frac{\Delta I_i^{CO_2}|_{\Delta e_i}}{I^{CO_2}} \qquad (3-4')$$

$$\Delta i_i^{CO_2}|_{\Delta gen_i,\Delta e_i} = \frac{\Delta I_i^{CO_2}|_{\Delta gen_i,\Delta e_i}}{I^{CO_2}} \qquad (3-5')$$

$$\Delta i_{rsm}^{CO_2} = \frac{\Delta I_{rsm}^{CO_2}}{I^{CO_2}} \qquad (3-6')$$

利用式（3-2'）、（3-3'）、（3-4'）、（3-5'），可以对给定时间段内电力行业二氧化碳排放强度变化及各种二氧化碳减排措施的效果进行量化分析，对不同国家或地区的减排努力进行相对客观的评判。

第二节　我国与其他国家发电二氧化碳排放比较

利用上一节提出的电力行业温室气体减排量 MRV 计算方法，对我国和其他国家"十五"及"十一五"前三年的发电二氧化碳排放强度变化进行了比较计算，结果见表3-5。

计算结果表明，"十五"期间核电和水电发电量增加对我国发电二氧化碳排放强度下降产生了积极的作用，但由于燃煤发电比例上升及小机组比例增加，"十五"期间我国的发电二氧化碳排放强度下降极其有限。"十一五"前三年，大量高耗能小火电机强制退役使我国燃煤发电煤耗大幅下降，对发电中二氧化碳排放强度降低起到了极其重要的作用。"十一五"前三年，我国风力发电增长迅速，但对于降低发电的二氧化碳排放强度的作用仍然非常有限。

"十一五"前三年，我国发电二氧化碳排放强度下降了13.77%。同期，欧盟发电二氧化碳排放强度下降了5%~6%，美国下降了3.8%。欧盟中的法国和西班牙发电二氧化碳排放强度下降幅度较大，主要是化石燃料发电大幅度减少，德国发电二氧化碳排放强度下降主要是增加可再生能源发电的作用。

表3-5　"十五"及"十一五"前三年我国与其他国家发电二氧化碳排放强度比较

单位:%

时段	国家	发电二氧化碳排放强度下降	火电的贡献	其中			非化石能源发电贡献	其中			
				发电比例影响	发电燃耗影响	比例和燃耗共同影响		核电	水电	风电	生物质发电
2000—2005年	中国	-0.52	5.23	1.72	3.43	0.08	-5.75	-3.29	-1.79	-0.15	-0.52
	美国	-1.88	-0.91	-2.49	1.66	-0.08	-0.98	-0.74	0.14	-0.17	0.00
	欧盟27国	-5.90	-0.61	1.53	-2.01	-0.12	-5.30	-1.73	1.36	-1.58	-3.09
	老欧盟15国	-3.68	0.28	2.19	-1.74	-0.17	-3.96	-1.40	1.87	-1.80	-2.32
	丹麦	-23.67	-7.42	-5.99	-3.45	2.01	-16.25	0.00	0.02	-5.90	-8.87
	德国	-6.41	-1.52	1.13	-2.39	-0.26	-4.89	1.16	-0.13	-3.04	-2.94
	西班牙	-7.42	-5.63	-5.23	-1.47	1.07	-1.79	2.12	4.06	-6.82	-1.03
	法国	16.93	21.01	18.88	3.35	-1.22	-4.08	-6.30	2.93	-0.16	-0.33
	意大利	-8.65	-7.68	-4.24	-5.52	2.09	-0.97	0.00	3.01	-0.65	-2.49
	荷兰	-7.85	-0.65	-1.46	0.98	-0.17	-7.20	-0.08	0.06	-1.36	-5.61
	英国	1.98	4.86	4.41	0.56	-0.11	-2.88	0.92	0.00	-0.51	-2.67
	挪威	43.89	42.21	43.60	0.11	-1.50	1.67	0.00	2.14	-0.34	-0.11
2005—2008年	中国	-13.77	-12.74	1.25	-13.56	-0.22	-1.04	-0.01	-0.57	-0.49	0.03
	美国	-3.81	-2.67	-4.03	1.42	-0.06	-1.13	0.38	-0.59	-0.95	0.00
	欧盟27国	-5.24	-3.40	-3.22	0.02	-0.14	-1.85	-0.52	1.84	-1.42	-1.39
	老欧盟15国	-6.23	-4.33	-4.32	0.30	-0.21	-1.90	-0.81	2.30	-1.60	-1.38
	丹麦	2.75	3.18	2.93	0.09	-0.06	-0.43	-0.01	0.00	-0.77	0.49
	德国	-5.94	-2.06	-2.56	0.87	-0.28	-3.89	-0.04	2.38	-2.08	-3.12
	西班牙	-23.03	-16.35	-19.49	2.17	0.53	-6.67	-1.05	-0.49	-3.64	-0.41
	法国	-13.98	-12.99	-12.17	-3.86	0.81	-2.01	2.13	-0.81	-0.22	
	意大利	-3.58	-0.26	-2.78	3.17	-0.64	-3.32	-1.40	0.00	-0.82	-0.82
	荷兰	-8.29	-5.17	-0.41	-4.42	-0.16	-3.13	-0.01	-0.17	-2.11	-0.65
	英国	3.38	-3.03	-3.32	0.46	-0.16	6.42	-0.36	7.72	-1.02	-0.10
	挪威	3.17	6.44	23.01	-11.75	-6.14	-3.27	-2.87	0.00	-0.30	-0.08

第三节　华能玉环电厂案例研究

一、电厂概况

华能玉环电厂是国家"863计划"引进超超临界机组制造技术并实现国产化的依托工程。厂址位于浙江瓯江口乐清湾东岸,玉环半岛西侧,三面环山,一面临海,北距台州市94公里,南距温州市直线距离80公里。一期工程投资约96亿元,建设两台100万千瓦的超超临界机组,2004年6月开工,2006年11月28日第一台机组投入商业运行,2006年12月30日第二台机组投入商业运行。二期工程投资约 76.5 亿元，续建两台 100 万千瓦的超超临界机组，2007 年 11 月 11 日和 25 日第三台机组和第四台机组相继投入商业运行。

玉环电厂 4 台机组的锅炉均为超超临界垂直管圈直流炉，全悬吊 Ⅱ 型布置，炉膛容积 28 000 立方米、反向双切圆燃烧、固态排渣，给水温度 292.5℃，最大连续蒸发量 2 953 吨/时，一次中间再热，蒸汽参数 2 756 万帕斯卡/605℃/603℃，制造技术从日本三菱重工引进，由哈尔滨锅炉厂有限责任公司供货。汽轮机和发电机分别由上海汽轮机有限公司和上海汽轮发电机有限公司供货，技术均由德国西门子公司引进。汽轮机为单轴、四缸四排汽、八级回热抽汽、双背压、凝汽式，末级叶片高度 1 146 毫米，平均背压 5 390/4 400 帕斯卡，夏季背压 9 610/7 610 帕斯卡。蒸汽参数为 2 625 万帕斯卡/600℃/600℃，压力高于日本同类机组，温度高于德国同类机组。发电机额定功率为 1 056 兆伏安/1 000 兆瓦，额定功率因数 0.9，定子电压 27 千伏，F 级绝缘，冷却方式为水—氢—氢。电厂控制引进了美国艾默生公司的 OVATION 系统，汽机电液控制系统为进口的西门子 T 3000 系统。

电厂锅炉采用了等离子点火技术；多级、分层低氮燃烧技术，设计氮氧化物排放为 360 毫克/（牛·立方米）；三室四电场静电烟气除尘器，除尘效率大于或等于 99.7%；一炉一塔石灰石—石膏法湿式烟气脱硫，脱硫率 95% 以上。正在建设的烟气脱硝工程采用德国 FBE 选择性催化还原法（SCR），2010 年建成投运后氮氧化物的排放可下降到 100 毫克/（牛·立方米）以下。电厂供水源自海水淡化，采用超滤＋反渗透的"双膜"海水淡化工艺，每小时制淡水 1 440 吨。电厂生产废水、生活污水集中处理，实现了废水零排放。

电厂的设计煤种为神府东胜煤，设计发电煤耗 272 克标准煤/千瓦时，供电煤耗 290.9 克标准煤/千瓦时、厂用电率 6.5%。性能考核测试的发电煤耗达到 270.6 克/千瓦时，供电煤耗达到 283.2 克标准煤/千瓦时，机组热效率为 45.4%。

二、发电温室气体排放水平

2006 年玉环电厂一期工程投运初期，发电煤耗曾达到 311.32 克标准煤/千瓦时，经过调试和节能技术改造，发电能耗大幅度降低。2009 年前 10 个月，玉环电厂的发电煤耗比上年同期进一步降低了 4.88 克标准煤/千瓦时，达到了 279.61 克标准煤/千瓦时，达到国际先进水平。玉环电厂投产后运行实绩见表 3－6。

表 3－6　玉环电厂投产后运行实绩

指标项	2006 年	2007 年	2008 年	2009 年前 10 个月
装机容量（万千瓦）	200	400	400	400
供电煤耗（克/千瓦时）	330.55	298.51	297.88	293.03
发电煤耗（克/千瓦时）	311.32	282.8	284.49	279.61
发电二氧化碳排放（克/千瓦时）	828.11	752.25	756.74	743.76

发电的二氧化碳排放随着发电煤耗的下降而下降，2009 年前 10 个月，玉环电厂的发电二氧化碳排放强度为 743.76 克二氧化碳/千瓦时，比 2009 年全国 6 000 千瓦以上火电机组平均发电二氧化碳排放强度低 70.96 克二氧化碳/千瓦时，比全国百万千瓦级超超临界机组平均水平低 14 克二氧化碳/千瓦时。

三、玉环电厂的经验

（1）技术先进：锅炉机组采用超超临界参数，设计热效率 45.4%，比国内亚临界机组高 6%，比超临界机组高 4%。机组采用了先进的辅机和控制系统，确保机组处于较好的运行状态。

（2）电厂位置优越：电厂建设在海边，冷凝器由取自 15 米深度的海水直流冷却，取消了冷却水循环的冷却塔，较大幅度地降低了厂用电。冷却水排水用于提高海水淡化的进水温度，使其基本维持在25℃~30℃，从而取消了海水淡化的加热环节，降低了海水淡化的能耗。

（3）优化主辅机的运行方式：对燃烧器二次风分配、汽轮机调节门位置、电除尘器运行方式、循环水泵及磨煤机的投运数量等进行了优化调整，降低了一次风量，提高了排烟温度和锅炉效率，减少了主蒸汽的涡流损耗，减少了风机和循环水泵的用电量，取得了显著的节能效果。

（4）不断进行节能技术改造：对斗轮机分流挡板的极限位置进行了改造，实现了分流上仓及堆料与分流模式的不停运切换，节约了厂用电、减少了燃料的热值损失；改造了磨煤机入口的一次风道，使一次风的速度场、温度场均匀、提高了一次风测量的准确性，降低了风机耗电17%；对凝结水泵进行了变频改造，降低了凝结水泵的运行电流、减少了除氧器上水调节门的节流损失；锅炉本体的吹灰蒸汽从取自二级过热器出口改为取自再热蒸汽冷端，降低了吹灰蒸汽的压力损失、大大减少了新蒸汽消耗；再热器的减温水从原来在低温再热器喷入改造为在低温和高温再热器之间喷入，降低了减温水喷入量，提高了锅炉的效率；对空气预热器漏风间隙控制系统进行了改造，把空气预热器漏风控制纳入 DCS 控制系统，降低了风机耗电 0.1 个百分点。

（5）高度重视管理节能：引进了先进管理理念和科学的管理方法，制定了创建节约环保型企业规划、明确的年度目标及部门职责，在各个环节都达到了较高的管理水平。先进的理念和科学的管理，使电厂上下均能够高度重视节能，从而把节能贯彻到日常的具体工作中。

四、进一步减少二氧化碳的限制因素

玉环电厂从发电设备和管理水平来看，都处于国内领先水平和国际先进水平，进一步节能降耗的潜力将越来越小。

从玉环电厂运行的实践来看，参与调峰也是影响机组发电二氧化碳排放量的重要因素。当机组调峰幅度增大时，超超临界和超临界机组将偏离额定工况，有时需要滑压至亚临界参数运行，将大大降低机组的发电效率。

第四章 "十二五"我国电力行业温室气体排放控制措施分析

第一节 加快核电和水电发展

加快核电、水电和风能、太阳能、生物质能等可再生能源的发展，减少燃煤发电的比例，不仅是减少发电温室气体排放的途径，也是我国调整能源结构的措施。

从目前的技术发展水平来看，核电应作为我国大规模替代化石燃料发电的最主要的技术。2009年，核电占全国电力装机容量的1.04%，远低于欧盟的17.6%，美国的9.8%，日本的18%和韩国的26%；核电发电量占我国发电总量的比例不到1.91%，而全球平均为16%，日本、美国的这一比例分别为27.5%和19.4%，欧盟平均为35%，法国则高达76.8%。目前我国核电技术水平和装备制造能力已经得到了大幅度提升，2009年在建的核电机组21台，装机容量2 192万千瓦。从实现2020年全国温室气体排放控制目标的角度来看，"十二五"和"十三五"期间，我国应进一步加快核电发展，2020年全国装机容量应达到8 000万千瓦以上。

根据2005年我国水力资源复查结果，我国水力资源技术可开发量为5.4亿千瓦，年发电量24 740亿千瓦时，经济可开发量4亿千瓦，年发电量17 534亿千瓦时。2009年全国水电已开发水电资源占经济可开发容量的43%，在建水电装机规模6 725万千瓦。为了增加水电对实现2020年我国温室气体减排目标的贡献，"十二五"期间应开工建设一批新的水电项目，使2020年水电（不包括抽水蓄能）投运容量达到3亿千瓦以上。

第二节 加快发展可再生能源发电

我国有丰富的风能和太阳能等可再生能源资源，部分可再生能源因能量密度较低等原因，开发利用存在一定的技术和经济障碍。目前风力发电技术已经相当成熟，其发电成本与燃煤发电已经非常接近，具备了较快发展的基础。

"十二五"和"十三五"期间，风力发电需继续保持较高的增长速度。为实现2020年温室气体排放控制目标和非化石能源发展目标，2020年风力发电装机容量需要达到2亿千瓦左右，发电量达到5.5亿千瓦时以上，分别占全国电力装机容量的10%以上和全国发电量的4.5%~5.5%。

"十二五"和"十三五"期间，我国还应加快生物质发电特别是垃圾发电的发展。垃圾资源化利用不仅可以减少二氧化碳排放，同时具有较好的环保效益。不同于其他国家，煤炭在我国作为主要燃料的地位将在很长时期内难以动摇，生物质发电掺烧煤炭可以大大降低发电成本，促进生物质的发电利用。因此，发展生物质发电不应排斥掺烧煤炭，应该制定合理的激励政策，鼓励生物质的低成本发电利用，促进生物质发电的健康发展。可再生能源发电成本比较见表3-7。

行业篇

表 3-7　可再生能源发电成本比较

项目	燃煤发电	风力发电	生物质发电（混烧）	生物质发电（直燃）	太阳能光伏发电
动态投资（元/千瓦）	3 200	8 000	3 000	11 000	30 000
折旧年限（年）	15	15	15	15	15
运行维护费（%）	1.5	1.5	3	3	1
其他费用（元/千瓦）	20	20	20	20	20
燃料价格（元/吨）	700	—	300	300	—
燃料热值（千卡/公斤）	5 000	—	3 000	3 000	—
发电热效率（%）	40		35	35	
水费（元/千瓦时）	0.004	0	0.004	0.004	0
年发电量（千瓦时）	5 000	2 000	6 000	4 000	1 200
发电成本（元/千瓦时）	0.33	0.34	0.34	0.52	1.93
二氧化碳减排量（吨/年）	—	1.45	4.36	2.90	0.87
二氧化碳减排成本（元/吨）	—	12.18	-205.58	265.38	2 210.77

行
业
篇

第三节　适度发展天然气发电

受天然气供应和天然气发电价格较高的限制，我国天然气发电的发展一直比较缓慢。2009 年，全国天然气供应量为 930 亿立方米，发电天然气消费占 1/10。2009 年全国天然气发电装机容量仅 2 400 万千瓦，天然气发电量 52.17 亿千瓦时，仅占全国火电发电量的 0.17%。

随着我国国内天然气资源开发速度加快和天然气进口大量增加，未来国内天然气供应不足的情况将会显著改善。在满足其他部门的天然气需求之后，还必须适量发展天然气发电。天然气发电应主要用于电网调峰，缓解可再生能源发电大规模发展将造成的电网发电出力波动，减缓电网中大型超超临界、超临界燃煤机组因参与调峰而造成的发电效率损失。发展天然气发电，可以直接减少发电的二氧化碳排放，同时还可以因改善电网中燃煤机组的运行方式而间接减少二氧化碳排放。预测 2020 年全国天然气供应量将达到 2 500 亿~3 000 亿立方米，其中 20%~30% 可用于发电，与燃煤发电相比，可以减少发电的二氧化碳排放 2 000 万~3 000 万吨。

由于天然气价格很高，造成天然气发电成本很高，是限制天然气发电发展的关键因素。发展天然气发电，需要结合电网调峰和热电联产需求统筹安排，最大限度地提高天然气发电的利用价值，同时也需要理顺天然气发电定价机制，使天然气发电的高成本得到合理分担。天然气发电成本比较见表 3-8。

表 3-8　天然气发电成本比较

项目	燃煤发电	天然气发电
动态投资（元/千瓦）	3 200	2 900
折旧年限（年）	15	15
运行维护费（%）	1.5	1.5

项目	燃煤发电	天然气发电	
其他费用（元/千瓦）	20	20	
燃料价格（元/吨、元/立方米）	700	2	2.5
燃料热值（千卡/公斤、千卡/立方米）	5 000	9 000	
发电热效率（%）	40	55	
水费（元/千瓦时）	0.004	0.001	
年发电量（千瓦时）	5 000	4 000	
发电成本（元/千瓦时）	0.33	0.43	0.50
二氧化碳排放量（吨/年）	3.63	0.71	
二氧化碳减排量（吨/年）	—	1.47	
二氧化碳减排成本（元/吨）	—	217.11	359.10

第四节　继续淘汰低效火电机组

"十一五"期间，我国淘汰小火电机组方面取得了长足的进展，对降低全国火电机组发电煤耗起到了至关重要的作用。到2009年底，我国20万千瓦级及以下火电机组仍占火电总容量1/3以上，其中20万千瓦及以下超标凝汽机组还有8 000万千瓦。"十二五"期间，我国需要加快淘汰全部超高压以下参数的凝汽机组，并逐步关停20万千瓦及以下的高耗能老旧机组。

2008年，我国30万千瓦燃煤火电机组中，发电煤耗超过320克标准煤/千瓦时的机组占30%，发电煤耗超过330克标准煤/千瓦时的机组占4%（见图3-8）。

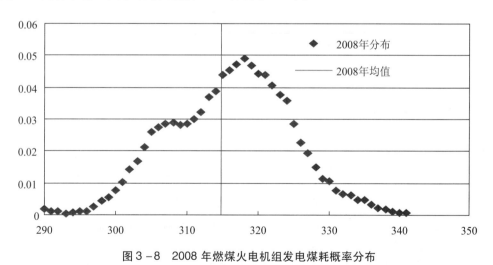

图3-8　2008年燃煤火电机组发电煤耗概率分布

要使我国火电发电煤耗提高到国际先进水平，现有30万千瓦机组的发电效率还必须进一步提高。对30万千瓦及以上机组，应首先考虑节能技术改造。"十三五"开始，对于达到设计寿命期限且发电煤耗高的30万千瓦机组，应按照末位淘汰机制逐步退役。要加强电厂的科学管理，使高参数机组的实际运行煤耗不高于设计煤耗。

第五节　加快高效清洁燃煤机组建设

2020 年前，燃煤火电在我国电力发展中仍将继续占主导地位，燃煤火电装机容量还将保持继续增长。预计 2015 年燃煤火电将达到 7.6 亿千瓦，比 2008 年增加 1.6 亿千瓦，2020 年火电装机容量将达到 9.35 亿千瓦，比 2015 年再增加 1.7 亿千瓦。考虑到老机组退役，我国燃煤火电新投产容量在"十二五"期间需达到 2.4 亿千瓦，"十三五"期间需达到 2 亿千瓦以上。到 2020 年，"十二五"和"十三五"期间新建的燃煤机组将占届时全国燃煤火电装机总容量的近 50%。"十二五"和"十三五"期间，要尽可能提高超临界和超超临界机组占新建燃煤机组的比例，严格限制亚临界及以下参数凝汽机组建设。这将对 2020 年发电温室气体排放具有重要影响，并将对 2020 年后发电二氧化碳排放产生长期影响。

国产 60 万千瓦超临界机组的发电效率比亚临界 60 万千瓦机组约高 4 个百分点，超超临界机组的发电效率比超临界机组约高 6 个百分点。"十二五"、"十三五"期间，新建燃煤电厂应该以超临界和超超临界机组为主，亚临界参数机组建设应逐步受到限制。

第六节　促进热电联产发展

热电联产不仅能提高火电机组的能源利用效率，而且可以替代分散的燃煤锅炉，具有双重的温室气体减排效果。"十二五"、"十三五"期间，应进一步促进热电联产发展，2015 年争取热电联产装机容量超过 1.6 亿千瓦，2020 年超过 2.2 亿千瓦。

第七节　加强管理，推动系统节能

完善节能减排管理考核制度，加强节能减排的精细化管理，不断降低厂用电率和电网线损率，提高供电效率。亚临界机组优先承担调峰任务。

全面推广节能调度，优化水火电联合调度，提高发电机组的负荷率，避免机组长时间在低负荷下运行，提高高参数、高效率、低消耗的火电机组的发电比重。

第八节　加快先进发电技术研发，为进一步
控制温室气体排放奠定基础

要进一步减少我国发电的温室气体排放，必须采用更加先进的发电技术。"十二五"和"十三五"期间，需要加快先进发电技术的研发，包括发电效率达到 55% 以上的高超临界燃煤发电技术、快中子反应堆核电技术、燃煤发电的碳捕获技术等，为 2020 年以后进一步控制发电的温室气体排放奠定技术基础。

在可再生能源发电方面，需要加强技术创新，培育具有自主知识产权的低成本可再生能源发电技术，使国内丰富多样的可再生能源资源得到充分利用，同时利用国内的巨大市场形成我国可再生能源发电技术的成本竞争优势。

续表

行业篇

第五章　"十二五"我国发电二氧化碳排放控制目标及保障条件

第一节　二氧化碳排放控制目标

初步预测，"十二五"期间我国电力需求还将保持较高的增长速度，2015 年我国电力需求将达到 5.9 万亿千瓦时左右，"十二五"以后我国电力需求增长速度将减慢，2020 年我国电力需求将达到 7.9 万亿千瓦时左右。为了落实 2020 年全国 GDP 二氧化碳排放强度的下降目标，电力行业的温室气体排放需要得到比较严格的控制。

在 2005 年降低 40% 的目标下，2015 年全国燃煤发电量的比例需要从目前的 80% 以上下降到 80% 以下，2020 年进一步降低到 75% 左右；2015 年和 2020 年要求火电发电综合效率分别达到 40% 和 42% 以上；2015 年发电二氧化碳排放应控制在 38 亿吨以下，2020 年发电二氧化碳排放应控制在 45 亿吨以下。2015 年和 2020 年，火电二氧化碳排放强度分别比 2005 年降低 22.65% 和 27.59%，发电平均二氧化碳排放强度分别比 2005 年降低 24.76% 和 33.07%。

要实现这一目标，"十二五"期间除可再生能源发电需要保持 20% 以上的年均增长速度外，核电和天然气发电需要加速发展。"十二五"期间，核电需要年均百万千瓦机组 5 台，核电装机容量年均增长率接近 30%，天然气发电装机容量年均增长率要达到 18% 左右。"十三五"期间，可再生能源发电仍需保持 20% 以上的年均增长速度，核电年均投产百万千瓦机组 9 台，天然气发电装机容量年均增长率要达到 8.45%。

要实现 2020 年全国 GDP 二氧化碳排放强度比 2005 年降低 45% 的目标，燃煤火电的发电比例要降低到 72% 左右，火电综合发电效率接近 44%，发电煤耗高于 315 克标准煤的燃煤机组需要逐步退役。2015 年发电二氧化碳排放的控制目标为 35 亿吨左右，2020 年的排放控制目标为 40 亿吨以下。2015 年和 2020 年，火电二氧化碳排放强度分别比 2005 年降低 25.43% 和 31.69%，发电平均二氧化碳排放强度分别比 2005 年降低 28.89% 和 39.73%。

表 3-9　"十二五""十三五"二氧化碳控制目标及所需措施

指标项		实际		测算	2020 年 GDP 二氧化碳排放强度下降目标			
					40%		45%	
时期		2005 年	2008 年	2010 年	"十二五"	"十三五"	"十二五"	"十三五"
增长率（%）	GDP	11.30	8.90	9.50	8.50	8.00	8.50	8.00
	电力需求	13.48	5.65	14.50	7.22	6	6.97	5.92
年份		2005	2008	2010	2015	2020	2015	2020
发电装机容量（亿千瓦）	总容量	5.34	8.16	9.68	12.69	17.36	12.62	17.72
	火电	4.06	6.24	7.15	8.92	11.25	8.64	10.81
	燃煤	3.91	6.01	6.89	8.32	10.35	7.94	9.31
	天然气	0.15	0.23	0.26	0.60	0.90	0.70	1.50

续表

指标项		实际		测算	2020 年 GDP 二氧化碳排放强度下降目标			
					40%		45%	
时期		2005 年	2008 年	2010 年	"十二五"	"十三五"	"十二五"	"十三五"
发电装机容量（亿千瓦）	水电	1.17	1.72	2.10	2.52	3.10	2.60	3.50
	核电	0.07	0.09	0.10	0.35	0.80	0.41	0.85
	可再生能源发电	0.03	0.11	0.34	0.90	2.20	0.97	2.55
	风电	0.01	0.08	0.30	0.80	2.00	0.85	2.30
发电量比例（%）	发电量（亿千瓦时）	2.52	3.45	4.30	5.94	7.95	5.87	7.83
	火电	81.71	81.14	81.54	79.49	75.53	77.91	72.09
	燃煤	81.17	80.61	81.06	76.96	71.57	74.34	65.39
	天然气	0.54	0.53	0.48	2.52	3.96	3.57	6.70
	水电	15.74	16.34	15.03	13.77	12.67	14.41	14.56
	核电	2.22	1.98	1.79	3.38	5.76	3.96	6.21
	可再生能源	0.34	0.54	1.64	3.36	6.04	3.71	7.14
	风电	0.10	0.38	1.40	2.69	5.03	2.90	5.86
	非化石能源发电	18.50	18.85	17.30	19.68	22.39	21.95	27.47
火电平均发电效率		35.10	36.68	38.53	40.35	42.53	41.48	43.89
发电二氧化碳排放	总量（亿吨）	21.20	24.82	29.59	37.60	44.76	35.12	39.68
	比 2005 年增长（%）	0.00	17.06	39.55	77.37	111.14	65.64	87.17
	火电发电强度 千克二氧化碳/千瓦时	1.03	0.89	0.84	0.80	0.74	0.77	0.70
	火电发电强度 比 2005 年降低（%）	0.00	−13.76	−17.89	−22.65	−27.59	−25.43	−31.69
	发电强度 千克二氧化碳/千瓦时	0.84	0.72	0.69	0.63	0.56	0.60	0.51
	发电强度 比 2005 年降低（%）	0.00	−14.35	−18.05	−24.76	−33.07	−28.89	−39.73

这一目标要求："十二五"期间，核电需要年均投产百万千瓦容量机组 6 台，年均增长率为 33.6%，"十三五"期间核电需要年均投产百万千瓦容量机组 9 台，年均增长率为 15.87%，2020 年核电装机容量需要达到 8 500 万千瓦。天然气发电装机容量年均增长率"十二五"期间要接近 22%，"十三五"期间为 16.5%，2020 年天然气发电装机容量达到 1.5 亿千瓦。2020 年全国水电装机容量要达到 3.5 亿千瓦（不包括抽水蓄能机组），风电装机容量需要达到 2.3 亿千瓦。

第二节　主要温室气体排放控制措施减排效果分析

通过大量关停小火电机组，"十一五"期间我国火电发电效率得到了较大幅度的提高。在"十一五"全国发电二氧化碳排放强度下降 20.3% 中，火电的贡献占到了 16.29%。随着高耗能机组关停，火电的二氧化碳减排空间将越来越小，"十二五"和"十三五"期间全国发电二氧化碳排放强度下降将主要依靠发展非化石能源发电。

按照表 3−9 所示的发电二氧化碳排放控制目标和控制措施，对应 2020 年 GDP 二氧化碳排放强度降低 40% 的目标，"十二五"期间全国发电的二氧化碳排放强度可降低 28.33%，"十三五"期间全国发电的二氧化碳排放强度可降低 13.5%；对应 2020 年 GDP 二氧化碳排放强度降低 40% 的目标，"十二五"期间全国发电的二氧化碳排放强度可降低 33.54%，"十三五"期间全国发电的二氧化碳排放强度可降低 17.77%。2020 年全国规划水电装机容量将达到 3 亿千瓦以上，比 2010 年增加 48%，水电将成为"十二五"和"十三五"期间发电二氧化碳排放强度下降的最主要贡献者。2015 年水电装机容量达到 2.5 亿千瓦，可使全国发电二氧化碳排放强度比 2010 年下降 17.29%；水电装机容量达到 2.6 亿千瓦，可使全国发电二氧化碳排放强度比 2010 年下降 17.8%。"十三五"期间，核电和风电对全国发电二氧化碳排放强度下降的贡献将进一步增加。不同减排措施对发电二氧化碳排放强度下降的贡献见表 3 - 10。

表 3 - 10　不同减排措施对发电二氧化碳排放强度下降的贡献　　　　　单位：%

指标项			"十一五"预计	2020 年 GDP 碳排放强度降低目标			
				40%		45%	
				"十二五"	"十三五"	"十二五"	"十三五"
发电二氧化碳排放强度总体下降			- 20.31	- 28.33	- 13.50	- 33.54	- 17.77
减排措施贡献	火电		- 16.29	- 4.37	- 1.70	- 7.79	- 3.31
	其中	燃煤火电	- 16.00	- 2.44	- 0.46	- 5.01	- 1.12
		发电比例变化	2.31	1.35	4.46	1.14	3.62
		煤耗降低	- 17.87	- 3.74	- 4.70	- 6.08	- 4.56
		综合作用	- 0.44	- 0.05	- 0.22	- 0.07	- 0.18
		天然气发电	- 0.29	- 1.93	- 1.24	- 2.78	- 2.19
		发电比例变化	- 0.18	- 1.93	- 1.24	- 2.78	- 2.19
		燃耗降低	- 0.07	0.00	0.00	0.00	0.00
		综合作用	- 0.04	0.00	0.00	0.00	0.00
	非化石能源发电		- 4.02	- 23.96	- 11.80	- 25.75	- 14.46
	其中	核电	- 0.96	- 3.25	- 4.15	- 4.05	- 4.13
		水电	- 0.27	- 17.29	- 3.09	- 17.80	- 4.76
		风电	- 2.59	- 2.63	- 3.89	- 2.90	- 4.69
		生物质发电	- 0.21	- 0.79	- 0.67	- 1.00	- 0.88

第三节　影响排放控制目标落实的不确定性因素

前面两节给出了 2020 年电力行业二氧化碳排放控制总量目标和强度目标，以及实现目标的具体措施。然而，电力行业之外的一些因素，对电力行业的二氧化碳总量控制目标和强度目标的落实也将产生极其重要的影响，其中最为关键的两个因素是电力需求增长速度和全国能源需求增长速度。

"十五"期间，全国电力需求年均增长率为 12.82%，"十一五"前四年全国电力需求年均增长率为 10.02%。如果"十二五"和"十三五"的电力需求高于前面所述的增长速度，实现上述电力行业二氧化碳排放总量控制目标的难度将增加，需要进一步提高非化石能源发电的比例，从实际情况来看，进一步增加 2020 年水电、核电的装机规模存在一定的可行性。

另外，电力行业温室气体排放也受制于全国能源总量。"十五"期间，全国能源需求年均增长率为 10.15%，"十一五"前四年全国能源需求年均增长率为 6.77%。如果"十二五"全国能源需求年均增长率不能控制在 5.5% 以下，"十三五"全国能源需求年均增长率不能控制在 4.5% 以下，全国的煤炭消费总量将进一步增加，要实现全国 2020 年 GDP 二氧化碳排放强度降低目标，将需要电力行业分担更多的排放控制任务。

火电发电燃耗是电力行业温室气体排放或温室气体减排的最基本数据，火电发电燃耗统计目前由电厂自报，缺少必要的规范、监查和核证，数据具有较大的不确定性，将会对目前电力行业二氧化碳排放强度和未来强度下降幅度的计算造成一定的不确定性。

第四节　实现电力行业二氧化碳排放控制目标的保障条件

一、加强电力行业温室气体排放监测和统计

需要完善必要的法律法规制度，强化煤耗计量、统计工作的监督和检查。建立电力行业温室气体排放统计规范及监察和核证体系，提高火电厂发电燃耗统计数据的可靠性和准确性，为落实电力行业温室气体减排目标提供必要的基础和数据支持。

二、合理分配电力企业温室气体减排目标

通过企业和政府主管部门共同协商，合理分解和分配电力行业温室气体减排和考核目标，把电力行业减排目标落实到电力企业。同时鼓励电力企业在自愿的基础上开展减排量交易，降低电力行业的温室气体减排成本。

三、加强火电厂对标，建立高耗能大机组淘汰机制

在《火电行业清洁生产评价指标体系》中把温室气体排放作为指标纳入，通过开展对标活动，促进火电厂减少发电和供电的温室气体排放。

从总体上，30 万千瓦以上大型燃煤机组的发电煤耗低于 20 万千瓦机组 20 克标准煤以上，但是 30 万千瓦及以上机组中也有一部分机组发电/供电煤耗相对较高，对这部分机组，需逐步建立科学的退役机制。发电/供电煤耗连续 3 年高于同类机组平均煤耗 10%，应减少发电运行时间，机组已经达到设计寿命，应考虑退役。

四、制定天然气发电的电价消化机制

为实现国家和电力行业二氧化碳排放控制目标，我国需要适当发展天然气发电，天然气价格过高将严重限制天然气发电的发展。需要研究制定合理的天然气发电定价机制，降低和疏导天然气发电的成本。

五、加强热电联产促进政策

热电联产对于提高发电综合效率具有重要作用。国家应该制定明确的政策，把发展热电联产与发展可再生能源置于同样的优先地位。热电联产项目不分大小均应给予鼓励，电网应全额收购背压热电联产机组的发电量，把优先发展热电联产的措施落到实处。

城市发展规划和工业园区发展必须同步考虑热电联产规划。北方锅炉供暖小区可配套适当容量的背压汽轮发电机组，非供暖季节停机，供暖季节热电联产。

六、强化全国节能和节电

加快转变发展方式，推进经济转型升级，在全国范围内继续强化节能和节电，控制能源消费和电力消费的过快增长，为实现电力行业二氧化碳排放控制目标创造宽松的外部条件。

行业篇（二）
水泥行业控制温室气体排放综合研究

我国是世界上最大的水泥生产国，2009 年水泥产量已达 16 多亿吨，水泥产量占全球 50% 以上。水泥工业作为我国能源和资源消耗密集型产业，消耗大量的石灰石和煤炭原料及电力，并排放大量二氧化碳，因此水泥工业是工业部门中排放二氧化碳的大户。同时，与电力、钢铁等其他部门相比，水泥工业温室气体排放具有一定复杂性，它不仅排放燃料燃烧产生的二氧化碳，还排放原料中石灰石的主要成分碳酸钙分解产生的二氧化碳以及原料中碳酸镁分解产生的二氧化碳。面对全球气候变暖的严峻威胁，我国政府积极应对气候变化，采取一系列政策措施，并于 2009 年底提出"到 2020 年单位国内生产总值二氧化碳排放比 2005 年下降 40%～45%"的目标。

本章在对水泥行业控制二氧化碳排放的政策与技术进行深入探讨基础上，研究提出"十二五"行业排放控制目标，期望通过制定并实施二氧化碳排放控制的相关政策和技术措施，有效控制"十二五"乃至 2020 年行业的二氧化碳排放，进而促进国家目标的实现。

第一章 我国水泥行业二氧化碳排放状况

水泥是人类社会基础设施建设所必需的基本材料，水泥行业也是温室气体排放大户。由国际能源署和世界可持续发展工商理事会共同发布的《水泥技术路线图 2009》中指出，水泥生产中排放的二氧化碳占人类活动制造的二氧化碳总量的 5%，未来几十年内，人类很难找到可以替代水泥的建筑材料。随着现代化进程的加速和经济的不断增长，全世界（特别是发展中国家）水泥的需求量将持续增长，控制温室气体排放将面临很大压力。

我国是水泥生产大国，近年来水泥生产呈现较快增长趋势，行业二氧化碳排放量大幅增加，尤其是生产过程中的二氧化碳排放在整个工业生产过程温室气体排放中占有重要份额。因此，在实现我国 2020 年控制温室气体排放行动目标大背景下，立足我国水泥行业现状及发展趋势，研究水泥行业控制温室气体排放的行动目标、技术和政策是紧迫且重要的。

第一节 "十一五"以来水泥行业发展状况

一、基本概况

水泥工业是国民经济建设重要的基础原材料工业，其产值占建材工业的 40% 左右。"十一五"以来，我国经济的快速发展带动水泥行业以较快的速度持续发展与扩张。水泥的生产能力不断增强，据中国建材联合会统计，2009 年末全国水泥生产能力 22.69 亿吨，比 2005 年提高 60% 以上，其中：水泥熟料生产能力 13.88 亿吨；新型干法熟料生产能力 9.61 亿吨；立窑及其他熟料生产能力 4.26 亿吨。与此同时，水泥企业的规模也逐渐增大，2009 年全国统计规模以上水泥企业共有 4 923 家，其中水泥粉磨站 1 846 家；年粉磨能力 60 万吨以上水泥粉磨站 382 家；行业就业人数 108.8 万人。

二、水泥及熟料生产情况

2005 年我国水泥产量首次超过 10 亿吨，达到了 10.6 亿吨。"十一五"期间，水泥产量继续高速增长，2009 年达到 16.5 亿吨，"十一五"前四年水泥产量增加将近 6 亿吨，年均增长达到 12%（见表 3－11）。

2009 年，我国水泥产量达到 16.5 亿吨，比上年增长 17.76%；熟料产量 10.79 亿吨，比上年增长 10.42%，其中：新型干法熟料产量 7.79 亿吨，比上年增长 26.05%；其他熟料产量 2.99 亿吨，比上年下降了 16.52%；熟料占水泥的比重为 65.47%，比上年下降了 3.35%（见表 3 - 11）。

表 3 - 11　2005—2009 年全国水泥及熟料产量及增速

年份	水泥产量		熟料产量	
	数量（万吨）	增长（%）	数量（万吨）	增长（%）
2005	106 885	9.85	76 472	29.42
2006	123 611	15.65	87 328	14.18
2007	136 117	10.12	95 668	9.55
2008	139 942	2.81	97 010	1.40
2009	164 800	17.76	107 900	10.42

三、水泥及熟料进出口

"十一五"以来，水泥及熟料进出口数量呈下降趋势。总体而言，我国水泥和熟料进口量很有限，只有少量特种水泥或少量边贸，进口数量可忽略不计，见表 3 - 12。我国水泥及熟料的出口量在其产量中的比重也较小，2006—2009 年，我国水泥累计出口量占累计产量的 1% 左右，熟料累计出口量占累计产量的 1% 左右。同时，2006—2009 年，我国水泥及熟料出口量的年增长率不断降低，2009 年我国水泥出口 848.65 万吨，同比下降 35.85%，水泥熟料累计出口 712.48 万吨，同比下降 44.36%，见表 3 - 13。

表 3 - 12　2005—2009 年全国水泥及熟料进口数量及增速

年份	水泥进口		熟料进口	
	数量（万吨）	增长（%）	数量（万吨）	增长（%）
2005	82.08	- 25.62	34.27	- 78.11
2006	77.05	- 6.13	34.59	0.93
2007	53.87	- 30.09	11.25	- 67.46
2008	56.60	5.08	5.10	- 54.67
2009	70.27	24.15	11.70	129.41

表 3 - 13　2005—2009 年全国水泥及熟料出口数量及增速

年份	水泥出口		熟料出口	
	数量（万吨）	增长（%）	数量（万吨）	增长（%）
2005	1 137	89.01	1 078	949.66
2006	1 941	70.65	1 672	55.06
2007	1 519	- 21.71	1 781	6.53
2008	1 323	- 12.91	1 281	- 28.11
2009	848.65	- 35.85	712.48	- 44.36

行业篇

四、产业集成度

水泥行业的产业集成度不断增强。2009 年，我国水泥行业年生产能力在 500 万吨以上的水泥企业（集团）有 65 家，水泥熟料生产能力 6.73 亿吨，占水泥熟料总生产能力的 48.53%，水泥熟料产量 5.6 亿吨，占水泥熟料总产量的 51.91%。2009 年生产能力在 1 000 万吨以上的水泥企业（集团）达 20 家，这 20 家水泥企业的熟料生产能力为 4.82 亿吨，占水泥熟料总生产能力的 34.76%，水泥熟料产量 4.19 亿吨，占水泥熟料总产量的 38.82%，控制了熟料产能和产量 1/3 以上。

五、技术进步

"十一五" 期间，我国水泥工业技术进步取得了明显进展，特别是围绕节能减排、发展循环经济、资源综合利用有很大突破。我国自行研发、设计、制造的水泥装备水平已达到或接近世界先进水平，水泥技术装备可以满足 1 000～12 000 吨/天不同规模生产线建设的需要。

首先，我国的水泥生产关键技术已得到显著提高。目前已具备从原料矿山计算机控制开采、原料预均化、生料均化、节能选粉及粉磨、高效预热器和分解炉、新型篦式冷却机、高耐热耐磨及隔热材料、计算机与网络化信息等技术的集成能力。同时，我国已有喷腾型、流态化型、管道型和旋流型分解炉四类，通过各种组合形成各种型式的分解炉 30 余种。我国自主研制的预热、预分解系统技术与装备，具有技术先进，生产能力大，高效低阻、低能耗、防堵、原燃料适应性强、运行稳定等显著特点；用于 5 000 吨/天级粉磨系统的大型立磨和辊磨系统已投入运行，粉磨强度和系统电耗等多个指标占据明显优势，其性能达到国际同类产品水平；步进式稳流冷却机，比篦式冷却机提高热回收效率 3%～5%，冷却风机电耗降低 20%，篦床寿命成倍增加，水泥窑余热利用、协同处置各种垃圾、工业废物资源化等方面的技术装备研究有新突破。

其次，"十一五" 期间水泥行业相关技术获多项国家级科技进步、科技发明奖。"新型干法水泥生产技术与装备开发及工程"、"水泥窑预热预分解系统集成优化和工程化应用"、"新型干法水泥生产线重大配套装备研制和工程化应用" 等项目获国家科技进步二等奖，"高性能低热硅酸盐水泥的制备及应用" 获国家科技发明二等奖。

最后，水泥成套技术装备在国际市场上具有很强的竞争能力。截止到 2008 年，我国共出口水泥装备项目 150 余项，涉及水泥熟料产能 1.5 亿吨，累计出口水泥装备 90 多万吨，项目合同金额超过 100 亿美元。出口市场覆盖 50 多个国家，水泥工程总包业务占国际市场的份额达到 40% 以上。我国以 EPC 模式建设的阿联酋联合水泥公司（UCC）10 000 吨/天生产线成功投运，2009 年天瑞水泥集团建设的 12 000 吨/天新型干法水泥熟料生产线投产，标志着我国新型干法水泥成套技术装备已完成大型化开发应用，在设备规格、可靠性能、自动化水平、环保节能等技术经济指标接近国际一流水平。

六、结构调整

"十一五" 期间，水泥行业结构调整取得明显进展。淘汰落后水泥工艺，发展先进新型干法工艺成为结构调整的主线。"十一五" 前四年，水泥行业分别淘汰落后水泥产能 7 500 万吨、5 200 万吨、5 300 万吨、7 416 万吨，每年均超额完成了 "十一五" 期间年淘汰落后水泥产能 5 000 万吨的目标。浙江、河南、北京、天津、上海已全部淘汰了落后工艺水泥产能。与此同时新型干法水泥工艺得到快速发展，截至 2009 年底全国已投产新型干法生产线熟料生产能力达到 9.6 亿吨，见表 3-14 和图 3-9。

表3-14　截至2009年底全国已投产新型干法生产线统计

规模（吨/天）	700～1 000	1 100～1 800	2 000～2 500	3 000～3 500	4 000～4 200	5 000以上	合计
生产线数（条）	192	152	400	53	46	270	1 113
熟料能力（万吨/年）	5 592	6 274	25 110	5 050	5 729	43 391	95 858
占熟料总产能比（%）	5.83	6.55	31.11	5.27	5.98	45.27	100

注：（1）列入统计的为大于或等于700吨/天新型干法生产线；生产线条数按当年投产的实际情况计算，生产线的能力按改造后的能力计算；SP窑或小于700吨/天CP窑改为CP窑按改造投产当年能力计算；窑运转率按310天计算。
（2）据中国建材联合会信息部统计，2009年关停SP窑27条，因具体名单不详，此表中没有体现关停的数量。

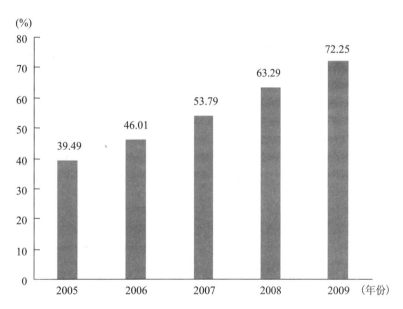

图3-9　2005—2009年水泥熟料产量中新型干法比例

七、节能减排效果

"十一五"以来，水泥行业的节能减排已成为行业的自觉行动，并取得了明显成效。能源消耗总量的增长速度低于产品产量的增长速度；单位产品的综合能耗下降，见表3-15。

表3-15　"十一五"期间水泥行业能源消耗情况

年份	水泥产量		综合能源消耗		单位产品综合能耗			
					吨熟料		吨水泥	
	总产量（万吨）	增长（%）	总量（万吨）	增长（%）	能耗（千克标准煤）	增长（%）	能耗（千克标准煤）	增长（%）
2005	106 885	9.85	11 728	7.2	—	—	127	—
2006	123 611	15.65	13 100	7.47	142	-4.01	120	-5.54
2007	136 100	10.10	14 300	10.19	138	-2.0	115	-4.2
2008	140 311	3.09	15 000	0.31	130.48	-5.45	103.47	-10.0
2009	164 800	17.45	14 733	5.74	124.15	-4.85	95.08	-8.11

注：表中2009年数据为初步测算结果。

第二节　水泥行业二氧化碳排放计算方法

水泥行业二氧化碳排放量的计算方法是行业进行二氧化碳排放控制的基础工作，通过制定科学、可比、透明的计算方法并应用于实际，可以摸清水泥生产企业二氧化碳排放现状，为水泥生产企业确定控制二氧化碳排放目标与方向奠定基础。

一、行业排放特点及排放源界定

水泥行业排放的温室气体以二氧化碳为主，其他温室气体（如氧化亚氮等）排放量较少可以忽略。二氧化碳排放源可分为化石燃料燃烧和水泥生产过程两类。具体排放源包括水泥生产企业所有与水泥生产相关的主要生产过程（主要生产工序包括石灰石开采、生料制备、熟料烧成、水泥粉磨等）和辅助生产活动（包括交通、运输、维修、环保、管理运行、厂区生活等）。

化石燃料燃烧排放是指水泥生产企业消费的煤炭、焦炭、油品和气体燃料等化石燃料在燃烧过程中产生的二氧化碳排放（一氧化碳在大气中也将转化为二氧化碳）；水泥生产企业消耗的外部输入电量，未在企业内直接产生排放，电力部门生产外送电量产生的排放属于企业的转移排放。

水泥生产过程排放，是指水泥生料煅烧时生料中的碳酸钙和碳酸镁分解过程中所排放的二氧化碳，其反应式如下：

$$CaCO_3 + 热 \rightarrow CaO + CO_2 \uparrow$$
$$MgCO_3 + 热 \rightarrow MgO + CO_2 \uparrow$$

二、二氧化碳排放计算方法

水泥行业二氧化碳排放计算方法参照 IPCC《国家温室气体清单编制指南》（1996 年）和《优良做法指南》（2000 年），结合中国水泥行业的具体情况而确定。计算排放量的基本方法为各排放源排放活动的活动水平与相应排放因子的乘积。

（一）化石燃料燃烧

燃煤排放源包括水泥窑、烘干炉、热水锅炉和其他燃煤设备，其活动水平为各燃煤设备煤炭燃烧量。各排放源的排放因子与消耗的煤种和燃煤设备相关，是煤炭的含碳率与燃烧碳氧化率的乘积。燃油和燃气设备包括机动车内燃机和其他燃油、燃气设备，其活动水平为油、气的燃烧量，排放因子为燃料含碳率与氧化率的乘积。

二氧化碳排放计算的一般公式为：

二氧化碳排放量 $= \sum ($ 排放活动水平$_i \times$ 二氧化碳排放因子$_i)$　　　　　　（3 - 7）

其中，i 为排放源

二氧化碳排放因子 = 燃料含碳率 × 氧化率 × MCO_2/MC

式中：$MCO_2/MC = 44/12$

（二）间接排放

间接排放是指企业所外购的电量在发电过程中产生的排放，活动水平为企业消耗的外购电量，排放因子为所在电网生产单位电量平均二氧化碳排放量。

（三）工业生产过程排放

水泥生产过程二氧化碳排放的活动水平为熟料生产量，排放因子为熟料中氧化钙、氧化镁含量，计算公式如下：

二氧化碳排放量 = 熟料产量 × （熟料 CaO 含量 × $MCO_2/MCaO$ + 熟料 MgO 含量 × $MCO_2/MMgO$）

$\qquad$ = 熟料产量 × （熟料 CaO 含量 × 44/56.1 + 熟料 MgO 含量 × 44/40.3）

$$(3-8)$$

考虑到水泥企业回收的窑灰（CKD）一般掺入熟料，计入熟料产量统计，不需单独计算；企业排放的烟气和粉尘中氧化钙含量只占熟料产量极小比例，可以忽略不计。

三、活动水平数据选取

化石燃料燃烧活动水平为水泥企业各类设备（排放源）化石燃料消耗量；电力转移排放活动水平为企业外购电量；工业生产过程排放活动水平为企业水泥熟料产量。

四、排放因子确定

化石燃料燃烧排放因子是各类燃料含碳量和各类设备碳氧化率分别组合的乘积，燃料含碳量是通过对燃料的化验分析获得；碳氧化率则通过对用能设备碳平衡检测确定，以燃煤工业锅炉为例，在检测锅炉漏煤、灰渣、飞灰以及排烟中的含碳量基础上计算氧化率；电力转移排放的排放因子为电网生产单位电量化石燃料燃烧量与燃料排放因子的乘积；水泥熟料排放因子为水泥熟料氧化钙、氧化镁含量，是通过熟料化学分析确定。

第三节　2005 年水泥行业二氧化碳排放量计算

由于水泥行业计算二氧化碳排放的统计基础较薄弱，也缺少相应的有关排放因子的测试数据，我们通过以下途径收集、整理并确定了 2005 年水泥行业活动水平数据及排放因子。

一是根据国家统计局提供的对行业工业产品产量的统计数据，确定 2005 年全国水泥产量106 885 万吨，熟料产量 76 472 万吨。由于缺乏与水泥（熟料）产量同口径的行业能源消费统计数据，我们依据国家统计局以水泥企业统计信息为基础计算出的单位产品综合能耗数据，即 2005 年水泥综合能耗为 127 千克标准煤/吨，熟料综合能耗为 148 千克标准煤/吨为基础估算了行业的能源消费总量。

二是通过水泥行业协会对大部分企业进行的能源消费统计，获得上述企业 2005 年的能源消费相关信息，其中：原煤 14 433 万吨，洗精煤 135 万吨，其他洗煤70.56 万吨，焦炭 27.77 万吨，柴油 31.11 万吨，电力 918 亿千瓦时，这些数据在一定程度上代表了水泥行业的能源消费结构，可用于确定行业分燃料品种的二氧化碳排放结构和单位综合能源消费的二氧化碳排放量。

三是利用国家发改委能源研究所在 2003—2004 年期间执行"初始国家信息通报项目"中对全国有代表性的 223 家水泥企业进行的不同设备消费的煤种、煤质和对熟料的氧化钙和氧化镁含量，以及对水泥熟料含碳量化验等抽样调查汇总信息，通过这些信息获得行业各设备燃煤排放因子和生产过程中碳酸盐分解排放因子数据。2005 年水泥行业煤质、氧化率数据和 2005 年水泥行业其他能源排放因子数据见表 3 - 16 和表 3 - 17。

表 3 - 16　2005 年水泥行业煤质、氧化率数据

排放源	煤种	含碳量（%）	氧化率（%）	热值（千卡）
排放源平均	—	65.24	99.7	5 517
立窑	无烟煤	66.64	100	5 572
回转窑	烟煤	62.22	100	5 405

排放源	煤种	含碳量（%）	氧化率（%）	热值（千卡）
烘干热风炉	无烟煤	66.64	94	5 572
烘干热风炉	烟煤	61.47	94	5 357

表3-17　2005年水泥行业其他能源排放因子数据

燃料	焦炭	柴油	电力
排放因子	2.832	3.147	0.912
排放因子单位	吨二氧化碳/吨	吨二氧化碳/吨	千克二氧化碳/千瓦时

注：电力排放因子为2005年全国单位终端用电量排放。

燃料燃烧的二氧化碳排放量：基于水泥协会对2005年大部分水泥企业能源消费统计（并未覆盖所有水泥企业）（见表3-18）和能源所调查的水泥行业排放因子数据计算二氧化碳排放。

表3-18　2005年水泥协会行业能源消费统计

指标项	煤合计（万吨）	柴油（万吨）	电力（亿千瓦时）	综合能源消费（万吨标准煤）
能源消费量	14 666	31	918	13 069

注：综合能源消费量按煤热值5 677千卡/千克、柴油10 200千卡/千克、电860千卡/千瓦时计算。

由表3-18中的能源消费数据以及表3-16和表3-17中的排放因子数据，计算出二氧化碳排放量为43 121万吨，计算单位综合能源消费量为3.30吨二氧化碳/吨标准煤；将2005年水泥产量（106 885万吨）与单位产品综合能耗（127千克标准煤/吨）相乘，得到生产水泥的综合能源消费量为13 574万吨标准煤（含电力消费）；将综合能源消费量与单位综合能源消费排放因子相乘，得到水泥生产燃料燃烧二氧化碳排放量为44 789万吨，2005年燃料燃烧二氧化碳排放数据见表3-19。

表3-19　2005年水泥行业燃料燃烧二氧化碳排放

指标项	煤	柴油	电（间接排放）	排放合计
二氧化碳排放（万吨二氧化碳）	35 988	102	8 699	44 789
排放构成（%）	80.2	0.2	19.6	100.0

工业生产过程二氧化碳排放量：2005年生产熟料76 472万吨，平均排放因子为0.5277吨二氧化碳/吨熟料（熟料氧化钙平均含量为64.46%，氧化镁平均含量为1.99%）。碳酸盐分解产生二氧化碳排放为40 510万吨。

水泥行业二氧化碳总排放：由燃料燃烧和生产过程二氧化碳排放计算结果可知，2005年行业二氧化碳排放为85 299万吨。

表3-20　2005年水泥行业二氧化碳清单　　　　　　单位：万吨

	二氧化碳排放量
化石燃料燃烧	44 789
其中：煤	35 988

	二氧化碳排放量
柴油	102
间接排放（电力转移排放）	8 699
生产过程排放	40 510
直接排放合计	76 600
排放合计	85 299

2005 年行业二氧化碳排放总量为 85 299 万吨，其中：化石燃料燃烧排放 36 090 万吨，占排放总量的 42%；电力转移排放 10%；水泥生产过程排放为 40 510 万吨，为排放总量的 47%，见表 3-20。

第四节 "十一五"前四年水泥行业二氧化碳排放量计算

以 2005 年行业二氧化碳排放计算为基础，根据行业水泥产量，单位水泥产品综合能耗数据见表 3-21。

表 3-21 "十一五"前四年水泥行业二氧化碳排放 单位：万吨二氧化碳

年份	耗煤排放	耗柴油排放	耗电排放	燃料燃烧排放	生产过程排放	排放合计	生产吨水泥排放
2005	35 988	102	8 699	44 789	40 510	85 299	0.798
2006	39 326	111	9 506	48 943	46 261	95 204	0.770
2007	41 500	117	10 031	51 649	50 679	102 328	0.752
2008	38 389	108	9 279	47 776	51 390	99 166	0.709
2009	41 592	118	10 053	51 763	56 815	108 578	0.658

行业篇

第二章　我国水泥行业"十二五"发展趋势

即将进入的"十二五"时期乃至 2020 年间，是我国重要的战略机遇期。应对气候变化已成为我国经济社会发展的重大战略和加快经济发展方式转变及经济结构调整的重大机遇，如何协调经济发展与应对气候变化之间的关系则是我们面对的巨大挑战。水泥行业作为我国二氧化碳排放的主要行业之一，行业温室气体排放控制对于实现我国 2020 年单位 GDP 的二氧化碳排放强度降低 40% ~ 45% 的行动目标具有重要意义，同时对于加强行业排放标准、相关政策技术制定等能力建设具有举足轻重的作用。因此，对"十二五"时期水泥行业的发展趋势进行分析是研究行业控制二氧化碳排放的基础。

第一节　"十二五"水泥产量影响因素分析

一、宏观经济发展趋势

国际上，虽然金融危机在政治、经济层面上对世界的影响还有很多不确定因素，但整体趋势较好，金融市场渐趋稳定，世界经济整体呈恢复性增长，我国的国民经济也保持较快的发展速度。按照全面建设小康社会的奋斗目标，到 2020 年我国将实现国内生产总值比 2000 年翻两番，2020 年前 GDP 的平均增长速度要保持在 7% 以上，相应地，水泥产量将保持与经济建设相适应的增长态势。

二、工业化进程

目前我国总体上正处在工业化中期向后期转变的过渡阶段，即城镇化和重化工业加速发展的历史时期。"十二五"期间，固定资产投资方向首先是基础设施建设。投资将主要集中在轨道、港口、公路等交通建设，城镇化建设，农业水利和生态环保等方面的建设。其次是住房建设量将稳定增长。按照全面建设小康社会的指标体系，特别是"让农民工在城市定居"政策的实施，我国城市化进程将快速发展，到 2020 年我国城市化水平可望达到 60% 以上，城镇人均住房面积达到 30 平方米以上，这一目标将使住房及城市配套设施建设持续升温。未来 5 ~ 10 年我国每年要兴建城镇住宅 6 亿—8 亿平方米，农村每年住宅建设量也将在 8 亿 ~ 10 亿平方米，加上公共设施的建设，预计每年的房屋建设量将维持在 22 亿 ~ 25 亿平方米。最后是我国将全面启动养老工程，这是长期而巨大的工程，这也是拉动水泥需求的主要因素。

三、区域经济发展

改革开放以来，以特区、开发区为主的区域经济发展模式成为我国经济发展的亮点。近几年继振兴东北、长三角、天津滨海新区发展规划后，国家又批准了一系列区域规划来带动地区经济的快速发展，其中：《珠江三角洲地区改革发展规划纲要》中提出珠江三角洲地区的 GDP 将由 2008 年的 29 700 亿元增长到 2020 年的 73 000 亿元；《广西北部湾经济区发展规划》提出，该区域 GDP 由 2008 年的 2 200 亿元增长到 2020 年的 8 000 亿元；《福建省海峡西岸经济区发展规划》明确海西经济区的 GDP 将由 2008 年的 10 000 亿元增长到 2020 年的 40 000 亿元；此外，《海南国际旅游岛建设发展规划纲要》

提出后，带动了海南省房地产业的超常发展；最近国务院又将沈阳经济区发展规划上升为国家发展规划，这是促进振兴东北的又一战略举措。发展目标明确的特色区域经济将促进区域经济快速崛起，也将带动水泥产业的发展。

第二节　"十二五"及 2020 年水泥产量预测

一、回归分析预测

根据 1990—2008 年我国历年 GDP 和水泥产量的关系及其变化趋势，建立水泥产量和 GDP 的回归模型，从而对我国未来水泥产量进行预测，见图 3 – 10。

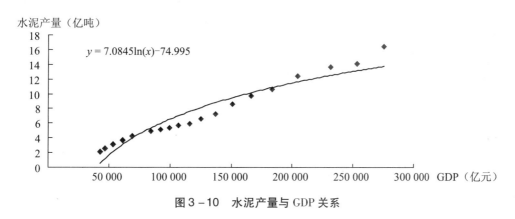

图 3 – 10　水泥产量与 GDP 关系

根据测算，2015 年全国水泥产量将达到 17 亿吨左右，2020 年水泥产量将达到 19.8 亿吨左右。

二、行业协会预测

水泥协会根据我国宏观经济与水泥行业的长期发展状况，对"十二五"水泥产量进行预测。其中，基础数据包括：宏观经济指标选取 1980 年后我国国民经济生产总值（GDP），全社会固定资产投资等指标完成值；水泥指标选取 1980 年后水泥产量作为建立数学模型的基础数据（见表 3 – 22）。分别采用趋势外推法、回归分析法及弹性系数法进行了水泥产量的预测。

表 3 – 22　历年基础数据

年份	水泥产量（万吨）	全社会固定资产投资完成额（亿元）	GDP（亿元）
1980	7 986	911	4 545.6
1981	8 290	961	4 891.6
1982	9 520	1 230	5 323.4
1983	10 825	1 430	5 962.7
1984	12 302	1 833	7 208.1
1985	14 595	2 543	9 016.0
1986	16 606	3 121	10 275.2
1987	18 625	3 792	12 058.6
1988	21 013	4 754	15 042.8
1989	21 029	4 410	16 992.3

年份	水泥产量（万吨）	全社会固定资产投资完成额（亿元）	GDP（亿元）
1990	20 971	4 517	18 667.8
1991	25 261	5 595	21 781.5
1992	30 822	8 080	26 923.5
1993	36 788	13 072	35 333.9
1994	42 118	17 042	48 197.9
1995	47 561	20 019	60 793.7
1996	49 118	22 914	71 176.6
1997	51 174	24 941	78 973
1998	53 600	28 406	84 402.3
1999	57 300	29 855	89 677.1
2000	59 700	32 918	99 214.6
2001	66 104	37 214	109 655.2
2002	72 500	43 500	120 332.7
2003	86 200	55 567	135 822.8
2004	97 000	70 477	159 878.3
2005	106 000	88 604	183 217.4
2006	123 611	109 998.2	211 923.5
2007	136 100	137 323.9	257 305.6
2008	140 311	172 828.4	300 670
2009	164 800	—	—

1. 趋势外推法

建立以水泥消费量为因变量，时间为自变量的数学模型。

2. 回归分析法

建立水泥消费量与 GDP 的一元回归模型。

3. 弹性系数法

求算 1990—2008 年速度及同期国民经济发展速度的弹性系数，根据"十二五"GDP 增速，确定"十二五"水泥产量年均增长速度，见表 3 - 23。

表 3 - 23　自变量 GDP"十二五"取值

年份	GDP 增速（%）
2009	8.7
2010	8
2011—2015	7

根据测算，2015 年全国水泥产量将达到 20.5 亿~21.0 亿吨，见表 3 - 24。根据现有的水泥产量及相关经济数据及对"十二五"的预测，近似的可以对 2015—2020 年水泥产量情况进行分析预测，结果表明，2020 年水泥产量有望达到 22 亿吨左右。

表 3-24 2015 年水泥产量预测结果 单位：万吨

预测方法	2015 年产量
趋势外推法	197 314
回归分析法	232 022
弹性系数法	182 796
预测取值	205 000

三、国际研究机构预测

世界水泥产量从 1990 年开始快速增长，而其中贡献较大的是中国，随着现代化进程的加快，中国从 90 年代初开始，水泥行业发展迅速，水泥产量不断创新高。根据全球自然基金会（WWF）的预测结果，中国水泥产量将在 2015 年左右达到峰值（16 亿～17 亿吨），之后呈缓慢下降趋势，见图 3-11。中国"十一五"以来的水泥产量比 WWF 数据偏高，尤其是近两年，这可能与国内 2008 年以来实行的扩大内需的经济刺激活动有关。

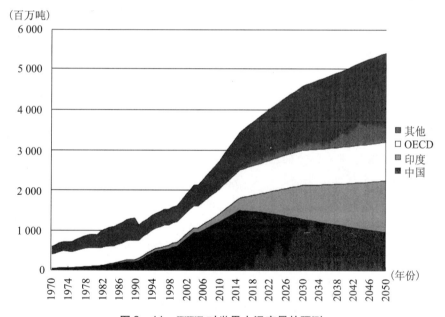

图 3-11 WWF 对世界水泥产量的预测

此外，国家发改委能源研究所姜克隽利用相关模型对水泥产量进行了预测，结果表明，基准情景下 2020 年水泥产量为 19 亿吨，政策情景下为 16 亿吨。

水泥产量受宏观经济环境、发展阶段及区域经济发展等多种因素影响，对于产量的预测实质上应基于对整个经济社会预测的基础，因此较为复杂。以上是不同研究对"十二五"及 2020 年我国水泥产量的预测情况，可以说各有侧重。为使得预测结果更为全面，我们对这些研究进行综合考虑，采用取平均值的方法来最终确定 2015 年和 2020 年水泥产量的预测值，由此可得 2015 年我国水泥产量将达到 18.2 亿吨，2020 年将达到 19.2 亿吨左右。

第三节 "十二五"水泥发展趋势

通过对多个大型水泥企业进行调研，并向水泥协会相关专家进行咨询，我们分析了"十二五"水泥行业的发展趋势。"十二五"期间，水泥行业将进一步淘汰落后产能，逐步建立落后产能退出机制；加大能效对标的活动力度，使其成为节能减排工作的重点；积极开发和推广节能技术装备。

一、进一步淘汰落后产能

国家及相关部门出台一系列政策措施，将有力推动落后产能的加快退出。2010年2月，国务院印发《国务院关于进一步加强淘汰落后产能的工作意见》，具体阐述了水泥行业淘汰的内容："2012年底前，淘汰窑径3.0米以下水泥机械化立窑生产线、窑径2.5米以下水泥干法中空窑（生产高铝水泥除外），水泥湿法窑生产线（主要用于处理污泥、电石渣等除外），直径3米以下水泥磨机（生产特种水泥除外）以及水泥土（蛋）窑、普通立窑等落后水泥产能。"

政府主管部门工业和信息化部印发了《关于抑制产能过剩和重复建设引导水泥产业健康发展的意见的通知》，要求继续加大淘汰落后工作力度，重申抓紧制定2010—2012年三年内彻底淘汰不符合产业政策和环保、能耗、质量、安全要求的落后水泥产能时间表。要将落后产能指标分解落实到各地区和具体企业，积极争取各级财政资金，加大对淘汰落后的支持力度，逐步建立落后产能退出机制。

二、产业链不断延伸

"十二五"期间，企业通过延伸产业链，进行多元发展将增强其竞争力。根据《水泥工业产业政策》（送审稿）："鼓励水泥企业延伸产业链，提高水泥产品深加工率，发展商品骨料、预拌砂浆、预拌混凝土和水泥混凝土制品。2015年，水泥产品工厂化加工率达到50%。"这必将深刻影响水泥企业的发展方向。一些重点水泥企业在这方面已有一定基础。海螺集团在余热发电、生活垃圾气化、节能粉磨技术装备上进行了一定延伸；华润水泥则将混凝土业务作为其产业延伸重点；冀东集团将推进"突出主业、相关多元"作为发展战略，做大水泥主业、做强装备制造和工程建设、建立混凝土业务、涉足房地产建设、掌控ST唐陶；华新水泥以其技术装备"百年老店"的优势，通过自身发展扩大装备加工基地；金隅水泥大力发展水泥助磨剂和混凝土减水剂业务等。

三、水泥企业不断集中及国际化

产业集中度进一步加强。国务院批转发展改革委等十部门《关于抑制部分行业产能过剩和重复建设引导产业健康发展若干意见的通知》的贯彻执行，将为行业组织结构的变革创造了条件。近几年，各大水泥集团为将自己做强做大，分别进行一定程度的并购活动；如中国建材集团通过接受当地水泥集团，逐步打开大西北的市场；华润集团通过收购和新建在广东、广西和福建快速发展等。同时，中型企业逐步联合形成区域性大型企业，未来大型企业之间将进一步实行并购，以形成世界级的大型水泥企业集团。同时，中国水泥企业也将逐渐走向国际，并占有越来越重要的国际地位。目前，世界水泥前10强企业集团已经有7家落户中国市场，中国水泥产品出口占世界水泥贸易总量的1/10左右，中国水泥技术、装备、建设与安装的国际竞争力与日俱增，中国水泥产品、技术装备、工程服务已经国际化，说明中国水泥企业走出国门的条件已经成熟，有些水泥企业集团已做了大量国外建厂的前期工作。

四、进一步提高能效

能效水平对标已成为水泥企业节能减排最主要的活动。2010年工业节能减排四大重点工作之一是，"行业能效对标达标"，水泥行业能效对标工作先行一步。由国家发展改革委、联合国开发计划署、全球环境基金（NDRC/UNDP/GEF）共同组织实施的水泥行业节能协议活动的组织和协调项目，编写了《水泥工厂能效对标指南》，组织水泥试点企业开展能效对标活动，为在全行业开展能效对标工作起到指导和示范作用；目前，按照工信部节能司的要求，制定了《水泥行业开展能效水平对标活动实施意见》，为全行业"十二五"开展能效对标工作打下坚实基础。

五、开发和推广节能技术装备

节能技术与装备的开发和推广将成为水泥行业节能减排工作新的突破点。未来水泥节能技术开发和推广将包括三个方面：一是节能技术装备的开发和推广，主要集中在高效低耗烧成节能技术与设备、高效固气分离装置、减少氮氧化物排放技术、网络和信息化技术、大型高效粉磨及选粉技术与设备、等离子电子点火技术、系统优化集成技术；二是水泥生态化技术的开发和推广，主要集中在余热利用技术与设备、水泥窑协同处置废物、废渣资源化技术与设备、再循环利用分选技术、重金属分选与分离、有害元素的检测与其他；三是评价方法以及标准、规范等组成的法律法规技术保障体系。

行

业

篇

第三章 我国水泥行业"十二五"二氧化碳
排放控制目标研究

我国于 2009 年底提出了 2020 年二氧化碳排放控制的国家目标，依据此目标，我们探讨了 2020 年及"十二五"水泥行业的二氧化碳排放控制目标。

第一节 水泥行业二氧化碳排放趋势分析

"十二五"期间，水泥行业将更进一步深入开展节能减排工作，行业的发展方式将全面迈向绿色低碳。能效对标、余热发电、废物利用、垃圾处理、大布袋收尘、低碳水泥技术和品种开发等将是行业发展的主流趋势。根据行业结构目标，到 2015 年，新型干法水泥比重达到 90% 以上，通过之前对"十二五"水泥行业发展趋势的分析，水泥行业通过以上各项途径措施，行业能耗水平将有较大降低。同时，2015—2020 年我国经济快速发展的总体趋势不会改变，在增长的幅度上可能会有所下降。假设 2015—2020 年间水泥行业节能减排工作保持已有力度进行，行业能耗水平将得到进一步降低。据行业预测，2015 年单位产品能耗将达到吨熟料综合能耗 117 千克标准煤/吨；吨水泥综合能耗 88 千克标准煤/吨。由此，可估算 2015 年吨水泥能源排放 0.29 吨，生产过程排放按照 0.36 吨，则吨水泥二氧化碳排放为 0.65 吨。2020 年吨水泥综合能耗将达到 84 千克标准煤/吨，则 2020 年吨水泥二氧化碳排放将达到 0.64 吨，其中吨水泥能源排放 0.28 吨，吨水泥生产过程排放 0.36 吨。

所以，根据行业发展趋势分析，2015 年吨水泥二氧化碳排放目标为 0.65 吨，2020 年为 0.64 吨。

表 3-25 水泥、熟料耗能情况及预测

年份	熟料产量 （万吨）	水泥产量 （万吨）	熟料/水泥 （%）	熟料综合能耗 （千克标准煤/吨）	水泥综合能耗 （千克标准煤/吨）
2005	76 472	106 885	71.55	148	127
2006	87 328	123 611	70.65	142	120
2007	95 668	136 117	70.28	138	115
2008	97 010	139 942	69.33	130.48	103.47
2009	107 250	165 000	65	125	95.08
2010（预测）	115 830	178 200	65	122	93
2015（预测）	136 500	210 000	64	117	88
2020（预测）	116 500	198 100	63	113	84

注：水泥行业综合能耗的二氧化碳排放因子为 3.3 千克/每千克标准煤（kg CO_2/kgce）；
吨水泥综合能耗预测数据为行业相关研究所得。

第二节　实现国家目标对水泥行业二氧化碳排放的要求

2009 年底，我国政府提出了控制温室气体排放的行动目标：到 2020 年单位 GDP 二氧化碳排放比 2005 年下降 40%～45%。这一目标的提出，不但表明了我国政府应对气候变化减缓温室气体排放的坚定立场，更为国内各相关领域的减排活动提供了总的减排目标与方向。

根据对我国"十一五"节能降耗及二氧化碳排放控制效果的分析，我们认为国内减排行动有望达到行动目标中的较高水平，即 2020 年单位 GDP 的二氧化碳排放比 2005 年下降 45%。因此，本节将以二氧化碳排放强度下降 45% 为具体行动目标。

实现全国 2020 年万元 GDP 二氧化碳排放强度比 2005 年降低 45% 的目标，则 2020 年单位 GDP 二氧化碳排放强度将为 1.52 吨/万元（初步测算的 2005 年单位 GDP 的二氧化碳排放为 2.76 吨/万元）；假设 2010—2020 年间 GDP 年增长率 8%，并基于对 2010 年经济发展情况的预测，测算可得 2020 年 GDP 为 648 254 亿元。因此，2020 年相较于 2005 年全国二氧化碳的排放水平相对减排了 80.4 亿吨。

采用水泥行业二氧化碳计算方法对 2005 年以来的行业排放进行测算，与全国相应年份的二氧化碳排放总量进行对比，结果表明，我国水泥行业二氧化碳排放总量占全国二氧化碳排放总量的比例近几年基本保持在 14.6%～14.9%，尤其最近两年，基本保持不变，见表 3-26。到 2020 年，即使水泥行业的二氧化碳排放在全国二氧化碳排放总量的比重仍保持在 14.9%，因此本节将采用该比重来分配水泥行业的相对减排量。由计算可得，若实现国家 45% 的行动目标，水泥行业的相对减排量需达到 11.9 亿吨。减排目标的实现包括两个方面：一是直接减排；二是结构调整实现的减排。根据相关测算，直接减排占总减排量的 50%，因此，水泥行业的直接减排量应为 5.95，那么，在国家 45% 行动目标约束下，2020 年水泥行业吨水泥排放应达到 0.53 吨。

表 3-26　水泥行业二氧化碳排放情况

年份	水泥行业二氧化碳排放（亿吨）	全国二氧化碳排放总量（亿吨）	水泥行业排放比例（%）
2005	9.03	56.6	15.95
2006	9.43	62.7	14.8
2007	10.3	69.4	14.9
2008	10.6	71.5	14.9

注：二氧化碳排放数据均为基于现有统计数据初步测算而得，若统计数据需要调整，则应以调整后结果为准。

第三节　水泥行业控制二氧化碳排放的国际、国内对比分析

一、国际水泥行业二氧化碳排放发展趋势

随着世界经济的发展，对建筑材料的需求将持续增加，特别是在发展中国家，由于现代化进程的不断加快和经济高速增长，水泥产量将不断增加。2005 年全球水泥总产量为 22.7 亿吨，随着新的水泥厂的不断成立，尤其是在发展中国家，对水泥的需求较大，世界水泥产量在未来还将持续增加，预计 2015 年全球水泥产量将达到 35 亿吨左右，2020 年将近 40 亿吨，而到 2050 年为 55 亿吨，达到 2005 年

的全球水泥产量的 2.5 倍。

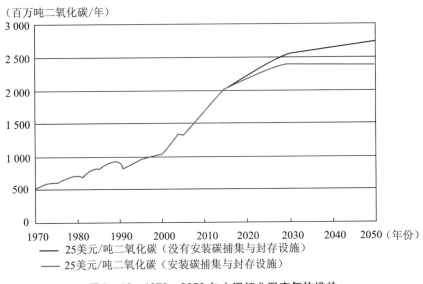

图 3-12 1970—2050 年水泥行业温室气体排放

图 3-12 为 1970—2050 年水泥行业温室气体排放情况及预测结果。由图 3-12 可看出，1990—2015 年间，温室气体排放从 8 亿吨二氧化碳当量增加到 20 亿吨二氧化碳当量，行业排放与以往相比增速较快，2015 年后一般情景预测下（二氧化碳减排成本为 25 美元）行业排放有所减缓，预测结果也表明，未来采用 CCS 技术要比没有采用具有更大的减排潜力。

近年来水泥行业已达到产量增长与二氧化碳绝对排放量的部分脱钩：2000—2006 年全球水泥生产增长 54%，但二氧化碳绝对排放量增长仅约 42%（5.6 亿吨），2006 年排放达到 18.8 亿吨（IEA）。但是这种趋势并不会无限持续，市场对于混凝土和水泥需求的增长速度一直高于生产每吨产品二氧化碳减排的技术潜力，并且至少在未来十年内出现规模足以产生实质性影响的水泥替代品是不现实的。因此，二氧化碳绝对排放量在未来一段时间内将会继续增长，水泥行业二氧化碳排放控制必将成为行业未来发展的重要部分。

目前国际上已有多个机构对水泥行业的未来减排潜力进行研究，包括 IEA、McKinsey 等，它们通过对不同发展情况、基线排放和未来需求预测的研究，在行业的发展趋势研究中得到一些相似的结论。世界可持续发展工商理事会（WBCSD）下属的水泥可持续性发展倡议组织（CSI）与国际能源署（IEA）在这些研究基础上，联合发布了全球水泥行业减排路线图。该路线图指出，未来水泥行业减少二氧化碳排放的途径主要有以下 4 种：提高热电效率；采用替代燃料；替代原料；碳捕捉和封存技术。通过对这 4 种途径的潜力分析，2020 年全球范围内，吨水泥二氧化碳排放目标为 0.62 吨，2050 年目标为 0.42 吨，并且水泥行业碳排放总量有望在 2050 年控制在 1.55 吉吨，在 2006 年碳排放基础上下降 18%，其中 CCS 技术的贡献率超过一半。

二、国内外水泥行业二氧化碳排放控制途径对比分析

据统计，国际水泥行业的二氧化碳排放以过程排放为主，占其温室气体排放的 2/3，生产过程中，每生产 1 吨水泥通常需要排放 0.65 ~ 0.95 吨二氧化碳。我国相关数据显示，吨水泥二氧化碳排放为 0.7 ~ 0.8 吨，从排放构成来看，国内的水泥行业二氧化碳排放基本上是能源排放与工艺过程排放各占一半。这可能由两方面原因造成：一是国内能效较低，能耗较高，造成水泥行业能源消耗量大，能源排放增加；二是国内水泥掺废渣比例较高，目前国际上水泥熟料比为 0.87 左右，而国内为 0.7 左右，因此熟料比例与国际水平相比偏低，致使生产过程排放相应减少。

以下将基于国际上水泥行业的 4 种主要减排途径，与我国水泥行业未来减排情况进行对比分析，研究我国在国际发展趋势下水泥行业的二氧化碳排放趋势。

（一）提高能效

我国目前水泥行业生产窑型较多，热耗差别也较大，即使对于同一类型水泥窑，由于生产规模、设备选型、工艺流程等因素影响，热耗也会有所不同。不过近几年，尤其是"十一五"以来，投产的新型干法生产线数量迅速上升，并且根据行业的相关规划目标，"十二五"新型干法水泥比重将达到90%以上，而国内新型干法生产技术指标与国际水平相比差距并不大。因此，如果水泥行业的节能减排工作在已有基础上继续进行的话，那么我国水泥行业的能耗和能效水平与国际水平将保持同步。

（二）替代燃料

当前，世界上一些发达国家尤其是欧洲国家，水泥行业替代燃料的技术和经验已经成熟，替代燃料已经成为这些国家水泥行业节能减排的重要手段，其替代燃料使用率平均达到20%，有些地方甚至超过50%。全球水泥行业减排路线图中设定的全球替代燃料使用率的目标为：2015 年达到 10% ~ 12%，2020 年达到 12% ~ 15%，并且根据 IEA 测算，混合燃料比传统燃料的碳排放强度小20% ~ 25%。

我国目前在燃料替代方面与发达国家仍存在较大差距，行业总体燃料替代率几乎为 0，究其原因既有经济方面的原因，更有政策、技术和相关配套体系的制约。当前，我国水泥行业已经具备使用替代燃料的基本条件，并且发达国家在政策、管理、生产技术、污染物控制等方面有成熟的经验可供借鉴，因此行业使用替代燃料减少二氧化碳排放具有较大的可行性。如果我国水泥行业达到全球关于燃料替代率的平均水平，那么现有的吨水泥二氧化碳排放将有进一步下降空间。

（三）熟料替代

根据 WBCSD 数据，2006 年全球平均熟料系数为78%，并且行业减排路线图确定的 2015 年和 2020 年熟料系数的目标为 76% 和 74%。"十一五"以来，我国水泥行业的熟料系数一直处于 70% 以下，因此在熟料替代方面，我国水泥行业的熟料比在国际上已经处于较高水平。

（四）碳捕捉和封存技术（CCS）

CCS 是一项新的技术，目前即使全球范围内也没有在工业规模的水泥生产中得到应用，但其具有广阔的发展前景。从技术角度来讲，2020 年前水泥行业的 CCS 技术可能还无法达到商业运用的水平，如果有适当的政策支持，预计 2020 年后 CCS 技术可以投入商业使用。对于我国，情况也是如此，从当前的发展情况来看，2020 年前国内采用 CCS 技术的可能性较小，即 2020 年前 CCS 将不会大规模在我国实行。因此，该技术途径在 2020 年前对我国水泥行业的影响并不大。

因此，通过对比分析国际水泥行业 4 种主要减排途径在我国的应用前景可知，能源效率、水泥熟料比和 CCS 技术在我国的实施与国际水平基本一致，有的甚至还要高于国际水平；而燃料替代在我国目前则处于空白状态，如果能够充分挖掘这方面的潜力，在现有基础上我国吨水泥二氧化碳排放强度将会得到进一步下降。

第四节　2020 年和"十二五"我国水泥行业可能的二氧化碳排放控制目标

2020 年及"十二五"水泥行业二氧化碳控制目标的确定需要综合考虑各方面的因素，本节通过对行业自身排放趋势、国际排放控制途径对比及国内 2020 年二氧化碳控制目标要求三方面进行研究，提供了三种情况下水泥行业可能的二氧化碳控制目标。

综上所述，在国家45%行动目标的约束下，水泥行业2020年吨水泥排放为0.53吨。而通过分析水泥行业自身发展趋势，2020年水泥行业的吨水泥二氧化碳排放将达到0.64吨；根据国际水泥行业的发展趋势，2020年水泥行业的吨水泥二氧化碳排放将达到0.62吨。因此，国家目标对水泥行业的约束力较大，为行业提出了较高的排放控制目标。通过对比分析国际水泥行业4种减排途径，我国如能较好地提高燃料替代的比重，则吨水泥的排放还能有一定下降，但距离0.53吨的目标还有一定差距。所以，建议结合国家目标的要求，在分析行业发展趋势的基础上，将吨水泥的排放目标设置为0.58～0.6吨。

水泥行业"十二五"及2020年目标设定情况见表3-27。

表3-27　水泥行业"十二五"及2020年目标

分析基础	水泥行业二氧化碳控制目标				所需减排途径
	2015年		2020年		
	水泥产量（亿吨）	吨水泥二氧化碳排放（吨二氧化碳/吨水泥）	水泥产量（亿吨）	吨水泥二氧化碳排放（吨二氧化碳/吨水泥）	
国内现有行业发展趋势	18.2	0.65	19.2	0.64	延续现有节能减排相关政策措施（基准情况）
参考国际行业发展趋势	18.2	0.66	19.2	0.62	加大替代燃料比例达12%～15%（2020年）
国内40%～45%目标约束	18.2	—	19.2	0.53	提高水泥质量，减少实物消耗（2020年）

行业篇

第四章　我国水泥行业二氧化碳排放控制的技术选择

基于水泥行业二氧化碳排放的计算方法，对行业二氧化碳排放控制相关的 8 种主要技术及其重点案例进行分析与测算，为实现行业排放控制目标提供技术支持。这 8 种技术分别为：熟料烧成节能技术、粉磨节能技术、助磨剂技术、纯低温余热发电技术、变频调速节能技术、工业废渣替代原料和混合材及水泥窑协同处置危险废弃物技术。

第一节　熟料烧成节能技术

熟料烧成是水泥生产的核心工序，烧成能耗占水泥生产能耗的 85%，提高烧成系统热效率一直是烧成技术发展的主要方向。目前，烧成系统主要的节能技术和设备如下。

六级预热器预分解炉系统、二支承短回转窑、高性能大推力燃烧器、煤粉助燃剂、稳流行进式无漏料熟料冷却机、高性能耐火衬料、废弃物替代原料和燃料、生活垃圾气化技术等。火电行业燃煤锅炉等离子电子点火技术，针对水泥窑点火的技术要求进行开发推广应用，可实现水泥窑点火不用油。这些技术可降低熟料烧成环节的能耗，从而减少二氧化碳排放。以六级预热器系统和两档支撑短回转窑为例：六级预热器出口温度基本在 280℃～300℃之间，较普通的五级预热器系统废气温度降低 30℃，烧成系统热耗可降低 75.3 千焦/千克熟料（18 千卡/千克熟料）左右，相当于吨熟料减排 8.3 千克二氧化碳；两档支撑短回转窑表面散热仅为 100.4 千焦/千克熟料（24 千卡/千克熟料），比普通三档支撑回转窑降低约 20.9 千焦/千克熟料（5 千卡/千克熟料），吨熟料减少二氧化碳排放约合 2.3 千克。

第二节　粉磨节能技术

粉磨是水泥生产过程中用电量最大的环节。水泥生产工艺过程称为"三磨一烧"，"三磨"即生料制备、煤粉制备和水泥粉磨，其电量消耗占水泥生产综合电耗的 72%。粉磨节能技术与装备主要为立磨系统以及辊压机系统，其中包括高效节能选粉系统。

生料粉磨广泛应用于立磨系统以及辊压机系统。对于易磨性中等的原料，采用立磨比采用球磨节电 5～7 千瓦时/吨生料。根据水泥行业的耗电排放因子测算可知，如采用立磨，则吨生料生产将减少二氧化碳排放 4.6～6.4 千克。煤粉制备一般采用风扫式球磨和立磨系统，立磨的电耗约为球磨的一半。对于易磨性中等的原煤，球磨电耗为 24.5 千瓦时/吨左右，立磨电耗为 13 千瓦时/吨左右，节电达到 11.5 千瓦时/吨左右，相当于减排 10.5 千克二氧化碳/吨。水泥粉磨有球磨机系统、辊压机预粉磨系统（包括循环预粉磨、联合粉磨、半终粉磨等）、辊磨终粉磨系统。辊压机预粉磨系统的粉磨效率一般是球磨机的 2 倍左右，系统可节电 30% 以上。

第三节　助磨剂技术

水泥助磨剂是一种表面活性较高的化学物质，防止细颗粒的再聚合，降低了粉磨阻力，加入适量助磨剂可提高磨机台时产量10%~25%，降低粉磨电耗25%左右，减少过粉磨现象、优化水泥颗粒级配、提高水泥颗粒圆度系数，从而提高水泥强度300万~500万帕斯卡，提高混合材掺加量达到节能的目的。通过对相关工程案例进行调研可知，若使用水泥助磨剂，吨水泥混合材用量平均增加了8%，相当于吨水泥熟料用量减少8%，从而可减少二氧化碳排放40千克。

第四节　纯低温余热发电技术

水泥窑余热主要利用在原料、燃材料、混合材的烘干、余热发电、污泥烘干处理等。在新型干法水泥熟料煅烧过程中，由窑尾预热器、窑头熟料冷却机处一般排出400℃以下废气，其热量约占水泥熟料烧成总耗热量的30%以上，除部分用于生料烘干外，尚有余热可以利用。

纯低温余热发电主要是在水泥窑的窑头和窑尾分别设置余热锅炉（称为AQC炉和SP炉），通过余热锅炉内水与热烟气进行换热，产生一定温度和压力的过热蒸汽，进入汽轮发电机组进行发电。通过进行余热发电，可达到降低能耗减少二氧化碳排放的目的，以海螺集团为例，2007—2009年三年间，累计节约标准煤216万吨，共计减少二氧化碳排放794万吨。

第五节　变频调速节能技术

水泥生产线（5 000吨/天）从矿山到水泥出厂，电机总装机容量一般为3.5万~4.0万千瓦。目前绝大部分水泥企业电动机全电压运行，用挡板、阀门来控制介质流量。这样，电动机从电网所吸取能源的一部分，甚至一大部分被挡板、阀门消耗或旁通，造成了不必要的能源浪费。

变频调速技术具有优良的软启动特性和连续的无级调速性能，因此产生显著的节能效果，而且可以提高设备运转的稳定性、可靠性和安全性，还能够稳定工艺及产品质量。目前水泥行业电机拖动系统的节能改造仍以实施变频调速为主，辅以对电机、风机进行性能优化和更新改造。尤其是对于风机、水泵等流体设备，若酌情实施调速运行，其节能效果很大，特别是大型泵组的节能效果更为可观。例如，某大型水泥集团对风机、窑头、窑尾风机和原料立磨风机实施变频改造后，吨熟料电耗平均下降3.0千瓦时，相当吨熟料热耗下降0.37千克标准煤，减少二氧化碳排放约合2.7千克/吨熟料。

第六节　工业废渣替代原料和混合材

水泥生产过程排放的二氧化碳几乎为总二氧化碳排放量的一半，主要是由原料煅烧时氧化分解过程中产生，因此采用工业废渣替代原料与混合材，可以有效减少生产过程的二氧化碳排放，同时也可降低相应的能耗。

我国水泥工业利用工业废渣和尾矿替代原料和混合材用于水泥生产已有很长的历史，如矿渣、钢渣、粉煤灰、煤矸石、炉渣、页岩、磷渣、碱渣、赤泥、电石渣等废弃物在水泥的生产中得到了比较广泛的应用，起到了非常有效的节能减排和资源综合利用的效果。

根据相关工程实例，单独利用矿渣配料每吨熟料大约节约3千克标准煤，相当于每吨熟料减排二氧化碳11千克；若单独利用钢渣配料每吨熟料大约节约4千克标准煤，相当于减排二氧化碳14.7千克，同时利用钢渣、矿渣配料每吨熟料大约节约5千克标准煤，相当于减排二氧化碳18.4千克。可见，同时利用钢渣和矿渣进行替代，减排量是最大的。

第七节　水泥窑协同处置危险废弃物

目前我国年产生约 3 000 万吨工业危险废物，是水、大气和土壤的重要污染源。选择工业危险废物、生活垃圾等利用水泥窑协同处置，可以达到消纳废弃物、节省天然资源和能源的目的。水泥回转窑煅烧熟料过程的特点：一是焚烧温度高（窑内物料温度约 1 450℃，气体温度接近 2 000℃）；二是物料在窑内停留时间长；三是窑内高温气体湍流强烈，可使废弃物完全燃烧，使有机物破坏得十分彻底；四是水泥窑全系统在负压下运行，因此有毒有害气体不会溢出，不会产生环保方面问题；五是熟料煅烧是在碱性条件下进行的，有毒、有害废弃物中的氯、硫、氟等在窑内被碱性物质完全中和吸收，变成无毒的化合物，还将废料中的大部分重金属元素固化在熟料中，避免了重金属的再次扩散；六是焚烧废物的残渣最终又进入水泥熟料，做到了废弃物处理彻底干净，不会产生以焚烧方式处理废弃物过程中造成二次污染问题。因此，水泥回转窑协同处置危险废弃物具有处置废物数量大、投资少、运行费用低及炉内气体温度高、滞留时间长、自净化程度高、二次污染少、处理彻底等优点。

此外，可燃废弃物还可作为替代燃料使用，通过节约能源使用量减少二氧化碳排放。目前部分发达国家如德国水泥工业利用可燃废弃物平均已占到总燃耗的 38%，假若我国水泥工业可燃废弃物能达到 10% 的替代率，则每年可节约 800 万 ~ 1 000 万吨标准煤，相当于减少二氧化碳排放 2 941.6 万 ~ 3 677 万吨。

行

业

篇

第五章　我国水泥行业"十二五"控制二氧化碳排放政策建议

为实现 2020 年及"十二五"我国水泥行业二氧化碳排放可能的控制目标，必须进一步加强各项保障性政策措施的有效实施。

第一节　完善标准法规，研究制定吨水泥排放标准

水泥新标准于 2008 年 6 月 1 日开始执行，普通硅酸盐水泥混合材掺量由原标准的 15% 提高至 20%，收到了明显节能效果。2008 年、2009 年我国熟料占水泥的比重分别为 69.33%、65.39%；2009 年和 2008 年相比，吨水泥中少用熟料达 3.94%，相当于全年少用熟料 6 501 万吨，以熟料综合能耗 125 千克标准煤/吨进行计算，相当于全年节约 812.6 万吨标准煤。

《水泥工厂节能设计规范》和《水泥单位产品能源消耗限额》两标准相辅相成，使新建水泥厂和老厂改造能源消耗指标均有章可循，从法规上保证了节能的实施。

此外，建立落后产能退出机制，加大各级财政资金对淘汰落后产能的支持力度。金融部门应对企业兼并重组提供信贷支持。国家对水泥产品实行生产许可证制度。水泥、水泥熟料、水泥粉磨站、水泥配制站等生产企业，必须取得生产许可证方可生产经营。

第二节　研究建立水泥行业二氧化碳考核评价体系

当前，我国已计划逐步建立和完善有关温室气体排放的统计监测和分解考核体系，切实保障实现控制温室气体排放行动目标。水泥行业是二氧化碳排放控制的重点行业，其减排措施执行的效果对于国家控制二氧化碳排放具有重要作用。因此，有必要建立行业层面的二氧化碳排放的考核体系，通过对水泥行业的排放情况进行监测与考核，推动行业控制措施的有效实施，促进国家目标的顺利实现。

水泥行业二氧化碳考核评价体系可包括评价指标与考核方式两个主要部分。

一、建立评价指标体系

参考现有的能效对标指标体系，按照水泥生产工艺流程建立控制温室气体排放能源相关指标体系（见图 3-13）。根据水泥行业温室气体排放计算方法，二氧化碳排放主要包括化石燃料燃烧、生产过程与耗电排放。其中，熟料生产过程包括了主要的燃料燃烧排放与全部生产过程排放及一部分耗电排放，水泥制备过程主要是耗电排放，另有一小部分燃料燃烧排放。

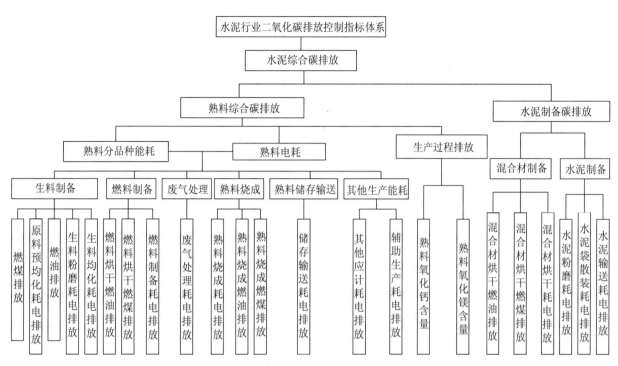

图 3 - 13　水泥行业二氧化碳排放控制指标体系

二、具体指标说明

对于水泥行业二氧化碳排放控制指标体系，以下将从定义和计算公式两方面对所设置指标分类进行描述。

（一）燃煤排放

1. 定义

燃煤排放源包括水泥窑、烘干炉、热水锅炉和其他燃煤设备，具体分别对应为生料制备燃煤排放、燃料烘干燃煤排放、熟料烧成燃煤排放及混合材烘干燃煤排放 4 个指标。每个指标对应的排放量其活动水平为各燃煤设备煤炭燃烧量，排放因子与消耗的煤种和燃煤设备相关，是煤炭的含碳率与燃烧碳氧化率的乘积。

2. 计算公式

$$EC_i = QC_i \times AC_i \times K \qquad (3-9)$$

式中：EC 为不同排放源对应的燃煤排放指标，即二氧化碳排放量，单位为吨（t）；

i 为不同排放源，$i = 1，2，3，4$；

QC 为煤炭消耗量，单位为吨（t）；

AC 为燃煤排放因子，其值为煤炭含碳率与碳氧化率乘积；

K 为碳转换系数，$K = 44/12$。

（二）燃油排放

1. 定义

与燃煤排放类似，燃油排放包括生料制备燃油排放、燃料烘干燃油排放、熟料烧成燃油排放及混合材烘干燃油排放 4 个指标，燃油设备包括机动车内燃机和其他燃油。每个指标对应的排放量其活动水平为各燃油设备油料燃烧量，排放因子为含碳率与氧化率的乘积。

2. 计算公式

$$EP_i = QP_i \times AP_i \times K \qquad (3-10)$$

式中：EP 为不同排放源对应的燃油排放指标，即二氧化碳排放量，单位为吨（t）；

i 为不同排放源，$i=1$，2，3，4；

QP 为油料消耗量，单位为吨（t）；

AP 为燃油排放因子，其值为煤炭含碳率与碳氧化率乘积；

K 为碳转换系数，$K=44/12$。

（三）原料预均化耗电排放

1. 定义

企业用于原料预均化耗电所排放的二氧化碳量。原料预均化电耗的统计范围包括堆取料机的电耗和原料输送皮带的电耗及一些转运点收尘设备的电耗等，耗电排放量为企业消耗的外送电量与排放因子乘积。

2. 计算公式

$$E_{yjh} = Q_{yjh} \times AE \times K \qquad (3-11)$$

式中：E_{yjh} 为原料预均化耗电排放量，单位为吨（t）；

Q_{yjh} 为原料预均化耗电量，单位为千瓦时（kWh）；

AE 为电排放因子，为所在电网生产单位电量的碳排放量，单位为吨/千瓦时（t/kWh）。

（四）生料粉磨耗电排放

1. 定义

企业用于生料粉磨的电力消耗所排放的二氧化碳量。生料制备电耗的统计范围为从原料入生料磨至生料入均化库整个生料制备过程消耗的电量。其包括入磨原料输送皮带、生料磨主机、选粉机、循环风机和辅机输送设备以及入生料库提升机和生料库库顶输送设备的电耗。生料制备电耗统计范围见图 3-14。

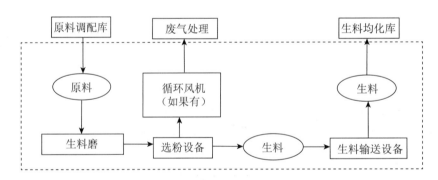

图 3-14　生料制备电耗统计范围

2. 计算公式

$$E_{yfm} = Q_{yfm} \times AE \times K \qquad (3-12)$$

式中：E_{yfm} 为生料粉磨耗电排放量，单位为吨（t）；

Q_{yfm} 为生料粉磨耗电量，单位为千瓦时（kWh）。

（五）燃料制备耗电排放

1. 定义

企业用于将进厂的块状燃料进行破碎和粉磨至适当细度，以满足熟料煅烧要求的过程的电力消耗所排放的二氧化碳量。

燃料制备电耗的统计范围为从燃料入煤磨至燃料入存储仓整个燃料制备过程消耗的电量。其包括燃料破碎、入磨燃料输送皮带、煤磨主机、选粉机、排风机和辅机输送设备等的电耗，不包括送煤罗茨风机电耗。燃料制备电耗统计范围见图 3-15（以煤粉制备为例）。

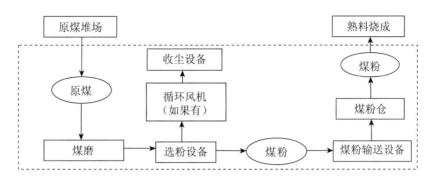

图 3 - 15　燃料制备电耗统计范围

2. 计算公式

$$E_{rfm} = Q_{rfm} \times AE \times K \qquad (3-13)$$

式中：E_{rfm} 为燃料制备耗电排放量，单位为吨（t）；

Q_{rfm} 为燃料制备耗电量，单位为千瓦时（kWh）。

（六）熟料烧成耗电排放

1. 定义

企业用于熟料烧成的电力消耗所排放的二氧化碳量。

熟料烧成电耗的范围为从生料出均化库库底小仓到熟料入熟料库整个熟料烧成过程消耗的电量。其包括回转窑主电机、窑尾高温风机、窑头排风机、窑头冷却机传动和冷却风机、窑头和窑尾一次风机、生料喂料设备以及送煤罗茨风机等电耗。熟料烧成电耗统计范围见图 3 - 16。

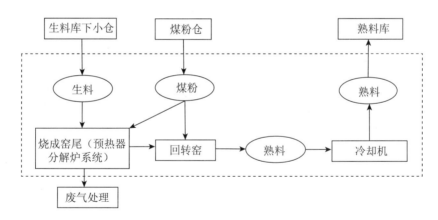

图 3 - 16　熟料烧成电耗统计范围

2. 计算公式

$$E_{sc} = Q_{sc} \times AE \times K \qquad (3-14)$$

式中：E_{sc} 为熟料烧成耗电排放量，单位为吨（t）；

Q_{sc} 为熟料烧成耗电量，单位为千瓦时（kWh）。

（七）水泥粉磨电耗

1. 定义

企业用于水泥粉磨过程的电力消耗所排放的二氧化碳量。

水泥粉磨电耗的统计范围为从水泥熟料、石膏和各混合材配料库库底开始到水泥入水泥库整个水泥粉磨过程消耗的电量。其包括水泥磨主机、辊压机、选粉机、收尘设备、排风机和输送设备等电耗。水泥粉磨电耗统计范围见图 3 - 17。

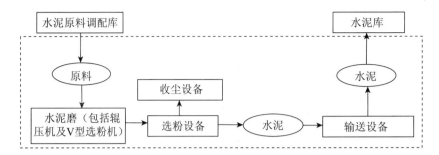

图3-17 水泥粉磨电耗统计范围

2. 计算公式

$$E_s = Q_s \times AE \times K \qquad (3-15)$$

式中：E_s 为水泥粉磨耗电排放量，单位为吨（t）；

Q_s 为水泥粉磨耗电量，单位为千瓦时（kWh）。

（八）辅助及其他电耗

1. 定义

这一部分指标包括水泥生产的辅助过程及其他方面的一些耗电所排放的二氧化碳量，具体指标为废气处理耗电排放、储存输送耗电排放、辅助生产耗电排放、其他应计耗电排放及水泥制备中水泥输送耗电排放和水泥袋散装耗电排放。

2. 计算公式

耗电排放量为企业消耗的电量与排放因子的乘积。

$$E_j = Q_j \times AE \times K \qquad (3-16)$$

式中：E_j 为辅助及其他耗电排放量，单位为吨（t）；

j 为各个辅助和其他耗电源；

Q_j 为辅助及其他的耗电量，单位为千瓦时（kWh）。

（九）生产过程排放

1. 定义

水泥生产过程二氧化碳排放量，排放因子为熟料中氧化钙、氧化镁含量。

2. 计算公式

$$E_g = Q_g \times P \times K \qquad (3-17)$$

式中：E_g 为生产过程排放量，单位为吨（t）；

Q_g 为熟料产量，单位为吨（t）；

P 为生产过程排放因子。

注：水泥企业回收的窑灰（CKD）一般掺入熟料，计入熟料产量统计，无须单独计算；企业排放的烟气和粉尘中氧化钙含量只占熟料产量极小比例，予以忽略。

三、考核评价方法

指标体系的建立可为水泥行业的持续监测考核提供评价依据。水泥行业温室气体减排是一项长期而艰巨的工作，需要进行持续的监控、评价与考核。因此，需要在指标体系的基础上建立考核评价方法，通过考评、预警、要求改进等一系列闭环控制手段保障水泥行业温室气体减排工作的长期有效。

水泥行业二氧化碳减排的考核工作可以按照两种方式进行：一是由政府主导形成的自上而下的强制考核方式；二是由企业为主形成的自下而上的自愿考核方式。两种方式可结合进行。对于第一种方式，可由政府相关部门负责，通过行业控制目标研究制定考核标准，定期对水泥企业进行考核，并采取有效机制，如实行一定的奖惩措施，来保障考核工作的正常进行与考核结果的权威性。对于第二种考核方式，属于企业的自查与自我考核，政府应实行一定的优惠政策激励水泥企业能够更加主动地参与到行业的减排考核工作中，企业定期对自身的排放情况进行自查，并上报有关部门，使得水泥行业温室二氧化碳减排的考核工作更加通畅与常态化，从而促进整个行业的可持续发展。

第三节　加快结构调整，淘汰落后产能

落后水泥是指落后工艺生产的水泥和所谓的采用新型干法先进工艺但规模达不到产业政策要求、技术指标不先进的生产线生产的水泥。主要为立窑、干法中空窑、湿法窑、立筒预热器窑、小型新型干法窑。目前，全国有湿法窑30台，水泥熟料417万吨。中空窑398台，熟料产能2 030万吨，其中用来生产特种水泥的200台。立窑3 430台，水泥熟料产能2.69亿吨。落后产能消耗多，污染重，二氧化碳排放强度高，是工业能耗排放居高难下的重要因素之一。通过淘汰落后产能，水泥行业可降低化石燃料燃烧能耗，从而减少二氧化碳排放。要完成节能减排目标，并实现行业二氧化碳排放控制目标，必须加快淘汰落后产能。只有通过重组联合，淘汰落后产能，提高产业集中度，才能实现水泥产业结构调整。尽快彻底淘汰落后水泥产能是实现水泥产业结构调整的需要，也是水泥产业走低碳经济发展道路的必要。

新制定的《水泥工业产业政策》（送审稿）指出："到2015年，新型干法水泥比重达到90%以上；2010年底前，全部淘汰各种规格的干法中空窑（铝酸盐水泥除外）、湿法窑（以电石渣等泥浆类工业废弃物为主要原料除外）等落后工艺技术装备；2015年底前，淘汰各类中空余热发电窑，依法关闭环保、能耗或水泥质量不达标的企业；加快淘汰单线熟料规模小于年产15万吨的立窑和小于25万吨的各类回转窑（特种水泥除外），以及单线规模小于年产40万吨（即直径等于或小于3米，单位产品电耗高于32度/吨）的水泥粉磨站、水泥配制站。"按平均每年淘汰5 000万吨落后水泥生产能力计算，折合熟料3 250万吨，其中立窑2 800万吨（占86%），湿法窑和干法中空窑450万吨（占14%），新型干法熟料热耗750千卡/千克，立窑熟料热耗950千克标准煤/千克，干法中空窑和湿法窑平均热耗按照1800千卡/千克计算，淘汰落后产能用新型干法水泥替代，可实现年节能量148.11万吨标准煤，相当于544.6万吨二氧化碳。

近年来，我国淘汰落后产能工作取得了积极进展，但由于长期积累的结构性矛盾比较突出，工业领域特别是一些高消耗、高排放行业，落后产能比重较大，淘汰落后产能的任务仍很艰巨。按照国发〔2009〕38号文要求，各地必须尽快制定三年内彻底淘汰落后产能时间表。由工信部起草的《国务院关于进一步加强淘汰落后产能工作的通知》，深化了2009年国务院《关于抑制部分行业产能过剩和重复建设引导产业健康发展若干意见的通知》的内容，初步测算三年内应淘汰的落后水泥产能为3亿多吨，明确了产能过剩行业在今后三年的淘汰任务。上述落后产能除生产特种水泥的200台中空窑根据需要可以暂时保留，但也要采用新工艺新技术进行改造，其他落后产能必须在三年之内彻底淘汰。

淘汰落后产能，必须严格市场准入、强化经济和法律手段、加大执法处罚力度等四个方面的政策约束机制以及加强财政资金引导、做好职工安置、支持企业升级改造等三个方面的政策激励机制，并强调通过加强舆论和社会监督，加强监督检查，实现问责制等几个方面健全监督检查机制。此外，对于未完成淘汰落后产能任务的企业，应制定相应的惩罚机制。对未按规定期限淘汰落后产能的企业，有关部门应不予办理产品生产许可证，已颁发生产许可证、安全生产许可证的要依法吊销。对未按规定期限淘汰落后产能的企业吊销排污许可证。对不按规定淘汰落后产能，被地方政府责令关闭、撤销的企业，工商部门限期办理注销登记，直至依法吊销营业执照。电力供应企业根据政府相关部门要求对落后产能企业依法停止供电。

第四节   积极开展能效对标，大力发展低碳水泥产品

水泥行业温室气体排放中，能源排放占有重要比重，因此提高能效，减少能源消耗总量，对于行业控制温室气体具有重要措施。能效对标是一整套科学管理系统和贯穿整个系统的科学管理理念，水泥行业实行能效对标对于提高能效、减少能耗进而控制二氧化碳排放具有重要意义。近年来，在国家强有力节能政策的推动下，水泥工业能效对标活动不断深入开展，节能减排取得了显著效果，但与工业发达国家相比，其产值能耗、产品单耗和工序能耗与国际先进水平仍有差距，节能降耗仍有较大潜力。

企业开展能效对标首先要确保实施条件。需要建立一整套对标管理的组织、运行、指标、考核、奖惩、信息等机制，强调机制配套、信息畅通、责任到人、指标到位，并与个人收益挂钩，充分调动全体员工参与对标的积极性；还要建立良好的内外部信息交流渠道；要做到淘汰并举，经技术经济比较，没有改造必要、规模偏小的生产线和装备不要犹豫，坚决实施淘汰。

其次，能效对标的标杆应合理。对标管理就是和标杆进行对比的不断循环过程。标杆最好是具体企业，学习标杆就是要找出自身的差距，学习其精髓，并与自身的实际情况紧密结合、与基础能源管理紧密结合。

此外，确定能效对标的指标体系是企业实施对标工作的重要环节，是联结各项对标工作流程的纽带，是开展对标工作的基础和依托。一套科学合理的指标体系，应该能够系统地、全面地反映所要瞄准、关注的内容和对象，应该能够涵盖影响企业总体能效水平和能源利用状况的关键因素和环节。根据《行业能效对标指南》，水泥企业能效对标指标体系按两大层次构建，第一层次是反映全厂整体能源利用水平的综合性指标，主要用最终产品的单位能耗来表示，包括可比水泥综合能耗、可比熟料综合能耗、可比水泥综合电耗等指标；第二层次是反映各主要工序和用能环节能效水平的指标，用工序能耗来表示，包括原料破碎电耗、生料粉磨电耗、燃料制备电耗、熟料烧成电耗等。

第五节   加强财税政策支持力度

一、国债贴息

主要是政府利用少量国债对重大节能技术项目示范、试点的贴息；国债资金的重点支持领域应集中在钢铁、有色金属、石油石化、化工、建材等高耗能行业的节能技术改造方面。

二、节能量奖励

财政部、国家发改委《关于印发〈节能技术改造财政奖励资金管理暂行办法〉的通知》（财建〔2007〕371号）规定，中央财政将安排必要的引导资金，采取"以奖代补"方式，对十大重点节能工程给予适当支持和奖励，奖励金额按项目技术改造完成后实际取得的节能量和规定的标准确定；财政奖励对象主要是实施节能技术改造项目的重点耗能企业。据此财政部每年均拨出资金给予奖励，2008年财政部拿出60亿元对525个项目进行了节能奖励，东中部地区奖励200元/吨标准煤节能量，西部地区奖励250元/吨标准煤节能量；地方层面大部分省建立了节能专项资金，部分市、县也建立了节能专项资金，节能奖励投入明显加大。

三、实施差别电价政策

国家先后制定并实施了峰谷电价、分时电价、差别电价等有利于节能的电价政策。目前全国大多

数省、市、自治区实行了峰谷电价和分时电价。

2004 年 6 月，经国务院批准，国家发改委出台了电价调整方案，并对电解铝、铁合金、电石、烧碱、水泥、钢铁等 6 个高耗能行业试行差别电价；2004 年 9 月，国家发改委又会同国家电监会下发了《关于进一步落实差别电价及自备电厂收费政策有关问题的通知》（发改电〔2004〕159 号），对差别电价政策作了进一步完善；2005 年 11 月，国家发改委发布《关于继续实行差别电价政策有关问题的通知》（发改价格〔2005〕2756 号），决定继续实行差别电价政策。

第六节　加强 CDM 项目开发等领域的国际合作

截至 2009 年 8 月 14 日，国家发改委审批的 CDM 项目 2 174 个，其中水泥 CDM 项目 178 个，二氧化碳减排量 2 038 万吨；截至 2009 年 9 月 22 日，已报执行理事会（EB）审批的水泥 CDM 项目 34 个，已审批通过 25 个，二氧化碳减排量 208 万吨，其中有 3 个项目已签发了 15 万吨二氧化碳减排量，此交易量已产生了经济效益。

企业可利用 CDM 项目获得额外的收入。例如，一条 5 000 吨/天生产线配套建设 9 兆瓦余热发电机组，每年约减排二氧化碳 2 万多吨，按目前国际平均价格 10 欧元计算，每年可给企业增收约 200 万元人民币。若每年有 10 家企业获准 CDM 项目，每年可给行业增收约 2 000 万元人民币，这个数目每年会大幅增长。

县域篇

县级控制温室气体排放综合研究

第一章　慈溪市"十二五"及 2020 年
温室气体控制目标研究

第一节　前言

由人为温室气体排放所导致的全球气候变暖，已成为当今世界面临的重大挑战之一。在全球气候变暖的大背景下，各国围绕温室气体减排展开了激烈的谈判，"低碳经济"、"碳金融"、"碳关税"、"碳税"等概念和政策也应运而生。我国作为发展中大国，能源相关的二氧化碳排放量已超过美国跃居世界第一，在减缓温室气体排放方面面临着巨大的国际压力。此外，我国长期以来粗放型经济增长方式是以能源资源的大量消耗为代价，这一方面造成化石能源资源的长期持续供应难以为继，另一方面导致经济发展的能源环境约束日趋尖锐。

应对气候变化的严峻挑战，必须深入贯彻落实科学发展观，加快转变发展方式，努力控制温室气体排放。2009 年 11 月 25 日召开的国务院常务会议研究决定，到 2020 年我国单位 GDP 二氧化碳排放比 2005 年下降 40%～45%，作为约束性指标纳入国民经济和社会发展中长期规划，并制定相应的国内统计、监测、考核办法。这是我国提出的第一个控制温室气体排放的量化目标。会议还决定，通过大力发展可再生能源、积极推进核电建设等行动，到 2020 年我国非化石能源占一次能源消费的比重达到 15%左右；通过植树造林和加强森林管理，森林面积比 2005 年增加 4 000 万公顷，森林蓄积量比 2005 年增加 13 亿立方米。

实现 2020 年我国控制温室气体排放行动目标是当前和今后一个时期我国应对气候变化的战略任务。为有效实现国家"40%～45%"的约束性目标，我国将开展温室气体控制目标分解落实工作。选择慈溪市作为试点开展县域经济温室气体排放控制综合研究意义重大，一方面慈溪市作为全国县域经济基本竞争力三强县之一，2009 年人均 GDP 已超过 8 000 美元，远超过全国平均水平，与之类似的是温室气体排放，慈溪市人均排放量也远高于全国平均，直逼发达国家水平。选择慈溪市开展温室气体控制研究对沿海经济发达地区县级区域调整产业结构、转变发展方式等具有较强的示范作用；另外，目前我国产业有由沿海向内陆转移的趋势，同时在消费方式上后发展地区也有向沿海地区看齐的势头，慈溪市的试点研究对内陆及其他发展中地区的县级区域可持续性发展及远景规划等具有学习借鉴作用。

本报告重点开展县级区域温室气体清单编制及排放预测的探索研究，在此基础上根据国家实现"40%～45%"目标的总体要求，并结合慈溪市自身发展情况，研究提出了慈溪市温室气体排放控制目标。慈溪市"十二五"及 2020 年温室气体控制目标研究是本专题的一项重要和基础性工作，不仅可为本专题《慈溪市低碳经济发展规划建议》报告中的低碳经济发展目标提供依据，也可为本专题《县域经济低碳发展评价指标和考核体系研究》报告提供基础数据等方面的技术支持。

第二节　2005 年慈溪市温室气体清单编制

一、清单年份和县级区域温室气体清单边界

（一）清单年份

由于国家提出的到 2020 年我国 GDP 二氧化碳排放比 2005 年下降"40%～45%"目标的基年是 2005 年，未来各级地方政府目标的基年也将可能是 2005 年。因此，2005 年温室气体排放量是一个十分重要的基础数据，有必要开展县级区域 2005 年温室气体清单的编制研究，摸清基年排放情况。

（二）清单边界

温室气体是大气中那些吸收和重新放出红外辐射的自然的和人为的气态成分，包括水汽、二氧化碳、甲烷、氧化亚氮等。《京都议定书》中规定了 6 种主要温室气体，分别为二氧化碳（CO_2）、甲烷（CH_4）、氧化亚氮（N_2O）、氢氟碳化物（HFC_s）、全氟化碳（PFC_s）和六氟化硫（SF_6）。考虑到我国第二次国家信息通报有关 2005 年国家温室气体清单的报告范围，国家"40%～45%"目标的温室气体种类以及慈溪市活动水平数据的可获得性，本节估算慈溪市全社会 3 种（二氧化碳、甲烷和氧化亚氮）温室气体排放量。

1. 能源活动

国家和省级能源活动温室气体清单范围主要包括：化石燃料燃烧活动中产生的二氧化碳和氧化亚氮排放；生物质燃烧活动中的甲烷排放；煤矿和矿后活动中的甲烷逃逸排放以及石油和天然气系统甲烷逃逸排放。由于慈溪市没有煤矿，天然气管道也没有投入使用，农村地区使用作物秸秆等生物质燃料的也较少，慈溪市能源清单主要估算化石燃料燃烧活动中产生的二氧化碳排放。具体为：

慈溪市范围内能源生产（开采）、加工转换、输送至终端利用各过程不同燃烧设备燃烧不同化石燃料的活动。为了更加准确地估计排放量以及更好地辅助决策制定，把化石燃料燃烧活动分为农业、工业、建筑、交通运输、服务（第三产业中扣除交通移动源部分）和居民生活部门（城镇和农村）等。化石燃料又按燃料品种分为煤炭、焦炭、型煤、焦炉煤气、原油、燃料油、汽油、柴油、煤油、液化石油气、其他油品、天然气、炼厂干气、其他燃气等。

但同时慈溪市能源部门温室气体清单边界与国家和省级能源清单边界有许多不同之处，其中最大不同是电力调入占区域内电力消费的比重非常大，如 2005 年慈溪市电力调入量占该市电力消费的 90% 以上。因此，外购电力的排放是否计入当地的排放总量以及如何计入就成为不可回避的问题。

2. 工业生产过程

国家和省级工业生产过程清单包括：水泥生产过程二氧化碳排放，石灰生产过程二氧化碳排放，钢铁生产过程二氧化碳排放，电石生产过程二氧化碳排放，己二酸生产过程氧化亚氮排放，硝酸生产过程氧化亚氮排放，铝生产过程全氟化碳排放，镁生产过程六氟化硫排放，电力设备生产和使用过程六氟化硫排放，半导体制造氢氟碳化物、全氟化碳和六氟化硫排放，臭氧消耗物质替代品生产和使用氢氟碳化物排放。

与国家及省级相比，慈溪市范围小，工业类别相对简单，涉及温室气体排放的行业较少，且现有的官方统计途径对工业产品产量统计不全。因此，根据慈溪市工业行业发展现状和数据的可获得性，慈溪市 2005 年工业生产过程温室气体排放仅计算水泥行业的二氧化碳排放。但需要注意的是，水泥生产时存在两种温室气体排放来源：一种是化石燃料燃烧的排放；另一种是煅烧水泥熟料过程中石灰石高温分解产生的二氧化碳。其中，化石燃料燃烧部分产生的排放计算在能源部门，本部分工业生产过程仅计算石灰石高温分解的二氧化碳排放。

3. 农业部门

国家和省级农业部门温室气体清单包括水稻田甲烷排放、农田氧化亚氮排放、动物消化道甲烷排放和动物粪便管理系统的甲烷和氧化亚氮排放。其中农田氧化亚氮排放又分为直接排放和间接排放，直接排放源主要有氮肥和有机肥、生物固定氮和作物秸秆直接还田；间接排放源包括大气中的活性氮（主要来源于氮肥和动物废弃物的氨挥发，土壤排放活性氮以及秸秆和矿物燃料燃烧释放的活性氮）沉降到地面（农田和非农田）而引起的氧化亚氮排放，以及农田氮淋溶或径流损失引起的氧化亚氮排放。动物消化道排放源主要包括反刍动物牛和羊及非反刍动物猪。动物粪便管理系统排放源包括猪、牛、羊、鸡等。慈溪市农业部门排放源与国家及省级清单范围一致，为慈溪市范围内的水稻田甲烷排放、农田氧化亚氮排放、动物消化道甲烷排放和动物粪便管理系统的甲烷和氧化亚氮排放。

4. 土地利用变化和林业

国家和省级土地利用变化和林业部门清单范围不仅包括温室气体排放源，还包括吸收汇。排放源为林地转化为非林地如农地、牧地、城市用地、道路等引起的二氧化碳排放，包括地上生物质燃烧（包括现地燃烧和异地燃烧）引起的碳排放和地上生物质分解引起的碳排放；吸收汇为林分、竹林、经济林以及疏林、散生木、四旁树生长吸收的二氧化碳。慈溪市土地利用变化和林业部门清单与国家和省级清单一致，为慈溪市范围内的林地转化为非林地的二氧化碳排放和林木生长吸收的二氧化碳。

5. 废弃物处理

国家和省级废弃物处理清单包括固体废弃物、工业废水和生活污水处理过程甲烷排放，其中固体废弃物为城市生活垃圾。

慈溪市废弃物处理清单范围与国家和省级清单基本一致，包括慈溪市辖区内固体废弃物、工业废水和生活污水处理过程甲烷排放，有所区别的是慈溪市固体废弃物包括城区和农村两部分废弃物，比国家和省级清单中增加了农村地区废弃物处理甲烷排放。

二、县级区域温室气体清单编制方法

慈溪市温室气体清单主要参考《联合国气候变化框架公约》决定的为规范国家温室气体清单编制的有关方法学指导文件《IPCC 国家温室气体清单指南》（1996 年版）（简称《IPCC 清单指南》）和《国家温室气体清单优良做法指南和不确定性管理》，同时参考我国 1994 年和 2005 年国家温室气体清单编制及省级温室气体清单编制经验。此外，由于慈溪市电力调入量较大，本报告在电力行业温室气体排放估算方法等方面进行了适当的探索。

（一）能源活动

根据慈溪市能源活动水平数据和排放因子数据的可获得程度，本报告同时采用了《IPCC 清单指南》推荐的方法二和方法一估算了化石燃料的温室气体排放，并根据电力消费的实际情况采用创新的估算方法核算了电力行业的二氧化碳排放。

IPCC 方法二是以详细技术为基础的部门方法（自下而上方法），基于分部门、分设备、分燃料品种的活动水平数据、各种燃料品种的单位发热量和含碳量以及消耗各种燃料的主要设备的氧化率等参数，通过逐层累加综合计算得到总排放量的方法。该方法计算二氧化碳排放量的公式如下：

$$排放量 = （排放因子_{i,j,k} × 燃料消费量_{i,j,k}） \tag{4-1}$$

式中：i 为燃料类型；

$\qquad j$ 为部门活动；

$\qquad k$ 为技术类型。

其中：燃料消费量以热值表示；对二氧化碳来说，排放因子由燃料的单位热值的含碳量与燃烧设备的碳氧化率决定，即排放因子 = 单位热值的含碳量 × 燃烧设备的碳氧化率。

计算步骤如下：

（1）确定可靠的、可核查的主要能源设备燃料燃烧量，确定清单采用的技术分类；

（2）基于设备的燃烧特点，收集可靠的排放因子数据；

（3）根据各部门、设备、燃料品种的活动水平与排放因子数据，估算每种主要能源活动设备的温室气体排放量；

（4）加总计算出化石燃料燃烧的温室气体排放量。

按照《IPCC 清单指南》的要求，以详细技术为基础的部门法应为各部门分设备、分燃料品种的温室气体排放量之和，这就要求了解各部门的主要用能设备类型所使用的燃料品种及这些燃料品种的发热量与含碳量，以及这些用能设备在使用某种燃料时的氧化率等排放因子参数。这种方法远比参考方法复杂，不仅需要通过大量工作获得详细分设备类型的活动水平数据，同时还需要通过分析、测试等方式来确定相应设备的排放因子。

IPCC 方法一是由各种化石燃料的表观消费量与各种燃料品种的单位发热量、含碳量，以及消耗各种燃料的主要设备的平均氧化率，并扣除化石燃料非能源用途的固碳量等参数综合计算得到的。方法一是基于一次燃料的表观消费状况，对不同燃料类型排放量进行总的估算。方法一也称参考方法，计算公式为：

二氧化碳排放量 = ［燃料消费量（热量单位）×单位热值燃料含碳量 - 固碳量］×燃料燃烧过程中的碳氧化率

$$(4-2)$$

计算步骤如下：

（1）估算燃料消费量。

燃料消费量 = 生产量 + 进境量 - 出境量 - 库存变化

（2）折算成统一的热量单位。

燃料消费量（热量单位）= 燃料消费量×换算系数（燃料单位热值）

（3）估算燃料中总的碳含量。

燃料含碳量 = 燃料消费量（热量单位）×单位燃料含碳量（燃料的单位热值含碳量）

（4）估算能长期固定在产品中的碳量。

固碳量 = 固碳产品产量×单位产品含碳量×固碳率

（5）计算净碳排放量。

净碳排放量 = 燃料总的含碳量 - 固碳量

（6）计算实际碳排放量。

实际碳排放量 = 净碳排放量×燃料燃烧过程中的碳氧化率

固碳率是各种化石燃料在作为非能源使用过程中被固定下来的碳的比率。由于这部分碳没有被氧化而释放，所以需要在排放量的计算中予以扣除。

碳氧化率参数表示的是各种化石燃料在燃烧过程中被氧化碳的比率，即用于燃烧的各种化石燃料最终有多少真正被氧化，被排放到大气中。这样就可以计算出化石燃料燃烧过程中真实的温室气体排放量数据。

电力排放的二氧化碳排放采用了三种方法核算与报告：①IPCC 核算方法即外购电不计入清单计算；②完全计入外购电力发电排放的方法；③根据 GDP 贡献核算电力排放的方法。其中：IPCC 核算方法前面已经述及；完全计入外购电力发电排放的方法是把外购电力生产过程的排放计入到电力消费区域的排放清单中。外购电力生产采用 IPCC 推荐的方法已在外国一些省级和县级温室气体清单编制中得到应用。完全把外购电力的排放计算在电力消费区域温室气体排放清单中有助于促进电力消费者节约用电、减少电力消费的温室气体排放。但单纯从电力排放估算的准确性上说，从电力生产地估算的结果会更为接近实际排放。同时由于电力生产地向外输出电力时也会创造 GDP 值，因此完全把外购电放在电力消费地对消费地也有所不公。

为了弥补前两种方法的不足，本书提出了根据 GDP 贡献核算电力排放的方法，即根据单位发电量在发电地和用电地产生的 GDP 来分摊单位电量的温室气体排放。我国提出的 2020 年温室气体控制目标是一个碳强度控制目标，影响目标实现的主要因素除了排放量之外就是 GDP。因此，本书提出根据电力生产和消费两个环节对全社会 GDP 的贡献来核算电力排放在生产区域和消费区域的分摊比例的方法。

（二）工业生产过程

《IPCC 清单指南》中有关水泥生产过程温室气体排放有两种估算方法。一种方法是基于熟料产量，即排放量 = 水泥熟料产量 × 单位熟料二氧化碳排放量；另一种方法是基于水泥产量，即排放量 = 水泥产量 × 吨水泥耗熟料量 × 吨熟料耗石灰石量 × 44/100。由于二氧化碳只在熟料煅烧过程中排放，因此比较而言，基于熟料产量为活动水平的估算方法更直接、准确。国家清单中水泥生产过程的二氧化碳排放采用的是方法一，即基于熟料产量的方法估算。由于慈溪市官方统计只有 2005 年水泥的产量，无熟料相关数据，因此慈溪市 2005 年水泥生产过程二氧化碳排放采用基于水泥产量的估算方法。

（三）农业

1. 稻田甲烷

《IPCC 清单指南》中稻田甲烷排放量的计算公式为：

$$E_m = \sum_i \sum_j \sum_k EF_{i,j,k} \cdot A_{i,j,k} \cdot 10^{-12} \tag{4-3}$$

式中：E_m 为甲烷排放总量（Mt CH$_4$ a^{-1}）；

　　　　$EF_{i,j,k}$ 为排放因子（g CH$_4$ m^{-2}）；

　　　　$A_{i,j,k}$ 为活动水平，即收获面积（m^2 a^{-1}）。

i、j、k 代表不同类型的水稻田，水稻田的类型按不同稻田水管理方式及其他影响因素来划分。稻田类型的划分应考虑的因素包括水管理方式（水养、深水、连续淹水、间歇灌溉等）、有机肥的施用（绿肥、秸秆、堆肥等），并且推荐了模型用来计算稻田甲烷排放因子。

国家清单总体上遵循 IPCC 基本方法框架和要求，即首先分别确定分稻田类型的排放因子和活动水平，然后根据《IPCC 清单指南》公式计算排放量。但对于稻田类型，由于我国统计体系与 IPCC 推荐的分类不同，因此国家清单按能从统计年鉴直接或间接获得的水稻收割面积和产量将水稻种植系统类型划分为四大类：双季早稻、双季晚稻、单季稻和常年淹水稻田的非水稻生长季（简称冬水田）。在《IPCC 清单指南》方法一中推荐的排放因子是根据少数地点的观测数据给出的，对中国大面积稻田不具备代表性。方法二基本沿用方法一的框架，但要求对排放因子进行本地化修正。这一改进虽然有利于提高估计结果的可信度，但是还不能充分体现稻田甲烷排放各种影响因素的空间差异特征，尤其是对我国这样稻田种植区域广大，气候、土壤以及生产力水平在不同地区有显著差异的国家。方法三推荐使用模型的方法，有利于充分体现不同要素空间差异性对稻田甲烷排放的影响，但是其估计结果的可信度仍然要取决于模型输入数据的可获得性及其空间精度。国家清单中用《IPCC 清单指南》推荐的 CH4MOD 模型按 10 千米 × 10 千米分辨率栅格计算分类型（双季早稻、双季晚稻、单季稻）国家尺度的稻田排放因子。与此同时，通过资料收集和栅格化处理获得同样空间分辨率的活动水平（即分类型稻田种植面积）数据，计算出全国每个 10 千米 × 10 千米栅格的稻田甲烷排放，进而汇总计算全国分区域分类型的排放清单。

慈溪市稻田甲烷排放采用简化方法估算，由国家清单中浙江省稻田平均因子与慈溪市稻田面积相乘得来，即 2005 年慈溪市稻田甲烷排放 = 2005 年慈溪市稻田面积 × 国家清单中浙江省稻田甲烷排放平均因子。

2. 农田氧化亚氮

（1）《IPCC 清单指南》中农田氧化亚氮直接排放量计算公式。

$$N_2O - N_{Direct} = （F_{SN} + F_{AM} + F_{BN} + F_{CR}）\times EF_1 \tag{4-4}$$

其中：F_{SN} 为年化肥施用量（不含以 NH_3 和 NO_x 形式挥发损失的量）（kgN yr^{-1}）；

F_{AM} 为动物粪肥施用量（kgN yr^{-1}）；

F_{BN} 为农田生物固氮量（kgN yr^{-1}）；

F_{CR} 为秸秆还田量（kgN yr^{-1}）；

N_2O-N_{Direct} 为农田 N_2O 直接排放量（kgN yr^{-1}）；

EF_1 为输入土壤的氮素的当年 N_2O 直接排放因子（kgN$_2$O – N kg^{-1}）。

（2）《IPCC 清单指南》中农田氧化亚氮间接排放量计算公式。

$$N_2O-N_{indirect} = F_{deposit} \times EF_4 + F_{leach} \times EF_5 \qquad (4-5)$$

其中：$N_2O-N_{indirect}$ 为农田氧化亚氮间接排放量（kgN yr^{-1}）；

$F_{deposit}$ 为大气氮可沉降量（kgN yr^{-1}）；

F_{leach} 为农田氮淋溶和径流损失的氮量（kgN yr^{-1}）；

EF_4 为大气沉降氮的氧化亚氮排放因子 0.01（kgN$_2$O – N kg^{-1}）；

EF_5 为农田淋溶和径流损失氮的氧化亚氮排放因子 0.025（kgN$_2$O – N kg^{-1}）。

国家清单采用了 IPCC 方法的框架，只是具体到某个计算步骤时，对某些不适用于我国情况的地方做了一些改进，并开发了区域氮循环模型 IAP – N 来估算排放量。

慈溪市农田氧化亚氮排放使用的是中科院大气物理所开发的 IAP – N 模型估算，该模型与上述估算稻田甲烷排放的 CH4MOD 模型类似，计算氧化亚氮排放量的公式和方法已内嵌到模型内，用户仅需向模型输入相应参数，如农作物的收割面积和产量等，模型可自动计算给出慈溪市 2005 年农田的氧化亚氮排放量。

3. 动物消化道甲烷

《IPCC 国家清单指南》估算动物消化道发酵甲烷排放分为以下三步。

步骤 1：根据动物特性对动物分群；

步骤 2：分别估算家畜肠道发酵的甲烷排放系数，单位为公斤/头/年；

步骤 3：子群的甲烷排放系数乘以子群动物数量，估算子群的甲烷排放量，各子群甲烷排放量相加可得出甲烷排放总量。

根据三个步骤不同的详细程度和复杂程度，又分为两种方法：

方法一是一种利用以前研究得出的缺省排放因子进行估算的简化方法。计算公式为：

$$总排放量（kt）= 排放系数（kg/头/年）\times 动物数量（头）/10^6 \qquad (4-6)$$

《IPCC 国家清单指南》中给出全球统一的各种动物缺省排放因子。

方法二较为复杂，要求根据各国特定的营养需要、采食、饲料、甲烷转化率等参数确定该国特有的排放因子。排放因子计算公式为：

$$EF = (GE \cdot Y_m \cdot DD)/Frac\_CH_4 \qquad (4-7)$$

式中：EF 为排放因子，千克甲烷/（头·年）；

GE 为摄取的总能，百万焦/（头·天）；

Y_m 为甲烷转化率，饲料中总能转化成甲烷的部分；

DD 为一年的天数，365；

$Frac\_CH_4$ 为系数，5 560 万焦/千克甲烷。

国家温室气体清单中牛羊排放采用 IPCC 方法二，除牛羊外的其他动物采用 IPCC 方法一。

慈溪市动物消化道甲烷排放清单估算方法是分别估算 2005 年每种动物类型消化道甲烷排放，再汇总得出所有动物当年甲烷排放量之和，其中每种动物排放量等于该种动物数量乘以年甲烷排放因子，用公式表示为：动物消化道甲烷排放 = Σ（动物数量×该种动物年甲烷排放因子）。

4. 动物粪便甲烷和氧化亚氮

IPCC 推荐的估算动物粪便甲烷的方法有两种。

（1）方法一的计算步骤。

步骤1：分区域确定动物总数。

动物数量需按寒冷、温暖、炎热气候分别统计。划分气候区的指标是：年平均温度低于或等于15℃的区域为寒冷气候区；年平均气温高于15℃且低于25℃的区域为温暖气候区；年平均温度等于或高于25℃的区域为炎热气候区。

步骤2：排放系数。

根据以前的研究，选择适合本地区动物特征和气候条件的排放系数，利用不同动物类型在不同气候区所占比例乘以本气候区的排放系数，求出平均排放系数。

步骤3：总排放量。

动物头数乘以平均排放系数，然后相加可得总排放量。

（2）方法二的计算公式。

$$EF_i = VS_i \times 365 \times Bo_i \times 0.67 kgm^{-3} \times \sum MCF_{jk} \times MS_{ijk} \qquad (4-8)$$

式中：EF_i 为家畜 i 的平均排放系数；

VS_i 为家畜 i 的日挥发性固体 VS 排放量；

Bo_i 为家畜 i 粪便的甲烷产生潜力；

MCF_{jk} 为各气候区 k、各种粪便管理系统 j 甲烷排放系数；

MS_{ijk} 为家畜 i 在各气候区 k、各粪便管理系统 j 利用率。

IPCC 推荐的估算动物粪便氧化亚氮的方法也包括采用 IPCC 推荐的默认值估算和采用本地区的具体数值估算两种方法。计算公式如下：

$$N_2O(T,AWMS) = \sum N(T) \times NEX(T) \times AWMS(T) \times EF(AWMS) \qquad (4-9)$$

式中：N_2O-N（T，$AWMS$）为动物排泄物处理系统 N_2O-N 排放量；

N（T）为动物类型 T 的数量；

NEX（T）为动物类型 T 每年氮的排泄量；

$AWMS$（T）为不同动物类型不同粪便管理系统处理排泄物的比例；

EF（$AWMS$）为不同粪便管理方式氧化亚氮排放参数。

国家温室气体清单除马、驴、骡、骆驼采用 IPCC 方法一外，另外的所有家畜（牛、羊、猪、鸡）均采用 IPCC 方法二估算。

慈溪市动物粪便甲烷排放估算方法与动物消化道甲烷排放类似，即首先估算 2005 年每种动物类型粪便甲烷排放，再汇总得出所有动物当年粪便甲烷排放量之和，其中每种动物排放量等于该种动物数量乘以年粪便甲烷排放因子，用公式表示为：动物粪便甲烷排放 = $\sum$（动物数量×该种动物年粪便甲烷排放因子）；动物粪便氧化亚氮排放估算方法以公式表示为：动物粪便氧化亚氮排放 = $\sum$（动物数量×该种动物年粪便排泄量×$\sum$不同粪便管理系统氧化亚氮排放因子）。

（四）土地利用变化和林业

慈溪市土地利用变化和林业部门清单计算方法与《IPCC 国家清单指南》和国家清单基本一致，具体如下。

森林和其他木质生物质碳储量变化是根据相邻两次慈溪市森林资源清查数据，核算其碳储量，再计算其碳储量变化。森林包括林分、经济林和竹林，林木还包括散生木、疏林和四旁树。每一类型又包括地上生物量和地下生物量。

（1）林分生物质碳储量计算方法为：林分生物质碳储量 = $\sum$（不同树种组不同龄级的蓄积量×该树种组木材密度×地上生物量扩展系数×地上部分含碳率 + 不同树种组不同龄级的蓄积量×该树种组木材密度×地上生物量扩展系数×根茎比×地下部分含碳率）；

（2）竹林生物质碳储量计算方法为：竹林生物质碳储量 = 竹林面积 × （单位面积地上生物量 + 单位面积地下生物量） × 竹林含碳率；

（3）经济林和灌木林生物质碳储量计算方法为：经济林生物质碳储量 = 经济林面积 × 单位面积地上生物量 × 地上部分含碳率 + 经济林面积 × 单位面积地下生物量 × 地下部分含碳率；

（4）疏林、散生木和四旁树生物质碳储量计算方法为：碳储量 = 蓄积量 × 木材密度 × 地上生物质扩展系数 × 地上含碳率 + 蓄积量 × 木材密度 × 地上生物质扩展系数 × 根茎比 × 地下含碳率。

森林转化温室气体排放包括：①森林转化燃烧引起的碳排放 = 现地燃烧碳排放 + 异地燃烧碳排放 = 年转化面积 × （转化前单位面积地上生物量 – 转化后单位面积地上生物量） × 现地燃烧生物量比例 × 现地燃烧生物量氧化系数 × 地上生物量碳密度 + 年转化面积 × （转化前单位面积地上生物量 – 转化后单位面积地上生物量） × 异地燃烧生物量比例 × 异地燃烧生物量氧化系数 × 地上生物量碳密度；②森林转化分解碳排放 = 年转化面积 × （转化前单位面积地上生物量 – 转化后单位面积地上生物量） × 被分解部分的比例 × 地上生物量碳密度。

（五）废弃物处理甲烷排放

1. 固体废弃物处理甲烷排放

IPCC 介绍了两种计算固体废弃物填埋处理甲烷排放的方法。

（1）方法一计算公式。

$$CH_4(Gg/a) = [(MSW_T \cdot MSW_F \cdot L_o) - R] \cdot (1 - OX) \tag{4-10}$$

式中：MSW_T 为城市固体废弃物产生量；

MSW_F 为城市固体废弃物处理到垃圾处理场的比例；

L_o 为甲烷产生潜力 $[MCF \cdot DOC \cdot DOC_F \cdot F \cdot (16/12)]$；

MCF 为甲烷修正因子；

DOC 为可降解有机碳含量；

DOC_F 为可降解有机碳比例；

F 为甲烷在垃圾填埋气中的比例；

R 为甲烷回收量；

OX 为氧化因子。

（2）方法二（一阶衰减方法）计算公式。

$$甲烷在某年产生量(Gg/a) = A \cdot k \cdot MSW_T(x) \cdot MSW_F(x) \cdot L_o(x) \cdot e^{-k(1-x)} \tag{4-11}$$

式中：(x) 为起始年至估算当年；

(t) 为清单计算当年；

x 为计算开始的年；

$A = (1 - e^{-k}) / k$ 为修正总量的归一化因子；

k 为甲烷产生率常数；

$MSW_T(x)$ 为在某年 (x) 城市固体废弃物（MSW）产生的总量；

$MSW_F(x)$ 为某年在城市废弃物处理场处理的废弃物的比例。

$L_o(x)$ 为甲烷产生潜力，可以表示为：

$$L_o(x) = MCF(x) \cdot DOC(x) \cdot DOC_F \cdot F \cdot (16/12)$$

式中：$MCF(x)$ 为某年的甲烷修正因子；

$DOC(x)$ 为可降解有机碳含量；

DOC_F 为可降解有机碳比例；

F 为甲烷在垃圾填埋气中的比例。

$$CH_4 \text{ 在某年的}(t) \text{的排放量} = [CH_4 \text{ 在某年}(t) \text{的产生量} - R(t)] \cdot (1 - OX) \tag{4-12}$$

县

域

篇

式中：$R(t)$ 为计算清单当年甲烷回收利用量；

$\quad\quad OX$ 为氧化因子。

国家清单中采用了 IPCC 方法一估算垃圾填埋处理甲烷排放。

慈溪市清单采用简化的方法即废弃物处理甲烷排放量 = 废弃物处理量 × 单位废弃物处理的甲烷排放量。

2. 工业废水和生活污水处理甲烷排放

《IPCC 国家清单指南》给出了两种方法。第一种方法是基于全国实际统计的废水中化学耗氧量的资料，利用 IPCC 推荐的排放因子计算，公式如下：

$$CH_4 \text{ 排放} = （总有机废水排放量 × 排放因子） - 甲烷回收量$$

其中：排放因子 = $B_o × MCF_s$ 的加权平均 $\quad\quad\quad\quad\quad\quad\quad\quad (4-13)$

式中：B_o 为最大的甲烷产生能量（$kg\ CH_4/kg\ BOD$ 或 $kg\ CH_4/kg\ COD$）；

$\quad\quad MCF_s$ 为甲烷转化因子。

第二种方法是应用 IPCC 推荐的方法，从城市人口和人均排放强度计算，公式如下：

$$Ew = P \cdot D \cdot SBF \cdot EF \cdot FTA \cdot 365 \cdot 10 - 12 \quad\quad (4-14)$$

其中：Ew 为生活废水中甲烷的年排放量（Tg）；

$\quad\quad P$ 为总人口数或发展中国家的城市人口（人）；

$\quad\quad D$ 为人均的生化需氧量（g BOD/人·天），默认值 =60gBOD/人·天；

$\quad\quad SBF$ 为易于沉积的 BOD 比例，默认值 =0.5；

$\quad\quad EF$ 为排放因子（g CH_4/g BOD），默认值 =0.6；

$\quad\quad FTA$ 为在废水中无氧降解的 BOD 比例，默认值 =0.8。

国家温室气体清单采用的即为 IPCC 推荐的方法，并用城市人口和人均废水排放强度计算了相应的结果作为比较验证。

慈溪市清单采用简化的方法即废水处理甲烷排放量 = 废水处理量 × 单位废水处理的甲烷排放量。

三、县级区域温室气体清单活动水平数据

慈溪市活动水平数据的主要来源是官方统计数据，如国家及省市统计年鉴、行业年鉴等，此外部分数据由实地调研和专家判断获得。总体而言，农林和废弃物部门活动水平数据基本可以满足上述方法估算要求，而能源领域由于没有专门的能源平衡表等统计数据，在估算过程中存在一定的困难。

（一）能源活动

在估算能源活动的温室气体排放时，活动水平数据来源有《慈溪统计年鉴》、"慈溪市统计报表"、"慈溪市节能减排公报"、《宁波市统计年鉴》、"宁波市节能减排公报"、《浙江省统计年鉴》、《中国统计年鉴》、《中国电力年鉴》等。同时，为弥补统计资料的不足，课题组还开展了多次实地调查，具体数值见表4-1。

表4-1 慈溪市 2005 年能源消费量　　　单位：万吨标准煤

能源类型	能源加工转换	第一产业	工业	建筑业	第三产业	居民
原煤	19.06	0.00	53.89	0.00	0.00	0.00
洗精煤和其他洗煤	0.00	0.00	4.07	0.00	0.00	0.00
煤制品	0.00	0.00	1.96	0.00	0.00	0.53
焦炭	0.00	0.00	4.40	0.00	0.00	0.00

续表

能源类型	能源加工转换	第一产业	工业	建筑业	第三产业	居民
其他焦化产品	0.00	0.00	0.00	0.00	0.00	0.00
煤气和其他煤气	0.00	0.00	0.00	0.00	0.00	0.00
汽油	0.03	0.00	6.39	1.24	8.95	7.29
煤油	0.00	0.00	2.93	0.00	0.00	0.00
柴油	0.02	2.27	15.57	0.00	40.75	0.00
燃料油	0.00	0.00	1.76	0.00	0.00	0.00
液化石油气	0.00	0.00	2.61	0.00	0.18	3.77
其他石油制品	0.00	0.00	4.71	0.00	0.00	0.00

（二）工业生产过程

水泥产量来自于 2005 年《慈溪统计年鉴》，具体为 415 900 吨。

（三）农业

稻田甲烷排放活动水平数据稻田面积从 2005 年《慈溪统计年鉴》农业部分获得，具体为 10 087 公顷。

农田土壤氧化亚氮 IAP－N 模型所需输入的数据，包括：2005 年慈溪市主要农作物的收割面积和产量见表 4－2；双季早稻面积 115 公顷；年末实有耕地 43 520.3 公顷；家畜的年末存栏数见表 4－3；氮肥消费量为 25 405 吨；乡村人口数为 854 598 人；石油和煤消费量分别为 3.4×10^{15} 焦耳和 1.7×10^{16} 焦耳。上述数据均可从 2005 年《慈溪统计年鉴》中查得；其他数据，如秸秆还田量、燃烧比例（田间和燃料）、果园和茶园总氮施入量、农作物经济系数、籽粒/秸秆干重比、籽粒/秸秆含氮量、根冠比、畜禽粪便含氮量、家畜粪便处理方式比例，由于没有本地的统计数据，均采用模型缺省值。

表4－2 慈溪市主要作物的面积和产量

作物	小麦	稻谷	玉米	豆类	大豆	蔬菜	棉花	油菜	芝麻	花生	甘蔗	薯类
面积（公顷）	795	5 880	1 999	16 503	6 895	26 322	3 843	6 073	595	1 906	262	734
产量（吨）	2 651	38 203	9 032	44 191	20 166	713 132	4 193	12 411	1 018	5 076	15 498	10 973

动物消化道和动物粪便甲烷排放所需 2005 年各种动物年末存栏数，也可从 2005 年《慈溪统计年鉴》中查得，具体活动水平数值见表 4－3。

表4－3 慈溪市主要动物年末存栏数 单位：除家禽为万只外，其余均为头

动物	牛	奶牛	猪	羊	家禽
数量	837	410	69 500	10 210	218.01

（四）土地利用变化和林业

从慈溪市农业局查得慈溪市最近两次（1998 年和 2007 年）的森林资源清查数据，包括 1998 年和 2007 年慈溪市不同树种人工林及天然林的面积和蓄积量，还包括两次清查年度经济林、竹林、灌木林的面积，以及疏林地、四旁树和散生木的蓄积量，具体数值见表 4－4。2005 年林地转为其他用途土地的面积为 1.632 2 公顷。

县
域
篇

表 4-4 1998 年和 2007 年慈溪市森林资源清查数据

种类	2007 年蓄积量（立方米）	1998 年蓄积量（立方米）	2007 年面积（亩）	1998 年面积（亩）
马尾松	175 916	336 101	—	—
黑松	24 44	0	—	—
杉木	44 378	23 920	—	—
水杉	600	0	—	—
柳杉	0	223	—	—
柏木	208	90	—	—
栎类	33 805	0	—	—
枫香	11 983	0	—	—
硬阔	29 918	18 203	—	—
檫木	1 115	0	—	—
软阔	1 359	1 343	—	—
樟木	3 365	0	—	—
杨树	4 502	0	—	—
木麻黄	10	0	—	—
针叶混	1 511	0	—	—
阔叶混	943	0	—	—
散生木	713	59 517	—	—
四旁树	19 498	13 416	—	—
疏林	78	425	—	—
经济林	—	—	95 820	0
竹林	—	—	30 436	27 026
灌木林	—	—	10 340	11 162

（五）废弃物处理

2005 年慈溪市固体废弃物、工业废水和生活污水的处置量均来自于慈溪市环保局。其中，固体废弃物产量 25.5 万吨，工业废水产量 1 361.35 万吨，生活污水产量 1 066.6 万吨。

四、县级区域温室气体清单排放因子

慈溪市目前基本没有开展过温室气体排放方面的专项研究，除了个别能源活动相关的参数外，也没有反映本地排放特点的排放因子。因此，本书基本采用国家温室气体清单中相关排放因子或者 IPCC 缺省排放因子。

（一）能源活动

能源活动选用第一次国家信息通报全国的平均排放因子，具体情况见表 4-5。

表4-5　慈溪市2005年能源活动温室气体排放因子　　单位：吨二氧化碳/吨标准煤

能源种类	能源加工转换	第一产业	工业	建筑业	第三产业	居民
原煤	2.74	2.74	2.74	2.74	2.74	2.74
洗精煤和其他洗煤	2.63	2.63	2.63	2.63	2.63	2.63
煤制品	2.69	2.69	2.69	2.69	2.69	2.69
焦炭	3.08	3.08	3.08	3.08	3.08	3.08
其他焦化产品	1.99	1.99	1.99	1.99	1.99	1.99
煤气和其他煤气	2.05	2.05	2.05	2.05	2.05	2.05
汽油	2.13	2.13	2.13	2.13	2.13	2.13
煤油	2.22	2.22	2.22	2.22	2.22	2.22
柴油	1.81	1.81	1.81	1.81	1.81	1.81
燃料油	0.00	0.00	0.00	0.00	0.00	0.00
液化石油气	0.00	0.00	0.00	0.00	0.00	0.00
其他石油制品	0.00	0.00	0.00	0.00	0.00	0.00

（二）工业生产过程

水泥因子选用全国平均排放因子0.37克二氧化碳/克水泥。

（三）农业

稻田甲烷和农田氧化亚氮排放因子，由于采用的是模型方法，排放因子由输入模型里的参数内嵌生成，故此处不给出稻田甲烷和农田氧化亚氮具体的排放因子数据。

动物消化道和动物粪便甲烷排放因子，采用的是国家温室气体清单中浙江省的平均排放因子，具体情况见表4-6。

表4-6　动物消化道和粪便排放因子

动物种类		牛	猪	羊	家禽
肠道甲烷因子（千克甲烷/头·年）		64.3	1	9.4	—
粪便甲烷因子（千克甲烷/头·年）		2.57	0.946	0.146	0.012
粪便 氧化亚氮	粪便氮年排泄量（千克/头）	35.04	4.6	8.82	0.39
	粪便管理方式因子（千克氧化亚氮以氮计/每千克排泄物中氮）	0.015	0.392	0.017	0.013

（四）土地利用变化和林业

各树种的木材密度、各树种生物量扩展系数等参数参照1994年国家温室气体清单中所使用的数据，含碳率统一采用IPCC缺省值0.5，现地燃烧生物量比例取15%，异地燃烧生物量比例取20%，现地和异地燃烧生物量氧化系数取IPCC缺省值0.9，地上生物质被分解部分的比例为15%。

（五）废弃物处理

固体废弃物处理采用1994年国家温室气体清单中浙江省的平均排放因子214.5吨甲烷/万吨固体废弃物，处理率为98%；工业废水和生活污水处置排放因子为全国平均排放因子，其中工业废水为1.48吨甲烷/万吨工业废水，生活污水为1.14吨甲烷/万吨生活污水，处理率为51%。

县域篇

五、慈溪市 2005 年温室气体清单结果分析

根据上述清单计算方法以及可获得的活动水平和排放因子数据，估算得到不计入外购电力排放、计入外购电力排放和按 GDP 分摊外购电力排放三种情况下 2005 年慈溪市温室气体清单，结果见表 4 - 7、表 4 - 8 和表 4 - 9。

（一）不计入外购电力排放

如果不计入外购电力引起的温室气体排放，2005 年慈溪市温室气体排放总量为 4 808.4 千吨二氧化碳当量，土地利用变化和林业吸收 48.8 千吨二氧化碳当量，净排放为 4 759.6 千吨二氧化碳当量。从温室气体种类构成看，二氧化碳气体 4 401.4 千吨，占温室气体排放总量的 91.5%；甲烷 1.2 万吨，占排放总量的 5.3%；氧化亚氮约 500 吨，占排放总量的 3.2%。从排放部门构成看，能源活动是最大的温室气体排放源，占温室气体排放总量的 88.3%；其次是农业部分，占温室气体排放总量的 5%；废弃物和工业生产过程分别占温室气体排放总量的 3.5% 和 3.2%。按户籍人口计，2005 年慈溪市人均能源消费二氧化碳排放量为 4.2 吨，但由于慈溪市吸纳的外来人口较多，按常住人口计，人均能源消费二氧化碳排放量降为 2.5 吨。2005 年慈溪市万元 GDP 二氧化碳排放为 1.1 吨。

（二）完全计入外购电力排放

如果将外购电力排放完全计入慈溪市清单，2005 年慈溪市温室气体排放总量为 9 398.2 千吨二氧化碳当量，土地利用变化和林业吸收 48.8 千吨二氧化碳当量，净排放为 9 349.4 千吨二氧化碳当量。总温室气体排放量约是不计入外购电力时的 2 倍。其中能源部门二氧化碳排放量为 8 835.4 千吨。按户籍人口计，2005 年慈溪市人均能源消费二氧化碳排放量为 8.7 吨；按常住人口计，人均能源消费二氧化碳排放量为 5.2 吨。完全计入外购电力排放下的 2005 年慈溪市万元 GDP 二氧化碳排放为 2.4 吨。完全计入外购电力后的能源部门二氧化碳排放、人均二氧化碳排放和单位 GDP 排放均是不计入外购电力的 2 倍多。

（三）按 GDP 分摊外购电力排放

如果将外购电力排放按单位电力在生产环节和消费环节创造的 GDP 分摊到发电地和消费地，2005 年慈溪市温室气体排放总量为 8 385.6 千吨二氧化碳当量，土地利用变化和林业吸收 48.8 千吨二氧化碳当量，净排放为 8 336.8 千吨二氧化碳当量。总温室气体排放量是不计入外购电力时的 1.7 倍，其中能源部门二氧化碳排放量为 7 822.8 千吨。按户籍人口计，2005 年慈溪市人均能源消费二氧化碳排放量为 7.7 吨；按常住人口计，人均能源消费二氧化碳排放量为 4.6 吨。2005 年慈溪市万元 GDP 二氧化碳排放为 2.1 吨。按 GDP 分摊电力排放后的能源部门二氧化碳排放、人均二氧化碳排放和单位 GDP 排放均是不计入外购电力单位 GDP 排放的 1.8 倍。

表 4 - 7   2005 年慈溪市温室气体清单（不计入外购电力排放）   单位：千吨

温室气体排放源和吸收汇的种类	二氧化碳	甲烷	氧化亚氮	二氧化碳当量
总排放量（不包括 LUCF 排放）	4 401.4	12	0.5	4 808.4
总排放量（包括 LUCF 排放）	4 352.6	12	0.5	4 759.6
1. 能源活动	4 245.6	×	×	4 245.6
化石燃料燃烧	4 245.6	—	×	4 245.6
农业部门	48.4	×	×	48.4
工业部门	2 896.7	×	—	2 921.3
建筑部门	24.6	×	—	24.6
交通运输和服务部门	1 048.2	—	—	1 048.2

续表

温室气体排放源和吸收汇的种类	二氧化碳	甲烷	氧化亚氮	二氧化碳当量
居民生活部门	227.8	—	—	227.8
2. 工业生产过程	155.8	—	—	155.8
水泥	155.8	—	—	155.8
3. 农业	—	4.0	0.5	239
水稻种植	—	3.7		77.7
农田	—		0.3	93
直接排放	—		0.1	31
间接排放	—		0.2	62
动物消化道发酵	—	0.2	—	4.2
动物粪便	—	0.1	0.2	64.1
4. 土地利用变化和林业	−48.8	—	—	−48.8
森林和其他生物量储量变化	−48.9	—	—	−48.9
林分生物质碳储量	1.5			1.5
经济林生物质碳储量	−51.9			−51.9
竹林生物质碳储量	−7.7			−7.7
灌木林生物质碳储量	0.2			0.2
疏林、散生木和四旁树生物质碳储量	9.0			9.0
森林的转化	0.1			0.1
森林的转化燃烧	0.1			0.1
森林转化分解	0.0			0
5. 城市废弃物	—	8.0	—	168.0
固体废弃物处置	—	5.4		113.4
废水处理	—	2.6		54.6
工业废水	—	2.0		42
生活污水	—	0.6		12.6

注：一吨甲烷和一吨氧化亚氮的增温潜势分别按21吨和310吨二氧化碳计，下同。

表4-8　2005年慈溪市温室气体清单（完全计入外购电力排放）　　单位：千吨

温室气体排放源和吸收汇的种类	二氧化碳	甲烷	氧化亚氮	二氧化碳当量
总排放量（不包括LUCF排放）	8 991.2	12	0.5	9 398.2
总排放量（包括LUCF排放）	8 942.4	12	0.5	9 349.4
1. 能源活动	8 835.4	×	×	8 835.4
化石燃料燃烧	8 835.4		×	8 835.4
农业部门	69.3	×	×	69.3
工业部门	6711.8	—		6 711.8
建筑部门	75	—		75

县
域
篇

续表

温室气体排放源和吸收汇的种类	二氧化碳	甲烷	氧化亚氮	二氧化碳当量
交通运输和服务部门	1271.2	×	—	1 271.2
居民生活部门	708.2	×	—	708.2
2. 工业生产过程	155.8	—	—	155.8
水泥	155.8	—	—	155.8
3. 农业	—	4.0	0.5	239
水稻种植	—	3.7	—	77.7
农田	—	—	0.3	93
直接排放	—	—	0.1	31
间接排放	—	—	0.2	62
动物消化道发酵	—	0.2	—	4.2
动物粪便	—	0.1	0.2	64.1
4. 土地利用变化和林业	−48.8	—	—	−48.8
森林和其他生物量储量变化	−48.9	—	—	−48.9
林分生物质碳储量	1.5	—	—	1.5
经济林生物质碳储量	−51.9	—	—	−51.9
竹林生物质碳储量	−7.7	—	—	−7.7
灌木林生物质碳储量	0.2	—	—	0.2
疏林、散生木和四旁树生物质碳储量	9.0	—	—	9.0
森林的转化	0.1	—	—	0.1
森林的转化燃烧	0.1	—	—	0.1
森林转化分解	0.0	—	—	0
5. 城市废弃物	—	8.0	—	168.0
固体废弃物处置	—	5.4	—	113.4
废水处理	—	2.6	—	54.6
工业废水	—	2.0	—	42
生活污水	—	0.6	—	12.6

表 4−9 2005 年慈溪市温室气体清单（按 GDP 核算外购电力排放）   单位：千吨

温室气体排放源和吸收汇的种类	二氧化碳	甲烷	氧化亚氮	二氧化碳当量
总排放量（不包括 LUCF 排放）	7 978.6	12	0.5	8 385.6
总排放量（包括 LUCF 排放）	7 929.8	12	0.5	8 336.8
1. 能源活动	7 822.8	×	×	7 822.8
化石燃料燃烧	7 822.8	—	×	7 822.8
农业部门	64.7	×	×	64.7
工业部门	5 871	—	—	5 871
建筑部门	63.8	—	—	63.8

县域篇

续表

温室气体排放源和吸收汇的种类	二氧化碳	甲烷	氧化亚氮	二氧化碳当量
交通运输和服务部门	1 221.7	×	—	1 221.7
居民生活部门	601.6	×	—	601.6
2. 工业生产过程	155.8	—		155.8
水泥	155.8			155.8
3. 农业	—	4.0	0.5	239
水稻种植	—	3.7	—	77.7
农田	—	—	0.3	93
直接排放	—	—	0.1	31
间接排放	—	—	0.2	62
动物消化道发酵		0.2	—	4.2
动物粪便	—	0.1	0.2	64.1
4. 土地利用变化和林业	-48.8	—	—	-48.8
森林和其他生物量储量变化	-48.9	—	—	-48.9
林分生物质碳储量	1.5			1.5
经济林生物质碳储量	-51.9			-51.9
竹林生物质碳储量	-7.7			-7.7
灌木林生物质碳储量	0.2			0.2
疏林、散生木和四旁树生物质碳储量	9.0			9.0
森林的转化	0.1			0.1
森林的转化燃烧	0.1			0.1
森林的转化分解	0.0			0
5. 城市废弃物	—	8.0		168.0
固体废弃物处置	—	5.4	—	113.4
废水处理	—	2.6	—	54.6
工业废水	—	2.0		42
生活污水	—	0.6	—	12.6

第三节　慈溪市温室气体排放预测

一、"十一五"控制温室气体排放效果初步评价

"十一五"前四年慈溪市经济社会发展取得较大进步，2005—2009 年四年 GDP 累计增幅达 56.2%，年平均增长 11.8%；户籍人口较为稳定，四年累计增长约 2%；人均 GDP 四年累计增幅达 53.2%，年平均增长 11.2%；三产结构由 2005 年的 5.5：61.4：33.1 调整为 2009 年的 5.0：59.4：35.6，第一产业和

第二产业比重分别下降 0.5 和 2 个百分点,三产结构上升 2.5 个百分点;万元 GDP 能耗由 2005 年的 0.924 5 吨标准煤/万元 GDP 下降为 2009 年的 0.759 5 吨标准煤/万元 GDP,累计下降 17.8%,年均下降 4.8%。慈溪市 2005—2009 年基本情况见表 4-10。

表 4-10　慈溪市 2005—2009 年基本情况

年份	GDP (2005 年不变价,亿元)	GDP 不变价增速(%)	人口(万人)	人均 GDP(万元)	三产结构	万元 GDP 能耗(吨标准煤)
2005	375.4	15	101.5	3.7	5.5 : 61.4 : 33.1	0.924 5
2006	434.0	15.6	102.1	4.3	5.0 : 62.2 : 32.8	0.890 7
2007	498.1	14.8	102.7	4.9	4.8 : 62.0 : 33.2	0.848 1
2008	541.7	8.8	103.1	5.3	4.6 : 62.3 : 33.1	0.801 5
2009	586.3	8.2	103.5	5.7	5.0 : 59.4 : 35.6	0.759 5

二、总体发展趋势

慈溪市经过"十一五"时期的努力,经济社会发展又迈上了一个新台阶。"大桥带动、城乡一体、积聚集约、科教兴市"四大战略取得显著成效,经济发展、城乡统筹、公共服务、人民生活、要素保障、体制机制、文化大市、和谐社会八大领域实现重大突破。预计,经过五年建设,慈溪市 2010 年 GDP 将是 2005 年的 1.7 倍,单位 GDP 能源消耗量将下降 20%。这些工作为"十二五"和"十三五"慈溪市适应国际国内环境和自身发展阶段特征,实现经济社会又好又快发展,奠定了坚实的基础。

"十二五"和"十三五"时期将是慈溪市适应国际国内环境重大变化、重塑改革开放新优势的关键十年,是深入实践科学发展观,由制造大市向制造强市转型突破的关键十年。未来十年内,慈溪市需要在保持高 GDP 增长率的基础上更加注重经济增长的质量,注重环境质量和温室气体排放控制。

三、排放预测方法

在当前全球气候变化形势下,准确地预测未来的温室气体排放是一个复杂的综合性管理问题。总的来讲,未来温室气体排放预测可分为两大类:一大类是基于核算的方法,称之为核算方法,另一类是基于规划论的方法。

利用核算方法预测未来温室气体排放是在假设一定经济增长速度的情况下,预测未来能源需求,并进一步预测未来温室气体排放的活动水平数值,同时在预测未来排放因子数值的基础上计算排放量。这类方法与实际决策过程的分析思路比较接近,因而容易被决策者理解。所以,核算方法也是很多决策者使用的方法。但是,核算方法也有缺点。其最主要的缺点是,在约束条件比较复杂的情况下,核算方法很难考虑这些约束条件对于方案的制约作用。

在约束条件比较复杂的情况下,综合能源规划需要采用规划论的方法。规划论的方法可能是线性规划问题,也可能是非线性规划问题。线性规划得到比较多的应用。比如,国际能源署,国家能源系统分析中心和以利希研究所联合开发的 MARKAL 模型就是一类常用的基于线性规划的模型分析工具。在能源系统优化模型的基础上,一些研究者也发展了能源—经济耦合模型。

在本书中,我们采用核算方法进行未来二氧化碳排放情景分析。由于慈溪市温室气体主要来自化石燃料燃烧的二氧化碳排放,其他如工业生产过程、农业、废弃物处理温室气体排放量和林业碳汇量较小,因此本书只对能源活动的二氧化碳排放进行预测。

四、基本参数假设

根据慈溪市近年来社会经济发展情况,结合相关规划和慈溪市自身的判断,对慈溪市经济进行高、较高、适度三种 GDP 增长情景分析。假设 2010—2020 年高增长情景、较高增长情景和适度增长情景下 GDP 的年均增长率分别是 11%、9% 和 7%。在 GDP 较高增长情景和 GDP 适度增长情景下，2015 年单位 GDP 能耗强度比 2010 年下降 20%，2020 年单位 GDP 能耗强度比 2015 年下降 20%；在 GDP 高增长情景下，2015 年单位 GDP 能耗强度比 2010 年下降 21%，2020 年单位 GDP 能耗强度比 2015 年下降 21%。能源结构调整主要是根据天然气引进规划，风电和其他新能源和可再生能源发电规划进行测算。

五、排放预测结果

根据慈溪市 2000 年以来的能源发展态势，考虑国家到 2020 年控制温室气体排放行动目标，我们对慈溪市未来能源活动的二氧化碳排放进行了初步测算，高增长情景、较高增长情景和适度增长情景下预测结果分别见表 4-11、表 4-12 和表 4-13。

可见，随着经济的较快增长，慈溪市的二氧化碳排放量仍将有明显的增加。GDP 高增长方案时，不考虑外购电力、完全计入外购电力和按 GDP 分摊外购电力下，2015 年能源活动的二氧化碳排放量分别比 2010 年增加 32.3%、26.2% 和 26.9%，2020 年分别是 2005 年的 1.8 倍、2.1 倍和 2.1 倍；GDP 较高增长方案时，三种外购电力处理情景下 2015 年能源活动二氧化碳排放量分别比 2010 年增加 22%、16.2% 和 16.8%，2020 年分别是 2005 年的 1.6 倍、1.8 倍和 1.8 倍；GDP 适度增长方案时，三种外购电力处理情景下 2015 年能源活动二氧化碳排放量分别比 2010 年增加 11%、5.2% 和 5.9%，2020 年分别是 2005 年的 1.3 倍、1.4 倍和 1.4 倍。

同时，在几种 GDP 增长情景下，无论是否考虑及如何考虑外购电力排放，未来慈溪市的单位 GDP 二氧化碳排放均有明显下降，"十二五"单位 GDP 二氧化碳排放下降幅度为 20%~25%，2020 年相对于 2005 年的下降幅度为 55%~61%。GDP 高增长方案时，不考虑外购电力、完全计入外购电力和按 GDP 分摊外购电力下，2015 年单位 GDP 二氧化碳排放分别比 2010 年下降 21.5%、25.1% 和 24.8%，2020 年分别比 2005 年降低 61.8%、55.8% 和 56.5%；GDP 较高增长方案时，三种外购电力处理情景下 2015 年单位 GDP 二氧化碳排放分别比 2010 年下降 20.8%、24.6% 和 24.2%，2020 年分别比 2005 年降低 61%、55.6% 和 56.2%；GDP 适度增长方案时，三种外购电力处理情景下 2015 年单位 GDP 二氧化碳排放分别比 2010 年下降 20.9%、25.1% 和 24.6%，2020 年分别比 2005 年降低 61.2%、56.8% 和 57.4%。

表 4-11　高经济增长情景下慈溪市 2015 年和 2020 年温室气体排放

指标项	2005 年	2007 年	2010 年	2015 年	2020 年	2015 年比 2010 年增加（%）	2020 年比 2005 年增加（%）
GDP（10 亿元，2005 年）	37.54	49.81	63.4	106.9	180.1	68.61	379.75
能耗（百万吨标准煤）	3.47	4.22	4.69	6.25	8.32	33.26	139.77
单位 GDP 能耗（吨标准煤/万元）	0.92	0.85	0.74	0.58	0.46	-20.97	-50.02
能源活动二氧化碳排放（百万吨二氧化碳，不含外购电力排放）	4.25	4.16	4.46	5.90	7.79	32.29	83.29
单位 GDP 二氧化碳排放（吨二氧化碳/万元，不含外购电力排放）	1.13	0.84	0.70	0.55	0.43	-21.54	-61.79

指标项	2005 年	2007 年	2010 年	2015 年	2020 年	2015 年比 2010 年 增加（%）	2020 年比 2005 年 增加（%）
能源活动二氧化碳排放（百万吨二氧化碳，含外购电力排放）	8.81	10.78	11.70	14.77	18.69	26.24	112.15
单位 GDP 二氧化碳排放（吨二氧化碳/万元，含外购电力排放）	2.35	2.16	1.85	1.38	1.04	−25.13	−55.78
能源活动二氧化碳排放（百万吨二氧化碳，按电力所创造的 GDP 分摊外购电力排放量）	7.80	9.31	10.09	12.80	16.27	26.86	108.59
单位 GDP 二氧化碳排放（吨二氧化碳/万元，按电力所创造的 GDP 分摊外购电力排放量）	2.08	1.87	1.59	1.20	0.90	−24.76	−56.52

表 4-12　较高经济增长情景下慈溪市 2015 年和 2020 年温室气体排放

指标项	2005 年	2007 年	2010 年	2015 年	2020 年	2015 年比 2010 年 增加（%）	2020 年比 2005 年 增加（%）
GDP（10 亿元，2005 年）	37.54	49.81	63.4	97.6	150.2	53.94	300.11
能耗（百万吨标准煤）	3.47	4.22	4.69	5.78	7.11	23.24	104.90
单位 GDP 能耗（吨标准煤/万元）	0.92	0.85	0.74	0.59	0.47	−19.94	−48.79
能源活动二氧化碳排放（百万吨二氧化碳，不含外购电力排放）	4.25	4.16	4.46	5.44	6.63	21.97	56.00
单位 GDP 二氧化碳排放（吨二氧化碳/万元，不含外购电力排放）	1.13	0.84	0.70	0.56	0.44	−20.77	−61.01
能源活动二氧化碳排放（百万吨二氧化碳，含外购电力排放）	8.81	10.78	11.70	13.59	15.67	16.15	77.87
单位 GDP 二氧化碳排放（吨二氧化碳/万元，含外购电力排放）	2.35	2.16	1.85	1.39	1.04	−24.55	−55.55

续表

指标项	2005 年	2007 年	2010 年	2015 年	2020 年	2015 年比2010 年增加（%）	2020 年比2005 年增加（%）
能源活动二氧化碳排放（百万吨二氧化碳，按电力所创造的 GDP 分摊外购电力排放量）	7.80	9.31	10.09	11.78	13.66	16.75	75.13
单位 GDP 二氧化碳排放（吨二氧化碳/万元，按电力所创造的 GDP 分摊外购电力排放量）	2.08	1.87	1.59	1.21	0.91	−24.16	−56.23

表 4−13　适度经济增长情景下慈溪市 2015 年和 2020 年温室气体排放

指标项	2005 年	2007 年	2010 年	2015 年	2020 年	2015 年比2010 年增加（%）	2020 年比2005 年增加（%）
GDP（10 亿元，2005 年）	37.54	49.81	63.4	89	124.8	40.38	232.45
能耗（百万吨标准煤）	3.47	4.22	4.69	5.27	5.91	12.39	70.32
单位 GDP 能耗（吨标准煤/万元）	0.92	0.85	0.74	0.59	0.47	−19.94	−48.77
能源活动二氧化碳排放（百万吨二氧化碳，不含外购电力排放）	4.25	4.16	4.46	4.95	5.48	10.99	28.94
单位 GDP 二氧化碳排放（吨二氧化碳/万元，不含外购电力排放）	1.13	0.84	0.70	0.56	0.44	−20.94	−61.21
能源活动二氧化碳排放（百万吨二氧化碳，含外购电力排放）	8.81	10.78	11.70	12.31	12.65	5.21	43.59
单位 GDP 二氧化碳排放（吨二氧化碳/万元，含外购电力排放）	2.35	2.16	1.85	1.38	1.01	−25.05	−56.81
能源活动二氧化碳排放（百万吨二氧化碳，按电力所创造的 GDP 分摊外购电力排放量）	7.80	9.31	10.09	10.68	11.06	5.85	41.79

县域篇

续表

指标项	2005 年	2007 年	2010 年	2015 年	2020 年	2015 年比 2010 年增加（%）	2020 年比 2005 年增加（%）
单位 GDP 二氧化碳排放（吨二氧化碳/万元，按电力所创造的 GDP 分摊外购电力排放量）	2.08	1.87	1.59	1.20	0.89	-24.60	-57.35

第四节　"十二五"及 2020 年慈溪市温室气体控制目标确定

一、外部环境及节能目标分解经验

国务院已于 2009 年明确提出"到 2020 年我国单位国内生产总值二氧化碳排放比 2005 年下降 40% ~ 45%，作为约束性指标纳入国民经济和社会发展中长期规划"，这与《国民经济和社会发展第十一个五年规划纲要》中制定的 2010 年比 2005 年单位国内生产总值能源消耗降低 20% 的目标性质类似，是中央政府对地方政府和中央政府有关部门提出的工作要求，各级政府要通过合理配置公共资源和有效运用行政力量确保实现上述目标。此外，"40% ~ 45%"目标又是我国向世界做出的负责任承诺，能否兑现事关我国国际形象。因此"40% ~ 45%"目标的执行力度不会低于"十一五"节能目标。

我国"十一五"节能目标实现途径主要是分解到地方省级政府，省级政府再进一步向下分解，且下级地方政府的目标一般不低于上级目标。以慈溪市为例，国家分解给浙江省的"十一五"节能目标是 20%，浙江分解给宁波市的也是 20%，宁波市分解给慈溪市的仍然是 20%。参考国家及各级政府节能目标的分配方法以及自身所处的经济发展阶段和发展水平，慈溪市应做好承担不低于"到 2020 年我国单位国内生产总值二氧化碳排放比 2005 年下降 45%"目标的准备。

二、慈溪市自身减排潜力分析

根据上述对慈溪市温室气体排放的预测分析，未来十年内慈溪市能源相关二氧化碳排放总量呈快速上升趋势，高经济增长情景（GDP 年均增幅 11%）下 2020 年排放量约是 2010 年的 1.7 倍，较高经济增长情景（GDP 年均增幅 9%）下为 1.5 倍左右，适度经济增长情景（GDP 年均增幅 7%）下为 1.2 倍左右。届时三种 GDP 增长情景下二氧化碳排放总量将是 2005 年的 2 倍、1.7 倍和 1.4 倍左右。同时根据预测分析，慈溪市未来十年内单位 GDP 二氧化碳排放下降空间较大，在几种外购电处理方式下 2020 年单位 GDP 排放均可比 2010 年下降 40% 左右，比 2005 年下降最高可达 61%（不含外购电），最少也可达 55%（完全包含外购电）。因此慈溪市在二氧化碳排放强度方面减排潜力较大。

三、确定慈溪市温室气体控制目标

未来十年内慈溪市二氧化碳排放总量增长较快，适度 GDP 增长情景下二氧化碳排放总量增幅最小，但 2020 年仍为 2005 年的 1.4 倍左右，如 GDP 保持"十一五"前两年增速，则 2020 年排放总量将为 2005 年的 4 倍多。因此按照目前发展态势提出慈溪市 2020 年温室气体总量控制目标是不现实的。单位 GDP 二氧化碳排放方面，不考虑外购电排放时 2020 年比 2005 年下降 60% 多，完全纳入外购电排放下降 55%，按 GDP 分摊排放时下降 57%。国家提出的 2020 年比 2005 年单位 GDP 二氧化碳排放下降目标是 40%～45%，由于慈溪市属东部沿海发达地区，控制温室气体排放的经济和科技等方面实力雄厚，实现全国"40%～45%"目标中应起带头左右，因此建议慈溪市"十二五"单位 GDP 二氧化碳排放下降目标为 20% 左右，2020 年比 2005 年下降 55% 左右。

第五节　政策和措施

一、优化升级产业结构，培植低碳制造服务业

（一）培育和发展低碳高附加值产业

在已建的循环经济项目基础之上，进一步推动经济发展方式转型，优先发展服务主导型、创新驱动型和排放低碳型产业。对现有家电、化纤、轴承等优势产业集群进行扩展，促进外延服务业的发展。争取进入家电、化纤、轴承等上下游产业，减少能耗，提高增加值率，降低单位 GDP 的二氧化碳排放。起步发展风电、太阳能利用的研究、开发和设计能力，培植服务于全球低碳发展的新型知识经济。重点发展研发设计、品牌建设和产品营销等产业高端环节。通过组建产业联盟，联合各方力量制定行业标准，完善慈溪低碳产业链条，争取把慈溪建设成为节能、新能源等低碳产业的研发中心、示范中心、高端制造中心。加快产业空间转移和集聚，发展低碳产业园区，实现产业链低成本衔接，降低碳排放。争取到 2015 年高技术产品产值占工业产值的比重达到 35% 左右。

（二）发展壮大制造服务业

改变制造业的运营模式，扩展维护、租赁和数据分析管理等服务，通过服务合同绑定用户，增加服务型收入。把制造服务与技术创新紧密结合起来，探索有利于企业技术创新的良好氛围。以为顾客提供优良的服务为目标，以现有的企业创新活动为基础，把技术创新更紧密地结合在企业的实践活动中。以最终服务和技术创新的思路统领产品设计、试制、生产、营销和市场化的一系列活动中。争取到 2015 年制造服务业占工业增加值比重达到 30%。

（三）进一步推进高耗能和高碳排放工业的转型和升级改造

按照"治旧控新"和标本兼治的节能减排工作要求，对高能耗行业采取转移一批、整治一批、压缩一批、关闭一批。会同相关部门对能效水平低、环境污染大、社会贡献小的产业采取整改措施。分期实施小熔炼、小轴承、漂印染、电镀、锻打五金、造纸、废塑料粉碎加工、腌制品加工等行业的空间集聚，促进全市工业集中化率到 2015 年达到 25%。将低碳发展理念融合到工业集中化进程，塑造高碳产业升级改造成功模式，以引导其他高能耗、高碳排放产业的升级改造。严格执行国家产业结构调整指导目录，坚决控制不符合低碳发展定位的产业进入；主动退出一般加工制造业，继续淘汰退出一批高耗能企业，重点抓好"三高"企业退出。

二、提高重点领域能源利用效率，发展能效产业

（一）深入推动工业节能

一是加强重点耗能企业节能目标责任管理。在现有成果基础之上，继续完善火电、化纤等重点耗能企业能源申报制度，做好能源审计和节能规划工作。加强对已签约重点企业节能情况的跟踪管理，

逐步扩大对其他重点用能企业的节能管理。到2015年，年综合耗能800吨标准煤以上的重点企业纳入节能考核。二是加大重点行业节能改造和新技术推广应用。增加投资，加快推进现有高耗能行业节能改造，重点推广应用余热余压发电、电机系统节能、工业锅炉节能、变压器改造等一批节能技术。三是建立健全节能降耗信息平台。企业能通过这类平台及时了解自己所需的节能设备性能、价位、投入产出比。争取2015年工业单位GDP能耗比2005年降低40%左右。

（二）大力推进建筑节能，强化实施公共机构节能

一是新建建筑全面执行建筑节能设计标准。新建节能建筑严格执行建筑节能50%标准，逐步实现到2015年新建建筑节能65%的目标。根据建筑节能设计标准和规范要求，大力发展新型墙体材料，加大对粘土砖瓦窑的整顿力度，全面落实禁止生产和使用实心粘土砖，力争新型墙体材料使用率达到75%。建立建筑节能材料检测和工程实体检测制度，逐步实施建筑节能工程专项验收。二是加快既有建筑节能改造步伐。尽快出台并贯彻落实慈溪市建筑节能改造的实施方案，重点抓好具有居住类建筑（包括宾馆饭店的客房、医院病房、学校宿舍、城区老旧平房等）和公共机构所在的普通公共建筑的节能改造，大型公共建筑的用电分项计量及低成本改造，推进供热系统节能技术改造和老旧供热管网改造。三是推进建筑节能工作向农村发展。制定新农村建设节能建筑的鼓励政策，开展新建节能农民住宅项目和既有农民住宅节能保温改造项目。四是推进可再生能源在建筑中的应用。在部分新建建筑中推进太阳能电池等低碳技术应用。五是强化实施公共机构节能。机关节能从制度、措施、考核上要有新举措，杜绝开机过夜、温控超标等能源浪费现象。2010年有条件的机关事业单位要安装能耗在线监控系统并开展能源审计工作。机关事业单位实现网上直报分析系统，按月通报机关能源消耗情况。结合监控、审计等情况，对能源浪费严重的电梯、空调、灯光、热水提出改造方案，实施改造。到2010年，全面完成政府机构计量改造和能源审计，对政府机构实施能耗在线监测；政府机关单位面积能耗在2007年基础上降低12.5%。2015年公共建筑单位面积能耗在2010年基础上再降低10%左右。

（三）积极推动交通基础设施集约化配置，促进交通节能

一是大力发展公共交通，增强地面公交的吸引力。全面构建覆盖中心城、开发区、乡镇的公共（电）汽车服务网络；加快农村公交场站建设。2015年中心城公共交通出行比例达30%左右。二是加快推进智能化交通管理。充分利用货运车辆回程运力，降低车辆空驶率，对客车实载率低于70%的线路，原则上不投放新的运力。进一步优化交通信号系统、交通指路标识系统和交通诱导服务系统，分阶段实施道路微循环工程项目和交通设施改造项目，建立全市出租汽车预约服务和智能调动系统。三是鼓励新能源环保汽车的应用。公共汽车和出租车行业要逐步使用低油耗节能环保型汽车和清洁能源汽车，倡导使用符合国家标准的小排量汽车。鼓励市民购买低能耗、低排放的汽车，在公交和环卫等公共服务行业开展以混合动力和纯电动汽车等为重点的应用示范。四是鼓励自行车或步行出行。把自行车纳入全市交通规划，建设完善自行车专用道网络，建设自行车与公共交通的接驳换乘系统。

（四）大力发展节能服务产业

在推进节能工作的同时，不失时机地在能源审计，节能技术改造方案设计，能源管理合同的谈判和签署，项目融资，设备、材料的选购、改造项目的施工设计、施工、安装及调试、运行改进、保养和维护，节能及效益估计和保证等各个环节发展节能服务产业。推进政府援助的节能服务体系建设。政府鼓励按照相关法律和法规设立节能服务机构。政府鼓励发展小型的节能咨询机构，以满足企业和公众节能咨询量不断增加的节能咨询需求。政府将制订年度培训计划，出资资助咨询人员进行专业培训，提高咨询人员素质。鼓励采用合同能源管理机制实施节能项目，通过专业化的节能服务公司，有效地降低节能项目实施成本。

三、调整优化能源消费结构，做大低碳能源产业

提高天然气在能源消费中的比重，发展天然气产业。加快新建、扩建门站和燃气输送管线，提高天然气接收能力；完善城区天然气管网输配系统；推进储气库建设，逐步提高事故应急和高峰小时调峰能力；积极引导科学合理地利用天然气，优先保障居民生活、公共服务用气，合理发展分布式热电联产和工业生产用气。争取到 2015 年天然气使用量达 4 000 万立方米。

积极发展风力发电。在慈溪海域分阶段布置 3 个近海及潮间带风电场。争取到 2015 年累计建设 500 兆瓦并网风力发电站，预计发电 10 亿千瓦时，占当地发电量的 50% 以上，与外购电力相比可减少 96.4 万吨二氧化碳排放。

加快推进太阳能利用。以太阳能利用与建筑结合为重点，在公共建筑及农村地区全面推广太阳能热水系统，合理发展太阳能光伏发电系统，争取到 2015 年慈能光伏科技有限公司等太阳能光伏发电量达 700 万千瓦时，与外购电力相比可减少 7 000 吨二氧化碳排放。

继续发展沼气等生物质能现代利用。在现有推广大中型沼气集中供气、沼气发电等项目建设的基础上，在有条件的地方实施秸秆集中气化供气或生物质压缩颗粒燃料示范项目。

积极发展新能源产业。在积极推进新能源和可再生能源发展的同时，积极扶持发展可再生能源产业。利用慈溪市良好的制造业基础，发展太阳能光伏高端装备制造业、关键零部件的研发制造、大型风机装备制造、高效新型生物质能利用技术等产业，培育壮大可再生能源产业。启动进行与区域外合作开发核电工作。争取在 2015 年之前启动进行与区域外合作开发核电工作，积极发展核电零部件产业。

四、加强林木经营管理，发展碳汇产业

（一）继续实施沿海防护林建设工程

在北部沿海围垦区域，继续种植女贞、金丝垂柳等乔木，以及海滨木槿、夹竹桃等灌木。实现到 2015 年新造林 400 公顷目标。

（二）开展林木经营管理，实现林木碳汇增加

林业碳汇既和传统林业有着密切联系，又是对传统林业功能的进一步深化。加强林木经营管理，能够提高森林生态系统的稳定性、适应性和整体服务功能，推进生物多样性保护、流域保护和社区发展，同时提高林木的碳吸收能力。争取到 2015 年全市 1 万亩林木得到健康经营。

五、持续优化农业资源培植，发展低碳农业

（一）推进农业生产过程的低碳化

推广复合机械作业、保护性耕作技术、节水农业技术、测土平衡施肥技术，减少过多和不必要的机械作业与灌溉次数，推广施用生物肥、缓释肥，提倡农家肥和有机肥，研发应用生物技术提高化肥、农药利用效率，全面提升地力，在设施农业中推广应用可再生能源，相应减少农业二氧化碳排放和农田氧化亚氮排放。

（二）推广畜禽粪便资源化利用先进技术

重点推广沼气开发技术，鼓励以畜禽粪便为原料的有机肥、专用肥生产，因地制宜地开发和使用户用沼气，推动畜禽粪便原料化、燃料化和饲料化。

六、打造低碳产品和工艺，引导社会低碳消费

（一）打造国内乃至国际一流的低碳产品和工艺

选择慈溪市的几个优势行业如电器和纺织业，对其进行全生命周期碳排放研究，从原材料供应、

燃料使用、工艺过程选择、物流配送及产品消费环节进行碳排放分析,同时与国际上碳排放水平较低的产品线和工艺流程进行对比,找出可实现温室气体减排的潜力环节。根据分析研究结果对产品生产和使用过程提出整改措施,最大限度地降低单位产品碳排放量。

(二)倡导低碳生活方式

鼓励公众尽量选择公共交通等绿色低碳出行方式,推广普及家庭节能产品和器具的使用,倡导居民生活简约化,引导公民减少"面子消费"和"奢侈消费"的消费习惯;在中小学开展应对气候变化教育工作,使得学生尽早树立低碳发展的意识。针对不同培训对象开展低碳发展专题培训活动,组织有关低碳发展的科普宣传活动;发挥政府在低碳社会建设中的引领作用,政府要采取措施来创造低碳生活和消费的环境,要大力提倡科学健康的理念,尝试在餐饮、宾馆、商店、娱乐及相关行业制定和实施绿色消费标准。率先使用节能型办公设备和办公用品,高效利用办公用品,减少纸张等一次性办公耗材用量。完善公务车辆配备标准和管理制度,优先使用节能和新能源车辆。大力推进电子政务建设。

七、开展低碳发展新机制示范研究

(一)探索建设低碳试点园区

在杭州湾新区、慈东工业区等园区中选择 2~3 个园(区),建设低碳发展促进机制试点为核心内容的园区建设,争取到 2015 年完成可行性研究报告和试点初步框架。在郊区选择条件有利地区,建设集循环农业和低碳农产品种植、加工、运输、销售、废物循环利用与观光农业相结合的第一、第二、第三产业为一体的低碳循环经济示范区。

(二)探索建设低碳家园试点

选择 2~3 个居民小区或村开展低碳家园建设试点,从规划、设计、建设入手,合理优化布局,建造低碳建筑,打造低碳生活方式。采用建筑物碳审计方法进行小区二氧化碳排放审计。通过审计,并结合国内外标准,提出低碳家园建设标准和推广方案。

(三)试点推进建筑和交通的低碳化发展

在部分新建建筑中推进太阳能电池、风力发电等低碳技术应用;大力发展公共交通,选取部分公交线路、公务用车等推动低碳汽车应用,提供更多低碳出行的选择。

(四)积极开展促进低碳发展新机制研究

在调研国内外碳减排量交易系统建设现状的基础上,利用比较分析方法,进行基于碳排放强度控制目标的碳减排量交易系统的必要性和可能性分析。在进行系统设计时充分考虑单位 GDP 二氧化碳排放,单位 GDP 能耗和可再生能源发展目标三者对于系统的影响。

第六节 结论和建议

一、慈溪市温室气体排放的四大特点

一是电力调入调出量大,不同外购电力处理方法对温室气体清单结果影响较大。完全计入外购电力排放时 2005 年慈溪市温室气体排放总量及能源部门二氧化碳排放量约是不计入外购电力时的 2 倍;按 GDP 分摊外购电力排放时 2005 年慈溪市总温室气体排放量和能源部门二氧化碳排放量是不计入外购电力时的 1.8 倍左右。相应地人均及单位 GDP 二氧化碳排放也会发生较大改变。

二是人口估算方式对温室气体清单结果影响也较大,慈溪市户籍人口 100 万人左右,而常住人口达 170 万 ~ 180 万人，因此按户籍人口估算的人均排放量是按常住人口估算的 1.7 倍左右。

三是慈溪市人均排放水平超过全国平均水平及世界平均水平。完全计入外购电力排放情况下 2005 年慈溪市常住人口能源活动的二氧化碳量为 5.2 吨，比全国人均排放高出 33%，比世界人均排放高出 24%。

四是慈溪市单位 GDP 温室气体排放量低于全国平均，与浙江省相当。不计入外购电力和完全计入外购电力排放情况下 2005 年慈溪市万元 GDP 二氧化碳排放量分别为 1.1 吨和 2.4 吨，相应的浙江省为 1.9 吨和 2.0 吨左右，而 2005 年全国万元 GDP 二氧化碳排放量越为 2.8 吨左右。

二、慈溪市温室气体排放的两大趋势

总体来看，慈溪市温室气体排放总量将继续大幅上升，而单位 GDP 二氧化碳排放将逐步下降。在 GDP 三种增长情景下（11%、9% 和 7%）慈溪市 2020 年二氧化碳排放总量将是 2005 年的 2 倍、1.7 倍和 1.4 倍左右，"十二五"和"十三五"期间二氧化碳排放总量上升幅度最高可达 32%。由于能源利用效率提高和能源结构优化，慈溪市单位 GDP 二氧化碳排放量将有大幅下降。在不同的外购电力处理方式下，2020 年慈溪市单位 GDP 二氧化碳排放将比 2005 年下降 55% ~ 61%，"十二五"和"十三五"下降幅度均达 20% 以上。

三、建议建立应对气候变化的组织管理体系

建议慈溪市成立专门的应对气候变化领导小组，统筹协调应对气候变化与节能减排等相关工作，领导小组组长由市政府主要领导担任，明确相关组成部门的职责分工，并由市发展和改革局负责归口管理。在市应对气候变化领导小组领导下，组织实施控制温室气体排放的大政方针，统一部署相关工作，协调解决应对气候变化工作中的重大问题，推动应对气候变化的相关研究和管理制度的建设。

建议慈溪市尽快开展有关控制温室气体排放相关规划的编制工作，在国民经济和社会发展规划及其他相关专项规划中纳入低碳经济和控制温室气体排放的有关内容，尽量做到在规划阶段考虑到规划和项目实施后碳排放的问题，尽量避免温室气体的"锁定效应"。另外，建议慈溪市制定具体的符合县域经济特色的评价指标体系，同时出台有明确引导性的考核办法等。

四、建议慈溪市控制温室气体排放的着力点及政策措施

当不计入外购电力排放时，2005 年慈溪市 88% 的温室气体来自于能源活动部门，而能源活动部门中工业和交通排放分别占 69% 和 25%，两者之和占能源活动总排放的 94%，占慈溪市总温室气体的 83%。根据发达国家经验，交通部门温室气体排放将随生活水平提高所占比重越来越大，因此建议慈溪市未来控制温室气体排放的重点放在工业和交通部门。

具体措施有：一是调整产业结构，大力发展单位总值温室气体排放低的服务业，改造提升传统优势工业产业的现代化水平，培育发展碳排放水平低的新兴产业和高科技产业；二是提高能源利用效率，淘汰落后产能，大力发展循环经济，加强工业企业节能管理，加快存量非节能建筑的低碳节能改造，进一步加大新型墙体材料建筑应用比例，加强建筑节能设计标准在施工中的监管力度；三是优化能源结构，加快近海及潮间带的风电建设，在条件具备地区推进风光互补发电照明系统，加大光伏技术应用力度，推进天然气管网铺设，高效运行垃圾焚烧发电项目。

五、建议进一步健全温室气体清单编制相关数据的统计

温室气体清单是控制温室气体排放的工作基础，可靠、完整的数据对于了解排放现状和制定政策措施起着至关重要的作用。慈溪市活动水平数据较国家清单更为不全，如能源活动无能源平衡表，无法清晰界定各能源品种间的加工转换量及与区域外的调入调出量；工业产品如水泥、石灰、电石等无

县域篇

专门的统计数据。排放因子方面也存在类似问题，目前慈溪市尚未开展当地特征排放因子的实测工作。因此，进一步提高县域温室气体清单编制质量需要获得更准确的活动水平数据和更加本地化的特征排放因子。

建议慈溪市加强对能源活动数据的梳理，增加与温室气体排放相关的工业产品产量数据的统计，完善土地利用变化和林业以及废弃物部门数据的整理，并组织本地科研力量开发特征排放因子。

县

域

篇

第二章　慈溪市"十二五"低碳发展规划建议

气候变化成为世界各国共同面临的重大挑战。大多数科学家认为，全球气候发生了以气温增高、海平面上升、极端天气与气候事件频发等为特点的变化，这种变化已经对自然生态系统和人类生存环境产生严重影响。人类活动排放的温室气体是导致全球气候变化的主要原因之一，世界范围内控制温室气体排放，走低碳发展道路已成为时代潮流。

低碳发展是指在可持续发展理念指导下，通过技术创新、制度创新、产业转型、消费模式转变、低碳和无碳能源开发等多种手段，尽可能降低二氧化碳排放，达到经济社会发展与保护全球气候双赢的一种经济发展方式。在全球气候变暖和能源安全的大背景下，协调经济发展与控制温室气体排放矛盾的根本途径在于转变经济发展方式和社会消费方式，加强技术创新，发展低碳技术，走低碳发展道路已成为国际社会的共识。我国政府提出了到 2020 年单位 GDP 二氧化碳排放比 2005 年下降 40% ~ 45% 的目标，并采取强有力的措施，积极推进低碳技术创新和低碳产业发展。

浙江省政府积极贯彻中央步骤，发布了《浙江省应对气候变化方案》。为贯彻落实中央、浙江省和宁波市的要求，积极应对气候变化带来的挑战，为实现我国 2020 年控制温室气体排放行动目标尽力尽责，作为县级示范地区温室气体控制政策和技术示范的实施方案，我们特提出《慈溪市低碳发展规划建议》（以下简称《规划建议》）。《规划建议》明确提出了 2015 年和 2020 年慈溪市推进低碳发展的具体目标、基本原则、重点领域及政策措施和保障措施等，为慈溪市人民政府按照科学发展观的要求，有效控制二氧化碳排放，协调经济发展与应对气候变化，提供技术支撑。

第一节　实施低碳发展战略的必要性

一、走低碳发展道路是进一步树立慈溪形象的重要举措

慈溪市地处我国东部沿海地区，是我国改革开放以来迅速崛起的经济大县。慈溪人民以敢为人先、开拓进取的精神改革创新，探索推进行政机构改革，推行现代企业制度，深化投融资和财政管理体制改革，努力增创发展新优势，成为中国改革的先发地之一；以海纳百川、兼容并蓄的精神开放搞活，一跃成为长江三角洲南翼的工商名城，是具有国际影响且国内一流的生产和制造基地，诸多行业已经形成产业集群。

但是，慈溪市产业结构调整不快，第三产业所占比重不高，工业规模经济实力不强。慈溪市辖区内能源矿产资源匮乏，全部煤炭和油品、90% 以上电力供应由县域外部调入。随着慈溪市工业化和城镇化的加速发展，能源供应安全和节能控碳的压力进一步加大，转变发展方式，积极探索可持续发展道路已迫在眉睫。推进低碳发展对于慈溪市实现以科学发展观为统领，按照"干在实处、走在前列"的要求，紧紧抓住大桥经济圈的发展机遇，充分凸显大桥经济核心区和先发地的战略地位，建设经济社会协调、科技人文相融、人与自然和谐的宁波都市区北部中心城市的目标，有着重要的意义。推进低碳发展为慈溪市的经济发展提供新的增长点和推动力，有利于进一步树立效益和谐新慈溪的城市形象。

二、走低碳发展道路是慈溪市的责任

初步估计表明：如果不计入外购电力的排放量，2005 年慈溪市万元 GDP 能源活动的二氧化碳排放

量为 1.1 吨，按常住人口计人均能源消费二氧化碳排放量约为 2.5 吨；如果完全计入外购电力的排放量，2005 年慈溪市万元 GDP 二氧化碳排放量约为 2.4 吨，为全国平均水平的 85%，按常住人口计人均能源消费二氧化碳排放量为 5.2 吨，比全国平均水平高出 34%，比世界人均高出 25%；如果按照电力所创造的 GDP 分摊外购电力的排放量，2005 年慈溪市万元 GDP 二氧化碳排放量为 2.1 吨，按常住人口计人均能源消费二氧化碳排放量为 4.6 吨。

2009 年慈溪市人均生产总值达到 3.61 万元（按常住人口算），为全国平均水平的 1.4 倍左右。城镇居民人均可支配收入 2.83 万元，农村居民人均纯收入 1.35 万元。具有较强的科技创新能力，2009 年被评为"全国科技进步示范县（市）"。

因此，无论从经济发展阶段还是排放水平慈溪市均应肩负起低碳发展的责任，为实现我国 2020 年单位 GDP 二氧化碳排放比 2005 年下降 40%~45% 的总体目标做出应有贡献。

三、走低碳发展道路是超前步骤的长远战略

全球应对气候变化将伴随激烈的技术竞争，并将促进国际经济、贸易格局的调整。这需要我们从全面建设小康社会、加快推进社会主义现代化的全局出发，科学判断应对气候变化对我国发展提出的新要求，充分认识应对气候变化工作的重要性、紧迫性、艰巨性，把应对气候变化作为我国经济社会发展的重大战略和加快经济发展方式转变和经济结构调整的重大机遇，把实现 2020 年我国控制温室气体排放行动目标作为当前和今后一个时期我国应对气候变化的战略任务，把应对气候变化和实现控制温室气体排放行动目标纳入经济社会发展规划。

慈溪市为实现宁波都市区北部中心城市的目标，应结合已有的人力、科技、信息等方面的优势条件，勇于面对挑战，积极抓住机遇，确定低碳发展的战略思路，并做好超前部署。

第二节 推进低碳发展的有利条件

一、处于经济转型的关键时期

1986 年以来，在可持续发展战略的指导下，经过 20 多年的努力，慈溪市经济社会已经取得了令人瞩目的成就，2006 年慈溪市跻身全国县域经济基本竞争力三强县，成为经济实力强大、百姓生活富裕的县级强市，2009 年 GDP 为 626.2 亿元，人均 GDP 为 5 284 美元（按常住人口算）。第一、第二和第三产业的结构从 1986 年的 31.0：50.4：18.6 变化为 2009 年的 5.0：59.4：35.6。

慈溪正处于工业化、城镇化加速推进的关键时期，随着经济总量不断扩大，资源、环境与发展的矛盾日益突出，阶段性电力缺口居宁波县市中第一，二氧化碳减排压力加大。面对国内外资源、环境、市场、调控等多重倒逼机制，寻求一条继续保持旺盛竞争力的内涵式发展道路，是事关慈溪长远发展的紧迫任务。这为慈溪市推进低碳发展提供了良好的外部环境。

二、具备雄厚的产业基础

慈溪市具有雄厚的特色先进制造业。一是支柱产业逐步形成。逐步形成了以电气机械及器材制造、化学纤维制造、通用设备制造、交通运输设备制造和纺织业为主的支柱产业，2009 年这些支柱产业占全市工业总产值比重达到 65%。工业重点产业基地建设步伐加快，组织实施品牌家电、新材料和高档模具三个产业基地建设。工业"双新"平稳增长，全年实现高新技术产品产值 170 亿元，实现规模以上工业新产品产值 218 亿元。全市工业产值超 10 亿元的工业企业达到 12 家，亿元以上超 200 家。

二是产业集聚水平加快提升。慈溪市家电、化纤、轴承等有较大市场影响力的传统产业形成优势

产业集群，其中家电产业集群的不断发展壮大，使慈溪市成为全国三大家电制造业基地之一，目前慈溪已形成亿元以上特色产业集群 36 个，"先进特色制造业基地"初具规模。2008 年，慈溪工业企业达到 36 099 家，工业总产值达到 1 730 亿元，1997—2007 年工业产值增速年均达到 15.5%。

三是工业领域节能降耗和循环经济具有一定工作基础。全市规模以上工业 32 个行业中有 25 个行业的单位产值能耗实现不同程度下降，2009 年规模以上工业单位增加值能耗比上年下降 9.1%。宁波众茂杭州湾热电有限公司已建成的年产 25 万立方米加气混凝土砌块生产线，每年可减少粉煤灰占用土地约 50 亩，消耗粉煤灰约 9 万吨，使能源综合利用效率达到 55% 以上。

四是新能源等战略性产业也已经起步。慈溪市生活垃圾发电项目已全面通过竣工验收并投用，2009 年发电 11 000 万度；慈溪长江风力发电有限公司开发的慈溪风电场一期工程 33 台机组已全部建成投产运行，年发电量约 1.1 亿千瓦时，可满足慈溪近 1/4 的居民生活用电，每年能减少排放二氧化碳 7 万吨；浙江慈能光伏科技有限公司采用自身生产的非晶硅太阳能电池设计建设了一座 500 千瓦光伏并网电站，已进入具体实施阶段。

五是其他产业低碳发展也具有一定基础。慈溪市农业循环经济起步早，在农业生态循环产业链、废弃物综合利用和绿色农业基地等方面，已有比较扎实的基础。服务业和城乡循环经济起步加快，再生资源回收业发展较快，服务业生态集约特征有所显现，城乡生态建设不断深入。

三、具有优良的低碳交通区位优势

慈溪位于中国东部沿海经济最活跃地区，隶属于浙江省宁波市，是长三角经济圈的重要节点城市，区位优势十分明显。一是杭州湾跨海大桥"滨海桥城"。杭州湾跨海大桥是我国沿海交通主动脉的重要组成部分，也是目前世界上最长的跨海大桥，全长 36 公里。大桥于 2008 年正式建成通车，为慈溪"接轨大上海、融入长三角"创造了便捷的交通条件，同时也为其吸引各类优势资源、承接新一轮国内外资本和产业转移提供了重大机遇。二是位于沪杭甬经济"金三角"中心。慈溪东距宁波 60 公里，西距杭州 138 公里，北距上海 148 公里，1.5 小时交通圈内可抵达 4 个国际机场和 2 个国际深水良港——上海虹桥机场、浦东机场、杭州萧山机场、宁波栎社机场，以及上海港和宁波港。同时，作为国家高速铁路客运网的重要组成部分——杭甬客运专线，穿越慈溪并设立站点，已于 2011 年底建成。三是宁波都市区北部中心。慈溪作为宁波北接上海的门户，是宁波都市区北部中心和重点发展区域。根据规划，即将建设城市轻轨。

慈溪市域内 329 国道、中横线等重大交通干道相继开通，与杭州湾跨海大桥、宁波绕城高速公路、余姚中心城相连接的道路正在筹划建设，城镇的要素集聚能力大大增强。基础设施大规模建设和城市化快速推进，为慈溪集聚生产要素和促进城乡低碳发展创造了良好的硬件条件。

四、具备较强的低碳研发基础

科技创新实力明显增强。2009 年慈溪被评为"全国科技进步示范县（市）"。全市共获得授权专利 3274 件，比上年同期增长 30.9%，其中发明专利 133 件，比上年同期增长 49.4%。12 家企业参与 23 项国家标准和行业标准的制定或修订工作。2009 年方太、沁园、大成等 3 家企业被列为国家级创新型（试点）企业，全年新认定高新技术企业 13 家，累计拥有高新技术企业 81 家，组织申报国家级项目 47 项，宁波市重大科技攻关项目 4 项，宁波市重大科技项目"核电站核级石墨密封垫片"攻关成功，新上产学研合作项目 32 项。企业知识产权试点工作顺利开展，2009 年新增省级专利示范企业 4 家，宁波市级专利示范企业 18 家，目前慈溪市已有各级专利示范企业 64 家，其中省级 19 家，宁波市级 23 家。

难得的技术人才基础。长期的工业实践，特别是近年来一直是机械工业生产基地之一，使得慈溪拥有在长江流域地区难找的大量娴熟技术工人，为发展新能源产业、节能产业打下了不可多得的熟练技术人才基础。2009年围绕企业需求，全年共引进各类人才7 000多名，其中，中高层次人才5 000多名。扎实推进"115人才工程"，以提高自主创新能力为重点，连续多年组织培养人员赴北京等地集中培训。

五、建立了初步的低碳发展政策机制

慈溪市高度重视节能、可再生能源和循环经济工作。市政府先后成立了节能办和循环经济办等办事机构，制订出台了一系列实施计划、政策措施和考核机制，切实抓好各项工作的指导和协调。政府及各部门积极创新发展思路，自觉把环保观念和资源意识体现到制定政策、部署工作的各个方面。全市已基本形成了党委领导、政府负责、人大政协监督、部门联动、群众参与的促进节能、发展低碳能源、建设节约型社会的工作机制。

为实现宁波市政府下达的节能任务，慈溪市制订了年度计划，完善节能目标责任制，加强考核、监测和监察工作；推进重点行业、重点用能单位和重点领域的节能降耗工作，推动节能项目实施；强化节能工作基础建设，深入开展节油节电工作；加强宣传教育，推进全民节能行动。逐步形成了促进节能的机制和体制。2006年制定出台了《慈溪市发展循环经济实施意见》，从企业、产业、社会三个层面对全市循环经济工作作出战略部署，确立了发展循环经济四大重点领域、实施40个左右循环经济重点项目、开展10项重点行动的"441"工程，把发展循环经济纳入各级政府部门的工作重点。通过组织发动、宣传教育和政策引导，慈溪市循环经济在许多方面取得了积极成效。通过建立完善与控制温室气体排放相关的政策和机制，为低碳发展创造了良好的制度环境。

第三节 指导思想和目标

一、指导思想

以落实科学发展观为统领，紧紧围绕慈溪建设宁波都市区北部中心城市的目标，结合慈溪市已有的技术条件和产业基础，积极推进区域和国际合作，加强技术创新和机制体制创新，发展低碳技术，切实转变经济发展方式、生活方式和消费模式，持续降低单位生产总值二氧化碳排放水平，构建具有慈溪特色的低碳发展模式，走低碳发展道路，实现经济社会发展与全球气候保护的协调。

二、目标

2015年目标：初步确立慈溪低碳发展的政策支持体系、评价和考核指标体系；建设一批低碳试点和示范项目；初步形成低碳消费理念；万元GDP二氧化碳排放比2010年下降20%左右。

2020年目标：基本确立慈溪低碳发展的政策支持体系、评价和考核指标体系；基本形成低碳发展的经济基础；基本形成低碳消费理念；万元GDP二氧化碳排放比2005年下降55%左右。

第四节 "十二五"期间重点领域

一、加快推进产业结构优化升级，培植制造服务业

以全球实施绿色新政和低碳发展为契机，加快产业结构优化升级，着力构建高端、高效、低碳的现代服务和制造产业体系，淘汰退出一批高耗能、高碳排放产业，通过调整产业结构、转变发展方式，

促进低碳产业发展。现代制造服务业是伴随信息技术、通信技术、互联网技术的应用和信息产业的发展而出现的，是信息技术和制造业、服务业的融合。利用慈溪已有的制造业基础和企业研发创新能力发展现代制造服务业具有广泛的前景。

（一）培育和发展低碳高附加值产业

在杭州湾新区、慈东工业区等工业集聚区已建的循环经济项目的基础之上，进一步推动经济发展方式转型，优先发展服务主导型、创新驱动型和排放低碳型产业。对现有家电、化纤、轴承等优势产业集群进行扩展，促进外延服务业的发展。争取进入家电、化纤、轴承等上下游产业，减少能耗，提高增加值率，降低单位 GDP 的二氧化碳排放。

鼓励跨国公司、国内外金融机构、大企业、大集团设立总部、研发中心、营运中心、采购中心。起步发展风电、太阳能利用的研究、开发和设计能力，培植服务于全球低碳发展的新型知识经济。重点发展研发设计、品牌建设和产品营销等产业高端环节。通过组建产业联盟，联合各方力量制定行业标准，完善慈溪低碳产业链条，争取把慈溪建设成为节能、新能源等低碳产业的研发中心、示范中心、高端制造中心。加快产业空间转移和集聚，发展低碳产业园区、实现产业链低成本衔接、降低碳排放。到 2015 年高技术产品产值占工业产值的比重达到 35% 左右。

（二）发展壮大制造服务业

利用制造业工业基础和企业转型的机会，在低碳理念的指导下，发展壮大制造服务业。改变制造业的运营模式，扩展维护、租赁和数据分析管理等服务，通过服务合同绑定用户，增加服务型收入。把制造服务与技术创新紧密结合起来，探索有利于企业技术创新的良好氛围。以为顾客提供优良的服务为目标，以现有的企业创新活动为基础，把技术创新更紧密地结合在企业的实践活动中。以最终服务和技术创新的思路统领产品设计、试制、生产、营销和市场化的一系列活动中。争取到 2015 年制造服务业占工业增加值比重达到 30%。

（三）进一步推进高耗能和高碳排放工业的转型和升级改造

按照"治旧控新"和标本兼治的节能减排工作要求，对高能耗行业采取转移一批、整治一批、压缩一批、关闭一批。会同相关部门对能效水平低、环境污染大、社会贡献小的产业采取整改措施。分期实施小熔炼、小轴承、漂印染、电镀、锻打五金、造纸、废塑料粉碎加工、腌制品加工等行业的空间集聚，促进全市工业集中化率到 2015 年达到 25%。将低碳发展理念融合到工业集中化进程，塑造高碳产业升级改造成功模式，以引导其他高能耗、高碳排放产业的升级改造。

严格执行国家产业结构调整指导目录，坚决控制不符合低碳发展定位的产业进入；主动退出一般加工制造业，继续淘汰退出一批高耗能企业，重点抓好"三高"企业退出。

二、提高重点领域能源利用效率，发展能效产业

电力热力生产供应、纺织业、化纤制造业、电力机械及器材制造业、通用设备制造业、造纸及纸制品业 6 大行业是慈溪市能源消费的主要行业，也是二氧化碳排放的主要行业。这 6 大行业的能源消费占总能耗的 72.1%。

（一）深入推动工业节能

一是加强重点耗能企业节能目标责任管理。在现有成果基础之上，继续完善火电、化纤等重点耗能企业能源申报制度，做好能源审计和节能规划工作。加强对已签约重点企业节能情况的跟踪管理，逐步扩大对其他重点用能企业的节能管理。到 2015 年，年综合耗能 800 吨标准煤以上的重点企业纳入节能考核。二是加大重点行业节能改造和新技术推广应用。增加投资，加快推进现有高耗能行业节能改造，重点推广应用余热余压发电、电机系统节能、工业锅炉节能、变压器改造等一批节能技术。三是建立健全节能降耗信息平台。企业能通过这类平台及时了解自己所需的节能设备性能、价位、投入

产出比。争取 2015 年工业单位 GDP 能耗比 2005 年降低 40% 左右。

（二）大力推进建筑节能，强化实施公共机构节能

进一步完善建筑节能领域政策法规和技术标准体系，在既有建筑改造的激励支持政策和供热体制改革方面取得突破，完善建筑节能的监督管理体系和考核促进机制，使全市建筑能源和资源消耗得到进一步降低。一是新建筑全面执行建筑节能设计标准。新建节能建筑严格执行建筑节能 50% 标准，逐步实现到 2015 年新建建筑节能 65% 的目标。根据建筑节能设计标准和规范要求，大力发展新型墙体材料，加大对黏土砖瓦窑的整顿力度，全面落实禁止生产和使用实心粘土砖，力争新型墙体材料使用率达到 75%。建立建筑节能材料检测和工程实体检测制度，逐步实施建筑节能工程专项验收。二是加快既有建筑节能改造步伐。尽快出台并贯彻落实慈溪市建筑节能改造的实施方案，重点抓好具有居住类建筑（包括宾馆饭店的客房、医院病房、学校宿舍、城区老旧平房等）和公共机构所在的普通公共建筑的节能改造，大型公共建筑的用电分项计量及低成本改造，推进供热系统节能技术改造和老旧供热管网改造。三是推进建筑节能工作向农村发展。制定新农村建设节能建筑的鼓励政策，开展新建节能农民住宅项目和既有农民住宅节能保温改造项目。四是推进可再生能源在建筑中的应用。在部分新建建筑中推进太阳能电池等低碳技术应用。五是强化实施公共机构节能。机关节能从制度、措施、考核上要有新举措，杜绝开机过夜、温控超标等能源浪费现象。2009 年有条件的机关事业单位要安装能耗在线监控系统并开展能源审计工作。机关事业单位实现网上直报分析系统，按月通报机关能源消耗情况。结合监控、审计等情况，对能源浪费严重的电梯、空调、灯光、热水提出改造方案，实施改造。到 2010 年，全面完成政府机构计量改造和能源审计，对政府机构实施能耗在线监测；政府机关单位面积能耗在 2007 年基础上降低 12.5%。2015 年公共建筑单位面积能耗在 2010 年基础上再降低 10% 左右。

（三）积极推动交通基础设施集约化配置，促进交通节能

启动沿海高速公路（高速复线）建设项目，构建区域高速路网，形成高效道路网络，减少路网重复和低效占地；合理配置公交站点，打造与周边地区集约共享的商贸物流基地。近期要围绕环余慈中心城区城际快速路、市域"四横四纵"线、杭州湾大桥余慈连接线慈溪段、杭甬高速铁路客运专线、市域沿山公路、慈溪至镇海九龙湖公路等重大区域性交通项目，加快构筑外接内联、便捷高效的现代化集约型交通体系。

一是大力发展公共交通，增强地面公交的吸引力。全面构建覆盖中心城、开发区、乡镇的公共（电）汽车服务网络；加快农村公交场站建设。2015 年中心城公共交通出行比例达 30% 左右。二是加快推进智能化交通管理。充分利用货运车辆回程运力，降低车辆空驶率，对客车实载率低于 70% 的线路，原则上不投放新的运力。进一步优化交通信号系统、交通指路标识系统和交通诱导服务系统，分阶段实施道路微循环工程项目和交通设施改造项目，建立全市出租汽车预约服务和智能调动系统。三是鼓励新能源环保汽车的应用。公共汽车和出租车行业要逐步使用低油耗节能环保型汽车和清洁能源汽车，倡导使用符合国家标准的小排量汽车。鼓励市民购买低能耗、低排放的汽车，在公交和环卫等公共服务行业开展以混合动力和纯电动汽车等为重点的应用示范。四是鼓励自行车或步行出行。把自行车纳入全市交通规划，建设完善自行车专用道网络，建设自行车与公共交通的接驳换乘系统。

（四）大力发展节能服务产业

在推进节能工作的同时，不失时机地在能源审计，节能技术改造方案设计，能源管理合同的谈判和签署，项目融资，设备、材料的选购、改造项目的施工设计，施工、安装及调试，运行改进、保养和维护，节能及效益估计和保证等各个环节发展节能服务产业。

推进政府援助的节能服务体系建设。政府鼓励按照相关法律和法规设立节能服务机构。政府鼓励发展小型的节能咨询机构，以满足企业和公众节能咨询量不断增加的节能咨询需求。政府将制订年度培训计划，出资资助咨询人员进行专业培训，提高咨询人员素质。

县域篇

鼓励采用合同能源管理机制实施节能项目，通过专业化的节能服务公司，有效地降低节能项目实施成本。

三、调整优化能源消费结构，做大低碳能源产业

加快发展清洁能源，全面促进煤炭清洁高效利用，优化调整能源消费结构，努力控制温室气体排放。争取到 2015 年基本形成多元互补的能源供应结构。

（一）提高天然气在能源消费中的比重，发展天然气产业

加快新建、扩建门站和燃气输送管线，提高天然气接收能力；完善城区天然气管网输配系统；推进储气库建设，逐步提高事故应急和高峰小时调峰能力；积极引导科学合理地利用天然气，优先保障居民生活、公共服务用气，合理发展分布式热电联产和工业生产用气。争取到 2015 年天然气使用量达 4 000 万立方米。同时，积极发展天然气配送和服务产业。

（二）积极发展风力发电

在慈溪海域分阶段布置 3 个近海及潮间带风电场。争取到 2015 年累计建设 500 兆瓦并网风力发电站，预计发电 10 亿千瓦时，占当地发电量的 50% 以上。

（三）加快推进太阳能利用

以太阳能利用与建筑结合为重点，在公共建筑及农村地区全面推广太阳能热水系统，合理发展太阳能光伏发电系统，争取到 2015 年慈能光伏科技有限公司等太阳能光伏发电量达 700 万千瓦时。

（四）继续发展沼气等生物质能现代利用

在现有推广大中型沼气集中供气、沼气发电等项目建设的基础上，在有条件的地方实施秸秆集中气化供气或生物质压缩颗粒燃料示范项目。

（五）积极发展新能源产业

在积极推进新能源和可再生能源发展的同时，积极扶持发展可再生能源产业。利用慈溪市良好的制造业基础，发展太阳能光伏高端装备制造业、关键零部件的研发制造、大型风机装备制造、高效新型生物质能利用技术等产业，培育壮大可再生能源产业。启动进行与区域外合作开发核电工作。争取在 2015 年之前启动进行与区域外合作开发核电工作，积极发展核电零部件产业。

四、加强森林可持续经营管理，大力发展碳汇产业

（一）继续实施沿海防护林建设工程

在北部沿海围垦区域，继续种植女贞、金丝垂柳等乔木，以及海滨木槿、夹竹桃等灌木。实现到 2015 年新造林 400 公顷目标。

（二）开展林木经营管理，实现林木碳汇增加

林业碳汇既和传统林业有着密切联系，但又是对传统林业功能的进一步深化。加强林木经营管理，能够提高森林生态系统的稳定性、适应性和整体服务功能，对推进生物多样性保护、流域保护和社区发展的贡献，同时能够提高林木的碳吸收汇能力。争取到 2015 年全市 1 万亩林木得到健康经营。

五、控制农业源温室气体排放，大力推广低碳农业

（一）推进农业生产过程的低碳化

推广复合机械作业、保护性耕作技术、节水农业技术、测土平衡施肥技术，减少过多和不必要的机械作业与灌溉次数，推广施用生物肥、缓释肥，提倡农家肥和有机肥，研发应用生物技术提高化肥、

县

域

篇

农药利用效率，全面提升地力，在设施农业中推广应用可再生能源，相应减少农业二氧化碳排放和农田氧化亚氮排放。

（二） 推广畜禽粪便资源化利用先进技术

重点推广沼气开发技术，鼓励以畜禽粪便为原料的有机肥、专用肥生产，因地制宜地开发和使用户用沼气，推动畜禽粪便原料化、燃料化和饲料化。

六、打造低碳产品和工艺设施，引导社会低碳消费

（一） 打造国内乃至国际一流的低碳产品和工艺

选择慈溪市的几个优势行业如电器和纺织业，对其进行全生命周期碳排放研究，从原材料供应、燃料使用、工艺过程选择、物流配送及产品消费环节进行碳排放分析，同时与国际上碳排放水平较低的产品线和工艺流程进行对比，找出可实现温室气体减排的潜力环节。根据分析研究结果对产品生产和使用过程提出整改措施，最大限度地降低单位产品碳排放量。

（二） 倡导低碳生活方式

鼓励公众尽量选择公共交通等绿色低碳出行方式，推广普及家庭节能产品和器具的使用，倡导居民生活简约化，引导公民减少"面子消费"和"奢侈消费"的消费习惯；在中小学开展应对气候变化教育工作，使得学生尽早树立低碳发展的意识。针对不同培训对象开展低碳发展专题培训活动，组织有关低碳发展的科普宣传活动；发挥政府在低碳社会建设中的引领作用，政府要采取措施来创造低碳生活和消费的环境，要大力提倡科学健康的理念，尝试在餐饮、宾馆、商店、娱乐及相关行业制定和实施绿色消费标准。率先使用节能型办公设备和办公用品，高效利用办公用品，减少纸张等一次性办公耗材用量。完善公务车辆配备标准和管理制度，优先使用节能和新能源车辆。大力推进电子政务建设。

七、开展低碳园区和家园试点，探索体制机制创新

（一） 探索建设低碳试点园区

在杭州湾新区、慈东工业区等园区中选择 2~3 个园（区），建设低碳发展促进机制试点为核心内容的园区建设，争取到 2015 年完成可行性研究报告和试点初步框架。在郊区选择条件有利地区，建设集循环农业和低碳农产品种植、加工、运输、销售、废物循环利用与观光农业相结合的第一、第二、第三产业为一体的低碳循环经济示范区。

（二） 探索建设低碳家园试点

选择 2~3 个居民小区或村开展低碳家园建设试点，从规划、设计、建设入手，合理优化布局，建造低碳建筑，打造低碳生活方式。采用建筑物碳审计方法进行小区二氧化碳排放审计。通过审计，并结合国内外标准，提出低碳家园建设标准和推广方案。

（三） 试点推进建筑和交通的低碳化发展

在部分新建建筑中推进太阳能电池、风力发电等低碳技术应用；大力发展公共交通，选取部分公交线路、公务用车等推动低碳汽车应用，提供更多低碳出行的选择。

（四） 积极开展促进低碳发展新机制研究

在调研国内外碳减排量交易系统建设现状的基础上，利用比较分析方法，进行基于碳排放强度控制目标的碳减排量交易系统的必要性和可能性分析。在进行系统设计时充分考虑单位 GDP 二氧化碳排放、单位 GDP 能耗和可再生能源发展目标三者对于系统的影响。

第五节　保障措施

一、提高组织协调能力

（一）加强统一领导

应对气候变化和低碳发展是一项涉及多部门、多领域的系统工程，涉及经济发展、能源和基础设施、农林业、科技等多个领域，因此要进一步完善多部门参与的协调决策机制，成立由市长任组长，主管副市长任副组长，市发展改革委、市工信委、市环保局、市科委、市农业局、市气象局等相关部门为成员单位的应对气候变化领导小组，全面推动该项工作。

（二）纳入规划统筹实施

将低碳发展纳入全市的"十二五"国民经济和社会发展规划和年度计划，把降低经济活动的二氧化碳排放量目标作为制定中长期发展战略和规划的重要依据；各部门在制定"十二五"产业发展、生态环境保护规划、科技发展计划等专项规划和开展基础设施建设与管理时，应充分纳入低碳发展理念，及早制订行动计划，并采取相应措施。

（三）推进行动计划，保障规划实施

根据部门管辖分工和行业特点，把慈溪市低碳发展规划落实到相关主管部门，明确各自的主要抓手和工作载体，以此促进本规划顺利实施。

二、强化政策机制保障

（一）完善应对气候变化相关政策法规

尽快出台实施《慈溪市实施〈中华人民共和国节约能源法〉办法》。编制慈溪市中长期能源发展规划，开展重大能源基础设施的布局研究。对生产和使用列入《节能产品目录》的产品，根据国家相关政策，研究制定地方资金补助、价格补贴、节能奖励等优惠政策。积极落实国家对节能和新能源发展的财税优惠政策，探索本市鼓励节能环保技术产品研发、推广和应用的相关支持政策。

（二）完善低碳发展相关标准体系

研究制定主要耗能产品能耗限额标准和大型公共建筑能耗限额标准，修订完善主要能耗行业的能效水效标准。制定重点耗能企业节能标准体系，指导和规范企业节能减排工作。推行能效标识制度。制定林业碳汇生产、计量、认证、交易等相关标准体系。

（三）加强监督管理机制和市场机制

加强节能监督检查和评价考核。加快推广合同能源管理、需求侧管理等节能新机制。扎实推进资源价格改革，认真做好电价、气价、油价等价格调整工作。

（四）建立低碳发展信息共享机制

逐步建立温室气体排放清单报告制度。整合现有能源、水资源、环保、园林绿化等统计和信息资源，研究建立全市统一的能源消耗、污染物排放、温室气体排放信息共享和监测平台，推动不同部门间低碳发展信息的共享，并逐步发展成为经常化、制度化的体制。

县
域
篇

三、加大多方资金投入

（一）加大政府直接投入

政府在年度预算中安排资金支持节能减排及低碳的技术研发、示范和产业化项目，支持节能减排及低碳相关工程、技术信息服务等领域。加大财政扶持，设立循环经济专项资金，对循环经济的重点项目、技术推广和宣传培训给予支持，增加对节约型、再生性、环保型产品的政府采购力度。落实税收优惠政策，执行差别化电价和差别化水价政策，开展绿色信贷等政策试点。

（二）探索发展碳金融

引导金融机构开展以碳减排为标的的金融产品创新，逐步健全碳金融相关市场、机构和服务等要素体系。引导银行类金融机构以绿色贷款、保险业务等方式帮助企业解决在低碳、节能和环保领域进行技术和设备研发、产品试制和推广投资的资金缺口问题。引导非银行类金融机构通过担保、保险、融资租赁等手段来规避低碳转型过程中的融资风险。

（三）鼓励社会资金投入

鼓励主要能源企业成立能源信托公司、碳信托公司。支持企业通过利用国际金融组织、外国政府援助或贷款、市场化渠道等方式融资，用于企业节能降耗改造和升级发展。

四、加强科技支撑能力

（一）集中科研力量积极开展技术研发创新

结合"十二五"规划研究，提出低碳技术的科技项目。跟踪国际国内技术进展，加快清洁能源技术、各行业节能环保技术以及碳捕获与封存等气候变化关键技术的自主研发创新，鼓励建立气候变化产、学、研合作机制，建立低碳技术服务平台，并促进关键科技成果的产业化。开展气候变化及温室气体排放监测、减排潜力评估及对重点领域的影响分析。

（二）培育低碳发展研究队伍

积极引进科学研究机构入驻慈溪市，支持其结合慈溪经济社会特点进行低碳发展的研发攻关。加强产、学、研合作，鼓励由企业提供研发资金、科研机构负责研发的低碳经济技术创新模式。加强培养低碳发展领域的专业科技人才。建立低碳发展领域专家库。

（三）发挥企业在科技创新和成果转化中的主体作用

鼓励企业研发具有自主知识产权的低碳技术，并进行低碳技术改造更新。优化科技公共服务，建设与慈溪块状特色经济密切相联的各类低碳科技创新平台。组织科技资源，扩大对外科技交流与合作，推动先进低碳技术的传播与扩散。

五、推动公众参与

（一）开展低碳发展专项培训

针对政府、企事业单位的管理人员，通过组织专题研讨、报告讲座、教材学习等形式结合工作领域开展不同内容和层次的培训。

（二）强化低碳发展宣传教育

组织出版城市低碳发展的系列书籍。面向公众组织开展低碳发展科普传宣活动。从中小学开始低碳发展教育，尽早提升公众低碳发展知识水平。利用网络、图书、报刊、音像等大众传播媒介，对社会各阶层公众开展宣传活动。鼓励和倡导健康的生活方式，倡导节约用电用水、绿色出行、适度消费、垃圾分类等理念，增强公众应对气候变化的意识。逐步避免面子消费、攀比消费和奢侈消费。

（三）鼓励企业和个人参与

通过适当的考核措施，激励企业提高社会责任感。继续开展"义务植树"、"少开一天车"、"再生资源回收日"等系列体验活动。鼓励企事业单位、市民通过认养植树、购买碳汇等多种方式主动承担更多的资源节约和环境保护义务；鼓励个人和企业通过购买碳补偿项目，中和其在航空运输、汽车驾驶、会议活动等的碳排放。

六、加强国际交流合作

（一）学习国外先进低碳技术和低碳经济管理经验

积极参加低碳经济的国际会议，了解最新进展。学习国外应对气候变化的先进技术和管理经验。

推动清洁发展机制项目实施。进行清洁发展机制（CDM）项目潜力调查。积极申请利用国际国内CDM基金，促进慈溪市节能、可再生能源利用等低碳能源项目的实施。

（二）探索建立低碳领域国际合作机制

鼓励慈溪科研机构、企业与国外掌握先进低碳技术的科研机构和企业合作。积极参与国际气候变化合作项目，充分利用国际气候变化相关援助资金，支持节能减排、可再生能源利用、林业碳汇、碳封存等项目开展。探讨国际大都市之间开展低碳发展合作的新机制。

县

域

篇

第三章　县域低碳发展评价指标和考核体系研究

——慈溪市低碳发展评价和考核方法研究

　　出于减缓气候变化、保持经济正常增长以及促进能源可持续发展的内在需要，"低碳经济"发展理念迅速成为学术界的研究热点，并引发了政府决策者的共鸣。2009年8月27日全国人大常委会通过了关于应对气候变化的决议，要求立足国情发展绿色经济、低碳经济，创造以低碳排放为特征的新的经济增长点；其后国务院就应对气候变化工作做出重要部署，决定到2020年单位GDP二氧化碳排放比2005年下降40%～45%，作为约束性指标纳入国民经济和社会发展中长期规划，并制定相应的国内统计、监测、考核办法。我国向"低碳发展之路"转变的国家意愿和政策力度正在不断增强，节能降耗、控制温室气体排放将是国家长期坚持和部署的发展战略。

　　鉴于现阶段低碳经济建设主要依靠政府推动和政策引导，国家层面的GDP碳排放强度目标必然要自上而下分解到省级政府，继而细分到更基层的县级政府去具体执行和实现。在这种背景下，县域经济，作为国民经济的基础单位，将面临上级政府的低碳发展绩效考核以及国内外资源、环境、市场和政策调控等多重倒逼机制，故研究县域低碳发展途径和评价指标有着重要的指导意义。一套可操作化的、全面客观的低碳发展衡量标准或评价指标体系，作为理论联系实际并指导实践的纽带和桥梁，可以帮助决策者正确评估本区域的低碳发展水平和态势，系统地研究和制定低碳经济发展战略和途径，实施并及时改进对策措施。

第一节　对低碳发展的基本认识

　　低碳经济是人类在日益加剧的全球气候变化压力下提出的一种新的发展理念。20世纪90年代末就曾有研究学者[①]提出过发展"低碳经济"的倡议，直到2003年英国政府发布能源白皮书——《我们未来的能源：创建低碳经济》，"低碳经济"的术语才首次见诸官方文件，并迅速引发国际共鸣和效仿，在有关气候变化的学术文章和政府文件中频频被引用。然而，迄今为止低碳经济的确切定义和发展模式在国际上还未取得一致共识，各国对低碳经济存在不同的表述，在发展模式上各有侧重。

　　英国环境专家鲁宾斯德认为："低碳经济是一种正在兴起的经济模式，其核心是在市场机制基础上，通过制度框架和政策措施的制定和创新，推动提高能效技术、节约能源技术、可再生能源技术和温室气体减排技术的开发和运用，促进整个社会经济朝向高能效、低能耗和低碳排放的模式转型。"国家环境保护部部长周生贤指出："低碳经济是以低耗能、低排放、低污染为基础的经济模式，是人类社会继原始文明、农业文明、工业文明之后的又一大进步。其实质是提高能源利用效率和创建清洁能源结构，核心是技术创新、制度创新和发展观的转变。发展低碳经济，是一场涉及生产模式、生活方式、价值观念和国家权益的全球性革命。"[②] 中国环境与发展国际合作委员会"中国发展低碳经济途径研究"课题组则将低碳经济定义为："一个新的经济、技术和社会体系，与传统经济体系相比在生产和消费中能够节省能

县域篇

---

　　① Ann P. Kinzig and Daniel M. Kammen, "National Trajectories of Carbon Emissions: analysis of proposals to foster the transition to low-carbon economies", Global Environmental Change, Vol. 8, No. 3, 183–208, 1998.

　　② 见周生贤部长为《低碳经济论》(张坤民、潘家华、崔大鹏主编，中国环境科学出版社，2008年)一书做的序言。

源，减少温室气体排放，同时还能保持经济和社会发展的势头。"[1] 并提出低碳经济应该包括以下几个方面的内涵[2]：①工业生产高效率，即单位产出低排放；②能源转化高效率，即单位电量和行驶里程低排放；③可再生能源和核能在能源供应中占较大比重；④交通领域的高能效和低排放，公共交通替代私人交通，更多使用自行车和步行；⑤办公、生活领域的能源节约；⑥减少高能耗、高排放产品的出口；⑦最为核心的是：通过体制机制调整，刺激高能效、低排放技术的创新和应用，从而提高全球的能效水平、减少气体排放。潘家华则认为，"低碳经济是指碳生产力和人文发展均达到一定水平的一种经济形态，旨在实现控制温室气体排放的全球共同愿景。"而低碳发展是向低碳经济转型的过程，强调的是发展模式，低碳经济和低碳发展是不同的概念，两者是有机统一的互补关系[3]。

我们认为，低碳经济是指一个经济系统以较低或相对较低的二氧化碳排放并且能够保持可持续发展的经济形态，而低碳发展则是指转向这种经济形态的发展过程。低碳经济的内涵包括低碳排放和可持续发展，使得大气中的温室气体浓度稳定在确保气候系统免受危险的人为干扰的水平上，从而实现《联合国气候变化框架公约》第二条所阐述的最终目标。低碳经济是一个人类尚待实现的经济形态，从这个意义上说，发达国家绝对的碳总量减排或发展中国家相对的碳强度下降都不是低碳经济的最终形态，而是向低碳经济转型的低碳发展过程。低碳发展的实质是以降低资源消耗和二氧化碳排放为目标，构筑以低碳能源和无碳能源为基础的低能耗、低排放的国民经济体系，实现包括发展方式、生活方式和消费模式在内的社会发展全过程的低碳化，从而在不损害现有经济发展水平和生活质量改善的条件下，促使经济增长与二氧化碳排放逐步脱钩，最终实现稳定大气温室气体浓度水平以及能源、环境、经济、社会的和谐、可持续发展。

无论是从应对气候变化角度，还是保障经济增长和缓解能源、环境压力的角度考虑，节能降耗、积极促进低碳经济增长都是我国应长期坚持和部署的发展战略。但就当前的发展阶段和基本国情而言，我国的低碳发展进程尚不到苛求温室气体排放与经济增长脱钩的阶段，实现 2020 年单位 GDP 二氧化碳排放强度比 2005 年下降40% ~45%的目标应以不断提高碳生产率水平为核心，以实现经济社会的可持续发展为基本方向，通过技术创新、制度创新和经济结构调整，提高生产和消费过程中的能源效率，改善能源结构，增强森林碳汇，实现经济、环境和气候保护的协同发展，从而达到转变经济发展方式、节能降耗、控制温室气体排放以及培育新的经济增长点等多重目的。

第二节　国家和区域低碳发展评价指标体系现有研究评述

2006 年 12 月我国发布的《气候变化国家评估报告》首次提出了走"低碳经济"发展道路的政策建议，促动了相关部门和研究机构对低碳经济发展模式和综合评价方面的研究和探索，如 2008 年国家发展改革委和世界自然基金会以上海和保定两市为试点合作开展的"低碳城市"发展示范项目，2008—2009年间中国社会科学院、国家发改委能源研究所、英国皇家国际事务研究所以及第三代环境主义以吉林市为试点合作开展的"低碳经济方法学及低碳经济区发展案例研究"。同时，一些地方政府也自发地以自下而上的方式开展了多种低碳经济实践。鉴于县域经济和统计系统的独特性，这些有关国家、省域或大城市的低碳发展评价体系虽然不能简单地套用于县域低碳发展评价，但提供了非常好的参考和借鉴。

一、国家间低碳经济发展水平评价指标体系研究

中国社会科学院潘家华等人[4]指出，为了衡量一个国家或经济体在实现低碳经济过程中所处的发

---

① 中国环境与发展国际合作委员会"中国发展低碳经济途径研究"课题组. 中国发展低碳经济途径研究，2009.
② 中国环境与发展国际合作委员会"中国发展低碳经济途径研究"课题组. 中国发展低碳经济的若干问题，2008.
③ 潘家华，庄贵阳，郑艳，等. 低碳经济的概念辨识及低碳城市衡量指标体系——以吉林市为案例的测试. 2009.
④ 潘家华，庄贵阳，郑艳，等. 低碳经济的概念辨识及低碳城市衡量指标体系——以吉林市为案例的测试. 2009.

展阶段、存在的差距及可以采取的政策手段，应当在低碳经济概念的基础上，建立一个多维度的衡量低碳经济发展水平的综合性评价指标体系。这套综合评价指标体系要具有两个方面的功能：一方面要能够横向比较各国或经济体离低碳经济目标有多远，另一方面要能够纵向比较各国或经济体向低碳经济转型的努力程度。参照联合国可持续发展委员会（UNCSD）提出的驱动力—状态—响应（Driving Force – Status – Response）模型，潘家华提出了低碳经济综合评价指标体系的概念框架：①低碳经济发展的驱动因素：经济发展到后工业化时期，社会经济系统具有向高产出、低污染、环境友好型发展模式转型的内在动力和诉求，包括生产方式、消费模式、技术导向和资源可持续利用，等等；②低碳发展状态：对一国（或经济体）经济发展阶段、资源禀赋、技术水平和消费模式的综合度量，能够界定该国在某一时期所处的低碳经济发展水平，包括人均碳排放、碳生产力水平、低碳资源的开发利用情况，等等；③低碳发展的政策响应：表征一国（或经济体）为促进低碳发展所采取的对策，如征收碳税和消费税、提高能源利用效率，推广公共交通和绿色建筑，植树造林增加碳汇，利用税收优惠和财政补贴鼓励发展可再生能源等，以评价一国（或经济体）实现低碳经济转型的努力程度。最终提出了一套用于国家（或经济体）间低碳经济发展水平排名评比的衡量指标体系，包括以下五个层面的一级指标：①低碳产出指标，表征低碳技术水平；②低碳消费指标，表征消费模式；③低碳资源指标，表征低碳资源禀赋及开发利用情况；④低碳政策指标，表征向低碳经济转型的努力程度；⑤人类发展水平，即人类发展指数，表征各国人文发展状况。在每个层面之下，遴选一个或多个核心指标并赋予相应的阈值或定性描述（见表4-14）。

表4-14 国家间低碳经济发展水平的衡量指标体系

一级指标	序号	二级指标	评比标准说明
低碳产出指标	（1）	碳生产力	高于北欧五国平均水平为低碳；介于北欧五国平均水平和OECD平均水平之间为中碳；低于OECD平均水平为高碳
低碳消费指标	（2）	人均碳排放	人均碳排放低于5吨二氧化碳/人为低碳；介于5~10吨二氧化碳/人水平为中碳；高于10吨二氧化碳/人为高碳
	（3）	人均生活消费碳排放	人均生活消费碳排放水平低于5/3吨二氧化碳/人为低碳；介于5/3~10/3吨二氧化碳/人为中碳；高于10/3吨二氧化碳/人为高碳
低碳资源指标	（4）	可再生能源占一次能源比例	可再生能源占一次能源消费比例如高于20%为低碳；介于10%~20%之间为中碳；低于10%为高碳
低碳政策指标	（5）	向低碳经济转型的努力程度	是否制定并实施低碳经济发展目标及有针对性的低碳发展政策等
人类发展水平	（6）	人类发展指数	<0.5，低人类发展水平 0.5~0.8，中人类发展水平 >0.8，高人类发展水平

资料来源：潘家华，等. 低碳经济的概念辨识及低碳城市衡量指标体系——以吉林市为案例的测试.

初步分析表明，这套评价体系在低碳经济外延上考虑因素广泛，但指标精练简洁、层次清晰，除"低碳政策指标"层面较难定量评价外其余都有较好的测评基础。从选取的指标来看，该指标体系评价的是某个时间截面上各国或地区的低碳经济所处状态，难以全面反映一个国家或地区在时间系列上的低碳经济发展变化情况。

二、省级区域低碳经济发展评价指标研究

有关省（直辖市、自治区）之间低碳经济发展水平和努力的比较，潘家华等从低碳产出、低碳消

县域篇

费、低碳资源和低碳政策四个维度提出了一套综合评价指标体系，每个维度都包括一个或多个二级指标，每个指标设定相应的阈值或以是否实施了某些政策或技术为考核标准（见表4－15）。该套指标体系脱胎于其"国家间低碳经济发展水平的衡量指标体系"，并将其中较难测评的"低碳政策指标"细化成5个二级指标进行定量或定性考评。

表4－15　衡量省区低碳经济发展水平的指标体系

一级指标	序号	二级指标	考评阈值说明
低碳产出指标	（1）	调整后的碳生产力	高于全国平均水平20%
	（2）	重点行业单位产品能耗	全国领先
低碳消费指标	（3）	人均碳排放	人均GDP如低于全国平均水平，则人均碳排放低于全国平均水平；人均GDP如高于全国平均水平X%，则人均碳排放水平不得高于全国平均水平0.5X%
	（4）	人均生活碳排放	人均可支配收入如低于全国平均水平，则人均生活碳排放需低于全国平均水平；人均可支配收入如高于全国平均水平X%，则人均生活碳排放水平不得高于全国平均水平X%
低碳资源指标	（5）	零碳能源占一次能源比例	超过全国平均水平
	（6）	森林覆盖率	参照全国各功能区的水平
	（7）	单位能源消费的二氧化碳排放因子	小于全国平均水平
低碳政策指标	（8）	低碳经济发展规划	有
	（9）	建立碳排放监测、统计和监管体系	完善
	（10）	公众低碳经济知识普及程度	80%以上
	（11）	建筑节能标准执行率	80%以上
	（12）	非商品能源激励措施和力度	有且到位

资料来源：潘家华，等. 低碳经济的概念辨识及低碳城市衡量指标体系——以吉林市为案例的测试.

从选取的指标来看，该指标体系缺少能够反映各省在时间系列上的低碳发展速度或成就的指标，所能评价的仅是某个时间截面上各省的低碳经济所处状态，如果其中的碳排放指标又不考虑电力跨省输入输出所蕴涵的排放的话，那些大规模依赖外省电力的省市在评价上就处于先天的优势地位，这对那些被国家定位为能源基地的省市很不公平。难以反映动态信息也是其中的一个不足之处。

湖南社会科学院朱有志等[1]根据层次分析法原理（AHP）提出了一套低碳经济评价指标体系（见表4－16），同样采用分层次的多侧面测评方法，从"碳排放""碳源控制""碳汇建设""低碳产业""碳交易与合作"六个侧面对一个地区的低碳经济状况分别进行观测评价，并采取加权求和来综合判断一个地区的低碳经济发展整体状况。该指标体系难以反映一个地区在时间系列上的低碳经济发展变化，在三级指标的选择上也有一些值得商榷之处，比如"碳排放总量"和"化石能源消耗总量"如果

---

① 朱有志，周少华，袁男优. 发展低碳经济应对气候变化——低碳经济及其评价指标［J］. 中国国情国力，2009（12）.

不考察时间系列上的变化趋势或结合人均或 GDP 指标来比较反映不出任何问题。

表 4 - 16 基于 AHP 的低碳经济评价指标体系

二级指标	序号	三级指标	指标属性
碳排放	（1）	碳排放总量	定量
	（2）	人均碳排放量（碳足迹）	定量
	（3）	能源强度	定量
	（4）	碳强度	定量
碳源控制	（5）	化石能源消耗总量	定量
	（6）	煤炭在能源消耗结构中占比	定量
	（7）	可再生能源在能源结构中占比	定量
碳汇建设	（8）	森林覆盖率	定量
	（9）	城市绿化覆盖率	定量
低碳产业	（10）	低碳产业产值占比	定量
	（11）	低碳技术	定量、定性
	（12）	低碳产品出口与对外服务总额	定量
碳交易与合作	（13）	"碳单量"交易金额	定量

资料来源：朱有志，周少华，袁男优. 发展低碳经济应对气候变化——低碳经济及其评价指标［J］. 中国国情国力，2009（12）.

三、低碳城市发展评价指标研究和实践

清华大学刘滨等[①]结合系统论构建了一套城市低碳经济的评价指标体系，包括目标层、准则层（控制层）和指标层，目标层为"协调经济发展与保护全球气候，在可持续发展框架下应对气候变化"，目标层下为一个或数个较为具体的分目标，即准则层（控制层），指标层则由更为具体的指标组成，其中指标取值越大表示城市低碳经济发展越好的指标称之为正指标，而另一些指标取值越小表示城市低碳经济发展越好的指标称之为逆指标（见表 4 - 17）。在 20 个指标中，以碳生产率和碳生产率年增长率为核心指标，内容涵盖全面而又突出重点，既考察现状也考察动态变化，其设计思路和理念值得借鉴。

表 4 - 17 低碳城市的评价指标体系

目标层	准则层	序号	指标层	类别
可持续框架下应对气候变化	核心指标	（1）	碳生产率	正指标
		（2）	碳生产率年增长率	正指标
	经济发展方式	（3）	现代服务业增加值占 GDP 比重	正指标
		（4）	低碳产品及技术服务出口占出口总值比重	正指标
		（5）	单位产品能耗（主要能耗产业）下降率	正指标
		（6）	单位能源消费的二氧化碳排放因子	逆指标
		（7）	单位能源消费的二氧化碳排放因子下降率	正指标
		（8）	能源环境投资年增率	正指标

① 清华大学能源环境经济研究所. 低碳经济与低碳城市试点研究报告. 2009 - 03.

目标层	准则层	序号	指标层	类别
可持续框架下应对气候变化	社会消费方式	(9)	低碳标识电器使用率	正指标
		(10)	高效清洁能源汽车使用率	正指标
		(11)	低碳建筑覆盖率	正指标
	技术支撑	(12)	高新技术产业增加值增长率	正指标
		(13)	低碳技术 R&D 经费支出占 GDP 比重	正指标
	企业和公众参与	(14)	企业参与度	正指标
		(15)	公众参与度	正指标
	理念和文化	(16)	低碳经济知识教育普及率	正指标
		(17)	公众对低碳城市的满意率	正指标
	政策体系和管理机制	(18)	建立中期的《低碳城市发展规划》	—
		(19)	设立专职管理部门统筹管理	—
		(20)	建立碳排放统计、监督与交易体系	—

资料来源：清华大学能源环境经济研究所. 低碳经济与低碳城市试点研究报告. 2009 - 03.

2008 年 1 月，WWF 以上海和保定两市为试点推出了"低碳城市"发展示范项目，以期分享信息、积累经验、总结出可行模式后向全国推广。其中，低碳保定的发展目标（见表 4 - 18）包括两个方面：一是低碳经济，主要满足城市经济发展和社会实力提升，以产业为支撑，希望形成以新能源及能源设备制造业、环保产业、创意产业、低碳科技服务业、低碳旅游业、绿色农业及食品加工业等六大支柱产业；二是低碳社会，主要满足城市生活功能、交通功能、区域合作功能，以住宅节能建设、社区低碳化规划、交通土地利用模式以及区域合作机制为突破口，形成居民福祉提高、社区安宁祥和、生活节俭畅达的和谐低碳社会。从中可以看出，上海和保定这两个试点城市侧重的只是低碳经济范畴某些具体领域的发展，尚未构成全面的低碳经济发展指标体系。

表 4 - 18　低碳保定建设目标

方面		目标内容		保障措施
低碳保定	低碳经济	绿色农业及食品加工业	建设成绿色生态地区	政府治理大力倡导；社会治理广泛参与；各级政策倾斜支持；资金人力资源保障；区域合作城市联盟；技术交流交易机制
		新能源产业	形成环保、新能源及能源设备制造、创意等三大产业支撑的成熟低碳产业区，成为低碳经济发展模式的典范	
		创意产业		
		低碳科技服务业	第三产业形成低碳经济的消费者，用消费带动产业发展	
		低碳综合旅游业		
	低碳社会	住宅/建筑	行政办公大楼低碳化示范工程；引进低碳标识与评比	
		社区与城市建设	社区规划引入能源需求与碳排放管理；建立低碳化社区标准	
		交通/土地利用	集约化土地利用与组团式城市布局，减少交通需求与出行距离；提倡低碳出行，低碳化交通整合方案设计与实施	
		国际与区域合作	以 CDM 项目为基础，参与国际合作与技术交流；建立 CDM 项目的企业化运作机构，统筹协调保定市参与国际 CDM 机制；开展低碳城市的国际交流与合作；倡导推动建立中国低碳城市联盟	

资料来源：清华大学能源环境经济研究所. 低碳经济与低碳城市试点研究报告. 2009 - 03.

县域篇

四、现有低碳经济发展评价指标体系对我们的启示

低碳经济和低碳发展是一个涉及能源、环境、经济、社会、科技等系统的综合性问题，对其进行综合评价，需要在综合分析各系统相互关系和功能作用的基础上，建立一套完整的指标体系，指标体系不仅要全面体现国民经济发展和二氧化碳排放，而且还要考虑社会发展、科技进步、能源节约等目标同步协调发展的状态，并反映其变化趋势和潜力。

低碳经济发展评价可能有着以下三种不同的应用目的：一是用于排序评价，分析两个或两个以上参评单位在低碳经济发展综合水平上的优劣顺序；二是用于价值或绩效评价，分析参评单位的低碳经济发展综合水平是否合格达标等；三是信息概括，用于向决策者提供信息反馈，使政策制定者和决策者及时地评估本地低碳经济的发展情况和相关政策的实施效果，进而有针对性地改进或调整政策措施。因此，一个真正有意义的低碳经济发展评价指标体系应该能够回答人们普遍关心的几个问题：第一，这个国家或地区低碳经济的发展水平与态势如何？第二，在进行同类比较时这个国家或地区低碳经济发展的相对排名如何？第三，增强或提升这个国家或地区低碳经济发展的途径是什么？回答这些问题也是度量或评价低碳经济发展状况的目的和意义所在。

总结已有的低碳经济评价指标体系研究，可以发现学者们为了构建一个全面的、有针对性的、结构清晰合理的低碳经济综合评价指标体系，多倾向于采用层次分析的方法来组织和构建指标体系。这样一方面可以使指标体系保持比较清晰的结构，另一方面可以在相对完备的情况下精简和压缩指标数量。在指标体系中，除了定性的描述和分析之外，更有指导意义的是定量分析和评价。

评价指标的应用，还需要规范各项指标的数据收集和分析方法，包括数据统计口径、核算方法、计算公式等，以保证评价结果的一致性和有效性。这其中尤其需要事先明确温室气体的类型、排放源界定以及核算方法。气体类型界定是指全部温室气体的排放还是二氧化碳气体的排放；排放源界定是指仅限于化石燃料燃烧活动还是包括森林与土地利用变化以及工业生产过程；核算方法则是指从生产端核算排放量还是从消费端核算排放量，因为跨区域的电力调入调出蕴涵着大量的温室气体"转移排放"，尤其对小尺度的区域低碳经济发展评价来说，不同的核算方法可能得出完全不同的结论。

在指标体系确定后，还需要确定综合评价方法和模型，包括评分参照标准与评价规则制定、定性变量的量化、逆指标转换、数据无量纲化或标准化处理、指标权数确定等，从而把分层次的各项指标的测评值综合起来得到综合评价指数。

第三节　县域低碳发展评价指标体系的构建

继"十一五"发展规划纳入"节能减排"约束性指标之后，国务院已经宣布将"到2020年单位国内生产总值二氧化碳排放比2005年下降40%～45%作为约束性指标纳入国民经济和社会发展中长期规划，并将制定相应的国内统计、监测、考核办法"。如同"节能减排"工作一样，向低碳经济的转变和发展在很大程度上也离不开政府自上而下的推动和政策引导。在这种背景下，县域经济，作为国民经济的基础单位，将面临上级政府的低碳发展绩效考核以及国内外资源、环境、市场和调控等多重倒逼机制，故研究县域低碳发展途径和评价指标有着重要的指导意义。然而县域经济有着自身的独特特点，对县域低碳发展的评价，有别于对一个国家或地区的测评，不能简单地套用国家或省级适用的评价指标体系，有鉴于此，本节在参考现有研究关于低碳经济评价指标体系的基础上，以慈溪市为研究案例，试图为县域低碳发展提出一套衡量指标和考核体系。

一、县域低碳发展评价的独特性

县或县级市，是我国行政区划中行政、司法、财政等职能最完善的一个基本单元，县域经济是在

县域篇

县这一级行政区域范围内的多种经济活动交织而成的经济有机体，在国民经济中起着承上启下的桥梁作用。我国低碳经济的发展转化过程，最终需要通过县域经济这个基本单元来完成，国家的低碳经济发展政策、规划等也要通过县域经济系统逐步传达和落实。因此，对县域低碳发展的评价目的，主要是上级政府对县级政府的绩效考评，或者县级政府的自我评估。

县域低碳发展的途径、调控手段和能力与国家和省级区域存在明显的不同。县级政府在很大程度上是上级政策的具体执行者，可自主实施的政策调控手段有限，更强调对企业的激励和政府官员的问责。

县域经济通常没有完整的工业体系，其低碳经济建设很可能结合实际情况偏重于某些具体领域的发展。

县域经济能源供应或消费系统往往存在大比例的跨境输入输出现象，因此排放源的边界界定和"转移排放"的归属划分很可能颠覆评价结果。

我国存在庞大的农村外出务工人口，对县级市而言，考察人均排放或人均能耗指标不能简单地基于户籍人口而应基于常住人口来进行核算。

县域经济能源和温室气体排放体系的数据统计和核算能力目前也十分薄弱，要求县市一级的地方政府拿出统计数据往往勉为其难。因此，其低碳评价指标没有必要也很难做到如国家和省级体系那般全面。

因此，县域低碳发展的评价指标体系不能简单地套用国家或省级评价体系，而必须结合这些特征有针对性地制定评价指标。

二、县域低碳发展评价指标选取的原则

本书在构建县域低碳发展评价指标体系时主要兼顾了以下原则：

第一，突出反映县域低碳发展的特征。县域经济通常没有全面的能源供应系统，大比例的电力跨县域输入输出现象非常普遍，因此排放源的边界界定和"转移排放"的归属原则将对县域碳排放量评估产生关键性影响。如果评估着重于某个静态点上县域低碳经济的现状则采用不同的归属原则很可能产生颠覆性结果。因此，对县域低碳发展评估，反映县域低碳经济的现状和动态发展水平的指标都应该得到体现，而且应得到同样的重视。

第二，全面性与代表性原则。指标体系作为一个整体，应该较全面反映低碳经济发展的主要现状及其动态变化特征，但没有必要涵盖所有碳指标。因此，基础指标尽量选择那些有代表性的、信息含量大的指标。

第三，层次性原则和独立性原则。依据一定的逻辑规则来建立低碳经济综合评价指标体系，体现出合理的结构层次。同一层次上的基础指标力求相互独立不交叉，但又能较全面地反映上一层级的指标特征。

第四，可操作性原则。结合县域经济已有的统计基础和数据获取能力，尽可能选用能观测或量化的评价指标，对于目前尚不能统计或收集到的数据和资料，暂时不纳入指标体系，这样才能具有较强的可操作性和实用性。

第五，通用性和可比性原则。评价指标的构建不能仅适用或着眼于个别的评价对象，从内容到形式要能够适用于其他类似的评价对象，同时需要明确解释每个指标的含义、统计口径和范围，以确保时空上的可比。

三、县域低碳发展评价指标体系构建

在辨析低碳经济概念和内涵的基础上，针对县域经济现有的统计基础与能源和温室气体数据获取能力，遵照既定的低碳发展评价指标选取原则，设计了一个三层次结构的县域低碳发展评价指标体系。具体方案分为"最高层"、"准则层"和"指标层"三个层次，其中"准则层"包括低碳发展现状、低碳发展态势以及低碳发展行动三个考察因素，每个考察因素通过一系列指标从各个不同的角度定量测量或定性描述县域低碳发展的当前状况或变化趋势（见表4-19）。在评价中，各基层指标应当参考

相应的比较基准进行评分，并结合权重系数逐层向上加总，得到低碳发展综合评价指数，作为全面衡量和比较县域低碳发展效果和努力的一把量尺。指标权重反映了不同指标在整体评价中的相对重要程度，同评价指标的选取一样是影响评价结果的关键因素。权重分配很大程度上是个价值确定问题，带有一定的主观性，实际应用中需要民主和集中决策相结合。

表4-19   县域低碳发展评价指标体系

最高层	准则层	序号	指标层	指标类别	比较基准
县域低碳发展综合评价指数	低碳发展现状	（1）	单位GDP二氧化碳强度（吨二氧化碳/百万元不变价）	逆指标	全国平均水平
		（2）	人均能源活动相关的二氧化碳排放（吨二氧化碳/人）	逆指标	全国平均水平
		（3）	单位能源消费的二氧化碳排放强度（吨二氧化碳/吨标准煤）	逆指标	全国平均水平
	低碳发展态势	（4）	单位GDP二氧化碳排放强度年下降率（%）	正指标	全国平均水平
		（5）	人均二氧化碳排放年下降率（%）	正指标	全国平均水平
		（6）	单位能源消费的二氧化碳排放强度年下降率（%）	正指标	全国平均水平
	低碳发展行动	（7）	单位GDP能源消费强度年下降率（%）	正指标	全国平均水平
		（8）	可再生能源消费量年增长率（%）	正指标	全国平均水平
		（9）	森林覆盖率（%）	正指标	全国平均水平
		（10）	建成区公交出行分担率（%）	正指标	全国平均水平

各项指标解释说明：

（1）反映低碳经济发展现状的指标选取单位GDP二氧化碳强度、人均能源活动相关的二氧化碳排放量以及单位能源消费的二氧化碳排放强度。

单位GDP二氧化碳强度，指平均每单位地区生产总值（2005年不变价）所需要的二氧化碳排放。该项指标越小，表示经济系统单位碳投入的产出率越好，是衡量低碳经济状况的一个核心指标。计算公式为：

$$单位GDP二氧化碳强度 = 地区生产总值/区域二氧化碳排放总量 \qquad (4-15)$$

考虑到目前在县级行政区核算工业生产过程、农业活动、土地利用变化和林业及城市废弃物处理相关的温室气体排放仍有一定的困难并且存在很大的不确定性，二氧化碳排放总量可限于化石燃料活动相关的二氧化碳排放，但必须事先界定跨县域电力调入调出蕴涵的净排放量。

人均能源活动相关的二氧化碳排放，指县域内人均分摊的化石燃料燃烧二氧化碳排放。人均能源活动相关的二氧化碳排放不仅与生产和消费模式密切相关，也与当地的经济发展水平和生活水平密切相关。虽然对全国或跨省范围的比较来说，该指标还受到地理气候特征的影响，总体上该项指标越小，表示社会发展对碳资源的利用效率越好。计算公式为：

$$人均能源活动相关的二氧化碳排放 = 区域化石燃料燃烧二氧化碳排放总量/常住人口 \quad (4-16)$$

单位能源消费的二氧化碳排放强度，指县域内平均每单位一次能源消费量所产生的二氧化碳排放量。该项指标越小，表示能源的低碳化发展程度越高，其计算公式为：

$$单位能源消费的二氧化碳排放强度 = 区域二氧化碳排放总量/一次能源消费总量 \quad (4-17)$$

（2）在低碳发展评价方面，反映发展趋势的指标比反映现状的指标更有指示意义，分别计算反映低碳经济发展现状的指标的年际变化率，并将之作为低碳发展趋势指标，这些指标越大表示向低碳经济发展的速度越快。其中：

单位 GDP 二氧化碳强度年下降率 =（1 − 本期单位 GDP 二氧化碳强度/上期单位 GDP 二氧化碳强度）×100%　　　　　　　　　　　　　　　　　　　　　　　　　　　　　　　（4 − 18）

人均能源活动相关的二氧化碳排放量年下降率 =（1 − 本期人均能源活动相关的二氧化碳排放量/上期人均能源活动相关的二氧化碳排放量）×100%　　　　　　　　　　　　　　　（4 − 19）

单位能源消费的二氧化碳排放强度年下降率 =（1 − 本期单位能源消费的二氧化碳排放强度/上期单位能源消费的二氧化碳排放强度）×100%　　　　　　　　　　　　　　　　　　（4 − 20）

（3）反映低碳经济发展行动的指标选用了单位 GDP 能源消费强度年下降率、可再生能源消费量年增长率、地区森林覆盖率以及城市建成区公交出行分担率 4 个可以量化操作的指标。这些指标在量化上虽然与温室气体排放无直接关联，但直接体现了县级政府在节能、发展可再生能源、碳汇建设以及低排放城市交通模式方面的成绩，这也是当前控制温室气体排放的主要途径，可借此间接地量化评估县级政府在低碳发展方面的行动和努力。

单位 GDP 能源消费强度年下降率，是反映县域经济节能降耗绩效的一个关键指标，计算公式为：

单位 GDP 能源消费强度年下降率 =（1 − 本期单位 GDP 能源消费强度/上期单位 GDP 能源消费强度）×100%　　　　　　　　　　　　　　　　　　　　　　　　　　　　　　　（4 − 21）

可再生能源消费量年增长率，指县域内各类可再生能源利用总量的增长速度。计算公式为：

可再生能源消费量年增长率 =（本期可再生能源消费总量/上期可再生能源消费总量 − 1）×100%　　　　　　　　　　　　　　　　　　　　　　　　　　　　　　　　　　　　　（4 − 22）

其中可再生能源包括水电、风电、太阳能发电、生物质发电、生物燃料等商品化的可再生能源利用以及沼气、太阳能热利用、地热热利用等非商品化的可再生能源利用，并采用电热当量法统一换算成标准量进行汇总，但不包括核能和农村传统生物质能源利用量。

地区森林覆盖率，指地区森林面积占土地总面积的百分比，反映了县级政府在建设森林碳汇方面的努力和成就。其中森林面积包括郁闭度 0.2 以上的乔木林地面积和竹林地面积，国家特别规定的灌木林地面积、农田林网以及四旁（村旁、路旁、水旁、宅旁）林木的覆盖面积。具体计算公式为：

地区森林覆盖率 =（有林地面积 + 大片灌木林面积 + 四旁树与农林防护带折算面积）/县域土地总面积　　　　　　　　　　　　　　　　　　　　　　　　　　　　　　　　　　　　（4 − 23）

城市建成区公交出行分担率，指城镇居民乘坐公共交通工具出行人次占总出行人次的比例，是反映城市公共交通发展水平的一个最直观的指标，间接反映了民众的低碳生活意识以及政府在低碳基础设施方面的建设努力和成就。

第四节　慈溪市低碳发展评价

浙江省慈溪市是隶属宁波市的一个县级市，全市行政区域面积 1361 平方公里。在可持续发展战略的指导下，经过 20 多年的努力，慈溪市经济社会已经取得了令人瞩目的成就，2006 年慈溪市跻身全国县域经济基本竞争力三强，成为经济实力强大、百姓生活富裕的全国县级强市之一。2008 年 GDP 达到 601.4 亿元，第一、第二、第三产业增加值的比例为 4.7∶62.1∶33.2，经济增长结构已经得到根本改善。在社会发展和人民生活方面，2008 年全市城镇化率已达到 62%，其中城镇居民人均可支配收入达到 26 385 元，农村居民人均纯收入达到 12 263 元。按户籍人口核算的全市人均生产总值达到 58 324 元，按年平均汇率折算已经超过人均 8 000 美元。

慈溪正处于工业化、城市化加速推进的关键时期，随着经济总量不断扩大，资源、环境与发展的矛盾日益突出：一方面本地矿产、煤炭、水电等一次能源资源缺乏，对外部能源和电力的过度依赖增加了未来经济发展的不确定因素；另一方面市域内人均能源消费量和人均温室气体排放量已居全国前列，在国家连续提出"节能降耗"和"降低单位 GDP 二氧化碳排放强度"两个约束性指标之后，节约能源、控制温室气体排放的压力陡然增大。面对国内外资源、环境、市场、调控等多重倒逼机制，摆脱现行的传统经济增长模式，调整发展战略，发展低碳经济，是事关慈溪长远发展的紧迫任务。

一、数据来源及说明

慈溪市辖区范围能源活动的二氧化碳排放以及电力调入调出所蕴涵的二氧化碳排放见专题报告"慈溪市'十二五'及 2020 年温室气体控制目标研究"，报告估算了慈溪市 2005 年和 2007 年的温室气体排放。根据报告结果，如果不计入外购电力的排放量，2005 年和 2007 年慈溪市能源活动的二氧化碳排放量分别为 424.7 万吨和 415.9 万吨；如果计入外购电力的排放量，2005 年和 2007 年慈溪市能源活动的二氧化碳排放量分别为 883.5 万吨和 1 078 万吨。本书按能源活动排放是否包括外购电力所蕴涵的排放分别对慈溪市的低碳发展评价指标进行了测算。鉴于我国存在规模庞大的脱离户籍所在地的常年外出务工人口，因此在核算人均排放指标时人口数据取常住人口而非户籍人口，如 2005 年慈溪市户籍人口和非户籍的常住外来人口分别为 101.5 万人和 70 万人，因此其常住人口合计为 171 万人，同理 2007 年常住人口核算为 173 万人。

二、慈溪市评价结果及分析

(一) 慈溪市低碳经济发展现状评价

1. 单位 GDP 二氧化碳排放强度

如果不计入外购电力蕴涵的排放，2007 年慈溪市单位 GDP 二氧化碳排放强度为 83.49 吨二氧化碳/百万元（2005 年价格，下同），比全国平均水平低 68.2%。如果计入外购电力所蕴涵的排放，则慈溪市单位 GDP 二氧化碳排放强度为 216.32 吨二氧化碳/百万元，只比全国平均水平低 17.6%。

2. 人均能源消费的二氧化碳排放

如果不计入外购电力蕴涵的排放，2007 年慈溪市人均能源消费的二氧化碳排放为 2.41 吨二氧化碳/人，比全国平均水平低 47.5%。如果计入外购电力所蕴涵的排放，则慈溪市人均能源消费的二氧化碳排放为 6.24 吨二氧化碳/人，比全国平均水平高 35.9%。

3. 单位能源消费的二氧化碳排放强度

如果不计入外购电力蕴涵的排放，2007 年慈溪市单位能源消费的二氧化碳排放强度为 0.99 吨二氧化碳/吨标准煤，比全国平均水平低 56.2%。如果计入外购电力所蕴涵的排放，则慈溪市单位能源消费的二氧化碳排放强度为 2.55 吨二氧化碳/吨标准煤，比全国平均水平高 12.8%。

可见，与是否计入外购电力蕴涵的排放核算，慈溪市表征低碳经济发展现状的三个指标都发生了 2~3 倍的变化，这是因为慈溪市超出 90% 以上的电力消费来自外部供应，其中蕴涵的二氧化碳排放量甚至比直接发生在慈溪市辖区内的排放量还要大，这正是县域低碳发展评价与国家或省级低碳发展评价的不同之处。

(二) 慈溪市低碳发展趋势评价

1. 单位 GDP 二氧化碳排放强度下降率

如果不计入外购电力蕴涵的排放，2007 年慈溪市单位 GDP 二氧化碳排放强度下降率为 14.09%，比全国平均水平快 11.22 个百分点。如果计入外购电力所蕴涵的排放，则慈溪市单位 GDP 二氧化碳排放强度下降率为 4.13%，只比全国平均水平快 1.26 个百分点。

2. 人均能源消费的二氧化碳排放下降率

如果不计入外购电力蕴涵的排放，2007 年慈溪市人均能源消费的二氧化碳排放下降率为 1.35%，比全国平均水平快 9.9 个百分点。如果计入外购电力所蕴涵的排放，则慈溪市人均能源消费的二氧化

碳排放下降率为 −10.06%（正增长），下降速度比全国平均水平慢 1.51 个百分点。

3. 单位能源消费的二氧化碳排放强度下降率

如果不计入外购电力蕴涵的排放，2007 年慈溪市单位能源消费的二氧化碳排放强度下降率为 10.06%，比全国平均水平快 9.98 个百分点。如果计入外购电力所蕴涵的排放，则慈溪市单位能源消费的二氧化碳排放强度下降率为 0.00%，下降速度比全国平均水平慢 0.08 个百分点。如同反映低碳经济发展现状的指标一样，慈溪市的低碳发展趋势指标在核算时，是否计入外购电力蕴涵的排放，会得出决然不同的评价结果。

（三）慈溪市低碳发展行动评价

1. 单位 GDP 能源消费强度年下降率

2007 年慈溪市单位 GDP 能源消费强度年下降率为 4.22%，比全国平均水平快 1.28 个百分点。

2. 可再生能源消费量年增长率

2007 年慈溪市可再生能源消费量年增长率为 20.7%，比全国平均水平快 6.4 个百分点。

3. 地区森林覆盖率

参考《慈溪市国民经济和社会发展第十一个五年（2006—2010 年）总体规划纲要》以及《2009 年慈溪市国民经济和社会发展统计公报》，估计 2007 年慈溪市森林覆盖率为 24.3% 左右，比全国平均水平高 3.94 个百分点。

4. 城市建成区公交出行分担率：暂时无法评估

2007 年慈溪市低碳发展评价指标核算情况见表 4 – 20。

表 4 – 20 2007 年慈溪市低碳发展评价指标核算情况

子系统	基础指标	全国平均水平	慈溪市指标值	
			计入外购电力蕴涵的排放	不计入外购电力蕴涵的排放
低碳发展现状	单位 GDP 二氧化碳强度（吨二氧化碳/百万元，2005 年不变价）	262.56	216.32	83.49
	人均能源活动相关的二氧化碳排放（吨二氧化碳/人）	4.59	6.24	2.41
	单位能源消费的二氧化碳排放强度（吨二氧化碳/吨标准煤）	2.26	2.55	0.99
低碳发展态势	单位 GDP 二氧化碳排放强度年下降率（%）	2.87	4.13	14.09
	人均二氧化碳排放年下降率（%）	− 8.55	− 10.06	1.35
	单位能源消费的二氧化碳排放强度年下降率（%）	0.08	0	10.06
低碳发展行动	单位 GDP 能源消费强度年下降率（%）	2.94	4.22	
	可再生能源消费量年增长率（%）	14.3	20.7	
	森林覆盖率（%）	20.36	24.3	
	建成区公交出行分担率（%）	—	—	

第五节 县级政府低碳发展考核指标初步设计

到 2020 年单位 GDP 二氧化碳排放比 2005 年下降 40% ~45%，将同"节能降耗"一道作为约束性指标纳入我国国民经济和社会发展中长期规划,并将制定和完善相应的能耗和碳排放统计体系、监测体系和考核体系。

　　按照"十一五"完成节能降耗指标的相关做法,中央政府将基于一定的原则和科学测算,把能耗和碳排放强度下降目标和任务逐级分解到各省(直辖市、自治区)、县和重点企业,实行地方各级人民政府对本行政区域能耗和碳排放强度下降目标负总责的工作责任制和问责制,通过"一级抓一级、一级考核一级",确保如期完成能耗和碳排放强度下降目标。有鉴于此,本节参考国家"十一五"节能降耗工作的评价考核方法,初步提出了分别针对县级政府和重点企业控制二氧化碳排放的工作考核指标。

一、对县级政府降低碳排放强度工作的考核指标设计

(一)考核目的

　　按照层级管理原则,通过将国家、省级"单位 GDP 二氧化碳排放强度"下降目标分解到县级政府,建立和完善相应的 GDP 碳排放强度下降目标责任评价、考核和奖惩制度,实现"一级抓一级、一级考核一级",从而增强各级政府、相关部门和企业控制温室气体排放的责任心,充分调动各级领导干部和企业负责人的积极性,促进 GDP 碳排放强度下降目标任务的完成。

(二)考核对象

县级人民政府。

(三)考核内容与考核指标体系

内容:包括单位地区生产总值碳排放下降目标完成情况、措施落实情况、工作落实情况三大类。

(四)考核方法和评价等级

　　依据设立的"目标完成"、"措施落实"、"工作落实"三类指标实行百分制量化考核。其中,"目标完成"指标以所在省统一下达的各县年度 GDP 碳排放强度下降目标为基准,计算目标完成率进行考核评分,满分为 30 分,超额完成可适当加分。考虑由县及以下单位拿出可信的统计数据勉为其难,建议由所在省统计局统一核算各县单位地区生产总值碳排放强度指标,对乡镇或街(区)也暂不进行目标分解和考核;"措施落实"和"工作落实"为定性考核指标,"措施落实"主要考察县级政府在控制二氧化碳排放重点领域所做的工作,也是县级政府控制二氧化碳排放的主要抓手,因此给予 50 分的较大权重;"工作落实"则考察应对气候变化工作机制等方面,满分为 20 分。

　　考评分成四个等级,分别是超额完成(95 分以上),完成(80~95 分,不含 95 分),基本完成(60~80 分,不含 80 分),未完成(60 分以下,不含 60 分),见表 4-21。

表 4-21　县级政府单位 GDP 碳排放强度下降目标责任评价考核计分表

考核指标	序号	考核内容	分值	评分标准
目标完成(30 分)	1	万元地区生产总值碳排放强度下降率(暂不计入外购电力蕴涵排放)	30	完成年度计划目标得 30 分,完成目标的 90% 得 27 分,完成 80% 得 24 分,依次类推按目标完成率计分。每超额完成 10% 加 3 分,最多加 9 分
措施落实(50 分)	2	产业结构调整	10	1. 第三产业增加值占地区生产总值比重上升,4 分 2. 战略性新兴产业占地区工业增加值比重上升,3 分 3. 生产性服务业占地区工业增加值比重上升,3 分

续表

考核指标	序号	考核内容	分值	评分标准
措施 落实（50分）	3	提高能效和节约能源	15	1. 推进实施"十大重点节能工程"，5分 2. 执行高耗能产品能耗限额标准，2分 3. 和本地区重点用能单位签订节能目标并定期考核完成情况，2分 4. 推进实施新建建筑节能强制性标准和既有建筑节能改造，2分 5. 改善城市建成区公交基础设施，2分 6. 政府机构率先实施节能审计和改进措施，2分
	4	积极发展低碳能源	10	1. 可再生能源消费量稳步增长，3分 2. 核电和可再生电力占一次能源消费比重上升，4分 3. 天然气占一次能源消费比重上升，3分
	5	控制工业生产过程二氧化碳排放	5	1. 通过"3R"原则和新型工业化，促进清洁生产和循环经济发展，2分 2. 采取各种有效措施，减少水泥、钢铁、电石、石灰、建材等产品在生产和使用过程中产生的二氧化碳排放，3分
	6	增加森林碳汇	5	1. 推动植树造林、退耕还林还草、森林和草原保护等生态建设，增加森林资源和碳汇，2分 2. 大力推进畜禽粪便和农作物秸秆资源化利用，2分 3. 大力推广生态农业和低碳农业，1分
	7	抑制转移排放	5	1. 限制高耗能产品出口，2分 2. 外购电力蕴涵的间接排放占总排放的比率保持下降，3分
工作 落实（20分）	8	机构和体制建设	4	1. 建立地方应对气候变化的管理体系，加强统一领导和各部门的协调配合，2分 2. 把排放控制目标纳入"十二五"国民经济和社会发展规划和年度计划并认真组织实施，2分
	9	数据统计和上报	4	1. 完善本地区能源排放统计制度并充实能源排放统计力量，1分 2. 加强规模以上企业能源排放管理和计量工作，1分 3. 定期上报本地区能源排放统计数据，2分
	10	资金投入	4	1. 在年度预算中安排专项资金扶持节能及低碳发展项目、技术研发、示范和推广，2分 2. 通过加速折旧、税收减免等财政措施激励企业投入资金用于低碳节能技术改造和升级，2分
	11	科技支撑	4	1. 积极投入财政资金用于低碳节能技术研发，2分 2. 建立低碳节能新技术新产品的信息发布和共享机制，2分
	12	意识教育	4	1. 开展应对气候变化宣传和培训工作，2分 2. 做好典型示范工作，以点带面推动低碳发展，2分
小计	—	—	100	—

县

域

篇

二、对重点企业控制二氧化碳排放工作的考核指标设计

1. 考核目的

按照目标明确、职责明确、奖惩明确的要求，政府和辖区内年二氧化碳排放量或能源消费量超过预定阈值的重点企业分别签订二氧化碳排放控制目标，并通过考核和奖惩制度，充分发挥政策导向、舆论监督、责任追究的作用，强化工业企业控制温室气体排放的责任和动力，确保实现我国 2020 年单位 GDP 二氧化碳排放强度相比 2005 年下降 40% ~ 45% 的目标。

2. 考核对象

年二氧化碳直接排放量 1 万吨以上，或综合能源消费量 5 000 吨标准煤以上（电力折算系数按当量值），或年电力消费量 800 万千瓦时以上的重点用能单位。

3. 考核内容与考核指标体系

内容：包括目标完成指标和措施落实指标两大类。

4. 考核方法和评价等级

依据设立的"目标完成"（40）和"措施落实"（60）两类指标实行百分制量化考核。目标完成指标总分 40 分，包括企业二氧化碳排放总量控制目标以及单位产品二氧化碳排放强度下降目标两项，每项分值各为 20 分，分别以企业同政府主管部门签订的企业二氧化碳排放控制目标责任书所确定企业二氧化碳排放总量控制目标以及单位产品二氧化碳排放强度下降目标为基准，每项均按目标完成率进行考核评分，每超额完成 10% 则加 2 分，上不封顶。其中，企业的二氧化碳排放总量和单位产品排放强度由企业根据既定的方法自查后上报到主管部门并经主管部门核实确认；"措施落实"为定性考核指标，主要考察企业在二氧化碳排放控制各个具体领域所取得的成绩，给予 60 分的较大权重。

考评分成四个等级，分别是超额完成（95 分以上），完成（80 ~ 95 分，不含 95 分），基本完成（70 ~ 80 分，不含 80 分），未完成（70 分以下，不含 70 分），见表 4 – 22。

表 4 –22   重点耗能（排放）企业单位产值/产品排放强度下降目标责任评价考核计分表

考核指标	序号	考核内容	分值	评分标准
目标完成（40 分）	1	企业二氧化碳排放总量控制目标	20	完成年度计划目标得 20 分，完成目标的 90% 得 18 分、80% 得 16 分、70% 得 14 分、60% 得 12 分，以此类推按目标完成率计分，每超额完成 10% 加 2 分，不封顶
	2	单位产品二氧化碳排放强度下降率	20	完成年度计划目标得 20 分，完成目标的 90% 得 18 分、80% 得 16 分、70% 得 14 分、60% 得 12 分，以此类推按目标完成率计分，每超额完成 10% 加 2 分，不封顶
措施落实（60 分）	3	提高能效和节约能源	10	1. 主要产品综合能耗水平和排放强度居全国同行业先进水平，3 分 2. 定期实行能源审计或监测，并落实改进措施，3 分 3. 能源系统优化，充分回收利用厂区余压、余热和废气资源，4 分
	4	积极利用可再生能源	10	1. 积极开发利用或外购可再生能源并保持逐年增长，5 分 2. 在生产工艺中探索利用固体废弃物、生物质能等节约替代化石能源和不可再生资源，5 分
	5	工艺革新和技术进步	8	1. 按规定淘汰落后耗能工艺、设备和产品，2 分 2. 实施并完成年度低碳节能技术改造计划，3 分 3. 设立专项资金用于低碳节能技术研发和引进吸收，3 分

续表

考核指标	序号	考核内容	分值	评分标准
目标完成 （40分）	6	控制工业生产过程二氧化碳排放	6	1. 通过"3R"原则，开展清洁生产、发展循环经济，3分 2. 采取各种有效措施，减少水泥、钢铁、电石、石灰、建材等产品在生产和使用过程中产生的二氧化碳排放，3分
	7	绿化固碳	3	厂区绿化率达标，3分
	8	控制间接排放	3	间接排放占总排放的比率保持下降，3分
	9	企业低碳节能工作组织和管理	5	1. 成立由企业主要负责人为组长的低碳节能工作领导小组并定期研究部署企业低碳节能工作，1分 2. 设立或指定低碳节能专职部门和技术人员，2分 3. 对车间、班组或个人实施能耗和排放强度目标考核及奖惩制度，2分
	10	执行低碳节能法律法规工作	6	1. 贯彻执行低碳节能相关法律法规和政府规章制度，1分 2. 执行高耗能产品能耗限额标准，2分 3. 实施主要耗能设备能耗定额管理制度，2分 4. 新、改、扩建项目遵行节能设计规范和用能标准，1分
	11	能源排放计量与上报	5	1. 依法依规配备能源计量器具，并定期进行检定、校准，2分 2. 设立能源统计岗位，建立能源统计台账，按时保质保量报送能源统计报表，3分
	12	职工低碳节能培训与教育	4	1. 宣传气候变化科学知识和我国应对气候变化的各项方针政策，增强职工气候变化意识，2分 2. 定期开展职工低碳节能技术专题培训工作，2分
小计	—	—	100	—

第六节　促进慈溪低碳经济发展的政策建议

依据低碳经济发展评价指标体系，加快低碳发展主要通过产业结构低碳化和能源结构低碳化、节约能源提高能效、控制生产过程排放、加强碳汇建设以及倡导低碳生活方式等途径来实施。

一、促进产业结构低碳化

在产业结构中，真正消耗大量能源并产生二氧化碳排放的是工业制造业、建筑业和交通运输业等第二产业，而第三产业单位产值消耗的能源相对较低。应着力构建高端、高效的现代服务业和战略性新兴产业，大力支持新能源、节能、环保产业和生产性服务业发展，加快发展现代物流业、现代金融业、旅游休闲、现代会展业、教育文化等第三产业，提高第三产业比重；出台优惠政策促进企业研发应用低碳节能新技术、新工艺和新设备，推广运用温室气体减排技术、能源节约和替代技术等先进适用技术和高新技术，淘汰落后生产工艺和设备，限制高能耗、高排放行业发展，改造提升第二产业。通过调整产业结构、转变发展方式，实现节能降耗和控制温室气体排放。

二、促进能源结构低碳化

在三种主要化石能源中，煤的单位热值的潜在碳排放系数最高，油次之，天然气的碳排放系数只有煤炭的 60%。其他形式的能源如核能、风能、太阳能、水能、地热能等属于零碳能源。从低碳发展的角度看,可再生能源在能源消耗结构中占比越大,低碳化程度就越高。因此,积极发展低碳和无碳能源,减少煤炭消费是控制温室气体排放的另一个主要途径。应推动能源结构由"以煤为主"向天然气、水电、风电、太阳能、秸秆沼气等生物质能并重的方向发展,实现能源供应和消费的多样化。应加快新能源推广应用与产业发展,依托产学研合作联盟,推动建立以企业为主体、产学研相结合的低碳技术创新与成果转化体系,重点组织实施风力发电、生物质能发电等大型工程项目。在生产、生活领域积极推广太阳能、沼气、天然气等清洁能源的综合利用,控制二氧化碳排放。

三、节约能源提高能效

提高能源效率可以实现能源安全、低碳排放和增强竞争力等多重目标。我国能源消费以工业用能为主,工业节能是降低单位生产总值能源强度的工作重点。应坚决淘汰落后产能和工艺设备,推进清洁生产、发展循环经济,重点加大钢铁、水泥、石油化工等高耗能行业节能改造和新技术推广应用,推广应用余热余压发电、电机系统节能、工业锅炉节能等先进适用节能技术。坚持实施并完善重点耗能企业节能降耗和温室气体控制责任评价考核制度,保证考核方法、指标体系和数据核算的科学性、透明性和长期连续性,提高被考核企业的激励和反映预期。

四、林业碳汇建设

森林能够吸收并储存二氧化碳是重要的碳吸收汇,同时具有重要的生态功能和水土涵养功能。应加快宜林荒山、疏林地和未成林地的绿化建设,推进岩石裸露地区植被恢复、废弃矿山生态修复,可在中心城区公园、居民区、道路、河道两侧等增加绿化面积,近郊建立风景林、防护林、森林公园、果园等,提高地区森林覆盖率和城市建成区绿化覆盖率。应继续积极开展植树造林运动,鼓励企业开展森林碳汇项目和相关的服务体系建设,提升森林碳汇管理能力。

五、积极倡导低碳生活方式

低碳发展还应关注公众低碳生活方式和低碳消费模式的培养。政府应采取积极措施为民众营造并创造浓郁的低碳生活、低碳消费的氛围和条件。建立低碳化的城市公共交通系统,加快落实优先发展公共交通系统和快速轨道交通系统的建设,倡导发展混合燃料汽车、电动汽车、生物乙醇燃料汽车、太阳能汽车等低碳排放的交通工具。在城市交通系统中设立自行车专用道,进一步加强城市自行车租借系统的建设。倡导低碳型居住模式,加大建筑节能力度。引入低碳设计理念,如充分利用太阳能、选用隔热保温的建筑材料、合理设计通风和采光系统、选用节能型取暖和制冷系统。倡导居住空间的低碳装饰、在家庭推广使用节能家用电器和高效节能厨房系统及节水器具,从各个环节上做到"低碳节能",有效降低每个家庭的碳排放量。通过启动建设一批低碳示范项目,如低碳社区、低碳学校、低碳单位等,强化宣传引导示范作用,提高全社会的节能和低碳发展意识,调动每个人的力量参与低碳建设。

县域篇

政策篇

温室气体排放贸易平台及
地区间排放贸易研究

第一章 排放贸易理论研究与实践评述

第一节 排放贸易定义

排放贸易是指对环境污染物排放进行管理和控制的一种经济手段，是一种以市场为基础的控制策略。它是通过建立合法的污染物排放权利，并允许这种权利像商品一样买入和卖出来进行排放控制的。

产权经济学和环境经济学为建立排污（放）权交易制度提供了经济学理论基础。诺贝尔经济学奖获得者科斯（Ronald Coase）等认为，所有权、财产权失灵是市场失灵的一个根源，资源配置的外部性是资源主体的权利和义务不对称所导致。只要明确界定所有权，市场主体或经济行为主体之间的交易活动或经济活动就可以有效地解决外部不经济性问题。

排污（放）权交易就是对以上理论的实际应用。其做法一般是，政府机构评估出使一定区域内满足环境要求的污染物/排放物的最大排放量，并将最大允许排放量分成若干规定的排放份额（每份允许排放量为一份排污权），政府可以用不同的方式分配这些权利（如可以有选择地卖给出价最高的购买者），并通过建立排污（放）权交易市场使这种权利能合法地买卖。在排污（放）权市场上，排污（放）者从其利益出发，自主决定买入或卖出排污权。因总的权利是以满足环境容量要求为限度的，所以无论这些权利是如何分配的，环境质量不会违反环境标准。

排污（放）权交易不但可以在一国内运用，还可以用于国际社会。联合国框架下的《京都议定书》中的灵活三机制就是排污（放）权交易典型的应用。在议定书中发达国家整体减排温室气体5.2%的前提下，发达国家之间以及发达国家与发展中国家之间可以通过联合履行、排放贸易以及清洁发展机制进行交易，以低成本、高效益实现控制全球环境温室气体排放。

第二节 排放权交易的经济学基础

环境问题是典型的外部性问题。排污权交易的思想最早源于产权问题。具体理论界认识始于1960年科斯发表的《社会成本问题》，文中科斯指出产权和庇古税评估权利价值的方式不同，前者是依靠市场而后者是依靠政府，但同时还指出要使权利流向最有用的领域依靠单纯的法律管制机制是无法实现的。

自20世纪60年代以来，经济学界出现了大量关于解决环境外部性问题的研究文献。外部性理论认为适宜的经济政策能够给经济机构提供足够的激励，以便使它们刚好承担经济活动中产生的外部性。从经济学的角度来看，可以通过两种方式来实现环境外部性的内部化：一种是基于价格的工具（Price Policy），主要是庇古税和补贴；另一种是基于数量的工具（Quantity policy），主要是排放权交易体系。

排污权交易在美国最早得到应用和发展，因此大多数关于排污权交易理论的研究主要来自于美国的环境经济学界。随着这项环境经济政策得到越来越广泛的应用，学术界的研究和讨论也日渐活跃。Crocker在20世纪60年代将这种观点引向实践。1966年，他提出产权手段在空气污染控制方面应用的可能性，重点指出产权手段会产生信息负担方面的变化："污染控制当局的责任虽然不只是建立产权和保护产权那么简单，但也不再需要了解有关成本和损害函数的信息了。"

1968 年 Dales（戴尔斯）在其《污染、财富和价格》一文中首次引入"污染权"（Pollution right）的概念，指出排放污染物的初始拥有权能够缓解超量排放问题。他进一步给出产权手段在水污染控制方面的应用方案。他认识到现有的法律体系事实上已经创造出一系列有价值的产权，与科斯描述的产权体系不同的是，这种产权由于不允许交易而缺乏效率，从而暗示现有的产权体系可改进成交易体系，并且首次明确阐述了一个水污染控制的方案，这也是戴尔斯首次明确阐述了一个水污染控制的方案。

1972 年 Montgomery 率先应用数理经济学的方法，严谨地证明了排污权交易具有污染控制的成本效率特征。随后，Baumol 和 Oates 于 20 世纪 70 年代初首次从理论上严格证明了 Dales 和 Crocker 的设想结果。虽然当时的研究对象并不是交易体系而是收费体系，但由于交易体系和收费体系理论上的相似性，所以证明选取针对收费体系而设计，在两种体系下同样适用：预定目标所对应的费用有效的税率是唯一的，通过交易许可证形成的统一价格也能达到同样费用有效的结果。但是，在税和标准的体系下，如何确定统一的税率是一个现实的难题，只能通过反复试错的办法逐渐趋近这个有效税率。在许可证交易体系下，则可通过许可证市场上的供需自发生成。然而，Baumol 和 Oates 的结论也存在着明显的局限性，即只适用于均匀混合污染物的情况，即所有污染者的排放对环境目标的影响是相同的，与污染源的位置无关。但在许多情况下，排放产生的影响却不能不考虑排放位置的影响，任何一单位的排放对环境目标的贡献都与排放发生的位置有关。其他情况相同时，排放位置距离监测点位置越近，排放产生的影响也越大。故此人们意识到许可证价格应该随污染源的不同而有所差异，不能由单一税率来确定。

对此，Montgomery 提出建立不同的许可证市场均衡，对环境目标影响较大的污染源将支付更高的价格。Tietenberg 基于 Montgomery 的思想提出针对每个接收点的位置建立相互独立的许可证。当环境目标用环境中污染物浓度定义时（大多数国家都是如此），许可证以允许的浓度单位来表达。尽管每单位许可证对相应接受点的浓度影响相同，每个许可证实际允许的排放量却根据排放点相对于接受点位置的不同而不同。对接受点影响较大的排放者每单位许可证实际允许的排放量反而较小。这样，接收点影响与单位许可证实际允许的排放量成反比。

纵观 20 世纪 70 年代以来，Dales，Crocker，Montgomery，Tietenberg、Krupnick，Oates 以及 McGartland 等经济学家从不同角度对排污权交易理论及其应用问题都进行了较为深入的研究，得出了许多有价值的思想和结论，从而推动了排污权交易理论的发展。关于排污权交易的理论研究一直紧密伴随着实践而展开。自从 70 年代中期，美国联邦环保局（Environmental Protection Agency，EPA）开始在大气污染控制方面尝试补偿（offset）、泡泡（bubble）等政策，到 1986 年以法律形式确立"排污交易计划"（Emission Trading Program，ETP），再到 1990 年《清洁空气法案》修正案（CAAA）中确立了规模最大、范围最广的二氧化硫许可证交易计划，直到在全球范围内实施温室气体排污权交易的《京都议定书》，关于排污权交易的讨论一直围绕着实践活动展开。

20 世纪 90 年代初期，Tietenberg 等对排污权交易进行了比较系统的分析，如 Tietenberg 对可转让许可证（Transferable Discharge Permits，TDP）进行了较为全面的概括，主要是针对 EPA 已经实施的排污交易计划的设计和效果进行分析；后来，他在 1985 年的著作《Emission Trading：An Exercise in Reforming Pollution Policy》中对排污权交易理论进行了更加系统的论述。Tietenberg 通过分析其优点后认为，基于市场的排污权体系明显优越于指令控制体系，因为它允许污染治理努力根据治理成本进行变动，这样可以使得总的减排成本最小。因此，Tietenberg 通过对各种情况下相对指令控制体系成本节约的有关研究成果进行综述和分析后得出的结论是：如果用排污权交易代替指令体系，就可以节约大量控制成本。

到 20 世纪 80 年代末，美国联邦及州 EPA 在排污权交易方面的实践已经进行了十多年。不同的交易计划效果之间存在很大的差异。Hahn 和 Hester 对现有的这些排污权交易计划进行分析后认为,用排污权交易代替指令控制体系可以节约大量成本的理论预测并没有完全实现。尽管有大量的交易发生,但大部分交易是内部交易,即使实现了成本节约,却没有完全实现预期的目标。Tietenberg 对这一问题进行了深入的研究,他认为,造成这个问题的原因是多方面的,其中一个主要原因是管制者不愿建立一个活跃的排污权交易市场。此外,对外部交易来说,所制定的繁杂程序实质上增加了交易成本,复杂的管理制度也增加了潜在交易的不确定性。Atkinson 和 Tietenberg 经研究后认为,导致这个问题的另一个原因是排污权交易过程的性质。

1990 年,美国国会通过了 CAAA,该修正案提出了"酸雨计划"(Acid Rain Program)。随着这项计划的提出和实施,理论界的研究也主要集中在对其各个方面的讨论之中。在"酸雨计划"实施一定阶段以后,20 世纪 90 年代中期,一些学者热衷于对其效果的评估问题。Burtraw 评估认为交易数量不是主要问题,而成本效率是分析排污权交易市场主要的考虑问题。Canon 和 Plott 根据 12 个实验市场(laboratory markets)的情况来评估二氧化硫许可证的拍卖绩效,发现在环保局的拍卖下,购买者和出售者都扭曲了排污权交易的真实价值,使市场出清价格向下偏离。而 Coggins 和 Swinton 在一篇理论性的文章中估计了治理二氧化硫的影子价格,并证明了这一价格接近于许可证价格。

第三节　环境经济管理手段的有效性

经济合作与发展组织(OECD)在《环境管理中的经济手段》中指出,经济手段可以划分为以下类型:①收费/税收,包括排污收费、产品收费和税、管理收费;②押金—退款制度;③市场创建,包括排污交易、市场干预、责任制;④(财政)执行鼓励金,包括违章费、执行债券;⑤补贴。

一、庇古手段

庇古手段是《福利经济学》中表述的政策措施,即由于生态环境问题的重要经济根源是外部效应,为了消除这种外部效应,就应该对产生负外部效应的单位收费或征税,对产生正外部效应的单位给予补贴。该手段侧重于用"看得见的手",即政府干预来解决导致生态环境问题的市场失灵和政府失灵。

(一)征税

征税手段的总体效果是使有污染的产出量减少,实现经济效率与环境效果的统一。

征税的优点:①得到效率上的提高;②促进社会公平,对有污染产出的生产者征税的同时,也让污染产品的消费者共同分担税收。征税手段兼顾了效率和公平,特别受到经济学家的推崇。

征税的局限性:征收污染税的主要障碍是技术水平。要征收污染税,必须计算出准确的税率,而税率的计算取决于边际污染损害成本的计量,边际污染成本的计量比较困难,故庇古税也受到经济学家的责难。

(二)补贴

补贴手段 I:对正外部性的补贴模型。进行补贴的额度应正好等于外部收益。

补贴手段 II:对负外部性减少的补贴模型。有人称之为政府向污染者"行贿",是政府为了促使厂商减少污染物的排放,以补贴的形式资助企业改进生产工艺、进行技术改造、安装治污设施等。补贴的形式包括补助金、低息贷款、减免税。该手段的主要缺陷是:①不能保证企业减少排污量;②不利于刺激污染者研制和采用新的控制污染的技术;③把环境的所有权看作归污染者所有,不利于"奖勤罚懒"。

补贴手段 III:对负外部性行为中的受害者补贴模型。政府给予补贴的数量应等于私人边际成本与社会边际成本的差额。这种手段的主要缺点是它会削弱受害者采用防止污染措施的动力，会导致社会总收益下降。

（三）押金—退款

押金—退款是对可能引起污染的产品征收押金，当产品废弃部分回到储存、处理或循环利用地点时退还押金的环境经济手段。这种手段实际上可以理解为征税手段和补贴手段的组合使用。为保证消费者的退款动力，押金的金额应高于庇古税。其优点：①通过奖赏良好的环境行为而具有吸引力，依靠经济刺激达到环境教育和环境经济的双重目的；②有利于资源的循环利用和削减废弃物数量；③可以提供一种有效的激励，防止有毒、有害物质进入环境。由于补贴来自于消费者自己支付的押金，因此不存在补贴手段的负作用。

二、科斯手段

科斯手段：只要能把外部效应的影响作为一种产权明确下来，而且谈判的费用也不大，那么外部效应问题可以通过当事人之间的自愿交易而达到内部化。

经济学家戴尔斯（J. H. Dales）在其《污染、产权、价格》（1968）中首次提出排污权交易的制度设想。他认为外部性的存在导致市场机制的失效，造成了生态破坏和环境污染。作为环境的所有者，政府可以在专家的帮助下，把污染物分割成一些标准的单位，然后在市场上公开标价出售一定数量的污染权。

排污权交易制度的优越性：①充分利用了市场机制这只看不见的手的调节作用，使价格信号在环境保护中发挥基础性作用，使治理成本最小化；②有利于促进企业的技术进步和优化资源配置；③具有更好的公平性、有效性和灵活性；④有利于政府在环境问题上进行污染物总量控制并及时做出调整；⑤有利于非污染排放企业和公众的参与。

实施排污权交易制度的局限性：①行之有效的前提条件：政府必须具有维持和管理排污权交易市场秩序的能力，政府必须对政府公务人员的行为进行有效监督，防止以权谋私，政府必须有能力对排污者的排污行为进行有效监督和管理；②制度的实行，意味着给污染者提供了合法的"污染的权利"；③获取排污权交易的信息成本十分昂贵；④制度环境的差异也会影响到排污权交易制度应用。

第四节　联合国框架下《京都议定书》有关规定

按照《京都议定书》的规定，目前国际温室气体排放权交易可以划分为两种类型。一种是以项目为基础的减排量交易。联合履约（JI）和清洁发展机制（CDM）是其中最主要的交易形式。另一种是以配额为基础的交易。在配额交易中，购买者所购买的排放配额是在上限与贸易机制下由管理者确定和分配（或拍卖）的。

议定书"灵活三机制"包括：①联合履行机制（第6条）：是指发达国家之间通过双边项目级的合作实现的减排单位，可以转让给其中的一个发达国家缔约方，但是同时必须在转让方的"分配数量"配额上扣减相应的额度；②清洁发展机制（第6条）：是指发达国家通过提供资金和技术的方式，与发展中国家开展项目级的合作，通过项目所实现的"经核证的减排量"，用于发达国家缔约方完成在议定书第三条下的减排或限排承诺；③排放贸易机制（第17条），指一个发达国家将其超额完成减排义务的指标以贸易的方式转让给另外一个未能完成减排义务的发达国家，并同时从转让方的允许排放限额上扣减相应的转让额度。

《京都议定书》第17条规定缔约方会议应就排放贸易，特别是其核实、报告和责任来确定相关的原则、方式、规则和指南。为履行其依第3条规定的承诺的目的，附件B所列缔约方可以参与排放贸易。任何此种贸易应是对为实现该条规定的量化的限制和减少排放的承诺之目的而采取的本国行动的补充。

《京都议定书》第3.7条定义了附件B缔约方在2008年到2012年的温室气体排放权,即分配数量(Assigned Amount),具体为每个缔约方在附件B中的相对于基年(如1990年)的排放比例再乘以5。分配数量的单位(Assigned Amount Unit,AAU)为1吨二氧化碳当量。缔约方可以根据议定书第17条和缔约方会议通过的规则交易和转让AAU。

《京都议定书》第17条下的排放贸易仅限于附件B缔约方之间,是议定书第3条规定的分配数量的"转让与获得"。这种"转让与获得"的实质是从"获得的缔约方"和"转让的缔约方"的各自的分配数量中"增加"和"扣除"。分配数量的转让与获得可以通过附件B缔约方政府之间签署双边协议来有效地执行。因此,这种"转让与获得"不一定必须是买卖关系,是否创立一种新的商品交换体系或制度不是必需的。但是,"转让与获得"必须是透明的,并必须与议定书的相关条款相一致。

政

策

篇

第二章 国外主要温室气体减排量交易平台的技术特征

至今为止,全球有多个国家或地区已经建立或正在讨论建立排放贸易体系(ETS)。其中已经建立的有欧盟排放贸易体系(EU ETS)、美国区域温室气体减排行动(RGGI)、澳大利亚新南威尔士州温室气体减排体系(NSW GGAS)、新西兰排放贸易体系(NZ ETS)等。全球已有的配方贸易体系简介见表5-1。

表5-1 全球已有的排放贸易体系简介

国家/地区排放贸易体系	年份	目标	类型	已涵盖的行业	即将涵盖的新行业
欧盟 EU ETS	2005	EU ETS 三阶段分别设立了越来越严格的排放上限	配额市场;总量限制与贸易机制(Cap and Trade)	高能耗部门的固定装置(设施)	2012 年开始涵盖航空业
美国东北部十州 RGGI	2009	2009—2014 年:设定将二氧化碳排放量稳定到现在的水平上;2015—2018 年:比 2009 年的二氧化碳排放水平降低 10%	配额市场;总量限制与贸易机制(Cap and Trade)	电力	—
澳大利亚新南威尔士州、首都领地 NSW GGAS	2003	到 2007 年将新南威尔士州的人均二氧化碳排放降至 7.27 吨,2007—2012 年保持该水平	"基准线—信用额"机制(Baseline – and – credit)	电力	—
新西兰 NZ ETS	2008	未设定排放上限	无上限(cap)、基于强度发放配额的排放贸易	2008 年开始,林业;2010 年开始,固定能源、工业过程、液态化石燃料	2015 年开始涵盖农业

第一节 世界主要排放贸易平台介绍

一、欧盟

欧盟从 2005 年开始实施欧盟排放贸易体系(EU ETS),其交易主要通过交易所或柜台双边交易进行,已经形成了有市场规范和监管的碳排放交易中心,甚至出现了排放权证券化的衍生金融工具。交易商品分为排放配额期货和现货,进行期货交易的交易所主要有欧洲气候交易所(ECX)、北欧电力交易所碳排放权交易(Nord Pool)和欧洲能源交易所(EEX)等,EEX、奥地利能源交易所(EXAA)以 EUA 现货交易为主,每天公布 EUA 现货交易价格。此外,欧洲还有目前唯一一家全球性 Bluenext 环境交易所,既涉及现货交易也进行期货交易。其中 ECX 是气候交易所集团的子公司,其交易量占交

政
策
篇

易总量的 80% 以上。其他几个交易平台是现有的电力和能源交易所业务的延伸。

（一）欧洲气候交易所

欧洲气候交易所（European Climate Exchange，ECX）原是芝加哥气候交易所的一个全资子公司，CCX 拥有其 51% 的股份，后被气候交易所集团收购。该集团的其他会员公司包括芝加哥气候交易所及芝加哥气候期货交易所。气候交易所集团在伦敦股票交易所的创业板上市融资。ECX 的小公地点在伦敦，与洲际期货交易所（ICE Futures）合作，ECX 负责开发产品和营销碳金融工具（ECX CFIs），而 ICE Futures 将 ECX CFI 合约列入其电子交易平台。ECX 的合约由 LCH. Clearnet 清算，并受英国金融服务机构（Financial Services Authority）的监管。

目前，ECX 是新型碳金融工具——EUA 期货、期权的交易龙头，主要交易品种是 2005—2012 年各年 12 月交货的 EUA 合约以及 CERs，其碳交易量目前已占欧盟排放贸易体系交易总量的 80% ~ 90%，成为欧盟系统中最大的交易所并具有价格发现的重要作用。

ECX 采用会员制。截至 2010 年 4 月，有 104 个商业组织在 ECX 成为会员，进行碳金融工具合约的交易。其中包括一些大的跨国公司，如高盛集团、摩根斯坦利、瑞银集团、JP 摩根、花旗、美林、汇丰、富通等。另外，全球几千个交易者已经通过银行及中间商找到 ICE Futures，只要成为其清算成员就可以进入 ECX。

（二）BlueNext 环境交易所

目前，全球仅有一家全球性环境交易所，即 BlueNext 环境交易所。它由纽约—泛欧交易所与法国国有银行信托投资银行 Caisse des Depots 在 2007 年联合成立，2008 年 1 月正式运营。它是一个国际环境交易所和碳排放配额和排放权运营市场，它的成立意味着二氧化碳排放权市场的深度和广度进一步扩展，无疑也是对二氧化碳排放权商品属性的一种肯定。相比地区性环境交易所，BlueNext 成立时间比较晚，经验相对缺乏，但是其发展速度惊人，拥有很大的发展潜力。

BlueNext 交易的商品有分配数量单位（AAU），是第一个交易《京都议定书》碳排放配额的平台。另外，其交易品种还包括 CER 和 EUA 的现货和期货，是目前全世界规模最大的碳排放信用额现货交易市场，占全球碳排放信用额现货交易市场份额的 93%，今后还将增加更多金融衍生品。

（三）北欧电力交易所碳排放权交易

北欧电力交易所（Nord Pool）是主要向北欧国家（包括芬兰、瑞典、丹麦、挪威）提供交易实物和金融合约的交易平台。北欧电力库是欧洲第一个提供排放权合约 EUA 和碳信用额 CER 的交易所，也是世界上最大的电力衍生品交易所。

北欧电力交易所在 2004 年开始对瑞典的绿色信用进行贸易结算，2005 年 Nord Pool 开始了 EUA 的第一笔交易，2007 年 EUAs 及 CERs 交易量达到 9 500 万吨。2008 年 Nord Pool 得到美国商品期货交易委员会（CFTC）的许可证，允许美国公司交易及结算北欧和国际电力及电力衍生品和碳产品。北欧电力交易所在 2009 年开始进行 CER 现货交易。

（四）欧洲能源交易所

欧洲能源交易所（European Energy Exchange，EEX）创始于 2002 年，坐落在德国东部的莱比锡，是由两家德国电力交易所（莱比锡能源交易所和欧洲能源交易所）合并而成。其自成立之后就在欧洲能源交易中占据着领导地位。

欧洲能源交易所是欧洲大陆参与交易商最多和交易量最大的能源交易中心，提供了交易电力、天然气、二氧化碳排放权和煤炭的交易平台。它提供的服务包括现货、期货和清算各个环节，除煤炭仅为期货外，电力、天然气和二氧化碳排放权均包括现货交易和期货交易。

（五）Powernext 交易所

Powernext 交易所是设立在巴黎的能源交易所，使用的是目前最先进的电子交易平台，提供多边交易服务。它成立于 2001 年，管理着数个互补的、公开的和不记名的能源市场，与其他交易所不同，该交易所实行的是实时现货交易。交易的进行并不依赖于传统的机构，而是委托一个专门的机构如同中间人一样对交易进行管理，交易参与者在法国国家登记处登记，并向这个专门机构开立一个银行账户，交易买卖双方须将各自的排放量与支付金在前一个交易日提前入账。

（六）Climex 交易所

Climex 交易所是由 New Values Group 经营的设立在阿姆斯特丹的交易所。荷兰的 Rabobank 和 APX（Amsterdam Power Exchange）各拥有 New Values Group 50% 的股权。2005 年 Climex 交易所与西班牙的 Sende 二氧化碳交易所、亚洲国际碳交易所（Asia Carbon International）合作，以期实现与 CER 的交换。它提供 CER 的现货和期权交易。

（七）奥地利能源交易所

奥地利能源交易所（Energy Exchange Austria，EXAA）于 2005 年开始进行排放配额交易。同时有 65 家购电商及 32 家二氧化碳贸易商成为 EXAA 在此市场领域的活跃的参与者。EXAA 每周对欧洲排放配额进行拍卖。

二、其他国家交易平台

（一）美国芝加哥气候交易所

芝加哥气候交易所（Chicago Climate Exchange，CCX）成立于 2003 年，是全球第一个也是北美地区唯一自愿性参与温室气体减排量交易并对减排量承担法律约束力的市场交易平台。

CCX 由会员设计和管理，自愿形成一套交易的规则。CCX 的会员自愿但从法律上联合承诺减少温室气体排放。CCX 现有会员近 200 个，分别来自航空、汽车、电力、环境、交通等数十个不同行业。开展的减排交易涉及二氧化碳、甲烷、氧化亚氮、氢氟碳化物、全氟化物、六氟化硫等 6 种温室气体。CCX 目前已拥有比较完备的碳金融产品，包括现货和期货交易。其主要产品包括：温室气体排放配额（Greenhouse Gas Emission Allowances）、经过核证的排放抵消额度（Certified Emission Offsets）和经过核证的先期行动减排信用额（Certified Early Action Credits）。

2007 年 CCX 交易量为 0.23 亿吨，交易额只有 0.72 亿美元。虽然规模不大，但交易额一直持续上涨，比 2006 年几乎增长了 2 倍。芝加哥交易所声明，其会员增长带来了超过其交易所上限 5.4 亿吨二氧化碳当量的排放指标（相当于报告的 2005 年美国温室气体排放量的 7%~8%）。2008 年 CCX 的交易量更是达到 0.69 亿吨，比上年增长 200%，交易额达到 3.09 亿美元，比上年增长约 329%。

CCX 还向其他温室气体减排计划和地区进行了扩张。目前 CCX 的附属交易所包括：芝加哥气候期货交易所（CCFE）、Envex 环境产品研发、欧洲气候交易所（ECX）、蒙特利尔气候交易所（MCeX）和天津排放权交易所（TCX）。此外，CCX 还在参与印度气候交易所（ICX）的开发，尝试在印度试水第一个总量控制交易计划。

（二）加拿大蒙特利尔气候交易所

蒙特利尔气候交易所（MCeX）是由加拿大主要的金融衍生品交易所——蒙特利尔交易所（MX）同美国芝加哥气候交易所（CCX）于 2006 年 7 月联手打造的，是加拿大首个环境衍生品市场。

蒙特利尔交易所是加拿大的金融衍生品交易所，成立于 1874 年，是加拿大历史最悠久的交易所，也是北美老牌交易所之一。1975 年，蒙特利尔交易所率先在加拿大推出股票衍生品交易，随后又在 80 年代早期开始期货交易，2001 年成为北美首家完全电子化交易的金融衍生品期权和期货交易所。

（三）巴西期货交易所

巴西期货交易所（Brazilian Mercantile and Futures Exchange，BM&F）是拉丁美洲合约交易量最大的交易所，此外也是巴西唯一的期货交易所。巴西期货交易所的主要职能是开发及管理操作各主要商品及其衍生品和债券的交易及结算系统。这些债券及衍生品锁定于金融资产、指数、指标、利息、货物、货币、能源价格、运输、环境和气候商品的现金交易或未来交割。巴西商品交易所已经进行了多笔 CERs 的拍卖。

（四）新加坡的亚洲碳交易所

亚洲碳交易所（Asia Carbon Exchange，ACX）成立于 2003 年 2 月，是世界上第一家 CDM 的在线交易平台，自身定位于为能源、环境、可持续发展提供整合的交易服务，并且特别致力于发展与《京都议定书》有关的灵活市场机制。

过去拍卖的项目有可再生能源行业如水电、风电、生物质能及废能利用等项目。买家包括欧洲、美国及日本的履约方及非履约方。项目卖方包括印度、斯里兰卡、越南、巴西、中国以及韩国。

亚洲碳交易所于 2007 年 5 月开办了自愿减排量（VERs）交易，并于 2007 年 6 月进行了第一次拍卖，之后开始经常性地拍卖 VERs。在该平台交易的 VERs 来自印度、中国、印度尼西亚以及美国，项目为可再生能源、燃料替代以及能效项目。这些 VERs 符合不同的标准，如 VCS、VER + 和 CDM。

亚洲碳交易所是拥有多个电子平台的交易所，该机构所进行的远期合约或已签发的 CERs 或 VERs 的拍卖已经有相当长一段时间了，然而迄今为止亚洲碳交易所的交易量仍然很有限（低于 4 亿吨二氧化碳当量）。这表明对交易所最大的挑战是交易产品的非标准化，更多的是一级市场的初始排放权。

（五）澳大利亚气候交易所

澳大利亚气候交易所（Australian Climate Exchange，ACX）是澳大利亚第一家电子化排放交易平台，于 2007 年 7 月投入运行，并自 2007 年 7 月以来完成了 6 300 吨二氧化碳当量的交易，平均价格在 7.42 美元。2008 年 5 月，ACX 已经开始交易国际资源市场的 VERs，并于 2009 年初开始 CER 期货交易。

除了澳大利亚气候交易所之外，2009 年澳大利亚证券交易所（Australian Securities Exchange，ASX）计划在 2009 年初建立 CER 期货市场，目的在于使参与者在《京都议定书》第一承诺期结束之前就可以通过期货市场对冲他们在碳信用交易中的责任以及面临的价格风险。另外，澳大利亚金融与能源交易所（Australian Financial and Energy Exchange，FEX）在 2008 年 11 月开始交易澳大利亚第一个电子化交易的环境产品——可再生能源指标（REC）。

第二节　世界主要排放贸易体系现状

全球已有排放贸易体系的交易量、交易值和平均交易价格分别见表 5 - 2、表 5 - 3 和表 5 - 4。

表 5 - 2　全球已有排放贸易体系的交易量[①]　　　　　　　单位：亿吨

排放贸易体系	2005 年	2006 年	2007 年	2008 年	2009 年
EU ETS	3.21	11.01	20.60	30.93	63.26
RGGI	—	—	—	0.62	8.05
NSW GGAS	0.06	0.20	0.25	0.31	0.34
NZ ETS	—	—	—	—	0.006[②]

① 表 5 - 2、表 5 - 3 的数据来源：State and Trends of Carbon Markets 2010，世界银行。

② NZ ETS 的数据为 2009 年其他国家购买 NZ ETS 体系所产生的减排量。

政 策 篇

表5-3　全球已有排放贸易体系的交易值　　　　　　　单位：亿美元

排放贸易体系	2005 年	2006 年	2007 年	2008 年	2009 年
EU ETS	79.08	243.57	490.65	1 005.26	1 184.74
RGGI	—	—	—	1.98	21.79
NSW GGAS	0.59	2.25	2.24	1.83	1.17
NZ ETS	—	—	—	—	0.084

表5-4　全球已有排放贸易体系的平均交易价格　　　　单位：美元/吨

排放贸易体系	2005 年	2006 年	2007 年	2008 年	2009 年
EU ETS	24.6	22.1	23.8	32.5	18.7
RGGI	—	—	—	3.2	2.7
NSW GGAS	9.8	11.3	9.0	5.9	3.4
NZ ETS	—	—	—	—	14.0

一、欧盟排放贸易体系

2005 年 1 月 1 日，EU ETS（European Union's Emissions Trading System）正式启动。建立背景是在已经正式生效的《京都议定书》中，欧盟原 15 个成员国承诺：在 2008—2012 年第一承诺期，将温室气体排放量在 1990 年的基础上平均减少 8%。为帮助其成员国履行《京都议定书》的减排承诺，是欧盟委员会建立 ETS 的直接原因。欧盟委员会根据"总量控制、责任均摊"的原则，首先确定各成员国的排放总量额度（欧洲排放单位，EUA）。各成员国在分配额度内无偿使用，如果超过分配额度，则应向其他成员国购买指标。然后，各成员国再把指标分配给各自国家的企业，第一阶段应至少将 95% 的配额免费分配给企业，剩余 5% 的配额可采用竞拍的方式。企业若超过排放限额，则必须购买相应指标的排放权；而企业如果能采取有效措施减排，使其排放量低于规定的限度，那么可将结余出的排放指标出售给其他企业。

欧盟排放交易制度分两个阶段实施，第一阶段是 2005—2007 年，第二阶段是 2008—2012 年。在第一阶段，各成员国要把本国排放总量限额及国内各企业的排放配额，以国家分配方案（NAP）的形式提交给欧盟委员会。委员会则对这些 NAP 进行评估，并决定其是否符合 ETS 指令所规定的标准。为保证这项制度的实施，欧盟设计了一个严格的履约框架。它规定，如果在一年以内，企业所排放的二氧化碳量超过其分配或购买到的数额，企业将受到经济惩罚：第一阶段（2005—2008 年）为 40 欧元/吨，第二阶段（2008—2012 年）为 100 欧元/吨，而且在次年的企业排放许可额度中还要将该数量加以扣除。

欧盟排放交易体系实现了 ETS 机制和 CDM、JI 机制的结合。2004 年 11 月 14 日，欧盟连接指令（EU linking directive）生效，允许 EU ETS 系统内的成员从 2005 年起使用 CDM 项目和 JI 项目的减排量指标核证减排量来抵消其排放量。此外，为建立全球排放交易体系，进一步降低欧盟企业的履约成本，欧盟排放交易体系积极与其他排放交易制度进行连接。目前，它能够与《京都议定书》附件一国家的排放交易制度连接，如加拿大、日本、瑞士等国的 ETS。通过双边认可，它还实现了与其他非《京都议定书》机制连接的需要，如美国州一级的排放交易制度。

（一）欧盟碳排放贸易体系形成过程

全球气候变化问题上，欧盟一直以最积极的态度突出于其他国家和集团，强调自己在保护全球环境领域中的领导地位，并且成为推动气候变化问题进程的主要力量。1992 年，欧盟提出在欧盟全境实

政
策
篇

施二氧化碳税，但遭到广泛反对，就此夭折。1997 年《京都议定书》中欧盟 15 国承诺了减排 8% 的目标。但随着各成员国实施了一些减排政策和措施，欧盟发现 90 年代的温室气体排放下降趋势已经逆转，预测未来的排放将显著高于 8% 减排要求的排放，因此需要采取欧盟层面的措施进一步削减温室气体排放。在这个背景下，2000 年欧盟委员会在颁布的《欧盟温室气体排放贸易绿皮书》中首次提出在欧盟范围实施上限—贸易机制，书中解释了上限—贸易机制的运行原理，需要解决哪些重要问题以及如何设计欧盟二氧化碳贸易体系。次年 10 月相关的指令提案出现。经过两年的欧盟系统决策过程，排放贸易指令终于在 2003 年通过，并于当年 10 月生效。图 5-1 详细记录了欧盟排放贸易的决策过程。

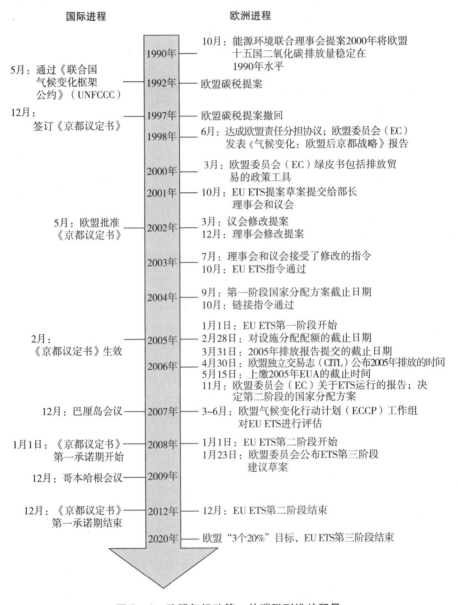

图 5-1　欧盟气候政策：从碳税到排放贸易

2003 年 10 月 25 日生效的《指令 2003/87/EC》（以下简称指令）是具有最高法律效力的文件，以法律形式规定在欧盟范围建立排放体系（EU ETS）。该指令全称为"建立欧盟温室气体排放许可贸易体系并修订指令 96/61/EC"（以下称排放贸易指令），包括前言、正文 33 个条款和 5 个附件等 3 个部分。

政

策

篇

2008 年 1 月，欧盟委员会通过了对排放贸易指令的修订。同年 7 月欧洲议会第二次表决通过从 2012 年起将航空排放纳入排放贸易体系，覆盖所有进出欧盟和欧盟内部的航班，任何国家的航空公司的航班都将受到排放贸易体系的管制。

排放贸易指令规定温室气体排放贸易的范围覆盖是燃烧装置（设施）的排放源和 6 种《京都议定书》中管制的气体，但第一阶段即 2005—2007 年只包括二氧化碳。参与排放贸易的主要是能源密集型企业，如能源工业、有色金属的生产和加工部门、建材和造纸等生产部门。第二阶段为 2008—2012 年，与议定书的承诺期重合，各成员国可以单方面地将排放贸易机制扩大到其他部门或涵盖更多温室气体种类，但要经过欧盟委员会的批准。指令定义了"排放许可（Allowance）"概念，一个许可为 1 吨二氧化碳当量，用来履行《指令 2003/87/EC》并可以进行交易。受指令管制的固定排放源设施必须拥有温室气体排放许可证，否则不得从事任何活动。

排放贸易指令是一个框架，需要各成员国转化成本国的立法或法规才能具有法律效力并实施。指令要求转化在 2003 年底完成，各国应在 2004 年 3 月底提交国家分配方案。2004 年和 2007 年分别有 10 个和两个国家加入了欧盟，因此共有 27 个国家加入欧盟排放贸易体系。另外，挪威、冰岛和列支敦士登等非欧盟国家也于 2007 年加入了 EU ETS。

因此，欧盟负责决定 EU ETS 的整体法律框架以及基本规则，而各成员国负责将其运用到其领土内受管制的设施中。成员国发放许可证和配额，并实行监测要求；负责起草国家分配方案（NAPs），但国家分配方案由欧盟委员会来最终决定和协调，欧盟委员会负责确保这些计划执行顺利并避免造成内部市场竞争的扭曲。成员国有责任向欧盟委员会报告相关的数据，欧盟委员会将独立交易系统（CITL）连接到各成员国的国家登记簿，从而保持对系统运行的核查和追踪。

表 5-5　排放贸易相关立法

时间	法律文件	主要内容
2003 年 10 月生效	《指令 2003/87/EC》	建立欧盟温室气体排放许可贸易体系
2004 年 10 月	《指令 2004/101/EC》	在《指令 2003/87/EC》中加入了关于将《京都议定书》中的项目机制纳入 EU ETS 交易体系中的内容
2008 年 11 月	《指令 2008/101/EC》	将航空业正式纳入了 EU ETS，规定从 2012 年起将航空排放纳入排放贸易体系，覆盖所有进出欧盟和欧盟内部的航班，任何国家的航空公司的航班都将受到排放贸易体系的管制
2009 年 4 月	《指令 2009/29/EC》	进一步改进和延伸 EU ETS 交易体系，其中就包括对第三阶段配额拍卖的诸多安排

（二）欧盟排放贸易体系的核心内容

国家分配方案将一个国家及所覆盖排放源的排放权定量化，是排放贸易体系的核心。由于关系到各国切身根本利益，NAP 制定过程也是成员国与欧盟委员会博弈的过程。通常各国政府希望得到较多的排放许可，因此提交的国家排放上限较高，而最终都被欧盟委员会予以削减后通过。表 5-6 是经欧盟委员会批准的 27 个成员国分别在第一阶段和第二阶段的年度排放许可上限。

表5-6 欧盟27个成员国的国家分配方案

成员国	第一阶段上限（百万吨二氧化碳当量/年）	2005年核准排放量（百万吨二氧化碳当量）	第二阶段上限（百万吨二氧化碳当量/年）	受管制的设施（个）[1]	可用的JI/CDM比例（%）
奥地利	33.0	33.4	30.7	205	10
比利时	62.1	55.58	58.5	363	8.4
保加利亚	42.3	40.6	42.3	—	12.55
塞浦路斯	5.7	5.1	5.48	13	10
捷克	97.6	82.5	86.8	435	10
丹麦	33.5	26.5	24.5	378	17.01
爱沙尼亚	19	12.62	12.72	43	0
芬兰	45.5	33.1	37.6	535	10
法国	156.5	131.3	132.8	1 172	13.5
德国	499	474	453.1	1 849	20
希腊	74.4	71.3	69.1	141	9
匈牙利	31.3	26.0	26.9	261	10
爱尔兰	22.3	22.4	22.3	143	10
意大利	223.1	225.5	195.8	1 240	14.99
拉脱维亚	4.6	2.9	3.43	95	10
立陶宛	12.3	6.6	8.8	93	20
卢森堡	3.4	2.6	2.5	19	10
马耳他	2.9	1.98	2.1	2	待定
荷兰	95.3	80.35	85.8	333	10
波兰	239.1	203.1	208.5	1166	10
葡萄牙	38.9	36.4	34.8	239	10
罗马尼亚	74.8	70.8	75.9	—	10
斯洛伐克	30.5	25.2	30.9	209	7
斯洛文尼亚	8.8	8.7	8.3	98	15.76
西班牙	174.4	182.9	152.3	819	约20
瑞典	22.9	19.3	22.8	499	10
英国	245.3	242.4	246.2	1078	8
合计	2298.5	2122.16	2080.93	11428	—

资料来源：*Emissions Trading*：*Trends and Prospects*，OECD，p. 9 Table 1；*Allocation in the European Emissions Trading Scheme*，p. 26 Table 2.2.

由表5-7看出，第一阶段排放上限为22.9亿吨二氧化碳/年，甚至高于其2005年的实际排放21.2亿吨。因此，很多批评者认为第一阶段的上限过于慷慨，没有达到应有的环境效果。第二阶段排放

---

① 指 EU ETS 第一阶段。

上限比第一阶段削减了约 9%，即 20.8 亿吨二氧化碳/年，比 2005 年排放也少了 6.5%。但成员国可以利用发展中国家 CDM 项目产生的减排帮助履约，因此第二阶段上限的降低并不意味减排要求更加严格。排放配额集中在少数排放大国，德国、英国、波兰、意大利、法国和西班牙 6 个国家获得总排放配额的 67%。

表 5-7　EU ETS 三个阶段简介①

阶段	介绍	总量及确定方式	配额发放方式
第一阶段（2005—2007 年）	实验阶段，检验 EU ETS 的制度设计和监测报告核查系统，探索碳市场的监管经验	22.9 亿吨。由各成员国提交国家分配方案（NAP），经欧盟委员会批准后确定配额总量	指令规定，国家排放许可总量的至少 95% 应免费发放
第二阶段（2008—2012 年）	履行《京都议定书》下的目标	20.8 亿吨。由各成员国提交国家分配方案（NAP），经欧盟委员会批准后确定配额总量	指令规定，至少 90% 应免费发放。剩余部分由成员国以拍卖或其他形式分配；配额拍卖的比例由不足 1% 增加到 4%
第三阶段（2013—2020 年）	已确定目标和相关规则，如何实施还存在不确定性	从 2013 年开始，配额的总量为 19.74 亿吨，以后每年下降 1.74%，到 2020 年缩减为 17.2 亿吨。取消 NAP，只在欧盟层面确定配额总量	超过 50% 的配额通过拍卖形式发放；电力行业从 2013 年开始全部拍卖，工业部门在 2013—2020 年间分阶段拍卖

（三）EU ETS 下的遵约与实施

国家排放许可上限经欧盟委员会批准后由各国政府分配到具体的固定排放源。根据排放贸易指令，受管制的固定排放源设施必须拥有温室气体排放许可证。许可证需申请获得，许可证内容包括排放源设施的经营者名称、地点，设施的具体活动内容和排放状况，监测要求包括监测方法及频率，报告要求，上缴每年核准过的排放许可等。

受管制设施应于每年 4 月 30 日前上缴与其核证的前一年实际排放量等量的配额，配额随即被注销不能再被使用。如果实际排放高于被分配的排放许可，受管制企业需从市场获取欧盟排放许可，或使用《京都议定书》下联合履行和清洁发展机制产生的减排量（根据链接指令）。如果上缴的配额少于其实际排放量，指令规定第一阶段内，超额排放部分每吨二氧化碳将被处以 40 欧元的罚款；在第二阶段，处罚标准提高到每吨 100 欧元；第三阶段开始，罚款将根据欧洲消费者价格指数而增长。有的成员国还增加了自己国家的惩罚措施。受管制设施的遵约率很高，2005 年遵约率为 99%，2006—2008 年达到 100%。根据指令第 12 条，配额可以在成员国内部、成员国之间由个人、企业、公司等进行自由交易。因此，排放源拥有的排放许可配额在剩余或者短缺时可以进行买卖以完成遵约。

排放实体产生温室气体排放的监测、报告以及对排放报告的核实是保证排放贸易体系实施及其环境效果的关键步骤。真实的排放数据体现交易体系的可靠性和可信度。根据指令第 14 条，企业/经营者应依据欧盟委员会通过的监测和报告准则来进行温室气体的监测和报告。指令附件 4 规定，监测报告

① 陈洪波. 国际碳交易现状与发展趋势. 中国碳交易机制研究项目研讨会会议材料. 2010.

应包括四部分：第一部分是排放源设施的基本情况；第二部分应报告排放量是如何计算的，包括活动水平数据、排放因子、氧化率、排放总量、不确定性等；第三部分应报告排放量是如何测量的，包括排放总量、测量方法的可靠性和不确定性，等等；第四部分，若排放源是锅炉，除非已在活动特定的排放因子中考虑了氧化率，否则应报告氧化率。

欧盟委员会于2004年1月通过了《温室气体排放监测和报告指南》，在实践的检验下进行了修改并于2007年7月通过了修订的指南，用于排放贸易第二阶段。温室气体排放的监测和报告是实施排放贸易的基本条件和工具，是衡量排放源是否达标的重要依据，也是欧盟贸易体系与其他国家或国际贸易机制接轨的必备基础。

根据指令第15条及附件5，报告要经过独立的核证机构核实并公开。核实的内容包括活动水平数据、排放因子的选择、计算排放总量的方法、测量方法的选择和实施等。所有信息和数据需具有高度的可靠性、可信度、准确度才能被核准，若监测报告没有核准合格，配额将不能用于交易。温室气体排放的核实方式可由各成员国或注册机构自行决定，具体规范依照ISO—14064、ISO—14065国际温室气体排放认证标准制定。新的ISO—14064标准《温室气体计算与验证》于2006年3月1日发布，该标准为政府和行业提供了一系列综合的程序方法，主要目的在于减排温室气体和应用于排放贸易体系。

为了跟踪和记录排放许可（EUA）的发放、持有、交易和注销情况，指令第19条、第20条规定各成员国应建立和维护排放许可的跟踪和记录制度和独立交易志（核实交易）。2004年12月欧盟颁布了"关于标准、安全的注册登记系统规定"（280/2004/EC及2216/2004/EC），其主要内容是建立国家电子登记注册系统以签发、持有、转让和取消排放许可。各国国家分配方案中的排放许可（EUA）就像银行发放的货币一样，但没有印成纸张，而是记录在各国的国家登记簿中。每个受管制的排放设施必须在登记簿中开立账户，账户中存有被分配的EUA。另外，没有受管制的公司和个人也可以在登记簿中开设账户，进行EUA的买卖交易。

注册登记系统是一种电子记账簿（数据库），记录每个账户对配额的持有、转让、获得、注销和提取，通过网络入口进行数据传输。每个欧盟成员国都必须有并且只能有一个国家注册登记簿，系统与商业交易活动无关，但所有交易的交割将在登记簿中体现。通常欧盟各国的登记簿上有三类账户：国家、受管制的排放源设施以及个人和公司，他们都可以自由进行EUA交易，交易的情况在登记簿中进行记录和跟踪，就像银行系统跟踪钱的转移和去向一样。

为了保证交易符合欧盟和《京都议定书》的相关规则，所有登记簿及账户之间的交易都由欧盟独立交易志（CITL）进行监管和核实，交易只有在通过CITL验证无误后才生效。CITL的主要功能是：（排减）单位的初始发放、联合执行之下（排减）单位的换算、（排减）单位的注销、为证明遵守《京都议定书》第3条之下的承诺而留存（排减）单位、登记注册之间（排减）单位的外部转让、（排减）单位结转到下一个承诺期，以及清洁发展机制之下造林和再造林项目所产生的（排减）单位过期日的改变。CITL是各国登记簿系统发生交易的信息交流中心，进行自动化控制操作，核实已完成的交易符合法令要求，它从2008年起与议定书国际交易志（ITL）相连。

（四）欧盟碳排放交易市场的建立及运行

EU ETS体系下衍生出的商业活动形成了碳排放交易市场，并迅速成为全球最活跃的、市值最高的碳交易市场。如表5-8所示，2005年市场初建，交易量为3.2亿EUA，交易额为79亿美元。2006年迅速增长，11亿EUA换手，交易额为244亿美元。2007年交易量接近翻倍，达到20.6亿EUA，交易值达到491亿美元。2008年继续攀升，交易量和金额分别达到31亿EUA和1005亿美元。2009年交易量和金额分别进一步增长到63亿EUA和1185亿美元①。欧盟经过5年的碳排放贸易，已形成了初具规模的碳资本市场。

---

① EU ETS市场数据来源：The World Bank，State and Trends of Carbon Markets 2006，2007，2008，2009，2010.

表5-8　EU ETS 交易量和交易值（2005—2009 年）

年份	交易量（亿吨二氧化碳当量）	交易值（亿美元）
2005	3.21	79.08
2006	11.01	243.57
2007	20.60	490.65
2008	30.93	1 005.26
2009	63.26	1 184.74

　　多层次的碳交易市场有价格发现的重要功能。交易所公布的价格显示，2005—2007 年（EU ETS 第一阶段）的 EUA 价格从 2005 年初约 8 欧元一路攀升至 30 欧元并在 20 欧元以上高位运行，2006 年 4 月达到峰值 31 欧元后大幅跌落至 10 欧元以下，反弹到 20 欧元后进入下降通道，随着 EU ETS 第一阶段的结束和 EUA 过剩，EUA 价格逐步接近零。如图 5-2 所示，第一阶段 EU ETS 的价格变化具体可以分为以下五个阶段：

　　第一阶段（2005 年 1~7 月）：由于市场供需不对称，价格上涨。需求主要来自于电力企业，然而由于其他参与者普遍不打算出售配额，因此供给不足。

　　第二阶段（2005 年 8 月至 2006 年 3 月）：市场规模扩大，供需基本达到平衡，价格稳定在 25 欧元/吨左右。需求继续来自于电力生产企业，尤其是冬季的时候由于天然气价格上升导致需求上升。

　　第三阶段（2006 年 4~5 月）：市场得到矫正，价格有所回落。主要由于欧盟委员会宣布第一个履约年内，市场 EUA 富裕 4%。

　　第四阶段（2006 年 6~9 月）：市场价格稳定在 15 欧元/吨左右，电力生产企业的需求由受到第一期履约公告影响而增多的供给来满足。

　　第五阶段（2006 年 10 月至 2008 年 4 月）：由于 EU ETS 第一阶段的配额不能储存到第二阶段继续使用，因此第一阶段 EUA 过剩价格下跌。2007 年下半年，第一阶段的 EUA 接近一文不值，价格跌至 0.5 欧元，而第二阶段 EUA 的价格仍然保持在 15~20 欧元/吨的范围内。由于欧盟委员会缩减了第二阶段各成员国的配额限额，因此第二阶段 EUA 价格在 2007 年 5 月上升至 25 欧元/吨。

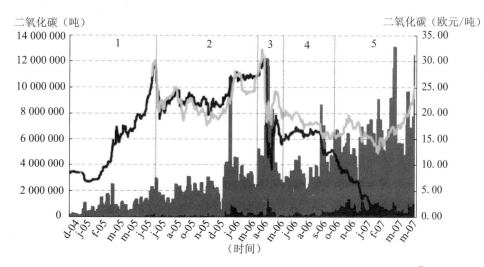

图 5-2　EU ETS 第一阶段 EUA 的价格和交易量（细分为五个阶段）①

　　注：■代表场内交易量，■代表场外交易量。■曲线代表 EUA 场外交易价格（第一阶段 EUA），■曲线代表 ECX 交易所 2008 年 12 月交货的 EUA 期货（第二阶段 EUA）的价格。

————————

①　资料来源：Point Carbon，Powernext and ECX。

政

策

篇

决定 EUA 价格的三个因素为政策、市场基本面构成以及技术指标。政策的影响主要是主管机构如何发放配额、发放多少配额，将极大地影响配额的价格。市场基本面指的是市场的供给和需求状况。从第一阶段的 EUA 价格变化可以看出，EUA 价格主要由供给和需求状况决定。供给是第一阶段的国家排放许可上限并分配给受管制工业设施的排放许可，以及根据"链接指令"从 CDM 和 JI 市场获得的减排额，因此国家分配方案（NAP）决定了市场供给；而需求是国家或工业设施的实际排放。由于 EU ETS 第一阶段确定的 EUA 数量为 22.98 亿/年，高于实际排放，供给大于需求，EUA 价格最后趋于零。根据 2006 年 5 月 15 日欧盟公布的 2005 年排放清单，21 个欧盟国家的实际排放比发放的 EUA 低约6280 万吨二氧化碳，造成需求减少。其主要原因首先是许多国家确定的国家分配方案（NAP）本身过高，甚至高于基年的排放，因此由于缺乏真正的环境效果，EU ETS 受到多方批评。

为了加强减排力度，提高环境效果，欧盟委员会在第二阶段减少了 EUA 数量，总量为 20.8 亿/年。总量减少使市场有可能变得供不应求，因此从 2007 年开始，2008—2012 年各年 12 月交货的 EUA 合约价格呈上升趋势。2008 年中期以后，由于受全球经济危机的影响，2008—2010 年各年 12 月交货的 EUA 合约价格均大幅下降，最低降至 10 欧元以下。2009 年 5 月至今，EUA 的价格稳定在 13 ~ 16 欧元区间内。总的来说，第二阶段的 EUA 价格相对比第一阶段要稳定得多，见图5-3。

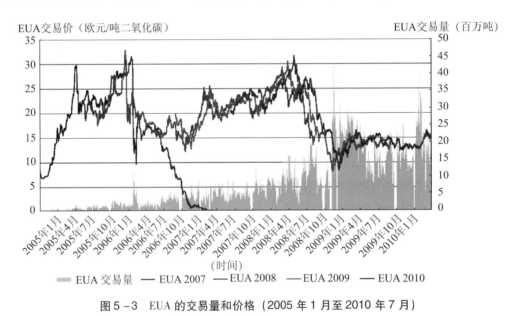

图5-3 EUA 的交易量和价格（2005 年 1 月至 2010 年 7 月）

另外，交易市场技术面也对价格产生重要影响。诸如减排潜力、减排成本、实际报告的排放量、JI/CDM 信用额的可用程度等，都将影响 EUA 的价格。除此之外，EUA 价格还受能源市场的影响，尤其是天然气、煤炭和电力价格。据统计，欧洲的电力价格与碳价格有很强的关联性。另外，碳市场与石油价格关联也更加密切。石油一直是全球经济发展的动力，如果经济活动放缓，必将意味着石油需求减少，这同样也意味着二氧化碳排放量下降。因此，欧洲碳价格也跟随国际油价的涨跌趋势。另外，实际排放还受到其他因素，如天气（气温决定电力和供热需求，降水影响水力发电）的影响。根据碳点公司的分析，第一阶段 EUA 价格与燃料和天气情况的关联度总体为 0.92，与能源和天气单独的关联度分别为 0.89 和 0.48。

（五）欧盟碳排放贸易体系的争议

首先，对出台时机有争议。排放贸易指令是一个框架，需要各成员国转化成本国的立法或法规才能具有法律效力并实施，而提交国家分配方案时间紧迫。要求指令转化成国家法律过程在 2003 年底完成，各国应在 2004 年 3 月底提交国家分配方案。而 2004 年有 10 个国家加入了欧盟，为不可能的时间表上又增加了困难。此外，就当时条件看，欧盟在各方面都缺乏相应的基础来实施排放贸易，例如

政
策
篇

2004 年 12 月 21 日，距排放贸易体系实施只有 10 天时，欧盟才颁布了"2216/2004/EC 规定"，即对建立国家电子登记注册系统以签发、持有、转让和取消排放许可进行了规定。所以 2005 年 1 月 1 日 EU ETS 正式实施时，没有一个国家具有最基本的实施工具——国家登记簿。最重要的是，欧盟各国当时缺乏可核实的排放源清单数据，因此没有一个国家按时提交了国家分配方案。有人认为缺乏真实可信的清单数据也是 2006 年市场崩溃的直接原因。

其次，对排放贸易体系的环境效果有争议。第一阶段排放上限过高。对 ETS 第一阶段是否产生了减排，分析人士的观点大相径庭。很多人认为第一阶段是否产生减排是不明朗的。也有欧盟的研究机构认为确实产生了减排，但其方法过于简单，不够科学。2005 年 EUA 价格较高，可能会因此产生一些减排，特别是 EUA 短缺的电力部门，发生燃料转换，但观察到的事实反而是发电燃料从天然气转向煤炭，从而增加了排放，而且电力公司以 ETS 为由将 EUA 成本转嫁到消费者，引起欧洲电力价格大幅上涨，最终的结果是电力部门并没有减排，但电力公司通过提高电价获得了"意外收获"。由于 EUA 供给过剩并且不能储存到第二阶段，2007 年 EUA 几乎一文不值，这样的价格信号下企业更不需要减排了。另外，由于很多成员国规定现有设施如果关闭将收回其配额，这样鼓励了落后技术继续运行，而不是进行技术更新换代，将增加排放。ETS 这一缺陷受到广泛批评。

最后，政治意图明显。相对于美国，欧盟对环境管理领域的市场手段很不熟悉。在欧盟决定实施排放贸易体系之前，只有英国和丹麦有小规模的排放贸易实施经验。而从全世界范围来看，排放贸易从来没有跨国实施过。欧盟在缺乏最基本的体制、组织、规则和制度的基础上仓促上马排放贸易体系，并且从一开始，EU ETS 就被设计为可以扩展的体系。根据相关指令，EU ETS 可以加入更多的设施、可以与其他上限贸易体系对接，并可以与议定书下经认证的减排额体系（CDM）连接。欧盟在"边干边学"中建立起迄今为止全球最大的、唯一的跨行业、跨国界的温室气体贸易体系。它覆盖 30 个国家、发达国家 11% 的温室气体排放量、5 亿人口、24 种语言，人均 GDP 从 42 000 美元（爱尔兰）到 9 000 美元（罗马尼亚、保加利亚）不等。它急于实施的排放贸易体系的减排效果并不明显，但如期达到了政治目的。欧盟用实践向世界表明，巨大的国情和减排承诺差异下可以达成一个共同的约束指标并形成一个基于空气的市场。欧盟一再强调在未来气候体制中，市场手段应是关键内容。可以推断，以 EU ETS 为基本框架，在发达国家制定的规则下，最终建立起全球的碳排放贸易体系是欧盟的最重要政治目的。

二、美国的排放贸易实践

排污/放权交易的理论和实践主要是在美国发展起来的，最先被美国付诸实践。20 世纪 70 年代，美国环保局先后制定并由州和地方当局实施了补偿政策、气泡政策、银行储蓄和容量节余政策等。

为了控制酸雨问题，美国 1990 年的《清洁空气法修正案》规定了电厂二氧化硫排放的许可证和排污交易制度。实践证明，排污权交易政策不仅有效地保证了环境控制目标的实现，而且节省了减排费用。美国环保局对其酸雨政策的评估表明，现行的酸雨政策通过企业间的排污权交易，成功减少了二氧化硫排放，提高了空气质量。美国其他的排污/放交易实践也都取得了较好的效果（见表 5 - 9）。

表 5 - 9　美国主要的联邦可交易许可证制度[①]

计划名称	交易的商品	实施时间	环境影响	经济影响
排污权交易计划	《清洁水法》规定的标准空气污染物	1974 年至今	未受到影响	共节约了 50 亿~120 亿美元

① 宋国君. 排污权交易［M］. 化学工业出版社，2004：98.

续表

计划名称	交易的商品	实施时间	环境影响	经济影响
铅的分阶段削减	汽油中含铅量配额在炼油厂之间的交易	1982—1987 年	含铅汽油的分阶段削减进程加快	每年节省了 2.5 亿美元
水质交易	点源和非点源的氮和磷	1984—1986 年	不详	不详
为臭氧层保护的CFC 交易	某些含 CFC 物质的生产权	1987 年至今	提前实现了目标	不详
RECLAIM 计划	固定源之间的地方二氧化硫和氮氧化物排放权交易	1994 年至今	不详	不详
酸雨防治	发电厂之间二氧化硫排放削减额	1995 年至今	提前实现了目标	每年节省 10 亿美元

（一）美国区域温室气体减排行动

迄今为止，美国已经或正在建立 3 个强制的区域性"上限—贸易"（Cap – and – Trade）行动，以控制温室气体排放，鼓励能源创新技术以及创造绿色就业。2008 年 9 月，"区域温室气体减排行动"（Regional Greenhouse Gas Initiative，RGGI）正式启动了碳交易。而"西部气候行动计划"（Western Climate Initiative，WCI）和"中西部温室气体减排协议"（Midwestern Greenhouse Gas Reduction Accord，MGGRA）的详细规则正在制定过程中，并将于 2012 年开始运行。累计已有 23 个州参与这 3 个强制的区域碳交易体系，覆盖了美国半数以上的人口。另外，还有 7 个州处于观察州的身份，见图 5 – 4。这 3 个强制的区域碳交易体系的简要介绍见表 5 – 10。

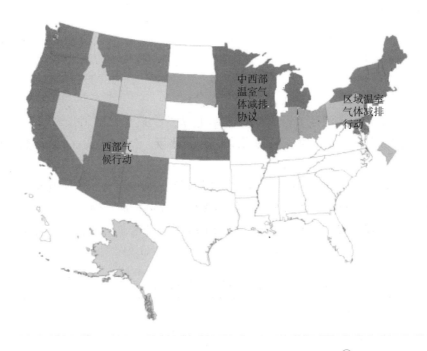

图 5 – 4　美国的 3 个区域性"上限—贸易"行动①

政策篇

表 5-10　美国的 3 个区域性"上限—贸易"行动

指标项	区域温室气体 减排行动（RGGI）	西部地区气候 行动计划（WCI）	中西部温室气体 减排协议（MGGRA）
项目现状	已于 2009 年 1 月开始实施 已进行了 8 次拍卖，累计拍卖 257 119 892 个配额，拍卖总收入为 662 844 620 元（平均价格为 2.58 美元/二氧化碳当量）；①加上二级市场，2009 年 RGGI 市场的总交易量为 8.05 亿吨二氧化碳当量，总交易值为 21.79 亿美元，平均价格为 2.71 美元/二氧化碳当量②	将于 2012 年 1 月开始实施 2008 年 9 月发布了设计文件，2009 年 3 月对其进行了修改	将于 2012 年 1 月开始实施 2010 年 4 月发布最终版的体系规则（Model rule） 2010 年 5 月咨询组发布了最终的建议设计方案，目前相关政府正在对其进行审核
参与州、省	美国 10 个州：康涅狄格州、特拉华州、缅因州、马里兰州、马萨诸塞州、新罕布什尔州、新泽西州、纽约州、罗得岛、佛蒙特州	美国 7 个州：俄勒冈州、加利福尼亚州、华盛顿州、新墨西哥州、亚利桑那州、蒙大拿州、犹他州 加拿大 4 个省：不列颠哥伦比亚省、马尼托巴省、安大略省、魁北克省	美国 6 个州：伊利诺伊州、爱荷华州、堪萨斯州、密歇根州、明尼苏达州、威斯康星州 加拿大 1 个省：马尼托巴省
减排目标	2009—2014 年：限额设定将二氧化碳排放量稳定到现在的水平上；2015—2018 年：比 2009 年的二氧化碳排放水平降低 10%，即每年降低 2.5%	到 2020 年：在 2005 年的基础上该区域平均减排 15%（具体的各参与州、省的目标有所不同）	到 2020 年：在 2005 年的基础上该区域平均减排 20%（如果配额价格抬高可能降至 18%） 到 2050 年：在 2005 年的基础上减排 80%
项目范畴	气体：二氧化碳 来源：全区域约 225 家 25 兆瓦及以上的化石燃料燃烧发电厂 涵盖：28% 的二氧化碳排放	气体：6 种《京都议定书》管制的气体 来源： 2012 年——电力企业和大型工业排放源 2015 年——扩展至居民、商业、其他工业燃烧、交通燃料 涵盖： 2012 年——50% 的排放 2015 年——接近 90% 的排放	气体：6 种《京都议定书》管制的气体 来源： 全经济领域（Economy-wide），包括：电力、工业、居民、商业、交通燃料、工业过程排放 马尼托巴省将与 WCI 类似 涵盖：接近 90% 的温室气体排放

① 拍卖情况来源：http://www.rggi.org/co2-auctions/results。
② 2009 年 RGGI 市场数据来源：世界银行的碳市场报告《State and Trends of Carbon Markets 2010》表 1。

政策篇

指标项	区域温室气体减排行动（RGGI）	西部地区气候行动计划（WCI）	中西部温室气体减排协议（MGGRA）
配额分配	各州之间的配额分配是基于历史二氧化碳排放量，并根据用电量、人口、预测的新的排放源等因素进行调整。而发电厂之间的分配一般由各州单独进行，发电厂的配额分配计划的规则类似于氮氧化物预算交易计划。但是各州必须将20%的配额用于公益事业，另外预留5%的配额放到策略碳基金中，以取得额外的碳排放减量 限额将全部以拍卖的方式分配，每季度拍卖一次；企业拍得的排放限额可以在二级市场上交易；拍卖所得将被用于支持区域内的低碳技术研究和推广	目前的设计文件中规定，配额将由WCI参与各州、省政府自行发放。各州、省政府同意将部分配额预留（或者将拍卖所得的收入分配一部分）给一些具有公共意义的行动。另外，WCI也会对在2008—2012年提前采取减排行动的企业进行配额奖励 每个履约期是三年，允许企业将配额储存至以后的履约期使用，但是不允许借用以后履约期的配额提前使用	咨询组建议按照统一方法计算得到的每个州、省的绝对允许排放量。有些州、省的配额预算可能基于其他标准分配，比如人均温室气体排放量、对尽早行动的参与方对其配额进行调整奖励、参与各州、省的人口和经济增长、新的排放源 每个履约期为三年，在前三个履约期（过渡期），配额将采取以下两种方式结合发放：拍卖；或只以适度的费用发放。之后过渡到完全拍卖配额 允许配额和补偿信用额往后无限制的储存，从当期履约期往后两年之内借用配额应支付"利息"
碳补偿规定（offsets）	发电企业最多使用每年总配额3.3%的补偿信用额，碳补偿必须来自于参与RGGI的10个州，或者其他任何已经同意执行RGGI项目标准的州。该比例还可以根据配额的市场价格而调整。特殊情况下，还可以使用国际上的补偿信用额（即ERUs或CERs）来履约。RGGI允许五大类型的补偿项目，对项目活动的地点、开始日期都有所限制。另外，补偿项目带来的减排必须是真实的、额外的、可核实的、可实施的、永久的	参与企业可以从其他可比的已批准的"上限—贸易"（Cap-and-Trade）计划中购买配额用于履约。但是所购买的碳补偿信用额以及其他市场的配额的比例不能超过2012—2020年期间总计减排量的49%。各个参与的州、省政府有权自行降低该比例。WCI将为这些碳补偿信用额和非WCI的配额设置严格的准入标准	允许使用补偿信用额来履约。但要求补偿碳信用额必须是真实的、额外的、可核实的、永久的、可实施的。可以使用碳补偿信用额的最大比例是企业在某履约期结束时必须提交配额的20%

（二）第110届国会"温室气体排放限额贸易"相关提案

第110届国会与"温室气体排放限额贸易"相关的提案主要有《2007年气候管理和创新提案》、《2007年全球变暖污染的削减提案》、《2007年电力行业限额贸易提案》、《2007年全球变暖的减缓提案》、《2007年低碳经济提案》、《2007年美国气候安全提案》、《2007年气候管理提案》、《2007年安全气候提案》、《2007年新太阳能提案》、《2008年李伯曼-华纳气候安全提案》、《2008年气候市场、拍卖、信用和交易减排体系提案》（The Congress of the United States，2007a-d，f，g，j-m；2008a，b）。各提案要点见表5-11。

政策篇

表5-11　第110届国会"温室气体排放限额贸易"相关提案

提案名称	提案人	提案号[a]	立法进程	排放许可限额贸易主要内容						
				覆盖部门[b]	覆盖气体	许可分配	超额处罚[c]	使用法则[d]	国际合作	起始年
气候管理和创新提案	Lieberman 等	S. 280	2007年7月24日专委会内听证	EICT	6种[e]	免费和拍卖	3倍于年终交易价	用买卖储透抵	国内国际总抵销不超过30%	2012
全球变暖污染的削减提案	Sanders 等	S. 309	2007年1月16日提交专委会	全部	全部	未明	未明	未明	未明	未明
电力行业限额贸易提案	Feinstein 等	S. 317	2007年1月17日提交专委会	E	6种	免费和拍卖	100美元;若市价超60美元,则200美元	用买卖储透抵	不超过25%	2011
全球变暖的减缓提案	Kerry 等	S. 485	2007年2月1日提交专委会	未明	全部	免费和拍卖	2倍于年终交易价	用买卖储透抵	未明	2010
低碳经济提案	Bingaman 等	S. 1766	2007年7月11日提交专委会	所有使用化石燃料的部门	6种	免费和拍卖	12美元;之后每年上涨5%,且上涨幅度挂钩GDP	用买卖储抵	不超过10%	2012
美国气候安全提案	Lieberman 等	S. 2191	2008年5月20日参议院汇报	EICT	6种,其中HFCs单独设限	免费和拍卖	3倍于年均交易价,且≥200美元,且来年抵销超额数量	用买卖储透抵	不超过15%	2012
气候管理提案[f]	Olver 等	H. R. 620	2007年2月7日提交专委会	EIC	6种	分配	3倍于年终交易价	用买卖储透抵	国内国际总抵销过15%	2012

政

策

篇

续表

提案名称	提案人	提案号[a]	立法进程	排放许可限额贸易主要内容						起始年
				覆盖部门[b]	覆盖气体	许可分配	超额处罚[c]	使用法则[d]	国际合作	
安全气候提案	Waxman等	H. R. 1590	2007年3月21日提交专委会	未明	全部	免费和拍卖	2倍于年终交易价	用买卖储	未明	2010
李伯曼-华纳气候安全提案	Boxer	S. 3036	2008年6月6日参议院未通过终止辩论程序	EICT	6种,其中HFCs单独设限	免费和拍卖	3倍于年均交易价,且≥200美元,且未年抵销超额量	用买卖储透抵	国内国际总抵销不超过15%,且国际部分不超过5%	2012
新太阳能提案	Doggett等	H. R. 6316	2008年7月14日提交专委会	EICT	全部	免费和拍卖	3倍于年均交易价,且≥200美元	用买卖抵	国内国际总抵销不超过25%	2012

注:a) 提案首以 S. 为参议员提出,首以 H. R. 为众议员提出。

b) 覆盖部门中:E指电力部门,I指工业部门,C指商业部门,T指交通部门。

c) 超额处罚的计价单位为每吨二氧化碳当量。

d) 使用法则中:"用"指排放许可用于支付对应的排放量;"买卖"指排放许可可以进行买卖和;"储"指可以储备排放许可;"透"指可以透支下年度的排放许可;"抵"指可以用体系外的碳信用抵销排放量。

e) 覆盖气体中:"6种"即二氧化碳、甲烷、氧化亚氮、全氟碳化物、氢氟碳化物、六氟化硫。

f) S. 2191 提案在参议院环境与公共事务委员会汇报后,以 S. 3036 修订案的形式提交参议院审议。

政策篇

各提案对于实施温室气体排放限额贸易的时间基本一致，均认为应该在2010—2012年之间启动，这与《京都议定书》第一承诺期的履约期限基本一致，在2009年底前通过并在2010—2012年间实施排放限额贸易，将为美国参与下一阶段的国际谈判提供强有力的支持。

而对于排放限额贸易所覆盖的温室气体种类，各提案均倾向于至少覆盖UNFCCC规定的6种温室气体，并采用二氧化碳当量进行衡定，这与欧盟当前执行的排放贸易体系（EU‐ETS）只对二氧化碳进行交易不同。

各提案对于排放实体的排放许可获得方式，意见基本一致，即采用发放免费份额和进行拍卖相结合的方式，并且逐步提高通过拍卖分配排放许可的比例。

对于排放许可的使用法则，各提案的叙述有详略，但基本内容一致，认为体系覆盖的排放源实体除了需要对其排放的每单位温室气体提交许可配额外，多余配额可以进行市场买卖、储蓄，也可以在一定的限额内通过国内、国际的碳信用项目所得抵扣部分温室气体排放量，可以在一定的限额内透支本实体下一年度的许可配额。

对于没有提供排放许可或进行碳信用抵扣的排放量，主管部门要对排放实体进行罚款。罚款的标准分为固定价格标准和市场挂钩标准两类。前者是指对于超额量的单位处罚价，在考虑排放许可市价或GDP等参考因素后，采取固定的超额排放单位处罚价，如每吨超额二氧化碳当量罚款100美元（S.317提案）；后者是指以排放许可的市场交易价格为基数，确定超额排放的单位处罚价，如每吨超额二氧化碳当量的罚款价为当年最后一个交易日碳交易价的3倍（S.280提案和H.R.620提案）。

对于排放限额贸易覆盖的国民经济部门，除S.317提案只针对电力行业外，其余各提案的意见都覆盖了电力和工业部门，一般是要求年排放万吨二氧化碳当量以上的实体对其排放量提供排放许可；此外，多数提案要求商业部门对其导致的温室气体排放提供排放许可，主要是指能源、相关化学品的进口部门应提供相应的排放许可或碳信用；对于交通部门的覆盖，主要是基于对其使用燃油量的计算（S.280提案）。

世界资源研究所（WRI）、美国环保局（EPA）、能源信息局（EIA）等机构评估了上述提案假设实施将对美国温室气体排放产生的影响（WRI，2008；U. S. Environmental Protection Agency，2007，2008a，b；U. S. Energy Information Administration，2008），如图5‐5所示。评估结果表明，各提案通过对覆盖部门实施温室气体排放限额，在不同的经济发展和排放限额分配、交易模式下，均能改变美国温室气体排放增长的趋势，使得美国的温室气体排放总量在2020—2030年间下降到1990年水平。

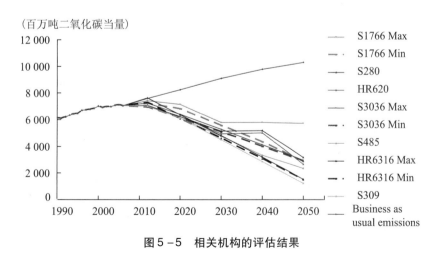

图5‐5 相关机构的评估结果

（三）美国国家温室气体排放限额贸易体系——以S.3036提案为例

S.3036《2008年李伯曼‐华纳气候安全提案》是参议院环境与公共事务委员会主席Barbara Boxer基于S.2191《2007年美国气候安全提案》提出的修正替代案，是至今唯一一份提交参议院大会讨论的关于在美国全国实施温室气体排放限额贸易的提案，也是唯一一份通过了委员会审议的应对气候变化综合提案（Cantwell，2008）。参议员Boxer对此表示，尽管参议院没有终止对于通过《气候安全提案》的阻挠，但是这次的表决是美国应对气候变化领域一次具有里程碑意义的事件，标志着美国已经做好了引领全球应对气候变化的准备（Boxer，2008）。而参议员，原《气候安全提案》的第一提案人Lieberman表示，尽管这个提案的立法进程受阻，但是目前已经有包括两位总统候选人在内的54名参议员对实施强有力的囊括整个经济领域的温室气体排放限额贸易立法表示支持。他相信下一届国会一定能通过这个主题的立法，并将得到总统的签署（Lieberman，2008）。S. 3036提案的主要内容包括：温室气体排放核实与应推出的节能减排项目和科研领域，温室气体排放限额，碳排放抵销与国际排放许可，建立温室气体排放许可交易市场及其应急机制，排放许可及其分配，国家、地方和印第安部落的参与，国家在排放许可市场的收益对于各相关部门适应气候变化和减排温室气体的支持，气候变化领域的国际合作，以及对于HFCs的排放限额等。

1. 温室气体排放限额

S. 3036提案要求自2012年起，对美国的6种温室气体设定排放上限，其中对于HFCs单独设立排放限额。排放限额贸易的暂定时间为2012—2050年。美国环境保护署行政长官为温室气体排放限额贸易的项目主任。对于温室气体的排放核实，由根据本案成立的联邦温室气体登记处负责；任何人阻碍核实的，将被处以不高于25 000美元/天的罚款。

需要对所排放温室气体提交排放许可的实体包括：①国内任何年用煤量超过5 000吨的实体；②除阿拉斯加州以外的国内任何天然气加工实体；③阿拉斯加州及其外海美属大陆架的任何天然气开采实体；④任何天然气，包括液化天然气的进口实体；⑤国内任何不带温室气体捕获装置的燃用化石燃料并排放非HFCs温室气体的制造业实体；⑥任何在不带温室气体捕获装置情况下燃烧，会产生非HFCs温室气体的煤和石油基化石燃料、焦的进口实体；⑦国内任何年排放非氢氟碳化物温室气体超过万吨二氧化碳当量的制造业实体；⑧任何年进口非氢氟碳化物温室气体超过万吨二氧化碳当量的实体；⑨国内任何HFCs制造实体。根据提案的规定，美国2012—2050年提案所覆盖部门每年的温室气体排放限额见表5-12。

表5-12　S. 3036提案覆盖部门2012—2050年温室气体排放限额

单位：百万吨二氧化碳当量

年份	限额	年份	限额	年份	限额	年份	限额
—	—	2021	4 817	2031	3 754	2041	2 690
2012	5 775	2022	4 711	2032	3 647	2042	2 584
2013	5 669	2023	4 605	2033	3 541	2043	2 477
2014	5 562	2024	4 498	2034	3 435	2044	2 371
2015	5 456	2025	4 392	2035	3 328	2045	2 264
2016	5 349	2026	4 286	2036	3 222	2046	2 158
2017	5 243	2027	4 179	2037	3 115	2047	2 052
2018	5 137	2028	4 073	2038	3 009	2048	1 945
2019	5 030	2029	3 966	2039	2 903	2049	1 839
2020	4 924	2030	3 860	2040	2 796	2050	1 732

2. 温室气体排放许可

每一个排放许可单位对应于允许1吨二氧化碳当量的排放，拥有1个包含许可发放年份信息的特定编码。所有被提案覆盖的实体，在2012年后每个日历年的前90天以内，要向项目主任提交足够允许其前一年温室气体排放总量的排放许可或碳抵销，但对于从设定了本国温室气体排放限额的北美自由贸易区国家进口石油质液态油品不受此限制。项目主任收到提交的排放许可后，随即注销其许可编码。

同一时期内，项目主任发布并向各覆盖实体分配与其当年所采取的减排措施效果相一致的碳信用，包括温室气体处理（以燃烧方式处理甲烷不在此列）、捕获或封存信用，减少化石燃料和 PFCs 原料消耗信用，出口产品已缴纳排放许可的返还信用，经营国际航线的外国航空公司在美国购买燃油所缴纳的排放许可的返还信用。每 1 单位碳信用与 1 单位温室气体排放许可等值。

覆盖实体可以向项目主任申请透支未来五年内的排放许可，上限为本年度原应提交排放许可的 15%。排放许可透支的部分要还本付息。本息总计 = 透支额度 $\times 1.1^{(被透支年 - 透支年)}$。

每个日历年的前 180 天以内，项目主任将给出对于各覆盖实体是否完全为其排放的温室气体提交了排放许可的认定。对于在日历年前 90 天内没有足额提交排放许可的每吨二氧化碳当量温室气体排放量，排放实体将被处以排放当年年均排放许可交易市价 3 倍，且不低于 200 美元的罚金，该罚金将储蓄在财政部专门账户。同时，当年超过其提交的排放许可的排放量，必须在来年或项目主任规定的期限内加以抵销。

3. 排放许可的分配

排放许可的分配分为免费分配和拍卖两大类。免费分配排放许可的目的包括：①协助排放实体转型和适应温室气体排放限额贸易；②协助居民和地方适应温室气体排放限额贸易；③鼓励节能减排技术创新和应用。拍卖排放许可的目的是筹集资金用于设立各种基金和资助各类应对气候变化的项目。

4. 协助排放实体转型和适应温室气体排放限额贸易

温室气体排放限额贸易涉及的排放实体主要包括碳密集型工业实体、化石燃料燃烧发电实体、油气化工实体和天然气加工实体。

碳密集型工业实体的免费分配于 2012—2030 年间进行，每年的配额有所不同，从国家全年温室气体排放许可的 11% 逐渐递减至零。免费配额的 96% 分配给既有工业实体，覆盖的行业包括钢铁、制浆造纸、水泥、橡胶、化工、玻璃、陶瓷、六氟化硫、铝和其他非铁冶金。各实体间的分配，按照其之前三年年均直接和间接排放（间接排放指所消耗电力在发电时的排放）之和占整个工业界排放的份额进行。余下的 4% 分配给新运行的本提案覆盖实体，按照其预计年直接和间接排放总额占整个工业界新增排放的份额分配，并且不得超过既有同类排放实体当年的获得配额。已经永久关闭的排放实体不再获得配额；配额下达前刚刚永久关闭的实体，其获得的配额必须立即返还；年中永久关闭的实体，其获得的配额按照项目主任认定的正常排放情况下，当年尚未排放与年度总排放量的比例进行返还。

化石燃料燃烧发电实体的免费分配也是在 2012—2030 年间进行，每年的配额有所不同，从 18% 逐渐递减至零。其中，对于偏远地区的实体，其分配总额可以单列，但不超过 5%。各实体间的分配，按照其之前三年年均排放量占全国化石燃料燃烧发电实体过去三年年均排放量的份额进行。

油气化工实体的免费分配分为两个阶段。第一阶段为 2012—2017 年，每年的总配额为 2%；第二阶段为 2018—2030 年，每年的总配额为 1%。各实体间的分配，按照其之前三年年均排放量占全国油气化工实体过去三年年均排放量的份额进行。

天然气加工实体的免费分配从 2012 年起，至 2030 年止，每年配额为 0.75%。本部分覆盖除阿拉斯加州以外的国内任何天然气加工实体、阿拉斯加州及其外海美属大陆架的任何天然气开采实体、任何天然气（包括液化天然气）的进口实体。各实体间的分配，按照其之前三年年均天然气处理、生产和进口量占全国过去三年年均处理、生产和进口量的份额进行。

5. 协助居民和地方适应温室气体排放限额贸易

由于实施温室气体排放限额贸易，必将导致能源价格的上涨，影响到居民生活和各州的经济结构调整。为保证公平，本提案对居民和受限额贸易影响严重的州进行补贴。同时，本提案也为各地方适应气候变化的能力建设提供资助。

政

策

篇

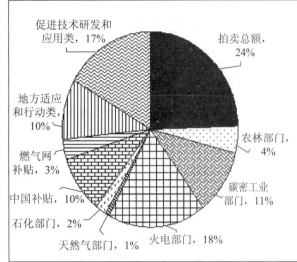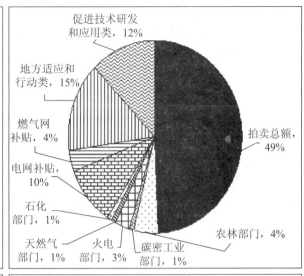

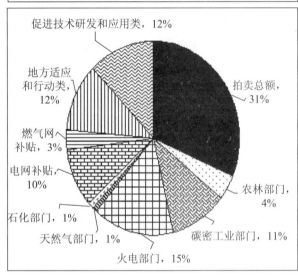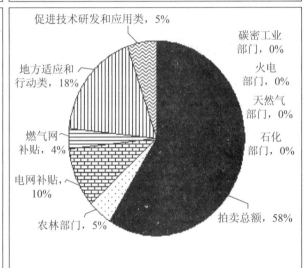

图 5-6 美国温室气体排放许可的分配方式及配额

资料来源：Lieberman – Warner Climate Security Act of 2008，The Congress of the United States，2008a。

对居民的补贴，通过对供电和供燃气企业的补贴实现，以使其不至于因限额贸易提高居民用电和用燃气价格。向中低收入家庭以及没有获得排放许可免费配额的小型商业实体供电和燃气的电网和燃气管网的免费分配分为三个阶段。第一阶段为 2012 年，电网和燃气管网实体的配额分别为 9.5% 和 3.25%；第二阶段为 2013—2025 年，配额分别为 9.75% 和 3.25%；第三阶段为 2026—2050 年，配额分别为 10% 和 3.5%。各供电和燃气管网实体间的分配，按照其之前三年年均输电或输气量占全国过去三年年均输电或输气量的份额进行。电气管网实体获得的免费配额，必须在一个日历年内变现，收益只能用于补贴其由于降低中低收入家庭以及没有获得排放许可免费配额的小型商业实体的电价和燃气价格导致的损失，或开展其他有益于上述消费者节能的项目。

向经济严重依赖于制造业或煤的州的免费配额补贴，从 2012 年的 3% 逐渐过渡到 2050 年的 4%。每年配额中的一半，根据各州制造业从业人员占人口比例与全部各州制造业从业人员占人口比例的比值进行归一化分配，其计算根据 1988—1992 年联邦劳工部平均数据进行。另一半配额根据各州 1988—1992 年间的开采和燃煤量的特定比值分配。各州必须通过各种旨在促进节能减排的措施，于当年注销或分配完所获得的配额，其分配方式由各州自主。

向温室气体减排和能效提高标兵州的免费配额发放，从 2012 年的 4% 逐渐过渡到 2050 年的 10%。项目主任将根据各州在温室气体减排和能效提高方面进行的投入和取得的成效进行评分。各州根据其分数

政

策

篇

占全国各州总分数的比例分配配额。各州必须通过各种旨在促进节能减排的措施，于当年注销或分配完所获得的配额，其分配方式由各州自主。其中，各州应该有不少于5%的配额用于促进资源循环利用；居民家庭燃油取暖指标排名前20的州，应该有不少于5%的配额用于补贴居民取暖用燃油价格的上涨。

向各州和印第安部落提供的用于适应气候变化的免费配额，从2012年的3%逐渐过渡到2050年的4%。其中，40%的配额分配给海岸（湖岸）州（包括处于大西洋、墨西哥湾、太平洋、北冰洋、五大湖岸边的各州，波多黎各，关岛，美属萨摩亚群岛，美属维京群岛，北马里亚纳群岛），这部分配额只能用于应对气候变化对海岸（湖岸）带来的影响；25%的配额分配给面临淡水供应威胁的州，用于水资源开发和管理项目；20%的配额专项分配给阿拉斯加州，用于州和州居民适应气候变化的影响；15%的配额用于拍卖，以建立部族气候变化援助基金（Tribal Climate Change Assistance Fund），用于印第安部落的可持续发展和应对气候变化能力建设。

6. 鼓励节能减排技术创新和应用

对于S. 3036提案成为法案生效前开展的早期温室气体减排限额贸易项目，将获得排放许可配额作为补偿。符合奖励条件的项目包括：①美国境内的取得加州或RGGI排放许可的项目，本法案将补偿相关实体2011年12月31日尚持有的上述两个计划的排放许可；②2005年以前复工并承诺减排的燃煤发电实体，项目主任将对其自复工以来至本法案生效期间经核定的减排温室气体量进行奖励，此类总奖励配额不超过8千万单位排放许可；③对本法案生效前实施的CCS（carbon capture and sequestration）项目，按照其经核定的碳捕获量进行奖励，总额不超过2.5千万单位排放许可。补偿将在本法案生效的前四年内完成。

对于能效提高和可再生能源项目，本提案予以分配免费排放许可进行激励。其中，每年分配2.25%的配额给气候变化技术理事会，其中0.75%用于支持建筑能效项目（Efficient Buildings Allowance Program），0.75%用于支持高能效设备推广项目（Super – Efficient Equipment and Appliances Deployment Program），0.75%用于支持制造业节能项目（Efficient Manufacturing Program）。此外，对于可再生能源项目的奖励，也由气候变化技术理事会负责。主要包括太阳能、风能、地热能、潮汐能、生物质能、垃圾填埋气、畜牧业排放甲烷以及新增水能项目，但不再重复奖励低碳和零碳电力项目专项（见后）中已经奖励的项目和已经获得碳排放抵销信用的项目。对于这部分奖励，2012—2030年每年分配的排放许可为4%，2031—2050年每年分配的排放许可为1%。

对采用CCS技术的实体，本提案予以分配免费排放许可进行奖励。这部分配额来自历年的部分排放许可，并且形成CCS专项奖励账户。可获得奖励的实体，必须是2008—2035年期间开始应用CCS技术的，并且其采用的CCS技术必须符合项目主任的要求，符合《安全饮用水法案》（Safe Drinking Water Act）要求，且其生产的产品不能是超过10千克化石燃料来源碳/百万BTU高热值标准的交通燃料。当专项账户中的排放许可用尽时，不再续奖。

对于交通部门的先进节能减排技术商业化应用推广，本提案予以奖励。其中分配给中型和重型混合燃料卡车、巴士、货柜车的奖励配额为2012—2017年排放许可总量的0.5%，此期间凡购买并商业使用上述车辆的，将被一次性予以奖励，奖励额度随购车的燃料效率递增，随购车时间的推迟递减；分配给纤维质生物燃油制造实体的配额为2012年和2013年每年排放许可总量的1%，2014—2017年每年的0.75%，2018—2030年每年的1%，用于美国境内以纤维质为原料的生物燃料生产。

S. 3036提案对农林业实体开展的温室气体减排项目、储存项目及其研究进行奖励。奖励的免费配额按年度数量不同分为两个阶段。第一阶段为2012—2030年，每年的配额为国家全年温室气体排放许可的4.25%；第二阶段为2030—2050年，每年的总配额为4.5%。

此外，对于国际温室气体减排合作，S. 3036提案每年将分配1%的排放许可配额用于资助国外防止毁林、防止森林退化等碳汇项目。

7. 排放许可的拍卖及其收益使用

排放许可的拍卖分为常规拍卖与抑价型拍卖两大类。常规拍卖次数每年不少于4次。2012年的拍卖底价为每单位排放许可 10 美元；之后每年的拍卖底价 = 上一年拍卖底价×通胀率×1.05。国家因排放许可贸易的收益，用于设立各种基金，支持各类节能减排项目，每年的常规拍卖份额从 24.25% 逐渐上涨到 59.75% 不等，其使用比例见图 5 - 7。

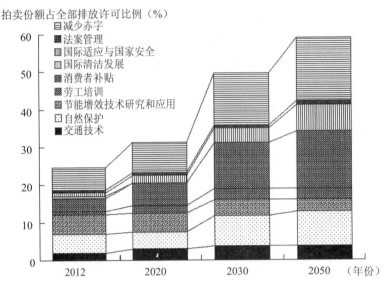

图 5 - 7　许可贸易收益用于设立基金的使用比例

来源于常规拍卖收益，在财政部设立的基金有：

（1）交通技术基金。包括交通部门减排基金（Transportation Sector Emission Reduction Fund）和气候变化与交通能源技术基金（Climate Change Transportation Energy Technology Fund），其获拍份额占全年排放许可总量的比例从 2012 年的 2% 上涨到 2050 年的 3.75%。其中，65% 用于改善全国的公共交通系统（包括促进车站等场所的照明、暖通节能，改进交通信号系统使之利于节能，更新环保节能车辆，更新能源分配系统等），30% 用于轨道交通系统的研发和建设，5% 用于鼓励居民改变出行方式以减排。

（2）自然保护基金。包括联邦自然保护项目（Federal Program to Protect Natural Resources）和州野生生物适应基金（State Wildlife Adaptation Fund），其获拍份额占全年排放许可总量的比例从 2012 年的 5% 上涨到 2050 年的 9%。联邦自然保护基金中的 3 亿美元建立土地管理局基金（Bureau of Land Management Fund），8 亿美元建立森林局基金（Forest Service Fund），余下部分建立联邦野生生物适应基金（Federal Wildlife Adaptation Fund）。

（3）节能增效技术研究和应用基金。包括低碳和零碳发电技术基金（Low - and Zero - Carbon Electricity Technology Fund）、促进能源转换研究基金（Energy Transformation Acceleration Fund）、促进 CCS 技术应用基金（Carbon Capture and Sequestration Technology Fund）、能效和节能项目（Energy Efficiency and Conservation Block Grant Program），其获拍份额占全年排放许可总量的比例从 2012 年的 5% 下降到 2050 年的 3.25%。财政部建立由气候变化技术理事会负责的低碳和零碳发电技术基金、CCS 技术基金、气候变化与交通能源技术基金，用于奖励低碳和零碳发电技术的研发和相关设备制造，鼓励全国 5%~10% 的发电企业尽早采用 CCS 技术，以及促进美国的汽车制造商新建、改建和扩容生产先进能源技术汽车。

（4）劳工气候变化培训和援助基金（Climate Change Worker Training and Assistance Fund），其获拍份额占全年排放许可总量的比例从 2012 年的 1% 上涨到 2050 年的 3%。该基金中的 30% 用于根据《1998 年劳动力投资法案》（The Workforce Investment Act of 1998）设立的劳工能效和可再生能源培训项目，60% 用于劳工气候变化援助项目，10% 用于劳工培训与安全项目。

（5）消费者气候变化援助基金（Climate Change Consumer Assistance Fund），其获拍份额占全年排

放许可总量的比例从 2012 年的 3.5% 上涨到 2050 年的 10%。该基金主要用于补贴消费者因能源价格等上涨导致的开支增加，根据不同人群的经济状况，以减税或税收补贴的方式进行。此外，抑价型排放许可拍卖的收益中，除 70% 应用于非覆盖实体的温室气体减排项目，其余 30% 汇入消费者气候变化援助基金。

（6）国际清洁能源发展基金（International Clean Energy Deployment Fund），其获拍份额仅为 2012—2017 年的每年 0.5%。该基金用于资助外国清洁能源技术的推广。符合资助的国家必须是与美国共同作为缔约方进行减排承诺的非 OECD 国家。

（7）国际气候变化适应和国家安全基金（International Climate Change Adaptation and National Security Fund），其获拍份额占全年排放许可总量的比例从 2012 年的 1% 上涨到 2050 年的 7%。该基金用于维护气候变化下的美国国家安全，并支持受气候变化影响最严重的发展中国家的适应气候变化能力建设。

（8）气候安全法案管理基金（Climate Security Act Administrative Fund），其获拍份额占全年排放许可总量的比例从 2012 年的 0.75% 上涨到 2050 年的 1%。

（9）缩小赤字基金（Deficit Reduction Fund），其获拍份额占全年排放许可总量的比例从 2012 年的 5.75% 上涨到 2050 年的 16.75%。

除了常规拍卖外，项目主任应建立抑价型排放许可拍卖储备库。这个库初期总量为 60 亿单位排放许可，转移自 2030—2050 年期间的排放许可，同时将纳入每年常规拍卖流标的部分。当储备库拍尽时，不再补充储备和进行此种拍卖。2012 年每单位排放许可的拍卖价为 22～30 美元，具体额度由总统确定；之后每年的拍卖价 = 上一年拍卖价 × 通胀率 × 1.05。2012 年可拍卖的排放许可额度上限为 4.5 亿单位，并且按每年 1% 的比例递减。

8. 碳排放抵消和国际排放许可交流

碳排放抵消是指通过实施不在本提案覆盖范围内的某些特定项目，减少温室气体排放或增加陆地的温室气体汇。其减排基线参考项目实施以前的五年排放数据，减排效果被认可为碳信用。S. 3036 提案允许覆盖实体使用碳信用来部分抵消其温室气体排放，也鼓励国内的农林和土地部门实施相应的碳排放抵消项目，以助其经营者获得额外收益。提案规定项目主任要和农业部长共同制定和发布国内农林业碳排放抵消项目鼓励指南，对于可逆转的碳排放抵消项目要特别加强监管。每年签发的这类碳信用不超过当年排放限额的 15%。同时，提案允许覆盖实体使用国外碳排放许可和国外碳排放项目减排量来部分抵消其温室气体排放。每年全国允许使用的国外许可和信用额度，只能是项目主任签发的国内碳排放抵消信用不足当年排放限额的 15% 的部分，且不超过年排放限额的 5%。本提案将可以使用的国外碳排放许可签发国界定为执行与美国类似的温室气体排放绝对量强制减排国家。国家和地区的碳排放抵消信用之间可以通过适当的兑换率进行交流。

9. 温室气体排放许可交易市场

排放许可除了用于抵消实体所排放的温室气体量外，还可以通过市场在所有机构和个人中流通。为了达到这一目标，总统将授权项目主任组建碳市场工作组（Carbon Market Working Group），成员包括项目主任、国家财政部部长、美国证监会主席、美国商品期货交易委员会主席、美国联邦能源监管委员会主席等，项目主任担任主席。项目主任应该在提案成为生效法案后的两年内，建立起对排放许可进行发放、登记、转移和跟踪的实时信息公开的市场体系。

同时，总统应指定 7 人组建碳市场效率理事会（Carbon Market Efficiency Board），其中应包括气候变化科学家。理事会的职责是：搜集排放许可可用量、分配、价格及其趋势、碳市场对于限额减排的贡献等信息，研究和出台紧急救市措施（包括提高整体透支额度、延迟透支偿还期限、提高使用碳排放抵销信用和国际排放许可的比例），向总统、国会和公众提交关于市场运行的季度报告。

此外，联邦政府还应组建 5 人组成的气候变化技术理事会（Climate Change Technology Board），对国家因排放许可贸易收益的使用,尤其是推进低碳和零碳技术的应用提供咨询,并分配理事会负责的收益资金。

10. S. 3036 提案的主要反对意见

S. 3036 提案受到了部分参议员、企业和社会团体的反对,其反对立场主要有二:反对进行温室气体排放限额贸易立法,以及认为目前的提案还需要大幅度调整。少数反对者仍以全球变暖在科学上尚未定论,目前开展任何行动都存在太大的不确定性为由,反对以立法形式限制温室气体排放,并认为这将影响经济发展(Dodd,2008)。而多数的反对者认同应该对气候变化采取行动,认同限制温室气体排放,但认为 S. 2191 提案和 S. 3036 提案均尚有太多的不足,不能使之成为法案,因此反对终止辩论(Dorgan,2008;Johnson,2008)。反对者的意见主要有:

(1)限额贸易机制不合理。参议员 Dodd(2008)认为,碳税机制将比限额贸易机制更能有效解决限制温室气体排放的问题,认为采用碳税机制将可以使预测排放成本更加可靠,从而有利于排放实体采取适合自己的方式进行减排,其短期的减排成效将是限额贸易机制的 5 倍以上。

(2)将引起能源价格高涨,从而影响经济和就业。美国矿工联合会(United Mine Workers of America,2008)认为,S. 3036 提案将大幅度削减电力生产对煤的需求,导致煤矿业和制造业大量的工人失业。Duke 电力公司(Duke Energy,2008)认为,提案无疑会提高供电价格,但其对消费者的补贴不足,尤其是对于火电供电量占到一半以上的 25 个州的居民,这将造成其家庭负担。参议员 Coleman(2008)认为应该建立一个燃油补助基金(Fuel Assistance Fund)以抵消因法案实施导致的燃油价格上涨,对机动车和飞机消费者带来的损失。美国全国商会(U. S. Chamber of Commerce,2008)认为,尽管尚未有机构发布对于 S. 3036 提案的综合分析,但是美国将为其付出的代价必定是高昂的,如同其蓝本 S. 2191 提案一样,而后者将导致 200 万~400 万的人失业,家庭能源价格上涨 60%~80%,GDP 下降 3.4%,家庭年均将为此付出 1 000~6 700 美元。

(3)对于某些领域的关注不够。参议员 Coleman(2008)认为,S. 3036 提案应该对核能的利用提出规定。参议员 Dodd(2008)认为,提案对于交通部门的减排功效不大,不能起到减少机动车行驶里程的作用。美国农业联合会(Farm Bureau,2008)认为,提案低估了农林业对温室气体减排的作用,并且其对农林业碳汇项目的认证机制和总额限制将给农林业业主的减排积极性造成不利影响。美国矿工联合会(United Mine Workers of America,2008)认为,提案对于推广应用 CCS 技术过于乐观,

(4)行政设置和监管机制不合理。参议员 Dodd(2008)和美国全国商会(U. S. Chamber of Commerce,2008)认为,S. 3036 提案提出的限额贸易机制将导致联邦政府必须组建新的复杂的行政体系,以预测和监管碳排放市场体系。参议员 Byrd(2008)认为,提案赋予了气候变化技术理事会太大的权力,使其能够在 38 年的时间内支配 1.4 万亿美元的联邦经费,并且每次只需提前 60 天告知国会其使用安排,而参议院必须有 67 票的绝对多数反对,才能阻止其资金使用,这将使其得不到合理的约束。美国汽车工人联合会(United Auto Workers,2008)认为,提案赋予美国环境保护署依据《清洁空气法案》继续行使对二氧化碳排放进行管理的权力,这将使落实国会关于温室气体减排的决定难以得到保证。此外,参议员 Cantwell(2008)和 Feinstein(2008)认为提案没有以法律形式规范市场的透明性,没有在防止欺诈和操控市场方面做出应对,从而使这个年均 1 000 亿美元的市场暴露在投机者的面前。

(5)未能协调联邦和地方在温室气体减排方面的努力。美国制造业协会和美国汽车工人联合会(United Auto Workers,2008;National Association of Manufacturers,2008)认为,S. 3036 提案未能明确联邦排放限额贸易体系与地方体系的关系。参议员 Levin(2008)认为,提案将导致联邦与各州在移动源温室气体排放控制政策方面的冲突。参议员 Cantwell(2008)认为,提案对已经采取了大量节能减排措施并使之远低于联邦碳密集度水平的州的补偿不够。

(6)不能有效影响国际温室气体减排行为。参议员 Levin、美国矿工联合会、美国汽车工人联合会、美国制造业协会(Levin,2008;United Mine Workers of America,2008;United Auto Workers,2008;

National Association of Manufacturers, 2008）认为，全球应对气候变化行动必须要求中国、印度、巴西、墨西哥等发展中大国明确承诺减排，并且做出与美国可比的努力，而 S. 3036 提案没能对此做出反映，同时提案将对美国制造业的竞争力产生严重影响。

三、其他主要国家排放贸易体系

（一）澳大利亚新南威尔士州温室气体减排体系①

澳大利亚新南威尔士州温室气体减排体系（New South Wales Greenhouse Gas Reduction Scheme, NSW GGAS）是澳大利亚一个地方性的、强制性温室气体排放贸易体系。NSW GGAS 创立于 2002 年，它的法律依据来源于《电力供应法案 1995》（Electricity Supply Act 1995）以及《电力供应总法规 2001》[Electricity Supply（General）Regulation 2001] 的修正案。NSW GGAS 于 2003 年 1 月 1 日开始在新南威尔士州运行，并于 2005 年 1 月 1 日扩大至澳洲首都领地（ACT）②。

2003 年，新南威尔士的人均二氧化碳排放量是 8.65 吨。NSW GGAS 的总体目标是从 2003 年到 2007 年逐渐匀速将新南威尔士州的人均二氧化碳排放降至 7.27 吨，2007—2012 年期间保持在 7.27 吨，这相当于在《京都议定书》基准年（1990 年）的基础上减排 5%。新南威尔士政府曾承诺，将该目标延长至 2020 年。但一旦澳大利亚联邦级的排放贸易体系开始运行，由于 NSW GGAS 与其不匹配，将停止运行。

1. "基准线—减排额"（Baseline – and – credit）机制

NSW GGAS 在新南威尔士州的电力部门建立基准线。具体是先将每年的人均排放量目标转化为电力行业的排放基准线，然后根据每家参与方在新南威尔士州电力需求中的比例而制定其单独的排放基准线。要求每家参与方均达到规定的基准线，否则罚款 12 美元/吨二氧化碳当量。这些参与方主要包括电力零售商、从国家电力市场中直接购买电力的消费者、在法规中列出来的大的电力企业。如果排放量超过基准线，参与者可以通过购买并上缴基于项目的减排活动所产生的减排额（NSW Greenhouse Abatement Certificates, NGACs）来履约。为了保证交易制度的顺利实施，NSW GGAS 也设计了一个严格的履约框架，企业的二氧化碳排放量每超标 1 个碳信用额将被处以 11.5 澳元的罚款。2008 年，累计有 41 家参与方参与 NSW GGAS 体系，其中 2 家选择支付小额罚款，而没有为其超过基准线的排放购买相应的减排额。③

可产生 NGACs 的基于项目的减排活动包括四类，水和能源部负责为这些减排额的产生制定相应的规则，包括对项目合格性的规定以及计算减排额的方法学：

（1）低排放发电（包括热电联产）或对现有电厂排放强度的降低（规则 2——发电）；

（2）降低电力消费量（规则 3——需求侧减排）；

（3）参与者开展的与电力消费不直接相关的减排活动，例如工业工程减排（规则 4——大型用户减排）；

（4）林业碳汇（规则 5——碳汇）。

NSW GGAS 体系的管理机构是独立价格和管理法庭（Independent Pricing and Regulatory Tribunal, IPART），它根据上述这些规则对该体系进行管理。

截至 2007 年 12 月 31 日，该体系下共核证了 204 个减排项目，绝大多数为发电和需求侧减排项目，还包括生物质能项目提供的碳汇。截至 2008 年 6 月 30 日，NSW GGAS 共签发了约 6900 万吨减排额（NGACs）。

---

① 更多介绍参见 NSW GGAS 官方网站：http://www. greenhousegas. nsw. gov. au/。

② 澳大利亚联邦政府包括 6 个州以及两个领地。其中，新南威尔士州位于澳大利亚南部，是全澳人口最多的州，也是工商业最发达的地区。首都领地也称为 ACT 领地，包括澳大利亚首都堪培拉在内，全领地人口略多于 32 万人。

③ 《Compliance and Operation of the NSW Greenhouse Gas Reduction Scheme during 2008》，Report to Minister, Jul, 2009.

2005 年，NSW GGAS 体系下的 NGACs 交易总量为 610 万吨二氧化碳当量，交易额为 5 900 万美元。2006 年交易量大幅增长至 2 000 万吨，交易额增长为 2.25 亿美元。2007 年的交易量和交易值变化不大。但从 2008 年开始，虽然交易量继续保持平稳增长趋势，但由于经济危机的影响以及 2008 年年底联邦政府白皮书发布，宣布联邦排放贸易体系（CPRS）将与 NSW GGAS 完全不同，NSW GGAS 在 CPRS 开始后将结束运行的消息，使得交易价格大幅下降，交易额也因此下降。

2. 澳大利亚联邦级的排放贸易体系（CPRS）对 NSW GGAS 的影响[①]

澳大利亚联邦级的排放贸易体系立法虽然还未通过，但是其相关设计对 NSW GGAS 将产生巨大的影响。这两个体系在设计上有着很大的区别。NSW GGAS 是一个"基准线—信用额"（Baseline - and - credit）的排放贸易模式，减排额的提供者通过额外的减排活动（相比于正常商业情景）从而产生减排额，而有减排责任的参与者则需要通过购买这些减排额抵消其超过基准线的那部分排放。而澳大利亚正在讨论的联邦级别的排放贸易体系（CPRS）则是"上限—贸易"的排放贸易模式，将为整个行业的排放设定上限，并由行业内的参与者为其排放的每 1 吨温室气体负责。因此，NSW GGAS 与 CPRS 不相匹配，无法与其进行对接。

按照 2008 年底发布的联邦政府白皮书的规定，NSW GGAS 这一地方性的排放贸易体系计划将在 CPRS 启动（预定为 2010 年 7 月 1 日）之后就终止运行。但由于 CPRS 法案的搁置，目前看来 GGAS 仍会继续至少运行一年以上，直至 2012 年。然而，NSW GGAS 的减排信用额将不能在未来的 CPRS 中使用。因此，NSW GGAS 减排项目的申请数量有所下降。实际上，NSW GGAS 在 2009 年的交易值为 1.17 亿美元，仅相当于 2008 年的 2/3。

（二）新西兰的排放贸易体系

2009 年 11 月 25 日，新西兰议会通过了《应对气候变化修正案》（Climate Change Response Amendment），其中包括建立排放贸易体系，并扩大了管制范畴，因此结束了过去一年对于新西兰气候变化立法的不确定性。新西兰的排放贸易体系（NZ ETS），目前是全球除了欧盟以外第一个强制的、覆盖所有经济部门（economic wide）的排放贸易机制。

2008 年开始实行的新西兰 ETS 只包括林业部门，自 2010 年 7 月 1 日扩展到另外 3 个新的领域：固定能源（Stationary energy）、工业过程、液态燃料行业（主要来自于交通行业）。这 3 个领域占据 2008 年新西兰排放量（不包括 LULUCF）的接近一半，来自这 3 个领域的 100 多个大型设施（installations）被纳入了 NZ ETS 的强制管制。自 2013 年 1 月 1 日开始，人造气体和废物将纳入该体系。另外，占据 2007 年新西兰温室气体排放量（不包括 LULUCF）48% 的农业部门将从 2015 年 1 月 1 日被纳入到 NZ ETS 中。对于交通燃料和农业，NZ ETS 都将在行业上游进行管制，以降低管制的复杂性和成本。比如交通燃料行业，将管制炼油厂以及燃料进口商；对于农业来说，主要管制肥料加工厂、进口商和生产商。NZ ETS 将从 2015 年开始纳入《京都议定书》管制下的 6 种温室气体。

新西兰将为政府发放的 NZ ETS 配额（New Zealand Units 或 NZUs）设置一个固定的价格 25 新元（相当于 18 美元或 13 欧元）。在 2010—2012 年的过渡期内，固定能源（包括产能和耗能加工行业）、工业过程、液态化石燃料行业的设施每排放 2 吨二氧化碳当量，将只需要上缴 1 个 NZU（"排二缴一"）。直接面临国际贸易竞争的排放密集型工业以及 2015 年才纳入体系的农业将得到免费的配额发放。这些以免费发放的方式来减轻 NZ ETS 对经济体系的影响的措施，与澳大利亚被暂停的碳污染物减排体系（CPRS）保持一致。而不直接面对贸易竞争的行业，如电力生产和液体化石燃料等行业，则不能得到免费配额。

基于排放强度，新西兰设置了基于基准值 60% 和 90% 的两档免费排放额度（农业将采用 90% 的免费发放比例）。免费配额将基于前一年的产量提前发放，稍后当实际产量明确后会根据相应的机制来调

政策篇

整。免费发放的比例将从 2013 年逐步降低（每年降低 1.3%），农业从 2016 年开始降低。考虑到 2010—2012 年过渡期内"排二缴一"的规则，过渡期内免费发放的配额也将减半。

因此，在 2010—2012 年的过渡期内，由于配额的供给是无限的，因此 NZ ETS 将没有上限（cap）。然而，排放实体需要为其排放负责，当其排放量超过了其得到的免费配额后，则需要从市场上（例如从林业部门）购买 NCUs 来补充，或者从政府处以 25 新元的固定价格购买 NCUs。政府所供应的配额是没有限制的，但从政府购买的配额只可以用来上缴，而不能储存或者出售。如果受管制的企业没有如期上缴所需的 NCUs，那么除了事后上缴 NCUs 之外，还必须支付 30 新元每吨的罚款。

新西兰希望其总排放量能够低于《京都议定书》的目标（预计在 2008—2012 年期间累计剩余 1140 万吨二氧化碳当量），并期望 NZ ETS 过渡期（2010—2012 年）的措施不会改变达到这一形势。在过渡期内，将收集设施（installation）层面的数据，测试在不同行业的配额管理规定，让排放实体有时间来熟悉 NZ ETS，并且制定最低成本的履约战略。该体系将在 2011 年进行评估，调查 NZ ETS 运行的整体效果、免费配额的范围是否合适、在其他发达国家新的排放贸易体系的建立情况以及与这些体系进行连接的可能性。2011 年底，新西兰将决定 NZ ETS 是否需要调整，如降低免费配额的比例、取消政府出售配额的固定价格以及将更多的行业纳入 NZ ETS 体系。

目前，新西兰还没有发布 2013 年及以后的排放上限。NZ ETS 基于排放强度的不设上限的方案，让 NZ ETS 如何与新西兰在哥本哈根协议中的国际承诺目标保持一致带来挑战。新西兰的国际承诺目标是，到 2020 年，在 1990 年的水平基础上减排 10%，如果达成了国际协议，则减排 20%。

对 NZUs 设定固定价格、以及"排二缴一"的规定都只在过渡期适用。这些措施在 2012 年之后或将失效。此后，NZ ETS 将允许储存配额，但不允许提前借出配额。

NZ ETS 规定，京都机制下的碳补偿信用额，如 CERs（除 tCERs 和 lCERs 之外）、ERUs 以及 RMUs 都可以用于履约。

林业基本抵消了新西兰非林业温室气体排放量的 1/3。然而，到 2020 年，由于大面积在 20 世纪 90 年代种植的森林将面临收割和砍伐，因此林业到那时预计将成为净排放源。因此，为了降低毁林，鼓励森林种植以及加强对森林的可持续管理，新西兰在 2008 年最初时就将林业纳入了 NZ ETS。林业在 NZ ETS 中主要扮演着 NZUs 供应者的角色。如果林地的拥有者在 2008 年 1 月 1 日之后通过各种方式增加碳汇，则将得到林业 NZUs，可以在国内或者国外出售。同时，如果碳汇量比之前报告的量下降的话，则需要承担相应的责任。

为了避免在国内以固定价格无限制供应的配额与其他市场的需求之间任何可能的争端，NZ ETS 下非林业的 NZUs 在过渡期内不能用于出口。而林业 NZUs 可以用于出口，并将自动转化成 AAUs，这已经引起了国外买家的较大兴趣。国际买家（特别是欧洲买家）一直在寻找高度环境完整性的 AAUs，而新西兰的 NZUs 无疑满足这一条件。2009 年，国际买家累计从新西兰购买了 60 万吨的林业 NZUs 现货，平均价格在 14 美元（10 欧元）。2010 年，林业 NZUs 的供应数量预计将大幅增长至约 600 万吨，在 2010 年第一季度，大约 61 万吨的林业 NZUs 达成交易。林业 NZUs 的出口也成为目前 NZ ETS 市场的主力构成。

第三章　我国建立温室气体排放贸易制度的技术可行性

第一节　中国建立碳排放权交易制度的需求分析

一、中国二氧化硫排污交易试点的经验与教训

（一）试点背景

中国是世界上最大的煤炭生产和消费国及二氧化硫排放大国。在短期内70%的能源来源于煤炭的结构不会改变。燃煤造成的二氧化硫和酸雨污染已成为制约社会经济发展的重要环境因素。中国政府高度重视防治二氧化硫和酸雨污染的工作，在"十五"计划和"十一五"规划中提出了具体的二氧化硫减排目标。

多年来，通过对民用燃烧设备的改造和能源结构调整使二氧化硫带来的局地空气污染已经得到有效的缓解，但跨界酸雨问题并未得到遏止。电力行业二氧化硫排放量占全国及工业二氧化硫排放量的份额不断提高，电力行业作为二氧化硫的高架排放源，成为区域酸雨污染的主要贡献者。然而，中国正处在经济高速发展期，对电力的需求也高速增长。电力行业必将面临快速发展和削减二氧化硫要求不断提高的尖锐矛盾。建设脱硫设施是火力发电厂最主要的减排方式，而其减排成本巨大，是总量控制目标实现可能面临的最大障碍。采用一种有效的政策手段来缓解经济发展与环境保护之间的矛盾迫在眉睫。

排污权交易被认为是解决我国目前火力发电行业环境保护与经济发展之间矛盾的有效手段。理论上，只要地区内的二氧化硫排放总量不变，一些新的、技术先进的电厂就可以通过购买排污权进入这一地区；而工艺落后、污染严重的工厂可以出售它们的排污权，得到额外的收入；这将鼓励迟早要关闭的工厂尽早关闭，有利于促进电力行业结构调整和地区经济结构的更新和可持续发展。这种以政府为主导、市场推进、公众参与的使二氧化硫减排的社会总成本趋于最低，既能够保证发展经济，又能保护环境的双赢政策特性，使二氧化硫排放权交易成为具有竞争力的政策手段之一。

从20世纪90年代初至今，我国的二氧化硫总量控制政策体系在实践中正在逐步成熟。1990—1994年，国家环保局在全国16个重点城市（天津市、上海市、沈阳市、广州市、太原市、贵阳市、重庆市、柳州市、宜昌市、吉林市、常州市、徐州市、包头市、牡丹江市、开远市、平顶山市）进行了"大气污染物排放许可证制度"的试点及在6个重点城市（包头市、太原市、贵阳市、柳州市、平顶山市、开远市）进行了大气排污权交易试点。此次试点对二氧化硫与烟尘排放的总量控制、许可证制度的实施进行管理机构与制度的建立、技术体系和运行机制的搭建进行实际运作；进行大气污染物排放总量控制和许可证制度立法的前期准备工作；并对大气排污权交易政策的实施进行初步探索。

2001年4月，美国环保协会与国家环保总局合作开展《推动中国二氧化硫排放总量控制及排放权交易政策实施的研究》项目。项目的目的是推动中国二氧化硫排放总量控制及排放权交易政策的实施；制定《二氧化硫排放总量指标分配方案》、《二氧化硫排放许可证管理办法》、《二氧化硫排放总量控制监控实施方案》、《二氧化硫排放权交易管理办法》；在典型省、市实施二氧化硫排放总量控制及排放权交易政策示范，以全面提高大气环境管理水平；在典型省、市示范工作的基础上进行总结及推广应

用，促进排污权交易政策纳入国家法律文件；推动大气污染防治法顺利实施和"两控区"二氧化硫排放削减计划的实现。

2002 年，国家环保总局决定在山东省、山西省、江苏省、河南省、上海市、天津市、柳州市开展二氧化硫排放总量控制及排放权交易政策实施的研究项目示范工作。既实现电力行业的二氧化硫减排，又增加了中国华能集团公司参加示范工作。

示范工作涉及"两控区"18.56% 的二氧化硫排放量、131 个城市（包括县级市）、727 个企业；包括了我国经济最发达，社会主义市场经济发育较成熟的上海市、江苏省；二氧化硫排放量最高的山东省；中原工业大省、人口最多的河南省；重工业、能源基地山西省；中国有代表性的工业大城市天津市；拥有占电力行业发电容量近 1/10 电厂的中国华能集团公司。这是国家环保总局进行的涉及范围最大，首次在环保管理实务中进行大面积二氧化硫总量控制与排放权交易政策规范化实施的示范。

（二）二氧化硫排放权交易实施示范的内容、原则与流程

1. 二氧化硫排放权交易示范工作的基本原则

（1）二氧化硫排放权交易实施有明确的区域环境空气质量目标前提

因为二氧化硫排放总量指标分配核定方案是在确保地区环境空气质量达标的前提下进行的，所以排污者只有被分配了确定的排放权，才可能有进行交易的标的。交易的实施必须遵守二氧化硫排放总量控制的环境空气质量达标的要求，在达标前提下交易合同才能订立和执行。

（2）二氧化硫排放权交易实施有明确的区域二氧化硫排放总量目标前提

二氧化硫排放权交易在一个市或跨市但在一个省内，甚至跨省在一个区域内，它都不能突破相应的一个市、一个省、一个区域的二氧化硫排放总量目标。

（3）二氧化硫排放权交易实施是以排污许可证为核心管理手段

二氧化硫排放权交易实施必须有交易标的——二氧化硫排放总量指标的依附物，才可能实施市场运作。交易实施使用具有法律效力的行政手段——排放许可证为核心管理手段。这也意味着二氧化硫排放权交易实施不必重新建立另一套管理体系。它是在现行管理体制上的补充和完善。

同时也意味着正在排污的企业必须遵守许可证上各种环保指令性规定，只有在保证许可证上规定的各种环保指令性指标达标后，所"富余"的排放总量指标才可用来出售。

（4）二氧化硫排放权交易政策实施必须实事求是、依照需求、因地制宜地进行

我国存在大量复杂地形，由于日照、温度层结、降水、风速切变、地方风系、山谷风、海陆风、城市热岛、不同的地貌条件等其他因素影响，各地呈现不同的、复杂的污染气象背景状况，不同的社会经济条件，不同的环境管理基础，实施排污权交易所要做的基础工作及其复杂性很不同，同一方法在各地的可行性也不同，也要考虑实施排污权交易的管理成本。如果不问具体情况，使进行排污权交易需做大量复杂的前期工作，就失去了排污权交易坚持简约、讲究效率和效益，以低成本快速达到削减目标的初衷。因此，实施二氧化硫排放权交易政策必须坚持因地制宜，适合地方具体情况。

（5）对进行二氧化硫排放权交易的双方必须评估

前述已经阐明了二氧化硫排放权交易实施有明确的区域环境空气质量目标前提和区域二氧化硫排放总量目标前提，因此对进行二氧化硫排放权交易的双方要评估。对卖方要评估其总量指标削减的真实性、可实施性、可持续性，确保买、卖的指标可抵消而不新增排放总量。对买方要进行排放购买的指标的环境影响评估，确保空气质量达标。

（6）排放总量指标分配的公开、公平、公正及对排放严格的监督管理是保证二氧化硫排放权交易政策实施的关键

二氧化硫排放权交易政策是在市场机制下运行的。市场运行的最基本条件是公开、公平、公正和

法制化。因此，这两方面对排污权交易政策能否实施和能否成功实施是关键所在。

2. 示范流程

二氧化硫排放权交易政策的实施是在二氧化硫排放总量控制和许可证制度的基础上进行的。第一步是把二氧化硫排放总量控制和许可证技术工作中的排放总量指标分配、排放连续监测系统建立、污染源排放跟踪信息系统建立完善化。第二步是企业进行二氧化硫减排技术的技术经济分析，订立二氧化硫减排的技术设施建立及资金运作、减排指标落实的运作时间周期规划（其中包括为了降低成本及发挥资金运作效率，在某些厂及某段时间内进行排污权交易）；建立对二氧化硫排放权交易双方的评估技术条件和方法；建立排放权交易跟踪信息系统。二氧化硫排放总量控制及排放权交易政策实施示范的运行流程见图5-8。

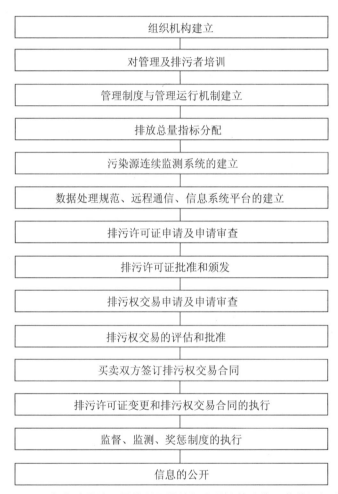

图5-8　二氧化硫排放总量控制及排放权交易政策实施示范的运行流程

（三）二氧化硫排污交易试点的经验与教训

在这次示范工作中制定了我国第一部地方二氧化硫排放权交易管理办法，确立了具有创新性的火电厂二氧化硫排放总量核定办法，实施了我国首例跨地区火电厂二氧化硫排放权交易案例，这也是我国排污权交易政策发展史上的重大突破性进展。从示范工作中也得到不少经验和教训。

第一，建立环保部门与政府相关部门、企业共同参与环保与社会、经济发展重大决策的机制。中国华能集团公司作为企业集团首次参与国家环保总局环保政策制定和环保管理示范工作，并参与提出政策立法建议和环保管理重大决策。华能集团制订了实施排污权交易的详细方案，并进行了可行性分析，将环境资源纳入企业生产经营计划，在建立与社会主义市场经济体制相适应的电力市场体系优化配置电力资源中，同时考虑环境资源的优化配置，促进电力事业可持续健康发展的理念、技术方法和经验,. 建立企业和环保部门共同参与环保决策的新机制的做法值得向全国推广。

第二，在不增加区域二氧化硫排放总量，保证区域环境质量的前提下，引进新的先进企业，促进区域经济发展，在经济发展中进一步促进环境保护的环保管理机制。在新、改、扩建项目立项时，运用排污权交易解决项目所需的二氧化硫排放总量指标，在环境影响评价的同时，对进行排污权交易的双方进行交易量稳定性、确定性及环境影响评估，以简单的操作和很小的管理成本保证排污权交易的达成。

第三，建立了统一的二氧化硫排放总量控制指标分配架构，按照污染源对环境影响的不同，将高架源与中、低架源分开控制。在高架源中按实际情况首先抓燃煤电厂的高架源。通过广泛征求电厂的意见，根据上百条企业建议，经数十次方案修改，在掌握细致、扎实的排放数据基础上，初步建立了公开、公平、公正，具有可操作性的火电厂二氧化硫排放总量核定创新体系。

第四，建立了规范化的二氧化硫排放总量控制许可证制度管理、运行机制，配套管理办法和技术支持体系。

第五，在我国首次将二氧化硫排放权交易政策纳入了地方政府规章，在排污权交易的立法上实现了重大突破，制定了我国第一部地方二氧化硫排放权交易管理办法，为国家制定排污权交易的法律规章提供了管理实践基础。

第六，环境保护政策从产生到执行，有效沟通和宣传必不可少。

相应地，试点也总结了有关的教训和不足，这也正是从事碳排放交易可以借鉴之处。

第一，在电力行业存在因集中减排和高速发展、二氧化硫排放总量指标缺乏而进行排污权交易的需求，以及因管理成本低而使排污权交易存在可行性。

第二，总量控制和排污权交易政策实施遇到瓶颈。

首先，罚责的问题。由于超总量指标排放无罚责，使环保执法缺乏严肃性，妨碍政策的实施。

其次，亟须建立污染源排放统一监管机制。重点污染源有责任建立符合标准的排放连续监测系统。环境监管执法部门应配备必要的硬件监察企业的排放连续监测系统，并联网。只有严格管理才能有好的系统。

再次，应加快建立市场机制下的中国环境管理政策体系和创新机制实现综合、协调的环境管理。目前出现了地方政府一锤子买卖的短期行为，这影响了排污交易政策的推广和长期执行；排污交易局限于一级市场，二级市场也是一个促进排污交易的重要市场应给予支持和重视。

最后，二氧化硫排放总量控制和排放权交易政策体系的建立要因地制宜，从实际出发，实事求是地进行。如一些属复杂地形的城市，高架源对地面污染物浓度的贡献在很多情况下是重要的，对这些城市来说，找出排放对环境空气质量贡献大的重点源进行控制，对新上项目开展区域环评是重要的。而对于经济发展快的平原地区的高架源间开展排污权交易有需求，管理成本也较低。

二、我国建立排放贸易制度的现实基础

我国作为最大的发展中国家，虽然目前并没有承担减排的义务，但是 IPCC 评估报告指出，如果要使 2100 年大气中二氧化碳的浓度不超过 550ppm 的水平，全球的二氧化碳排放就必须在 2040 年前后开始大幅度削减；即使更高的温室气体浓度目标，也要求全球的温室气体排放在以后的某个时间总体下降；如果要使二氧化碳的浓度降低到 450ppm 的水平，从现在起全球二氧化碳的排放就不能有显著增长，并且在 2020 年左右就要开始削减全球排放总量。针对这一目标，在 2012 年后国际上可能会对我国作出减排的要求。因此，我国应当以可持续发展为基本方针，减少温室气体，尤其是二氧化碳、甲烷的排放是我国目前应当积极研究的内容，而积极推进碳排放权交易的进行就是一个重要的研究内容。

我国目前的碳排放交易市场还处在萌芽阶段。从二氧化硫排污交易示范工作来看，企业实现排放

权的交易基本是靠国家、地方环境管理部门或是政府来牵头实现,其中行政干预的力度较大,没有真正体现出市场的力量和作用。在这种情况下达成的交易,也是缺乏效率的。企业可选择的交易对象范围窄,实现交易时的价格非透明化,可比较性差,所以具有较高的交易成本。另外,我国的行政干预的方式也不利于形成全国性的统一的市场和统一的市场交易规则和交易秩序,进而也就无法与国际市场进行有效的链接,会成为未来参与国际碳交易市场的障碍。因此,应开展各项基础工作,为建立我国碳交易市场做好前期的准备。

(一)中国1980—2006年温室气体排放情况

为了应对全球气候变化对我国带来的冲击和影响,我国已先后签署和批准了《联合国气候变化框架公约》及《京都议定书》。在《京都议定书》第一阶段,根据"共同但有区别的责任"原则,考虑到中国的经济水平,协议并未给中国分配减排配额,但是我国碳排放量已经居世界第二位,成为温室气体重要的排放源。中国在2012年后很可能要承担一定的排放控制目标。图5-9显示了中美1980—2006年期间能源相关二氧化碳排放量的增长趋势。由图5-9可以看出,2006年中国能源相关的年二氧化碳排放量已经超过了美国,而且2002年后中国的二氧化碳排放量明显上升。

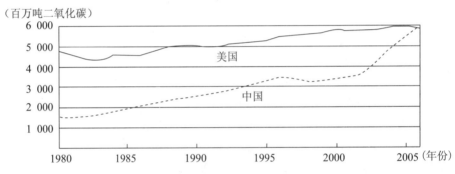

图5-9　中、美1980—2006年二氧化碳排放量增长趋势

资料来源:美国2006年度能源评估,2007;Flasb Estimate,《中国统计年鉴2007》。

图5-10是中国1980—2006年期间GDP、能源相关的碳排放量以及人口的变化趋势。可见,从1980—2006年,中国GDP增长了10倍,人口增长了1/3,能源相关的碳排放量增长了4倍。从2000—2006年,中国的二氧化碳排放量出乎预料出现高速增长,其驱动力可能为市场改革、城市化、主要依靠煤炭能源以及快速扩张的国际贸易等。

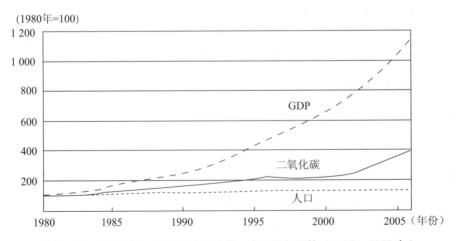

图5-10　中国GDP、二氧化碳排放量、人口增长趋势(1980—2006年)

资料来源:中国国家统计局,《中国统计年鉴2007》;劳伦斯伯克利国家实验室。

（二）2010—2050 年排放趋势及特征

中国随着经济发展对能源需求将持续增长，国内许多机构都在不同情景下预测了中国未来的能源需求（见表 5 – 13 和表 5 – 14）。

表 5 – 13　国内各机构对 2050 年前能源需求预测　　　　　　单位：亿吨标准煤

研究机构	方案	2020 年	2025 年	2030 年	2035 年	2040 年	2045 年	2050 年	需求高峰年	高峰值
中科院可持续发展战略研究组（牛文元）	低碳	35.28	—	35.88	—	35.83	—	33.47	2 035	36.29
	优化	37.97	—	40.71	—	41.84	—	42.08	2 045	42.42
	基准	40.85	—	46.16	—	49.98	—	54.56	无	无
苏州科技大学；日本产业技术综合研究所 LCA 研究中心（韦保仁，八木田浩史）	高情景	40.78	—	55.42	—	68.93	—	76.9	—	—
	中情景	35.99	—	40.23	—	42.58	—	43.09	—	—
	低情景	31.38	—	27.93	—	24.56	—	20.85	—	—
中国国际经济交流中心研究部（张焕波）/一次能源	基准	—	—	62.71	—	—	—	160.16	—	—
	情景 1	—	—	40.2	—	—	—	42.18	—	—
	情景 2	—	—	50.2	—	—	—	82.17	—	—
	情景 3	—	—	50.2	—	—	—	82.17	—	—
	情景 4	—	—	50.2	—	—	—	82.17	—	—
社科院数量经济与技术经济研究所（姚愉芳）/一次能源	基准	48.17	—	54.63	—	62.02	—	66.57	—	—
	减排	39.21	—	43.37	—	46.69	—	50.82	—	—
	低碳	39.21	—	43.37	—	46.69	—	50.82	—	—
能源所课题组/一次能源	节能	47.72	—	—	58.52	—	—	66.9	—	—
	低碳	39.6	—	—	48.37	—	—	55.62	—	—
	强化	38.53	—	—	46.04	—	—	50.22	—	—
中科院政策模拟研究中心	预测	36.25 ~ 43.32	—	—	—	—	—	—	—	—
中国能源展望编写组	预测	29	—	—	—	—	—	50	—	—
华东师大、中科院	EKC	33.37	39.85	45.42	49.77	52.26	52.57	50.50	2045	52.57

表 5 – 14　国外部分机构或学者对中国未来能源相关数据预测

研究机构或学者	IEA	日本能源经济研究所（IEEJ）	麦肯锡
2030 年一次能源消费量	38 亿吨（人均 2.3 吨）2007—2030 年年均增长率：2.9%	29 亿吨（人均 1.9 吨）	44 亿吨原煤，9 亿吨原油
初级原油需求	2008 年：7.7 百万桶/日 2015 年：10.4 百万桶/日 2030 年：16.3 百万桶/日 2008—2030 年年均增长率 3.5%	2004 年：6.5 百万桶/日 2030 年：16.7 百万桶/日 年均增长率 3.7%	—

政策篇

研究机构或学者	IEA	日本能源经济研究所（IEEJ）	麦肯锡
初级天然气需求	2030 年：2 300 亿立方米	—	—
初级煤炭需求	2015 年：2 633 百万吨标准煤 2030 年：3 424 百万吨标准煤 2007—2030 年年均增长率：2.7%	—	—
终端电力消耗量	2015 年：4 723 太瓦时 2030 年：7 513 太瓦时 2007—2030 年年均增长率：4.5%	—	—
2030 年电力装机容量	—	核电 2030 年：50 吉瓦	煤电：20.21 亿千瓦 大型水电：3.37 亿千瓦 其他新能源：4.85 亿千瓦

三、我国开展碳排放贸易的宏观环境和条件

国内已经运行和正在筹备建立的环境权益交易所是我国加大环境保护力度、落实节能减排政策和应对气候变化等大背景下的微观产物，更与国际气候进程密切相关。虽然《京都议定书》没有为发展中国家规定具体的减排或限排义务，但是发展中国家面临日益增加的巨大国际压力。我国作为世界上最大的向工业化过渡的国家，参与全球治理、减缓温室气体排放已成为我国发展战略的必然选择。可以预见，我国将是未来数十年排放权交易的主要市场之一。抓住低碳经济的机遇，迎接挑战，是我国面临的一个非常现实的问题。因此，在对待我国的碳交易所问题上，必须首先从宏观层面解决以下问题。

（一）认识碳资源的战略价值

商品就是资源，正逐步成为流通商品的碳排放权是 21 世纪新经济下的新资源。《京都议定书》定义并分配了国际碳资源，形成了具有一定经济规模的碳商品市场。后京都国际气候体制将继续这一进程，在更多的国家和地区进行资源分配，逐步形成全球的碳交易市场。碳排放权被转变成商品和游戏规则的制定过程以发达国家为主导，而其动机是将碳排放权视为保障发达国家经济优势同时遏制新兴经济体迅速发展的一种新手段。

发达国家创造了碳资源并赋予了碳价值。发达国家利用其成熟的金融市场和资本运作优势，开发排放权证券化的衍生金融工具、建立碳金融产业、主导国际碳价格。2008 年 2 月欧盟会议上，英国首相布朗甚至高调提出在欧盟成立一家独立于欧洲央行、欧盟委员会和各国政府的"碳银行"，职能不是"欧元"发行和银行监管，而是"碳排放权"的发行和交易市场监管。碳金融衍生品、碳排放权被赋予"货币"的功能，这些最前沿的碳经济现象对我国的传统思维和陈旧知识提出挑战。

长期实践证明，在国际商品贸易和资本市场，我国无论作为供应方还是需求方都处于弱势，与其大国政治和地位极不相称。国际气候体制下正在形成的碳市场依附国际石油、天然气、煤炭和电力等能源商品交易市场，我国需避免重蹈在其他商品市场被剥削的覆辙，不应被动地提供巨量廉价碳减排资源，长期处于碳市场和价值链的最低端。从长远角度，我国巨大的二氧化碳排放量和温室气体减排潜力是国际政治经济新形势下宝贵而重要的国家资源。从战略高度认识碳资源对国家安全的作用、探讨研究"碳本位"体系、主动应对发达国家通过掠夺发展中国家环境资源进行变相的经济侵略，是我

国面临的紧迫而关键的任务。

（二）建立以我为主的碳价值体系

发达国家创造了碳资源和国际碳市场，并通过各种手段压迫发展中国家加入强制减排行列、进入碳市场，其最终目的是遏制发展中国家的经济快速发展。殖民地时代赤裸裸的掠夺土地和自然资源为发达国家积累了大量财富，文明的进步使抢劫的手段更加隐蔽，从通过贸易和金融手段控制发展中国家经济，到利用建立国际气候体制进一步掠夺发展中国家的环境资源，都是变相的经济侵略。在目前的国际气候制度下，我国是世界上最大的碳减排资源供应方，却仍然是国际碳市场的附属、价值链的最低端。后京都国际气候谈判中，发达国家列强无视环境伦理和道德，不断对我国施压，长此下去，我国承担减排约束、向其他国家购买排放权是未来必须面对的挑战。

但另一方面，我国的能源需求和二氧化碳排放增长迅速，改善能源结构、提高能源利用效率、发展可再生能源等减排措施不仅有利于可持续发展，也将提高我国的国际竞争力，增加国民福祉。因此，在战略方向上，我国应放下国际压力，以自身的环保需求和经济发展为本，制定以我为主的温室气体减排战略，发展推进国内排放权交易、培育碳交易市场，形成以我为主的碳价值体系。我国拥有巨大的碳排放资源，企业和国民的环保意识日益增强，碳交易将具有广阔的市场前景。开发碳金融工具、建立标准化期货市场形成我国的碳定价体系可以使我们摆脱发达国家对市场的控制，更好地保护我国的发展和碳排放空间。

（三）整合资源提升我国的碳市场地位

气候变化、节能减排催生碳经济，环境交易所应运而生，市场的步伐无法阻挡。建立交易所的商业行为应从国家政治和经济安全的高度给予重视。作为碳减排的最大供应国，我国应成为国际碳市场的主体，对价格的形成有发言权，建立上升到市场层面的交易平台是必然选择。

在认识碳资源价值和交易所定价中心作用的基础上，政府应顺势而为，因势利导，整合利用现有的交易所资源，政策调控交易所合理数量，引导扶持碳交易活动，逐步形成更统一的市场、更集中的信息发布平台、更广泛的企业资源，标准化的交易品种和期货市场，使交易所成为企业规避碳价格风险和保护我国在国际碳市场中利益的有力武器。

第二节　建立我国碳排放权交易平台的制度环境

我国的碳排放权交易理论基础都是借鉴国外已经成形的经验和著作思想，但在实践方面，与国情并不一定非常匹配。即便是发达国家实行的较为适宜碳排放权交易形成的经济模式，尚且需要一定的理论在碳排放权交易过程中发挥指导作用。对于我国来说，政府监督在社会中扮演了强有力的角色，市场经济体制尚不成熟和完善，因此更加需要加强对碳排放权交易理论的研究，形成更适宜本国情况的碳排放权交易理论体系。目前，碳排放交易在中国的实施已经具有一定的社会基础。通过这样的交易，中国政府控制了排放，企业有钱购买发电设备、技术，而国外企业获得了排放额度，双方都能从中获益。由于这种双赢收益带来的示范作用，碳排放权的交易也逐渐发展壮大起来。

一、我国现有环境交易所的发展现状和特点

在清洁发展机制（CDM）刺激下，加之节能减排和发展可再生能源等政策导向，北京、上海和天津等地开始酝酿筹备建立环境权益方面的交易所。在2008年7月至9月短短三个月的时间里，北京、上海和天津等地相继有4个交易所挂牌营业（见表5-15）。除了北京、天津和上海外，浙江、湖北等省也正在酝酿并实施把排污权交易引入产权交易市场，在"深港金融特区"筹备中，建立碳交易所也是其建设内容之一。虽然各地都在加快推动交易平台的建设，但这并不是轻而易举的事情。目前我国

的环境交易平台领域广泛，包括二氧化硫、化学需氧量等污染物的排污权交易、节能环保技术转让、节能量指标交易，以及 CDM 项目信息服务和减排量交易。

表 5-15 国内已成立的能源环境交易所

交易所	成立时间	设立地点	简介
北京环境交易所	2008 年 8 月 5 日	北京	北京环境交易所是经北京市人民政府批准设立的特许经营实体，是集各类环境权益交易服务为一体的专业化市场平台。环交所是由环境保护部对外合作中心、北京产权交易所等机构发起的公司制环境权益公开、集中交易机构。股东分别是北京产权交易所有限公司、中海油新能源投资有限责任公司、中国国电集团公司、中国光大投资管理公司 目前已有 4 个业务中心：中国合同能源管理投融资交易平台、CDM 信息服务与生态补偿促进中心、节能环保技术转让与投融资促进中心、排污权与节能量交易中心
上海环境能源交易所	2008 年 8 月 5 日	上海	上海环境能源交易所是上海市人民政府批准设立的服务全国、面向世界的国际化综合性的环境能源权益交易市场平台。主要从事组织节能减排、环境保护与能源领域中的各类技术产权、减排权益、环境保护和节能及能源利用权益等综合性交易以及履行政府批准的环境能源领域的其他交易项目和各类权益交易鉴证等。目前挂牌项目分为以下几类：合同能源管理、碳自愿减排（VER）项目、节能减排和环保技术交易类、节能减排和环保资产交易类、日本经产省技术支持项目
天津排放权交易所	2008 年 9 月 25 日	天津	天津排放权交易所是按照《国务院关于天津滨海新区综合配套改革试验总体方案的批复》中关于在天津滨海新区建立清洁发展机制和排放权交易市场要求设立的全国第一家综合性排放权交易机构，是一个利用市场化手段和金融创新方式促进节能减排的国际化交易平台。三家股东分别是中国石油天然气集团公司、天津产权交易中心、芝加哥气候交易所（CCX）
吕梁节能减排项目交易服务中心	2008 年 10 月 7 日	吕梁/北京	2008 年 10 月 7 日，山西吕梁节能减排项目交易服务中心正式在北京挂牌成立并开始运营。"交易中心"注册资本金 1 000 万元，其中由吕梁市政府主导，以市国资委授权吕梁离柳焦煤集团、北京国能时代能源科技发展有限公司、北京宇田世纪矿山设备有限公司分别占 51%、47%、2% 的股份。目前的交易平台包括 VER 交易、CER 交易、环保技术交易

政策篇

续表

交易所	成立时间	设立地点	简介
湖北环境资源交易所	2009 年 4 月	武汉	湖北省委、省政府于 2008 年 10 月出台了《湖北省主要污染物排污权交易试行办法》，制定了交易实施的相关细则。2009 年 3 月 18 日，省政府在武汉光谷联合产权交易所正式启动全省主要污染物排污权交易。当天共完成化学需氧量排污权交易 86.5 吨、二氧化硫排污权交易 413.2 吨，成交总金额达 95.6 万余元
昆明环境产权交易所	2009 年 8 月 16 日	昆明	昆明环境能源交易所的股东单位包括：昆明市国有资产管理营运有限责任公司、昆明产权交易有限责任公司、深圳市亦泰物流有限公司、皇明集团和北京环境交易所。昆明环境能源交易所交易的主要对象是昆明市的企业之间的排污权和排放权。其中排污权主要包括在滇池治理中的化学耗氧量、火电行业中的二氧化硫脱硫量等；排放权主要指二氧化碳的排放量，包括强制性减排（CDM）和自愿性减排（VER）
亚洲碳排放权交易所	2009 年 11 月 17 日启动	深圳	2009 年 11 月 17 日，深圳联合产权交易所、深圳能源股份有限公司和 Reset 香港有限公司负责人就亚洲碳排放权交易所签署合作备忘录，这个交易所将落户深圳
河北环境能源交易所	2010 年 2 月 24 日	河北	河北环境能源交易所是经省政府批准，由河北产权市场联合北京环境交易所共同组建的环境权益市场平台
大连环境交易所	2010 年 6 月 2 日	大连	大连环境交易所是经大连市政府批准设立的特许经营实体，由大连环保产业协会牵头组织东达集团等环保企业共同组建。大连环境交易所将立足大连，辐射东北三省及内蒙古，建设一个"节能减排和环保技术交易、排污排放权益交易、合同能源管理以及温室气体减排量等交易与信息服务"的国际化市场平台
营口国际环境能源交易所	2010 年 6 月 5 日	营口	辽宁（营口）沿海产业基地、北京环境交易所、营口沿海绿色环保科技投资管理有限公司于 2010 年 6 月 5 日在北京"地坛论坛 2010"上正式签署合作协议，共建营口国际环境能源交易所。营口国际环境能源交易所将建立东北亚 CDM（清洁发展机制 Clean Development Mechanism）信息服务与生态补偿促进中心。生态补偿业务将借助北京环境交易所的生态补偿减排量注册系统，实现辽宁中部城市群，以及东北亚地区 VER（自愿减排 Voluntary Emission Reduction）的注册功能，确保项目减排量可追溯。该注册系统建成后，即可建成东北亚最权威的 VER 项目交易市场，逐步与国外相关机构的注册系统及交易系统实现对接，使营口国际环境能源交易所走向国际化

上述交易机构成立的背景非常相似，即有地方政府的大力支持。例如天津市早在 2006 年就由市长

政

策

篇

牵头成立了由多个部门官员、专家和律师组成的金融创新小组,旨在建立以二氧化碳为主的国内交易平台。最终成立的天津排放权交易所的股东之一就是天津市政府所有的天津产权交易中心。北京和上海的交易所更是政府所属产权交易所的产物。吕梁交易中心的成立也是如此。北京和上海交易所在政策和资金支持方面都以政府为主,而天津和吕梁引入了企业甚至国外机构参与。如天津交易所最大股东为中石油资产管理公司,并吸收了芝加哥气候交易所(CCX)25%的知识产权投资。交易所集中于全国3个直辖市,完全源于大都市的政治、经济、国际化、信息和商业优势。北京作为首都具有独特的区位优势,是气候变化政策制定和减排项目的审批中心,聚集众多国际碳基金、CDM 开发商和国内中介咨询机构。证监会、国有银行总部、基金管理公司等金融资源,以及资本和人力资源聚集,使北京具有最集中的市场资源优势。上海历来是资本运作的中心,有证券交易所、期货交易所、黄金交易所、产权交易所等方面的运作经验,能够支持发展环境权益交易的相关金融衍生产品开发。国外资本聚集、金融人才集中、机制灵活,使环境交易所的建立和运行独具先天优势。上海还期待其环境交易所能成为上海作为区域乃至未来成为国际金融中心的有机组成部分。天津排放权交易所设立在天津经济技术开发区,即天津滨海新区,它依赖国家的政策扶持,即国务院批准的国家综合配套改革试验区,国家在金融、土地、行政改革等方面的改革试点将安排在滨海新区进行先试。因此,天津市政府选择在滨海新区开展排放物管理和排放权交易综合试点,希望在总结吸收以往排污交易试点经验的基础上,进一步发挥污染减排的市场机制作用。

　　与常规场内交易的模式相同,各家交易机构均实行会员制,计划收取会费和交易佣金。交易所通过建立会员服务体系,为客户提供项目包装、专业咨询、交易撮合、项目信息、拍卖、招投标和网络竞价等服务。各交易所根据会员单位的性质和所提供的不同服务,通常还将会员进行分类。由表5-16可以看出,除了基本都包含买方会员,各交易所对会员的分类还不尽相同。

表5-16　各交易所的会员制度

交易所名称	会员制度
北京环境交易所	经纪会员:从事环境权益交易经纪服务业务 服务会员:为环境权益交易提供业务咨询、评估、审计、法律服务、招投标、拍卖、翻译等中介服务 买方会员:环境权益的直接购买方
上海环境能源交易所	上海润汇投资发展有限公司、上海人大人投资管理有限公司、上海希缔盟(CDM)投资咨询有限公司、广东永金社投资有限公司、上海润烨环保科技有限公司、绿色建筑技术公司(ETI)
天津排放权交易所	排放类会员:承担约束性节能减排指标的二氧化硫、化学需氧量和其他排放物直接排放单位 流动性提供商会员:没有直接排放、不承担约束性节能减排指标,提供市场流动性的机构 竞价者会员:独立参与天津排放权交易所电子竞价的机构或个人
山西吕梁节能减排项目交易服务中心	买方会员:国际能源系统(荷兰)、VISTOL SA(瑞士)、IXIS 环境集团、CAMCO 国际等 服务机构会员:节能认证检测评估机构:瑞士 SGS 集团、中信保集团 交易所会员:CLIMEX 交易所

二、交易所存在的问题

　　我国目前的排放权交易市场还很不完善,企业实现污染物排放权交易基本是靠地方环境管理部门或是政府来牵头进行,行政干预的力度较大,没有真正体现出市场的力量和作用。企业可选择的交易对象范围窄，实现交易时的价格非透明化，可比较性差，所以具有较高的交易成本。从已经建立的环境交易所的运行来看，目前主要存在以下问题。

（一）排污权交易难以开展

我国治理水和大气污染问题以行政指令手段为主，通过实施国家、地方标准以及排污收费等达到控制污染物排放的目的。从 2000 年开始先后在 7 省市及企业开展了二氧化硫、化学需氧量（COD）排放总量控制及排污交易试点工作。但排污交易案例几乎都是政府部门"拉郎配"，市场化机制严重不足。排污交易不能实现跨省市交易、没有法律地位、缺乏交易办法及规则等使二氧化硫、化学需氧量交易规模很小，政府在交易中的主导地位也大大地削弱了市场手段的作用。因此，三个交易所在开展排污权交易方面进展缓慢，基本处于探索和设计阶段。

（二）碳交易活动有限，对当前碳市场影响甚微

我国碳交易市场较为混乱，主体分散，基本上是公司之间的场外交易，缺乏价格形成机制，交易价格低。市场缺乏规范和监管，供需双方交流渠道狭窄，信息不对称、价格不透明，买方、中间商、开发商缺乏标准和资质，完全是市场初级阶段的表现。正是在这样的背景下，我国各地在很短的时间内先后成立了 4 家环境交易机构，主要目的就是利用市场机制和专业化交易平台，规范碳交易、提高市场透明度并达到价格发现的目的。但由于国内政策环境和国际规则等原因，这些交易所还不能进行标准化产品（CER）的场内交易。目前只有少量人工和电子结合的撮合交易，连公开拍卖 CDM 减排量/项目的较高级市场行为都没有发生，对改善我国碳交易环境只有名义上的作用，缺乏实质影响，更无从所谓的"夺回我国在国际碳交易中的定价权"。

（三）国家政策导向作用不明显

碳交易涉及国际和国家气候变化政策和制度等敏感的政治话题。传统思想认为，《京都议定书》下的碳排放交易只限于发达国家，发展中国家是协助发达国家履行减排承诺，只能卖出而不能购买碳排放/减排量。我国的环交所一旦设立碳排放买卖交易的业务，我国就会被看成是发达国家，将承担相应的减排任务。鉴于交易所的建立可能对国家政策和在国际气候谈判上产生不利影响，国家层面对交易所的发展没有给出明确的方向和政策支持。因此，虽然地方政府和有关金融机构对碳排放贸易领域表现出积极的参与兴趣，但同时也存在对政策方向把握不明和思路不清的顾虑和避忌，影响了整个市场的活跃度。

（四）交易所数量过多

从国际经验看，全球主要碳排放交易市场数量不多，并且大都集中在伦敦、芝加哥、纽约、巴黎等著名金融中心城市。从金融市场的集聚效应和规模效应来看，交易所数量不宜多。环境权益交易所的设立，必须以相关市场及服务配套措施的发展程度作为前提，如产权交易市场、债券市场或创业板市场、信贷抵押市场、专业人才市场、环境和清洁能源研究机构，乃至金融、法律等一大批相关服务行业来支撑。只有这样，才能充分发挥市场的集聚效应，企业只需要在一个城市，就可以完成从申请、立项、评估、上市、拍卖、交易、审核并进入市场化运作的全部过程，从而大大节约成本。

第四章　我国电力部门碳排放交易体系案例研究

第一节　电力行业建立排放权交易的意义

中国是世界上少数几个以煤炭为主要一次能源的国家。2007 年，我国煤炭消费量达到 25.8 亿吨，其中电力工业消耗了 14.16 亿吨，占全国煤炭消耗总量的 54.9%。中国电力工业自 2003 年电力体制改革以来，发电装机容量连续以两位数的年增长率增长，且呈逐年提高的趋势。在增量中，火电装机容量的增长速度高于水电和核电，煤电装机在总容量的比例高达 76% 左右。燃煤发电量快速攀升导致电力生产相关的二氧化碳排放也逐年增长。中国电力工业的二氧化碳排放总量以每年 10% 以上的速度增长。因此，电力工业减少温室气体排放，实现节能减排目标对我国减缓气候变化影响有着至关重要的影响。

由于我国二氧化碳的排放与大气污染物二氧化硫的排放均具有区域削减的需要，虽然目前在我国建立全面的碳排放交易制度还没有完全具备条件，但可以借鉴二氧化硫的排污权交易的经验，在电力行业先行建立二氧化碳排放贸易（排放权交易）示范机制。我国电力行业二氧化碳排放具备如下特点。

一、温室气体排放量较大且排放源能够管理

中国曾提出能源工业的发展和建设要以电力为中心，以煤炭为基础，煤炭工业和电力工业相互依存。中国能源结构以煤为主，因此中国的电力工业也是以煤电为主的。据相关研究（白冰等），中国火电、水泥和钢铁三类行业的二氧化碳排放量约占总量的 91.7%，其中火电行业比例近 63%，是首要的二氧化碳排放源。根据这三个行业 1998—2002 年的二氧化碳排放总量增长趋势计算，钢铁行业增长相对较缓，火电行业和水泥行业由于能源需求和基本建设增长的带动，扩建、新建大批产能，导致二氧化碳排放量增长较快。

对于电力行业，二氧化碳的排放均有集中的排放口，无组织排放较少，对于计量监测十分有利。因此，发电行业是我国温室气体排放大户，不仅具有较大温室气体减排潜力，也是开展碳排放贸易（排放权交易）的重点行业。

二、排放量可以准确地测量

进行排放贸易的一个必要条件是排放量可以准确的测量。目前电力行业监管的定量化管理设施不断完善，推动污染减排的定量化管理也具备了基础，为二氧化碳排放权交易提供了技术支撑。根据二氧化碳排放量的计算公式，运行期监测的数据与参数主要有净上网电量、燃料消耗量、燃料低位发热值和燃料的二氧化碳排放因子等。各火电厂均设有专门部门负责燃料的采样、成分特性分析、热值检测等，技术成熟。随着将来对二氧化碳排放的要求，通过计算监测电厂二氧化碳排放是可行的。

三、排放源的控制成本有较大差异

现行的电力行业主要碳减排技术有：老机组的综合改造技术；热电联产发电机组；亚临界、超临界燃煤发电技术；可再生能源发电技术等。以风力发电和超临界发电技术为例，比较二者的减排增量成本差异。基准项目选取 600 兆瓦的常规燃煤机组，风力发电技术和超临界燃煤发电技术的减排增量

成本估算结果见表 5-17。

表 5-17　风力发电技术和超临界燃煤发电技术的减排增量成本

	基准项目	风力发电	超临界燃煤发电
发电成本（元/千瓦时）	0.332	0.409	0.357
二氧化碳排放因子（吨二氧化碳/千瓦时）	0.000 909	0	0.000 879
减排增量成本（元/吨二氧化碳）	537	833	

可见，不同的碳减排技术减排增量成本之间存在着明显的差异，这保证了碳排放权的供求关系，使排放权交易具有现实性。

以平准化成本公式为依据，化石能源燃烧发电技术以 600 兆瓦普通燃煤发电技术为基准，可再生能源及新能源以当地电源结构加权平均为基准值，估算出各减排技术的减排增量成本，其中发电成本计算按照寿期平准化成本计算（暂不考虑 CCS），见表 5-18。

表 5-18　各减排技术减排增量成本比较

减排技术	基准技术	基准发电成本（元/千瓦时）	基准排放系数（吨二氧化碳/千瓦时）	发电成本（元/千瓦时）	排放系数	减排增量成本（元/吨二氧化碳）
老机组改造	600 兆瓦燃煤发电	0.332	0.000 909	0.343	0.000 901	1 425
超超临界	600 兆瓦燃煤发电	0.332	0.000 909	0.363	0.000 755	201
超临界	600 兆瓦燃煤发电	0.332	0.000 909	0.357	0.000 784	199
天然气	600 兆瓦燃煤发电	0.332	0.000 909	0.394	0.000 403	123
风电	考虑当地电源结构*	0.234	0.000 791	0.409	0.000 000	537
水电	考虑当地电源结构*	0.234	0.000 791	0.398	0.000 000	208
核电	考虑当地电源结构*	0.234	0.000 791	0.333	0.000 000	125
太阳能	考虑当地电源结构*	0.234	0.000 791	2.980	0.000 000	3 474
生物质	考虑当地电源结构*	0.234	0.000 791	0.498	0.000 000	334
沼气	考虑当地电源结构*	0.234	0.000 791	0.375	0.000 000	179

注：* 考虑当地电源结构——假设电源结构情况为：煤电 86.5%，油电 13.5%，按标准煤价格 770 元/吨计算，燃煤油平均发电成本为 0.233 6 元/千瓦时。

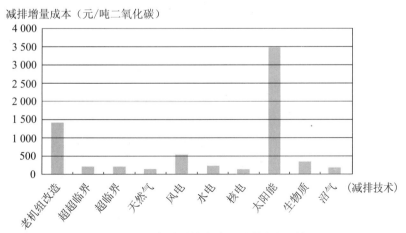

图 5-11　各减排技术减排增量成本比较

由图 5-11 可以看出，各减排技术间存在较为明显的减排成本差异。所有减排技术中以天然气发电技术最低，仅有 123 元/吨二氧化碳，其次为核电、超（超）临界、水电。以太阳能发电技术的成本最高，达到 3 474 元/吨二氧化碳，是天然气发电技术减排成本的 28.2 倍。除了太阳能发电，在可再生能源发电技术中，以风电的减排成本最高，为 537 元/吨二氧化碳。在燃煤发电技术中，由于老机组综合改造的减排量较低，因此减排成本最高，为 1 425 元/吨二氧化碳，是超临界发电技术的 7.2 倍。

四、排放源有动机降低排放控制成本

提升节能减排能力，不仅可以带来巨大的经济效益，也可以进一步增强企业竞争力。实践经验表明，只有追求节能技术的不断提高，才能一直处于行业的领先地位，促进企业的可持续发展。

发展低碳电力，是实现电力行业可持续发展的重要途径。低碳电力以降低二氧化碳排放为重要目标，这将有利于改善电源结构，改变我国当前对于化石能源，尤其对煤炭的依存度太高的状况，从而实现能源结构的多元化，形成清洁的能源供应体系；其次，发展低碳电力有利于促进发电技术更新换代，提高能效，引入各种清洁发电技术，降低污染；最后，发展低碳经济有利于提高电能生产、传输与消费的效率，促进节能，减缓能源资源的消耗。

《京都议定书》第一承诺期到 2012 年截止，其后随着减排压力的持续升高，中国将面临日益严峻的挑战，且可能在不久的将来面临强制性、可量化的减排任务，而在电力行业优先进行碳交易是应对国际压力，确保完成国家二氧化碳排放宏观目标的重要途径。在实现企业经济效益的同时体现其社会价值也是实现可持续发展的必然选择。发电企业的节能减排是义不容辞的社会责任，为全社会提供更加充足、可靠、环保的电力，也是实现企业科学发展、和谐发展的自身要求。电力行业是二氧化碳减排的主要领域，对于二氧化碳减排技术的实施与发展具有重要影响。同时，电力行业的减排潜力巨大，优化空间明显，只有大力发展低碳电力，才能实现国民经济向可持续发展方向的转变。

综上所述，我国电力行业二氧化碳排放具备的这些特点决定了电力行业温室气体进行排放贸易是可行的。但是我们也需要认识到如下挑战。首先，在电力行业全面推行碳交易试点，其难度将远远大于二氧化硫排污权交易。其次，电力行业的发展空间未来十年还要翻番，是一个扩展性市场。据统计，截至 2010 年底，全国发电装机容量将达 9.5 亿千瓦左右，人均用电量 2700 千瓦时，仅相当于 2007 年世界的平均水平。专家预计，十年内全国的发电装机容量将翻番达到 17 亿千瓦，这是一个能够支撑将来的经济发展水平但实际上并不算高的指标。而二氧化碳减排是收缩性市场，这两个市场如何对接需要充分考虑，在市场交易机制设计中，不能对电力行业的发展产生根本性制约。短期内难以大规模推广电力行业碳交易的阻力之一在于不同区域的碳排放量不一样，参与度也不一样。

第二节　确定总量控制目标

碳排放总量控制指标的分配是碳排放总量控制与排放权交易的基础工作，也是影响碳排放总量控制与排放权交易政策实施效果的关键环节。必须投入足够精力，做好详细的排放源调查工作，然后制定碳排放总量控制指标分配方案，并反复征求排放企业的意见、反复修改，直到得到比较科学、公平的方案。

政策篇

一、国电集团

（一）情景设置

表 5-19　国电集团二氧化碳排放控制情景设置

情景设置	描述
情景 1：一切照旧	按照国电集团公司电力发展规划和电力发展趋势预测出 2010—2015—2020 年三个时段的二氧化碳排放量
情景 2a：中度减排	以 2003—2007 年历史年均排放为基准线，在情景 1 的二氧化碳排放增长速度上减半
情景 2b：中度减排	以 2003—2007 年历史年均排放为基准线，以国家"十一五"节能目标为依据，假设到 2010 年、2015 年、2020 年单位电量平均排放因子分别降低 20%、30% 和 40%
情景 3	以 2003—2007 年历史年均排放为基准线，以国家"十一五"节能目标为依据，假设到 2010 年、2015 年、2020 年国电集团二氧化碳排放总量分别减少 20%、30% 和 40%

表 5-20　各情景下未来国电集团二氧化碳排放量总量控制目标　　　　单位：万吨/年

年份	情景 1	情景 2a	减排量 2a[*]	情景 2b	减排量 2b[*]	情景 3	减排量 3[*]
2010	32 288	24 035	8 253	27 621	4 667	12 626	19 662
2015	42 648	27 891	14 756	33 433	9 215	11 048	31 600
2020	50 465	30 448	20 018	35 014	15 452	9 470	40 995

注：*减排量均是以情景 1 为基础。

（二）控制目标建议

综合考虑我国的现有国情，提出如下组合型控制目标建议：现阶段到 2010 年底，按国电集团的发展规划即情景 1 作为国电集团二氧化碳总量控制目标，即到 2010 年国电集团二氧化碳排放量控制在 32 288 万吨；中期目标，即到 2015 年底，选择情景 2b 作为中国国电集团公司二氧化碳总量控制目标，即到 2015 年底国电集团的二氧化碳排放总量应控制在 33 433 万吨；长期目标，即到 2020 年底，待二氧化碳减排技术成熟、减排成本降低后，选择情景中度减排情景 2a 作为国电集团二氧化碳总量控制目标，即到 2020 年底国电集团二氧化碳排放总量应控制在 30 448 万吨，详见图 5-12 和表 5-21。

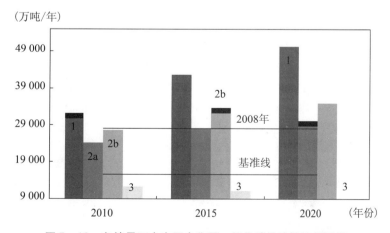

图 5-12　各情景下未来国电集团二氧化碳排放量控制目标

政
策
篇

表5-21   国电集团2010—2015—2020年二氧化碳总量控制目标值   单位：万吨,%

年份	二氧化碳排放量			火力发电	
	控制目标	减排率	削减量	发电量	增长率
2008	28 028	—	—	3 136	—
2010	32 288	-15.2	-4260	3 722	18.7
2015	33 433	-3.5	-1144	5 148	38.3
2020	30 448	8.9	2 985	6 290	22.2

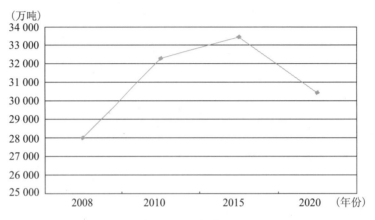

图5-13   国电集团二氧化碳总量控制目标图

可以看出，目前国电集团2008年二氧化碳排放总量为28 028万吨/年，为了达到上述2010年的控制目标32 288万吨，2009—2010年期间燃煤电力增长18.7%的情况下，二氧化碳排放总量增长率控制在15.2%，净增长量控制在4 260万吨以内；2010—2015年期间，电力增长38.3%的情况下，二氧化碳排放总量增长率不超过3.5%，净增长量控制在1 144万吨以内；2015—2020年期间，电力增长22.2%的情况下，二氧化碳排放总量应削减8.9%，净削减量为2 985万吨。

据统计，2007年中国国电集团公司二氧化碳排放总量为20 469.7万吨。根据上述提出的国电集团二氧化碳总量控制目标，到2015年，集团公司二氧化碳排放总量要控制在33 433万吨以内。同时，给出"十二五"末国电集团各类机组削减比例：现有机组二氧化碳排放总量比2007年减少10%；在建、新建机组二氧化碳排放总量在基准量基础上减少45%（基准量是同等级别机组所对应的基准情景排放量或所能获得的原始配额）。

二、大唐集团

对大唐集团公司2010-2020年温室气体排放总量控制目标分为三个情景进行预测：①BAU（一切照旧）情景，按照集团公司规划预测出2010—2015—2020年三个时段的二氧化碳排放情景，即为总量控制目标；②中度减排情景，以2003—2008年历史年均排放为基线，以国家"十一五"节能目标为依据，到2010年、2015年、2020年分别减排20%、30%和40%；③深度减排情景，以2003—2008年历史年均排放为基线，在情景1的二氧化碳增长速度上减半。

（一）BAU（一切照旧）情景预测

由于火力发电未来一段时间将继续在我国电力结构起支撑作用，考虑到集团公司战略规划和"十二五"规划尚未出台，因此将按照2003—2008年火电发电量平均增长率（18.37%）推算出集团公司2010—2020年的火力发电量。

2008年，集团公司供电煤耗已降到335.15克/千瓦时，距离其2010年节能目标330克/千瓦时（发达国家平均水平）还有一些差距，但远低于国家"十一五"供电煤耗目标（355克/千瓦时）。考

虑到环保技术问题，2010 年以后的供电煤耗降低将越来越困难，但仍将按国家"十一五"规划 5 年降低 15 克煤耗的基本目标进行推算，即 BAU 情景将按照 2015 年煤耗降到 315 克/千瓦时，2020 年煤耗降到 300 克/千瓦时进行推算，预测出集团公司 2010—2020 年的供电煤耗。

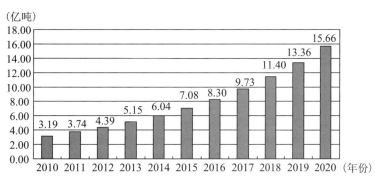

图 5 - 14　2010—2020 年集团公司温室气体排放 BAU 情景预测

（二）中度减排情景

以 2003—2008 年历史年均排放为基线，以国家"十一五"节能目标为依据，到 2010 年、2015 年、2020 年分别减排 20%、30% 和 40%。集团公司 2005 年的供电煤耗为 357.51 克/千瓦时，2010 年比 2005 年减排 20%，即 286.01 克/千瓦时；2015 年比 2005 年减排 30%，即 250.26 克/千瓦时；2020 年比 2005 年减排 40%，即 214.51 克/千瓦时。火电发电量按照 2003—2008 年平均增长率（18.37%）推算。

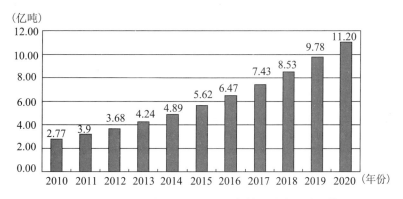

图 5 - 15　2010—2020 年集团公司温室气体排放中度减排情景预测

（三）深度减排情景

以 2003—2008 年历史年均排放为基线，在 BAU（一切照旧）情景的二氧化碳排放增长速度上减半。

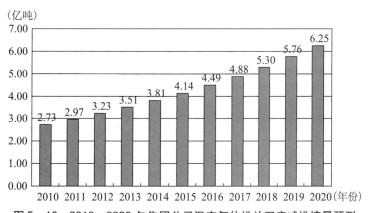

图 5 - 16　2010—2020 年集团公司温室气体排放深度减排情景预测

政策篇

第三节 分配二氧化碳初始排放权

一、制定分配许可的原则

满足总量控制的原则。达到上述提出的 2015 年、2020 年国电和大唐集团二氧化碳排放总量控制的目标。

缓减温室气体对全球气候变化影响的原则。

公开、公平、公正的原则。各集团实行统一的计算方法，核定各电力企业二氧化碳排放控制配额。公开分配过程，征求各方意见，最终结果全面公开，公众参与监督。

机组容量效应的原则。不同容量的机组其配置的燃煤锅炉效率往往不同，有时差别还比较大，大机组的煤耗较低，小机组的煤耗较高，这就造成不同容量的机组燃用相同的煤种，其排放绩效仍会高于大机组的排放绩效。另外小机组采取碳减排措施的经济性往往也不如大机组。因此在对不同容量等级的机组分配二氧化碳排放配额时，应设置不同的排放绩效。

从严控制新建机组的原则。①对于新建大于 600 兆瓦的机组选择目前集团内最具代表性的最优的 600 兆瓦超临界机组的平均排放因子作为排放绩效；在原始配额的基础上，排放量减少 45% 的目标来控制；②对于小于 600 兆瓦的机组（含热电联产机组），以国电集团公司现有同等级别机组的平均排放因子作为排放绩效，在此基础上减少 45% 的目标来控制。

促进技术进步和电力结构调整的原则。从排放绩效和分配方法上给出有关政策引导，统一分配方法总体上要有利于国电集团的技术进步和电力结构调整。对于可再生能源企业分配相应配额。

鼓励节能降耗的原则。对热电联产的热电厂，允许将供热量折算成发电量并参与配额分配。另外，为鼓励集中供热，热电联产机组因增大供热量而增排二氧化碳，其所需配额可从取代的小锅炉腾出的二氧化碳排放配额中划拨，但配额不应超过其实际需求量。

二、确定分配许可的标准

根据国内外相关经验，排放权的初始分配可供选择的方法至少包括四种：一是点源限量分配法，二是环境质量反演法，三是历史数据法，四是排放绩效法（排放率）。其中最后两者较常用，两种方法还可以混合应用。历史数据法关键是确定现状排放量及其削减水平，同时确保每个企业分配到的许可配额之和不超过总量控制目标。历史数据法存在不足，在美国电厂二氧化硫控制的后期就采用了绩效标准。绩效是指电力企业每生产单位产品（如每千瓦/小时）所排放的污染物的量。所谓绩效标准，就是指依据电力行业排放总量控制目标和对电力需求等所确定的生产单位电力产品所允许排放的污染物标准量。运用该方法首先要考虑各电厂目前的绩效基本情况，然后根据未来经济发展目标和总量控制目标，并考虑技术进步和能源结构改善等因素，确定未来某一时间段的绩效标准，然后再按此标准和生产现状等，分配给各电厂合适的排放控制指标。本示范研究采用历史数据与绩效标准法相结合的形式，来确定电厂的排放许可配额。

（一）二氧化碳排放绩效值的确定

1. 已建燃煤机组排放绩效值（G_i）

对于已建火电机组按不同燃煤发电技术和机组容量大小进行分类统计，取各类机组 2007 年的加权平均排放因子作为该类机组的排放绩效目标。经过统计和计算表 5-22 列出了国电集团 2007 年各类机组的加权平均二氧化碳排放绩效值，如图 5-17 所示。

表 5 - 22 2007 年国电集团各类机组平均二氧化碳排放绩效值

机组容量 范围（兆瓦）	机组台数	总发电量 （兆瓦时）	总二氧化碳 排放量（吨）	排放绩效值 （吨二氧化碳/兆瓦时）
600（超临界）	10	17 778 620	14 788 980	0.831 840
600（亚临界）	12	26 066 960	22 983 318	0.881 703
270 ~ 350	70	107 218 370	94 762 588	0.883 827
200 ~ 220	32	35 209 380	33 100 925	0.940 116
100 ~ 140	50	31 253 060	30 695 167	0.982 149
< 60	50	8 210 470	8 366 101	1.018 955
合计	219	225 736 860	204 697 079	0.906 795

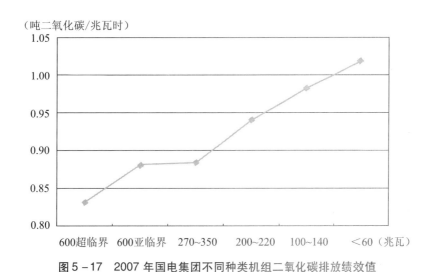

图 5 - 17 2007 年国电集团不同种类机组二氧化碳排放绩效值

2. 在建、新建燃煤机组绩效值（GBL）

对于新增发电机组的配额，EUETS 以目前可得的最优发电技术的碳排放强度为基准确定。但是对于可得的最优发电技术的确定没有明确的方法。并且，根据 EU 各国的发展水平不同，其最优发电技术的碳排放强度也不尽相同。我国对于新增发电机组的配额可以沿用 EUETS 的碳排放强度基准法，但是首先需要确定国内最优发电技术的碳排放强度标准。由于我国的火电以燃煤机组为主，因此基准以最优燃煤发电机组作为标准。考虑到 CDM 中已经有电网内效率排名前 15% 燃煤电厂的平均排放因子，并且如果项目电厂的排放强度低于之前 15% 的排放强度，则可以产生 CDM 减排量（参见 CDM 方法学 ACM0013 以及相关信息），因此可以以电网内效率排名前 15% 燃煤电厂的平均排放因子作为给新增发电机组分配排放指标的基准。根据 2009 年发改委最新颁布的排放因子指南，并遵循保守性原则，新增发电机组分配排放指标的基准暂定为 0.849 4 吨二氧化碳/兆瓦时。这时，如果新建燃气电厂，则可获得多余的配额。

或者以一种代表有经济吸引力/竞争力的主流技术的排放绩效作为目标。根据我国目前煤电发展现状，600 兆瓦国产超临界技术可视为目前有经济吸引力/竞争力的主流技术[1]，其煤耗设计值一般为 286 克/千瓦时，转换成排放因子即为 0.791 917 吨/兆瓦时。

---

① 该基准情景是可变动的，到 2015 年或 2020 年超超临界发电技术将可能成为最具经济吸引力/竞争力的主流发电技术，届时需更新。

（二）对关闭电厂的处理

对于关闭电厂的配额，EUETS 采取全额回收，用于发放给新建电厂。这使小火电没有关停的动力。如果政府需要鼓励"上大压小"，除了采取强制性关停小火电外，还可以采用市场机制，给关闭的电厂仍然分配一定份额的指标，这样，小火电关停后，可以依靠出售排放配额获取利润，因此可大大增加小火电关停的积极性。本研究选取对于关停机组仍然分配 50% 的配额，年限到机组原有寿命期为止。

（三）已建、在建和新建可再生能源项目分配配额时采用的排放绩效值

选择 1：对于可再生能源项目，按照 2007 年集团公司的平均排放绩效的 50%（$G_{AVE} \times 0.5$）计算初始分配值。可再生能源发电项目获得的二氧化碳初始配额可直接用于市场交易。

选择 2：根据目前中国可再生能源规划，我国的可再生能源由于 CDM 和其他优惠措施的刺激，其比例目标不需要碳排放配额的分配也可以较容易达到。如果 2012 年后 CDM 等补贴不再存在，或需要将其他优惠措施并入碳排放管制，可以考虑为可再生能源发电分配一定的排放指标，作为一种补贴方式。目前，可暂时不考虑将可再生能源发电纳入碳排放交易体系。

（四）对于新建热电厂的处理

热电联产是目前国家鼓励的项目类型，有很多优惠措施（如优惠电价）促进热电联产的发展。可以考虑将这些优惠措施纳入碳排放交易体系共同考虑。

EUETS 各国对热电厂的处理原则不尽相同，德国、瑞典等国采用热电分别计量排放的方式确定分配的配额，而英国则采取的是以发电容量确定分配的配额。我国的各类型热电联产机组较多，因此采用热电分别计量分配的方式较为合适。发电部分的排放基准可采用相同装机规模的纯发电电厂的排放基准（目前由于数据获取的原因，只能不区分装机规模，根据保守性原则取 0.849 4 吨二氧化碳/兆瓦时）。

供热部分的排放可根据最优供热锅炉的排放为基准。参考 CDM 规则，新建锅炉的效率缺省值为85%，以燃煤为基准，可以得到供热排放基准为：0.111 吨二氧化碳/吉焦。

由于没有区分装机规模，会导致较小装机规模的热电机组在发电方面获得的排放配额不足，因此有必要建立一个热电联产机组的数据库，并根据不同装机规模分配排放配额。

三、分配排放许可的范围

在 EUETS 中，机组热输入容量大于 20 兆瓦的发电机组将受到碳排放管制；而根据中国电力企业联合会全国电力行业统计报表制度（发电生产部分）中对于发电设备情况的统计只包括发电容量 6 兆瓦以上的机组。由于火电机组的效率大多在 20% ~ 45% 之间，所以这两个统计的口径基本是等价的。并且，根据国家统计局的统计，我国 2006 年 6 兆瓦以上发电机组的燃煤消耗总量占总发电机组燃煤消耗量的 95% 以上。因此，选用 6 兆瓦以上机组作为受碳排放管制的机组较为合理且统计较为方便。分配方案将不考虑燃气和燃煤的排放因子不同，以燃煤为基准。因此，燃气电厂将会获得比需要多很多的配额。燃气电厂可以出售这些配额以弥补燃料价格和投资的差别。这对于燃气电厂是一种变相的补贴。

（一）分配方案一排放配额分配到电厂

当集团获得国家配额后，将以各个电厂作为排放源分配这些配额。6 兆瓦以下的发电机组所占比例可以忽略不计。选电厂作为配额分配的排放源，让电厂内部可以自行调控这些配额，例如：可以让有些机组少发，有些机组多发等措施控制排放总量，这种方式相对比较灵活。

（二）分配方案二排放配额分配到机组

当集团获得国家配额后，以机组作为排放源，分配这些配额。因为如果选用 6 兆瓦以上机组作为

受碳排放管制的机组，那么那些6兆瓦以下的机组就可以不受管制。6兆瓦以上机组的配额以历史排放数据作为基准，进行分配。但这样的话，电厂对这些配额没有控制权，集团只是按照每个机组进行分配，操作虽简单，但有失灵活性。

第四节　遵约制度

受管制的排放源需要遵守严格的遵约制度，包括排放许可证制度，排放量测量、报告与核实，以及上缴年度排放许可等。遵约实体温室气体排放的测量、报告以及对排放报告的核实是保证排放贸易体系实施及其环境效果的关键步骤，是检验排放源是否遵约的重要依据。真实准确的排放数据体现排放贸易体系的可靠性和可信度。

一、测量与报告

对二氧化碳排放权交易系统来说，最重要的是进行准确的二氧化碳排放量测量。这样可以使人们对配额的价值有一个比较高的信任度，把它当作商品进行交易。排放监测方法越精确、越完善，与配额相关的风险和不确定性就越低，交易市场的效率就越高。连续监测的目的是保证排放数据的可信性。但是，目前在电力行业进行二氧化碳的连续监测成本较高，只有对于较大规模的排放源才具有可行性。所以在试点阶段，倾向于选择操作简单、技术成熟可靠、成本较为低廉的监测手段。

通常有两种基本方法估算固定燃烧设施的直接二氧化碳排放量：①直接测量烟气中二氧化碳浓度，计算排放量；②基于排放活动数据，计算二氧化碳的排放量。

直接测量方法通常是指通过连续排放监测（CEM）系统来记录烟道或通道中的废气总流量和二氧化碳的浓度，也有可能因为核证或校准原因而出现非连续测量情况；计算方法通常要监测燃料消耗率、燃料成分及对未被氧化的碳部分，按公式计算。考虑到成本和可行性，国际上多使用计算方法。

原则上，对于固定燃烧设施人们容易想到用直接测量法，但实际中，要测量燃烧设施的废气流量和浓度，技术上难度较大，且成本昂贵。为了确保结果的准确性，CEM系统或其他测量系统需进行非常严格的校准和核证程序。相反，计算方法得益于燃料中的碳含量与排放之间的密切关系，而且能以较低的成本实现。因此，判断二氧化碳的排放，CEM系统不一定比计算值更精确，而且其安装和运行成本要高很多。

两种方法得到的二氧化碳排放量的准确程度均与所收集数据的质量和质量控制措施是否严密关系密切。在同级别的数据质量和质量控制措施下，直接测量法和计算法均可得到精确的二氧化碳排放量。基于成本和可行性考虑，本规则建议各电厂采用计算方法来估算固定燃烧设施的二氧化碳排放量。

（1）各电厂需派专职工作人员对电厂内所有的排放源和燃料消耗进行监测统计，出具年度排放报告。采用计算方法估算二氧化碳排放量，需收集以下数据：①活动水平数据，即用于燃烧的燃料消耗量；②排放因子数据，即燃料的特征信息，包括燃料密度和/或卡路里/热值、燃料的含碳量等；③氧化因子，氧化过程的效率。

为了能够让审核机构或其他第三方机构可再现电厂年度排放量的测算，下列信息需在各电厂提交了年度排放报告后至少保留10年：①被监测燃料清单；②用于计算所耗燃料二氧化碳排放量的数据，按过程和燃料类型分类；③监测方法学选取证明文件，监测方法学临时变化或非临时变化的证明文件，以及国家主管机构批准的数据级别；④电厂排放设施所耗燃料数据的收集过程文件；⑤交易期前上报给主管机关用于制订国家分配计划的排放活动数据、排放因子、氧化或转换因子；⑥有关排放监测的责任书；⑦年度排放报告；⑧任何其他核证年度排放报告指明所需的信息。

（2）计算燃料燃烧的二氧化碳排放应按照以下步骤：①收集活动数据，可以是体积、质量或能量，这些数据可以基于燃料收据、购买记录、进入燃烧装置时的计量等。②收集燃料密度和/或卡路里/热值，并将燃料数据转换为通用体积、质量或能量。③收集每批被燃烧燃料的含碳量，可以是基于实验室分析的数据、燃料供应商提供的数据，或缺省因子。④收集氧化因子，可以基于残余馏分的含碳量、专家判断和缺省值之间任意二者组合分析得到。⑤检查确保所有运算单位的一致性。活动数据基于燃料消耗，燃料量按能量表示：太焦（TJ）；排放因子：吨二氧化碳/太焦（tCO$_2$/TJ）；当一种燃料消耗时，不是燃料中所有的碳都被氧化成二氧化碳，因为燃烧过程的不完全燃烧导致不完全的氧化，这部分碳会被考虑到氧化因子有所体现，以百分比表示。⑥数据收集齐全后，代入计算公式，得到二氧化碳排放量：

$$二氧化碳 = 活动数据 \times 排放因子 \times 氧化因子 \tag{5-1}$$

即有：

二氧化碳 = 燃料流量（吨或牛·立方米）× NCV（太焦/吨或太焦/牛·立方米）× 排放因子（吨二氧化碳/太焦）× 氧化因子　　　　　　　　　　　　　　　　　　　　　　(5-2)

（3）过程排放计算方法。活动数据基于原料消耗量、生产量，表示为吨或牛·立方米；排放因子按吨二氧化碳/吨或吨二氧化碳/牛·立方米表示；输入原料中未被氧化的碳在转化因子中体现，表示为百分比；如果排放因子中已考虑了转化因子，则无须单独的转化因子；原料的用量表示为质量或体积（吨或牛·立方米）。

计算公式为：

二氧化碳 = 活动数据（吨或牛·立方米）× 排放因子 × 氧化因子（吨二氧化碳/吨或牛·立方米）× 转换因子　　　　　　　　　　　　　　　　　　　　　　(5-3)

各电厂收集燃料使用的数据，计算各自的温室气体排放量，应编写为排放报告，联系具有核证资质的第三方机构进行核证。各电厂需将通过核证的排放报告上报集团主管机构，在集团进行统一汇总。报告内容包括：①对排放源的简要描述；②排除或录入具体排放源的清单和原因；③涵盖的报告期；④数据及趋势分析；⑤电厂目标实现情况；⑥阐述燃料使用或排放数据的不确定性及可能原因，以及如何改进数据的建议；⑦描述影响报告数据的事件和变化（收购、资产剥离、关闭、技术升级、报告边界、采用的计算方法等）。

二、核实

为了确保电厂上报准确可信的二氧化碳排放数据，并且监测程序符合规则，电厂在向集团提交年度排放报告之前需先进行排放核证工作。各电厂联系国际/国内具有核证资质的第三方审核机构在排放年度后一个月内完成核证工作。电厂应准备好年度排放报告、年初被批准的监测计划、监测过程证据等文件配合第三方审核机构进行核证。核证工作将得出排放报告的数据是否有重大错报的结论。在排放年度后40天内电厂应将经核证的排放报告上报集团。

首先应确定具有核实认证资质的机构。可以考虑指定经营实体（DOE），DOE是对联合国清洁发展机制（CDM）项目的实施进行监督和核实的最关键机构，其主要职责包括：以项目的监测计划为基础，核实项目的温室气体减排量；并在此基础上，出具核证报告。在履行其职能的过程中，指定经营实体可以保持很高的透明度，并且其资质认定过程相当严格。因此，从技术角度来看，清洁发展机制项目活动的认证核实机构DOE是经验最为丰富、认证程序最为规范的二氧化碳排放量监测机构。并且，中国质量认证中心（CQC）和中环联合认证中心（CEC）已得到DOE资质，成为国内首批获得该资质的机构。此外，清华大学科威技术转移有限公司、达华工程管理（集团）有限公司、中国船级社质量认证公司也在向CDM执行理事会申请DOE资质。

由于具有DOE资质的机构数量有限，可以考虑以国内二氧化碳排放量监测核实要求为基础，结合DOE审核CDM项目时应用的技术、程序及规范，组织国内其他机构（如节能服务公司）进行专业技术培训，并由他们负责对参加培训的机构进行考核以及资质认定。

电力系统专业的咨询机构或节能服务公司（ESCO）是可以作为电力系统乃至全行业的核实认证主体机构。电力专业咨询机构是针对电力行业节能减排而产生的，其存在为电力系统节能降耗发挥了很大作用。而在北美和欧洲，节能服务已成为一种新兴的产业，节能已经进入系统节能服务时代。合同能源管理是节能服务公司常用的运作模式，其实质是以减少的能源费用来支付节能项目全部成本。在我国，实行市场节能机制已有一个良好的开端。但是至今实行企业太少，尚需大力培育。

因此今后电力部门碳排放交易核实认证体系较为合理的发展思路为：积极扶持国内的电力专业咨询机构以及节能服务公司，拓展其业务内容，设立专门的排污权交易监察部门，经 DOE 组织培训后获得国内二氧化碳排放权交易核实资质，作为监测审核二氧化碳排放量的主体机构。这样不仅能保证国内大量的二氧化碳排放权交易顺利实施，对我国节能服务产业的发展也能起到扶持和促进的作用。

认证过程首先以客观事实为依据，审核证据必须真实可靠；其次认证工作要遵循严格的程序，审核内容应覆盖所有监测项目；最后认证程序中各个工作内容都需形成文件，以保持可追溯性。例如，文件审核要有审核报告，现场审核要有检查清单，还要做详细的记录等。认证流程见图 5 – 18。

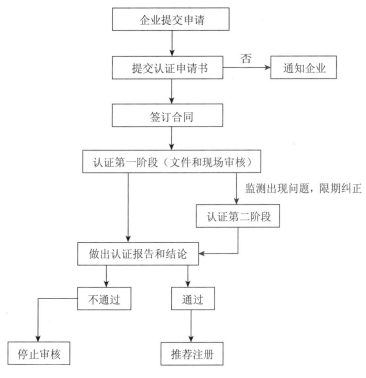

图 5 – 18　排放量认证程序流程

第五节　制定交易规则

一、排污权的阶段性分配方式

建议应该有步骤的放开，而不是一开始就直接按照市场的方式进行。首先在初始阶段，免费发放大部分的配额，仅留少数配额拍卖。等交易的市场形成后再逐步提高拍卖比例，最后实现完全拍卖。最初的排污权交易最好在同地区进行，等市场成熟后的排污权跨地区交易应该由政府在其中征收较高的交易税，以防止经济发展好的地区对经济发展比较落后的地区的另一层环境剥削。

对于温室气体（主要是指二氧化碳）指标配额分配具体的时间划分方案初步分为两种考虑：①基于市场不确定性及成本控制，2015 年前排放配额完全免费发放。②基于国内控制的严格减排目标，2010 年以前，80% 排放配额免费发放给现有排放源，20% 的配额将优先由交易范围内的新、改、扩排放源进行购买，多余的配额由现有源购买；2010 年起至 2015 年，逐步提高拍卖比例至 80%；2015 年后，市场性能逐步提高，实现完全拍卖。具体实施方案尚不明确，需要进一步研究。

二、交易主体的确定

排污权交易的主体指有资格进行二氧化碳排污权买卖的个人和各种组织。在排污交易市场日渐成熟、机制逐步完善时，除了排污者，政府、社会组织乃至个人等非排污者同样可以享有排污权买卖的权利，其存在对于活跃交易市场发挥重要作用。

交易主体必须具备的条件：第一，主体已进行过排污登记且排污达到环境标准的电力企业，可以具备持有排污许可证进行正常生产活动的资格。第二，交易主体范围限于排放同类污染物的电力企业之间，这样可以使排污权交易有效进行，可以避免因交易所带来的污染监管不力、环境污染失控等结果。第三，交易各方削减相同环境效益的排污量，所需要的治理费用要有明显差异。第四，政府也充当这一角色，如类似中央银行的公开试产各业务，进行宏观调控，在环境质量恶化时买进大量许可证。

本课题研究的交易主体为电力系统，以国电集团和大唐集团为示范。其中，在电力行业先行建立碳排放交易体系阶段，凡涉及产生二氧化碳排放的发电企业必须获得二氧化碳排放许可，方可进行电力生产活动。原则上所有拥有配额的发电企业都可以进行配额的买卖，如有企业通过技术改进提高了原料和燃料的利用率或采用可再生能源技术发电而产生富余排污指标，此部分指标可出售。

能够出售减排量的企业主要有：老机组综合改造、超（超）临界燃煤电厂、热电联产电厂等，这还取决于配额分配以及分配后电力企业所采取的减排力度是否可能产生多余的配额。

另外，个人、组织和政府都可以买卖排放许可权。因为这些第三方，特别是投机者，可以作为风险的分担者，提高配额的流动性，利于交易。他们将为市场带来正面影响，因为投机者是市场的风险承担者。市场早期阶段，有效需求比有效供给更难解决。潜在用户对新政策的不确定性十分关心，关心新政策与老政策要求之间如何平衡。如果投机者早期介入市场，他们将发出一个信号，就是配额是具有价值的。这将有利于建立市场，促进交易。

三、交易场所

排放许可的交易需要有统一、规范的市场，买卖各方应集中在交易所内进行排放权交易。自愿减排量的登记、挂牌、交易、结算等活动统一在指定的交易机构进行，便于建立有序的交易秩序，规范各类交易行为，保障交易各方合法权益。

鉴于排放交易的专业性和复杂性，交易机构的设立应采用核准制，由具有一定资质的交易所开展交易业务。交易机构数量不宜过多，避免过度的市场分割。交易所应是一个开放的交易系统，其服务范围不受行政区划的限制。交易机构可以为所在区域以外的减排项目和买卖方提供服务，不需要在各地设立交易机构。交易市场需要具有一定的集中性，有利于市场监管、规范管理和信息公开。

目前，我国已设立了专门从事环境能源领域权益交易的交易机构，并形成了相对成熟的交易机制，能够为电力部门排放交易试点提供有效的机制保障和人员支持。为充分调动已有资源，避免重复建设，交易机构可以选择在已成立并有效运营的交易机构中产生。

第五章　构建我国碳排放权交易框架

第一节　构建我国碳排放权交易框架的必要性和紧迫性

一、未来全球应对气候变化进程中碳排放权贸易是大势所趋

碳排放权贸易是通过建立合法的温室气体排放权利和总量控制目标，并允许这种权利像商品一样买入和卖出来进行排放控制。它能够发挥市场机制对环境容量资源的优化配置作用，调动企业控制排放的积极性，灵活地调节经济发展与环境保护之间的平衡，使社会整体治理成本趋向最低化。目前，部分发展中国家也在积极关注碳排放权贸易。

以欧盟为代表的碳排放权贸易市场发展迅速，规模不断扩大，并产生相关衍生金融产品，市场越来越成熟。随着发达国家逐步实施排放贸易政策以及《京都议定书》第一承诺期开始付诸履约，排放配额和减排量的商品交易市场日渐活跃。据世界银行统计，2009 年全球京都履约排放贸易市场[1]与非京都履约排放贸易市场[2]的交易总额达到 1 437 亿美元，交易量 87 亿吨二氧化碳。其中欧盟排放贸易市场交易额 1 185 亿美元，交易量 63 亿吨二氧化碳，分别占全球的 82% 和 78%，是国际碳市场的绝对主体。欧盟碳排放权贸易市场通过场内、场外交易机制，金融、中介经纪机构以及排放实体（履约企业）的积极交易，碳金融产品（排放权现货、期货和期权等）的开发，完成了二氧化碳的定价（近一年半维持在 10 ~ 15 欧元/吨二氧化碳），形成了围绕碳排放权商品建立的碳期货、碳资本市场和碳金融服务业，伦敦成为碳定价中心。

碳排放贸易以市场手段推进全球和各国减排，将在未来全球应对气候变化进程中扮演越来越重要的角色。欧盟明确表示希望在 2015 年形成 OECD 各国连接的碳排放权贸易市场，2020 年先进的发展中国家的某些行业进入国际碳排放权贸易市场。国际气候谈判上，发达国家意图设定温升控制在 2 度、浓度 450ppm、2020 年全球排放达到峰值，以及 2050 年全球排放下降 50% 等目标，向发展中国家分配温室气体排放空间和权力。发达国家力图通过国际法确立排放权、进一步设定排放总量、向各国分配排放配额、允许配额交易、对配额定价等步骤，逐步使发展中国家进入全球排放权贸易体系。欧盟建立其区域的排放权贸易体系的根本目的是将自己的体系转为全球体系，将其制定规则和定价的优势延伸至发展中国家。

二、碳排放权贸易控制温室气体排放对我国既是机遇也有挑战

（一）作为排放大国，努力将排放资源转为话语权，将压力转为机遇

国际社会应对气候变化进程使温室气体排放资源化、商品化，在国际压力与日俱增的同时，我国巨大的温室气体排放量和减排潜力也是国际政治经济新形势下宝贵而重要的国家资源。目前发达国家主导了二氧化碳商品化及其定价过程和规则。随着国际气候进程，中国有可能面对一个排放权稀缺的

---

[1]　指京都下三个灵活机制的配额和减排额交易市场，以及附件 1 各国内部为达到京都目标实行的上限排放贸易市场，其性质为履行京都议定书。

[2]　指非京都议定书缔约方的上限排放贸易，以及各国自愿性质的交易市场。

全球碳排放权贸易市场。尽早探索开发国内排放权贸易制度、培育碳交易市场，建立以我为主的碳价值体系，主动应对国际碳商品化趋势，避免接受发达国家主导的碳定价趋势，对保护我国发展和碳排放空间权益具有重要意义。

（二）利用 2012 年之后机会，争取与我国相适应的公平市场机制

作为未来减缓温室气体排放的国际趋势，实施碳排放贸易有利于我国依靠市场手段控制温室气体排放，同时也为我国制衡发达国家提供反制手段。相对于目前指令性、行政管理为主来解决环境问题的政府行为，市场手段具有更高的灵活性和激励性，更能体现以人为本的理念和原则。我国不断深入进行市场经济体制建设，努力实现经济发展方式转型，在市场经济体制下，利用市场手段促进节能减排、实现国家 2020 年二氧化碳强度控制目标是大趋势。欧盟等发达经济体一贯坚持将排放贸易作为主要的减排温室气体手段。欧盟已立法规定 2012 年开始所有进出欧盟的国际航班必须加入欧盟排放贸易体系，这对我国正在快速上升发展阶段的航空业将带来巨大的负面影响，而且我们缺乏合适的应对措施。倘若我国也实施碳排放贸易，则可以与欧盟进行相互豁免谈判，维护我国利益。

（三）发达国家意图设定排放上限将对我国不利

以设置排放上限为基础的碳排放权贸易与我国目前发展阶段和应尽的国际义务不相吻合，我国既需要着手发展碳排放贸易，又要避免发达国家拉我国参与碳排放贸易并设置排放限额。目前，发达国家极力拉我国进入国际碳排放贸易体系，如设定总体或行业排放上限，对我国未来发展有相当大的影响。尤其是行业减排标准，几乎都以全球温升不超过 2 度、2050 年全球排放量减半为目标设定，无形之中便为我国设定了排放上限。如若我国相关行业加入，则只有花钱买排放配额，对处于快速发展阶段的行业将产生极其不利的影响和严重的束缚。基于设置排放上限的碳排放贸易体系是当前我国必须坚决反对和警惕的。

另外，我国必须探索合适的方式积极发展碳排放贸易，既适合我国的现实国情和国际责任，又能够适应国际碳排放交易发展的趋势和潮流，这是我国目前面临的巨大挑战。

（四）体系庞大复杂，需要扎实的基础性工作和有效的运行环境给予支持

碳排放权贸易产生于发达的市场经济和法制化国家，其成功实施需要将碳排放所有权化并纳入法律管辖范围、准确设定碳排放控制目标、建立配套管理机制和能力、实施严格的排放量测量、报告和核实，以及建立商业化的碳交易环境等。我国在排放源监测、核实等基础性工作薄弱不足以支撑碳排放权贸易的有效运行，相关知识基础缺乏，环境资源产权立法薄弱，竞争性市场条件以及相关管理能力不具备都是要面对的挑战。

（五）欧盟完成了碳商品化及其定价过程，发达国家及其金融力量主导碳价格

二氧化碳是一种非生产和生活消费必需的、政策定义的全新必需品，发达国家通过排放权立法和商业市场交易主导了二氧化碳商品化及其定价过程和规则。其金融机构积极参与场内、场外交易和碳金融产品的开发，是碳定价的主体力量。而中国的金融机构没有参与国际碳市场交易活动，缺乏相关的知识和实践。若中国未来需要购买排放权，在石油、铁矿石、大豆和稀土等大宗商品交易市场中一直存在的中国买贵卖贱的情况将在碳市场上重演。

三、为我国实现自主减排目标和参与国际碳排放市场做好准备

（一）积极试点、有序推进碳排放权贸易制度的建设，带动中国资源生态补偿机制建设

建立碳排放贸易体系是一个复杂工程，国内应该积极试点碳排放贸易体系的建设，但不能一哄而上，也不能直接建成全国性的贸易体系。我国碳排放贸易体系的建设，必须有节奏、有规划、有条不紊的循序开展。目前，国内很多地方在并不深入理解碳排放贸易体系的情况下急于攀比建立碳

政

策

篇

交易中心，必须规范国内碳排放交易机构的建设，有序推进适合我国国情的碳排放贸易制度的建立。可考虑首先通过选择适当的、有条件的试点地区和行业小范围进行，积极探索、总结经验后再逐步扩大。

（二）结合国情，与我国实现 2020 年单位 GDP 碳排放下降 40% ~ 45% 的控制目标相结合，在适当范围内开展碳排放贸易试点，成为对外宣传典范

我国建立碳排放贸易制度的起点是处理国内控制温室气体问题的相对封闭的体系，主要为国内 2020 年单位 GDP 碳排放强度下降 40% ~ 45% 的控制目标服务，但是在中国建立自主封闭的排放贸易体系的同时也应考虑国际化问题。可优先考虑具备一定条件的行业、地区有序进行研究和试点，首先在试点的地区或者城市建立以企业为基础的排放贸易体系，作为地区或企业实现 2020 年强度控制目标行动的一部分。关于试点交易的机制，由于我国没有像发达国家那样的量化减排指标，应采用相对指标如碳减排强度指标而不是总量目标，但是在国家限制产能的行业，也可以考虑使用减排总量指标来进行。

（三）以试点为依托，切实加强能力建设

在试点期间，应根据中国国情将排放贸易理论和实践本土化，加强相关能力建设。首先是二氧化碳排放量测量、报告和核实的统计监测体系的建立，现在我们基本上不能在线的监测，就靠统计或者自报，数据存在较大误差，而排放量的统计监测体系与国内排放贸易体系国际接轨关系重大；其次建立上升到市场层面的交易平台是碳排放贸易发展的必然选择，应鼓励国内金融服务业发挥重要作用，规范商业化的碳交易行为，使机构、企业、团体和个人等参与方在透明、公开、公平的市场化环境、场所，利用碳金融产品进行价格发现、风险管理；最后对于从事与碳排放贸易工作有关的人员，积极进行能力培训，以使其尽快熟悉国际碳排放交易规则和国内实际试点应用，胜任相关工作，最终提高国家、地方、行业、企业和个人多层次实施应对气候变化措施的能力。

第二节　构建以电力行业为示范的碳排放权交易框架

本书评述了国外多个区域所建立的碳排放交易体系。其中，欧盟碳排放交易体系涉及的多个减排行业中，对供电供热部门要求最严格。美国的区域减排计划（RGGI）和澳洲新南威尔士的温室减排计划的减排行业重点针对的是电力部门。这主要是因为电力行业排放量大，同时减排潜力也较大。另外，由于电力部门的需求，存在网络供应的特点，存在一定的市场垄断度，一般的认为不会削弱减排区域的产业竞争力。而对国外减排行业内排放企业来说，可以通过调整电价，把减排的成本部分转移。

同时本书还量化研究了我国在电力行业建立排放权交易具有一定意义。理论上，碳排放交易体系覆盖行业越多，碳的稀缺度就越高。而由于碳排放的持续增长，减排成本的不可预测性使其偏高的可能性较大。因此，对我国来说，减排若从电力部门开始，适当允许电力价格调整，将有助于纠正能源价格的扭曲，促进用电大户高耗能产业采取节能措施控制成本，也可以间接促进多行业减排，起到示范作用。我国电力行业碳排放权交易框架见图 5 - 19。

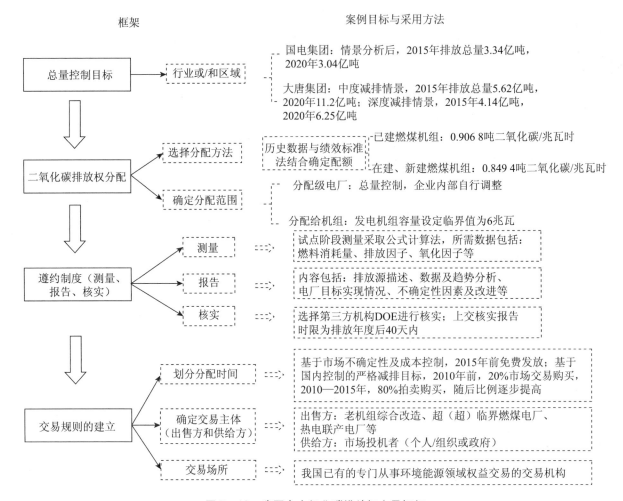

图 5-19 我国电力行业碳排放权交易框架

第六章　构建我国碳排放交易体系的政策建议

第一节　积极推进我国自愿减排交易及其试点

一、我国自愿减排交易现状

我国的自愿减排市场开始于 2007 年。迄今为止，该市场规模还非常小。然而，在过去几年中，其发展速度还是相当可观的。现在的自愿减排（VER）市场主要由两部分组成：场内交易和林业 VER 交易（属于场外交易）。交易所在中国的 VER 市场发挥了最大的作用。在国内已经成立的 10 家环境能源交易所，北京环境交易所、上海能源环境交易所、天津排放权交易所均建立了自己的 VER 交易平台，并在 VER 交易领域已经展开了一系列的行动。

迄今为止，据不完全统计，国内已完成或正在进行的场内 VER 交易总计 12 例。已完成的 VER 交易为 9 例，其中能统计到的 6 例已完成的 VER 累计交易量为 54 848 吨，价格区间为 10~50 元人民币/吨。正在进行或设计中的交易有 3 例，其中正在进行中的两个 VER 交易行动，预计累计交易量将达到 110 万吨。林业 VER 交易是中国 VER 市场另一个非常重要的类型。自 2007 年成立以来，中国绿色碳基金已经取得了较大的发展。迄今为止，该基金已累计募集到资金将近 4 亿元人民币，并成立了 4 个专项地方基金。但目前，中国绿色碳基金主要担任的是 VER 产品生产者的角色，还并未进入到实质交易阶段。另外，在 2008 年和 2009 年，还有一些小规模的林业 VER 交易活动得到开展。据不完全统计，国内目前已有的 VER 交易累计交易量将达到 110 万吨，见表 5-23。

表 5-23　国内已有的 VER 交易统计

编号	交易渠道	买家	购买 VER 类型	数量	价格
1	北交所	天平汽车保险股份有限公司	奥运绿色出行减排	8 026 吨	35 元/吨
2	北交所	广州万信达科技制品有限公司	水电	5 000 吨	2 美元/吨
3	吕梁交易所	M 先生	水电	10 吨	10 元/吨
4	天交所	上海济丰包装纸业股份有限公司	水电	6 266 吨	10 元/吨
5	天交所	俄罗斯天然气工业股份有限公司市场和贸易公司、花旗集团环球金融有限公司	天津 3 家供热企业的节能量	11 500 吨	50 元/吨
6	上交所	上海润烨环保科技有限公司	水电	24 046 吨	—
7	北交所	上海稻草人旅行社有限公司	—	—	—
8	北交所	上海盈江餐饮管理有限公司（白公馆）	—	—	—
9	环保桥	URBN 酒店	—	—	—
10	上交所	通过世博自愿减排购买平台购买的企业和个人	风电、水电等	目标为 100 万吨	20 元/吨

政

策

篇

续表

编号	交易渠道	买家	购买 VER 类型	数量	价格
11	北交所	购买兴业银行中国低碳信用卡的个人	—	预计 10 万吨	35 元/吨
12	天交所	参与自愿减排联合行动的 37 家企业（尚未启动交易）	—	—	—

二、我国自愿减排交易的发展趋势

虽然自愿减排市场仍旧维持着正常的运转，但还是存在着一些问题制约着自愿碳市场的进一步发展。从项目的供应方面来看，自愿减排市场由于价格、项目开发能力、长远的市场稳定性等很难竞争得过强制性的减排体系。从市场需求方面来看，目前大部分的高碳排放行业如电力和钢铁等是产生碳排放的大户，为了减少碳排放，很容易将这些企业纳入强制减排的行列。一旦这些企业退出了自愿减排市场，其交易量必然受到巨大的影响。

当前我国自愿减排市场发展尚处于起步阶段。迄今为止，我国无论从法律、规则制度，还是市场主体和交易中介，都还没有真正建立起来一套完整的自愿减排市场制度。中国的高污染、高耗能、高排放企业会面临巨大的国内市场与国外市场压力。对于这些企业来说，自愿减排意味着不仅是环境的改善，更是成本的提高与技术的提升。从市场的需求及企业自身影响力上，使企业自身在生产过程中，从原材料的采购环节选择能耗较低的产品，从供应链上减少碳排放量。这就需要企业提高生产技术，而技术的改革往往是非常困难的。对于我国自愿减排市场来说，由于我国的国情不适宜照搬照抄国际上已有的制度，这就需要我们自己创建新的制度。加快自愿减排市场发展中的制度建设和主体培育，尤其是加快自愿减排市场发展中的技术创新。如何使自愿减排在发展的过程中离不开低碳技术的支撑，高碳技术的低碳化也是对我国技术革新方面的巨大挑战。如何降低清洁能源的开发成本和提高核心技术水平；如何加大开发可再生能源技术、生物质能技术以及节能减排技术、清洁煤技术和核能技术，大力推进节能环保和资源循环利用技术的应用；如何使自愿减排市场在发展的过程中加快金融业和保险业的创新；如何对自愿减排市场发展中建立相应消费环境建设，这些都是我国在开展自愿减排交易时面临的挑战。

第二节　我国碳排放权交易制度实施过程中可能存在问题的建议

一、正确处理碳排放强度下降与粗放型经济增长方式的矛盾

中国正处于高速经济发展的时期，粗放型经济增长是导致环境恶化的关键。由于目前我国对地方政府的主要考核指标仍然是 GDP，这就导致地方上片面追求经济发展的粗放型经济增长方式仍未从根本上得到改变。造成了经济增长与总量控制的尖锐矛盾，使得排污总量的确定成为排污权交易的难点。一些地区总量控制的底线不断被突破，而我国乡镇企业和"三小"企业数量多，分布广的特点也会加大污染物排放总量控制的难度。如果各地的粗放型经济增长方式不从根本上改变，则经济规模的扩张会形成极为强大的压力，不但与环境保护、国土整治和农业争夺资金，而且要求突破污染物排放总量的限制。为了解决我国环境状况不断恶化的趋势，近几年国家以改善环境质量为目标，提出总量控制的思想，并制定了一系列管理措施。排污总量的确定需要以一系列环境的、经济的科学研究作为基础，以先进的技术措施作保证。而且在此过程中要涉及一系列复杂的技术问题，我国对于此类问题研究尚处于初始阶段，必将造成碳排放权交易机制构建中的一大困难。

政

策

篇

二、科学合理解决碳排放权初始分配的公平性

存在新建企业和已建企业之间在碳排放权初始分配方面的不公平，如果是排放权无偿地在已有企业之间进行分配，而新建企业必须有偿取得，这对于新建企业来说十分不公平，政府也因此损失了一笔财政收入。原始排放权由管理部门分配的公正性。排放权名义上是公共资源，实质成为管理部门的权力资源，这就使得排污权交易的规范建立在管理部门的廉政与否之上。如果管理部门公正分配，交易就可以在公平的基础上展开；如果在分配过程中存在以权谋私的现象，政府将失信于企业，交易也不可能顺利进行。如果是有偿配置，可以选择拍卖方式或是政府定价方式。拍卖方式的弊端是可能会导致大企业进行市场操纵，囤积居奇；政府定价方式存在着不能及时反映市场供求关系之弊，也可能会出现政府部门操纵价格的现象。

无论是无偿分配还是有偿分配排放权，都有其公平合理性和不合理性。在实际应用中，显然要具体问题具体分析，寻求一种切实可行的操作方法。部分企业为了获得更多的排放权，往往通过非正常渠道，对政府部门进行直接"公关"，占有过多的指标。所以，无论采取何种分配方式，都需要将排污权的初始分配置于一个透明的环境之下，由公众参与共同完成，而不仅仅是某一管理部门的决定。

三、有效控制碳排放交易的成本

中国粗放型经济增长的特征之一就是乡镇企业的蔓延，乡镇企业规模小、分布零散。因此，由于环境污染方面存在的特点，排污权交易制度在中国的实施不但会使排污交易市场的基础信息寻求成本过高，而且管制者监测与执行成本过高。这就要求在交易中尽量减少交易本身的成本，减少交易成本和时间，交易不应因规范管理而复杂化、高成本，只有这样才能避免交易法规完备、管理有序而交易量少的情况发生。

四、加强政府监督管理的力度

由于碳排放权交易是二级市场的交易，这一交易的基础是一级市场的行政行为；同时，在二级市场的交易过程中，交易标的的审核、交易指标的折算都需要有关行政部门的参与，因此虽然是碳排放权使用权人的自愿的交易，但也要接受国家环境保护部门的管理和监督。政府要制定一套科学的环境监测标准和配置先进的监测设施。同时要建立相应的监管制度，使得政府的监管工作制度化、规范化。

第三节　我国碳排放权交易制度优化设计

一、加强立法保障，完善有关规章制度

从理论上对碳排放权交易的市场行为进行系统地分析、研究。碳排放权交易在全国范围内实施还需进一步的研究和探索。为了尽快做好建立中国碳排放权交易市场的可行性研究工作，必须在原有对国外排污权交易研究的基础上，加强国际碳排放的研究工作，加快国内碳排放权交易机制的可行性研究，并建立碳排放权交易的试点工作。同时加强环境科学技术的研究工作，从技术上解决排污总量确定的难题。

政府要完善有关碳排放权交易的法律法规，将建立碳排放权交易制度置于法律的框架下。碳排放权交易作为一种市场导向的环境经济政策，必须在相应的法律保障下，才具有合法性和权威性。要建立规范化的碳排放权交易市场就必须有法律保障，参考国外经验的同时，必须根据中国特有和不断变化的立法和司法要求，创造一系列的法律条件，为碳排放权交易的推行奠定法律基础。

政

策

篇

最大限度地发挥市场竞争机制。碳排放权初始分配不应该采取无偿分配的方式，而应采取企业出资购买的有偿方式。而政府则要制定严格的制度杜绝在碳排放权初始分配过程中的暗箱操作、以权谋私现象的出现，达到利用市场机制对环境资源的优化配置。

建立与社会主义市场经济体制相适应的碳排放权交易的管理体制。完善的交易市场是市场效率的重要保障。在我国推行碳排放权交易应该建立完善的碳排放权交易市场；从资金、税收、技术等方面予以扶持；政府应该鼓励碳排放权作为企业资产进入破产或兼并程序；新增碳排放和排污企业，一般的碳排放权可以通过市场交易获得。

通过碳排放交易既可为企业的碳融资行为提供资金的保障，又可以调整资产组织提供便利，也可能成为炒家、投机者操纵碳排放权交易市场的工具，因此应加强风险管理。

二、建立严密的监管体系，规范碳排放权交易行为

资本市场是现代市场经济运行的最高形式，加强监管、严格执法有利于规范碳排放权交易的市场行为，保护市场主体的合法利益，提高资本市场的运行效率，为发展碳排放权交易创造良好的市场环境。大力发展国内外的机构投资者，建立合理的高效的交易品种创新制度。为使碳排放权交易有法可依，可根据碳排放期权交易的特点，按照国际惯例制定《自愿减排交易管理办法》以及《碳排放权交易规则》，对碳排放权的监管、交易、估算、风险控制进行具体的法律规定。

三、规范交易平台建设，加大宣传力度培育市场

加强碳排放期权交易的投资宣传。因为碳排放期权交易的高风险和操作的高难度，要求投资者必须掌握一定的专业知识。因此，碳排放期权推出前，适时加强碳排放期权交易及相关知识的宣传，帮助投资者掌握运用碳排放期权交易所需的实际操作手段和方法，使未来碳排放期权交易顺利进行。加强国内碳排放企业的风险防范意识，尽快熟悉交易规则，以使国内碳排放企业与国外的机构投资者能够在一个平台上进行公平竞争。

建立完善的风险管理措施。碳排放期权交易风险管理包括：对碳排放期权交易者资格的审查，实行市场准入制度，实行大户持仓报告制度，严格规定持仓限额，严格保证金要求。采用风险实时监控技术等。为应付国际游资的冲击，可通过发行股票或债券的方式筹集资金，成立碳排放权交易基金，以应对国际游资的恶意炒作，或市场因突发事件而出现的恐慌局面，从而最大限度地保护国家利益。

四、出台有关优惠政策，加强配套技术和能力建设

加强通信计算设施建设。碳排放期权交易的成功运作对信息、结算、流通等的及时性和准确性都有很高的要求，没有现代化的通信计算设备，如网络、信息处理系统、结算系统等，交易是不可能顺利实现的。如果交易过程不畅通，会使风险无法快速、平稳地得到释放，因此应加强通信计算等配套设施的建设和安全运行。

政策篇

参 考 文 献

［1］ 上海市城乡建设和交通委员会，上海市综合交通规划研究所［J］．上海交通系统节能降耗现状形势分析和对策措施研究，2010．

［2］ 朱松丽．北京、上海城市交通能耗和温室气体排放比较［J］．城市交通，2010（3）：58－63．

［3］ Yan X．，Crookes R. J．，2009，Reduction potentials of energy demand and GHG emissions in China's road transport sector，Energy Policy，2009，37（2009）：658－668．

［4］ 赵红军，尹伯成，沈国仙．上海市民出行效率调查和分析［J］．城市问题，2008（4）：96－102．

［5］ 朱洪．上海市第三次综合交通调查成果简介［EB/OL］．中国交通技术网，http：//www. tranbbs. com/Techarticel/TPlan/Techarticle_ 63801_ 1. shtml（2010－05－05）．

［6］ 上海市城市综合交通规划研究所．上海市综合交通2009年度报告（摘要上）［J］．交通与运输，2009（5）：16－18．

［7］ 上海市城市综合交通规划研究所．上海市综合交通2009年度报告（摘要下）［J］．交通与运输，2009（6）：11－13．

［8］ 陆锡明，祝毅然．上海交通能耗现状及发展前景［J］．上海节能，2010（1）：4－6．

［9］ 上海市城市综合交通规划研究所．上海市综合交通2008年度报告（摘要上）［J］．交通与运输，2008（5）：4－7．

［10］ 上海市城市综合交通规划研究所．上海市综合交通2009年度报告（摘要下）［J］．交通与运输，2008（6）：4－6．

［11］ 孙斌栋，赵新正，潘鑫，等．世界大城市交通发展策略的规律探讨与启示［J］．城市发展研究，2008，15（2）：75－80．

［12］ 仇保兴．中国城市交通模式的正确选择［J］．城市交通，2008，6（2）：6－11．

［13］ 许光清，邹骥，杨宝路，等．控制中国汽车交通燃油消耗和温室气体排放的技术选择与政策体系［J］．气候变化研究进展，2009，5（3）：167－173．

［14］ 陈明星，叶超，付承伟．国外城市蔓延进展研究［J］．城市问题，2008（4）：81－85．

［15］ 上海市城市交通管理［J］．上海市城市交通"十一五"发展规划，2007－07．

［16］ 安锋．世界各国乘用车燃油经济性及温室气体排放标准对比，2004．

［17］ 朱松丽．上海世博会公共交通节能减碳效果分析［J］．中国科技投资，2010（4）：40－42．

［18］ 李连成，吴文化．我国交通运输业能源利用效率及发展趋势［J］．综合运输，2008（3）：16－20．

［19］ 朱松丽．新能源汽车的节能减碳效果分析和成本有效性分析［J］．中国科技投资，2010（5）．

［20］ 钟婷．伦敦航运服务业表现卓越，http：//www. istis. sh. cn/list/list. asox？id＝754（2010. 11. 19）．

［21］ 上海市发改委．上海能源白皮书［M］．上海：上海人民出版社，2007．

［22］ 上海市人民政府．上海市人民政府关于我市2009年节能目标责任评价考察自查情况的报告（沪府〔2010〕14号）．

［23］ 上海市人民政府．上海市人民政府关于我市2008年节能目标责任评价考察自查情况的报告（沪府〔2009〕24号）．

［24］ 上海市人民政府．市政府关于印发上海市2010年节能减排和应对气候变化重点工作安排的通知

（沪府发〔2010〕8 号）.

［25］董峻凯，杨新房. 上海"两个中心"建设背景下的产业结构优化升级探讨，http：//
www. chinareform. org. cn/cirdbbs/dispbbs. asp？ boardid = 25&Id = 452651（中国改革论坛，2010 -
11 - 16）.

［26］上海市城乡建设和交通委员会关于下达上海交通系统 2010 年节能减排任务指标的通知（沪建交
〔2010〕588 号）.

［27］清华大学建筑节能研究中心. 中国建筑节能年度发展研究报告 2007 ［M］. 北京：中国建筑工业
出版社，2007.

［28］清华大学建筑节能研究中心. 中国建筑节能年度发展研究报告 2008 ［M］. 北京：中国建筑工业
出版社，2008.

［29］清华大学建筑节能研究中心. 中国建筑节能年度发展研究报告 2009 ［M］. 北京：中国建筑工业
出版社，2009.

［30］清华大学建筑节能研究中心. 中国建筑节能年度发展研究报告 2010 ［M］. 北京：中国建筑工业
出版社，2010.

［31］武涌，刘长滨. 中国建筑节能经济激励政策研究 ［M］. 北京：中国建筑工业出版社，2007.

［32］中国城市能耗状况与节能政策研究课题组. 城市消费领域的用能特征与节能途径 ［M］. 北京：
中国建筑工业出版社，2010.

［33］张蓓红，陆善后，倪德良. 建筑能耗统计模式与方法研究 ［J］. 建筑科学，2008，24（8）：1 - 3.

［34］龙惟定，白玮，马素贞，等. 中国建筑节能现状分析 ［J］. 建筑科学，2008，24（10）：1 - 4.

［35］龙惟定，潘毅群，范存养，等. 上海公共建筑能耗现状及节能潜力分析 ［J］. 暖通空调，1998，
28（6）：4 - 7.

［36］冯小平，邹昀，龙惟定. 居住建筑耗能设备的相关调查和统计分析 ［J］. 节能技术，2006，
24（1）:28 - 32.

［37］钟婷，龙惟定. 上海市住宅空调的相关调查及其耗电量的估算 ［J］. 建筑热能通风空调，2003
（3）：22 - 24.

［38］龙惟定. 国内建筑合理用能的现状及展望 ［J］. 能源工程，2001（2）：1 - 6.

［39］卜震，陆善后，范宏武，等. 关于居住建筑节能评估方法的探讨 ［J］. 住宅产业，2006（6）：
38 - 40.

［40］范宏武，陆善后，李德荣，等. 上海建筑节能现状及节能潜力分析 ［J］. 住宅产业，2005（2）：
24 - 26.

［41］李峥嵘，钱必华. 住宅建筑能耗的特点及其评价指标的确定 ［J］. 节能技术，2001，19（1）：
10 - 12.

［42］李峥嵘，赵明明. 上海既有公共建筑节能改造方案对比分析 ［J］. 建筑节能，2007，35（8）：
25 - 27.

［43］刘倩，张旭. 上海某住宅建筑围护结构能耗模拟与节能性分析 ［J］. 建筑科学，2007，
23（12）：24 - 27.

［44］李魁山，张旭. 居住建筑能耗影响因素分析 ［J］. 低温建筑技术，2007（5）：6 - 7.

［45］徐强. 上海市公共建筑用能特征与节能策略 ［J］. 上海节能，2008（5）：9 - 12.

［46］江亿，刘兰斌，杨秀. 能源统计中不同类型能源核算方法的探讨 ［J］. 中国能源，2006，
28（6）：5 - 8.

［47］杨秀，魏庆芃，江亿. 建筑能耗统计方法探讨 ［J］. 中国能源，2006，28（10）：12 - 16.

［48］张声远，杨秀，江亿. 我国建筑能源消耗现状及其比较 ［J］. 中国能源，2008，30（7）：37 - 42.

［49］ 倪德良. 上海建筑能耗统计工作中的几个问题［J］. 能源技术，2008，29（3）：163－166.

［50］ 杨晓敏，谭洪卫. 上海与国外建筑能耗基础数据的对比分析［J］. 上海节能，2007（2）：16－20.

［51］ 邵征. 上海地区居住建筑节能65%可行性分析［J］. 住宅科技，2007（12）：34－37.

［52］ 李怀玉，郑洁，杨迪. 上海地区建筑节能分析［J］. 节能，2006（11）：38－40.

［53］ 宋波. 中国建筑能耗现状及节能策略［J］. 建设科技，2008（20）：18－19.

［54］ 李沁笛，单明，杨铭，等. 农村建筑节能低碳化发展途径及减排潜力［J］. 建设科技，2010（5）：40－42.

［55］ US Energy Inf. Adm. 2007. 2006 Annual Energy Review. Washington DC：US Dep. Energy.

［56］ US Energy Inf. Adm. 2007. 2007 Flash Estimate. Washington DC：US Dep. Energy.

［57］ China Natl. Bur. Stat.（NBS）. 2007. China Statistical Yearbook 2007. Beijing：China Stat. Press.

［58］ Hu X. 2006. Development of China carbon emission senarios toward 2050. http：//2050. nies. go. jp/ sympo/cop11 side/Hu COP11. pdf.

［59］ Mark D. Levine，Nathaniel T. Aden. Global Carbon Emissionsin the Coming Decades：The Case of China. Annu. Rev. Environ. Resourc，2008，33：19－38.

A. Denny Ellerman，Paul L. Joskow. The European Union's Emissions Trading System in perspective. Pew Center on Global Climate Change，2008. 5.

［60］ Niels Anger. Emissions trading beyond Europe：Linking schemes in a post－Kyoto world. Energy Economics，30（2008）：2028－2049.

［61］ 郑爽. 碳排放权贸易现状和发展及其对我国的启示［J］. 能源研究简报，2010（15）.

［62］ 郑爽，丁丁，等. 我国温室气体排放贸易平台的调研报告［J］. 调查、研究、建议，2009，增刊（6）.

［63］ 郑爽. 欧盟碳排放贸易对我国的启示［J］. 能源研究简报，2009（9）.

［64］ 郑爽. 提高我国在国际碳市场竞争力的研究［J］. 中国能源，2008，30（5）.

［65］ 郑爽. 碳市场的经济分析［J］. 中国能源，2007，29（9）.

［66］ 陈安国. 美国排污权交易的实践及启示［J］. 经济论坛，2002，（16）：43.

［67］ 饶蕾，曾骋. 欧盟碳排放权交易制度对企业的经济影响分析［J］. 环境保护，2008，3（392）：77－79.

［68］ 肖序，张宗友. 国际碳排放权交易市场研究［J］. 企业家天地，2007（11）：90.

［69］ 谭丹. 我国东、中、西部地区经济发展与碳排放的关联分析及比较［J］. 中国人口·资源与环境，2008（3）：54－57.

［70］ 涂毅. 国际温室气体（碳）排放权市场的发展及其启示［J］. 江西财经大学学报，2008（2）：15－19.

［71］ 刘建. 通过排放权管理做到经济环境双赢——德国碳排放权交易及其启示［J］. 中国环境报，2006－08－11.

［72］ 于天飞. 碳排放权交易的制度构想［J］. 林业经济，2007（5）：49－52.

［73］ 排放贸易95攻关报告［J］. 国家计委能源研究所，2000年12月.

［74］ 陈文颖. 我国二氧化碳排放特点与减排对策［J］. 科技日报，2008－04－22.

［75］ Houghton JT，etal. Climate Change 1995：The Science of Climate Change. Cambridge University Press，Cambridge，U. K.

［76］ 谭丹. 我国东、中、西部地区经济发展与碳排放的关联分析及比较［J］. 中国人口·资源与环境，2008（3）：54－57.

［77］ 张坤民，何雪炀. 气候变化与实施清洁发展机制的展望［J］. 世界环境，1999（4）：10－14.

［78］ 李挚萍.《京都议定书》与温室气体国际减排交易制度 ［J］. 环境保护，2004（2）：58 - 60.

［79］ Daniel. dudek，秦虎，张建宇. 中国二氧化硫控制及排放权交易案例报告.

［80］ 欧洲联盟 50 年：2007—2008 欧洲发展报告 ［M］. 北京：中国社会科学出版社，2008.

［81］ 中国酸雨控制战略，二氧化硫排放总量控制及排放权交易政策实施示范 ［M］. 北京：中国环境科学出版社，2004.

［82］ THE EUROPEAN CARBON MARKET IN ACTION：LESSONS FROM THE FIRST TRADING PERIOD Interim Report，2008，March.

［83］ Allowance trading patterns during the EUETS trail period：what does the CITL reveal？，Caisse des Depots，2008，June.

［84］ CLIMATE CHANGE AND SUSTAINABLE ENERGY POLICIES IN EUROPE AND THE UNITED STATES，Institute for European Environmental Policy，2008，9.

［85］ The European Union's Emissions Trading System in perspective，Pew Center，2008，5.

［86］ Building a global carbon market—Report pursuant to Article 30 of Directive 2003/87/EC，Commission of the European Communities，2006.

［87］ Directive 2003/87/EC of the European Parliament and of the Council，2003.

［88］ Application of the emissions trading directive by EU member states，European Environment Agency，2006.

［89］ Allocation in the European Emissions Trading Scheme，Cambridge University Press，2007.

［90］ Analysis paper on EU Emissions Trading Scheme Review options September 2007，office of Climate Change，Defra，UK.

［91］ Boxer，B.（2008）Senator Boxer on global warming legislation. http：//boxer. senate. gov/news/outreach/2008/06/0611. cfm. 2008 - 10 - 06.

［92］ Bush，GW.（2008）. President Bush discusses climate change. http：//www. whitehouse. gov/news/releases/2008/04/20080416 - 6. html. April 16，2008.

［93］ Byrd R.（2008）Congressional record：Proceedings and debates of the 110th congress，Second session，Vol. 154，No. 93，pp. S5337. June 6，2008.

［94］ Cantwell M.（2008）Congressional record：Proceedings and debates of the 110th congress，Second session，Vol. 154，No. 93，pp. S5349. June 6，2008.

［95］ Coleman N.（2008）Congressional record：Proceedings and debates of the 110th congress，Second session，Vol. 154，No. 93，pp. S5335. June 6，2008.

［96］ Creyts J，Derkach A，Nyquist S，Ostrowski K，Stephenson J.（2007）Reducing U. S. greenhouse gas emissions：How much at what cost. McKinsey & Company. pp. 5 - 6.

［97］ Deutsch K.（2008）Cap and trade in America：U. S. climate policy at a crossroads. Deutsche Bank Research. May 5，2008.

［98］ Dodd C.（2008）Congressional record：Proceedings and debates of the 110th congress，Second session，Vol. 154，No. 93，pp. S5355. June 6，2008.

［99］ Dorgan B.（2008）Congressional record：Proceedings and debates of the 110th congress，Second session，Vol. 154，No. 93，pp. S5346. June 6，2008.

［100］ Duke Energy.（2008）Congressional record：Proceedings and debates of the 110th congress，Second session，Vol. 154，No. 93，pp. S5338. June 6，2008.

［101］ Farm Bureau.（2008）Congressional record：Proceedings and debates of the 110th congress，Second session，Vol. 154，No. 93，pp. S5338. June 6，2008.

［102］ Feinstein D. （2008） Congressional record: Proceedings and debates of the 110th congress, Second session, Vol. 154, No. 93, pp. S5347. June 6, 2008.

［103］ Fisher B, Costanza R. （2005） Regional commitment to reducing emissions: Local policy in the United States goes some way towards countering anthropogenic climate change. Nature, 438: 301 – 302.

［104］ Johnson T. （2008） Congressional record: Proceedings and debates of the 110th congress, Second session, Vol. 154, No. 93, pp. S5337. June 6, 2008.

［105］ Kintisch E. （2005） Climate change: Senate resolution backs mandatory emission limits. Science, 309: 32.

［106］ Levin C. （2008） Congressional record: Proceedings and debates of the 110th congress, Second session, Vol. 154, No. 93, pp. S5341. June 6, 2008.

［107］ Lieberman J. （2008） Climate Change. http: //lieberman. senate. gov/issues/globalwarming. cfm. 2008 – 10 –06.

［108］ Midwesten Governors Association. （2007） Midwestern greenhouse gas reduction accord. Midwestern energy security & climate stewardship summit. http: //www. midwesternaccord. org/index. html. November 15, 2007.

［109］ National Association of Manufacturers. （2008） Congressional record: Proceedings and debates of the 110th congress, Second session, Vol. 154, No. 93, pp. S5339. June 6, 2008.

［110］ RGGI. （2008） RGGI fact sheet. http: //www. rggi. org/about/documents. September 23, 2008.

［111］ The Congress of the United States. （2007a） Climate Stewardship and Innovation Act of 2007. The 110th Congress S. 280. IS.

［112］ The Congress of the United States. （2007b） Global Warming Pollution Reduction Act. The 110th Congress S. 309. IS.

［113］ The Congress of the United States. （2007c） Electric Utility Cap and Trade Act of 2007. The 110th Congress S. 317. IS.

［114］ The Congress of the United States. （2007d） Global Warming Reduction Act of 2007. The 110th Congress S. 485. IS.

［115］ The Congress of the United States. （2007e） Climate Change Education Act of 2007. The 110th Congress S. 1389. IS.

［116］ The Congress of the United States. （2007f） Low Carbon Economy Act of 2007. The 110th Congress S. 1766. IS.

［117］ The Congress of the United States. （2007g） America's Climate Security Act of 2007. The 110th Congress S. 2191. RS.

［118］ The Congress of the United States. （2007h） Global Change Research Improvement Act of 2007. The 110th Congress S. 2307. RS.

［119］ The Congress of the United States. （2007i） Climate Change Adaptation Act of 2007. The 110th Congress S. 2355. RS.

［120］ The Congress of the United States. （2007j） Climate Stewardship Act of 2007. The 110th Congress H. R. 620. IH.

［121］ The Congress of the United States. （2007k） Safe Climate Act of 2007. The 110th Congress H. R. 1590. IH.

［122］ The Congress of the United States. （2007l） International Climate Cooperation Re – engagement Act of 2007. The 110th Congress H. R. 2420. RH.

[123] The Congress of the United States. (2007m) New Apollo Energy Act of 2007. The 110th Congress H. R. 2809. IH.

[124] The Congress of the United States. (2008a) Lieberman – Warner Climate Security Act of 2008. The 110th Congress S. 3036.

[125] The Congress of the United States. (2008b) Climate Market, Auction, Trust & Trade Emissions Reduction System Act of 2008. The 110th Congress H. R. 6316. IH.

[126] The Congress of the United States. (1997) Expressing the sense of the Senate regarding the conditions for the United States becoming a signatory to any international agreement on greenhouse gas emissions under the United Nations Framework Convention on Climate Change. The 105th Congress S. RES. 98. ATS.

[127] The Library of Congress. (2008a) Bills enrolled as agreed to or passed by both House and Senate. http：//thomas. loc. gov/cgi – bin/query. 2008 – 10 – 06.

[128] The Library of Congress. (2008b) Bills introduced in Senate or in House. http：//thomas. loc. gov/bss/d110query. html. 2008 – 10 – 06.

[129] The White House. (2008) Addressing global climate change. http：//www. whitehouse. gov/ceq/global – change. html. 2008 – 09 – 28.

[130] UNFCCC. (2007) National Greenhouse Gas Inventory Data for the Period 1990 – 2005. FCCC/SBI/2007/30. October 24, 2007.

[131] UNFCCC. (2008) 附件一国家温室气体排放量时间序列清单. http：//unfccc. int/ghg_ data/ghg_ data_ unfccc/time_ series_ annex_ i/items/3814. php. 2008 – 10 – 01.

[132] United Auto Workers. (2008) Congressional record：Proceedings and debates of the 110th congress, Second session, Vol. 154, No. 93, pp. S5340. June 6, 2008.

[133] United Mine Workers of America. (2008) Congressional record：Proceedings and debates of the 110th congress, Second session, Vol. 154, No. 93, pp. S5339. June 6, 2008.

[134] U. S. Chamber of Commerce. (2008) Congressional record：Proceedings and debates of the 110th congress, Second session, Vol. 154, No. 93, pp. S5341. June 6, 2008.

[135] U. S. Council on Environmental Quality, U. S. Department of State. (1980). The Global 2000 Report to the President – Entering the Twenty – First Century. Washington, DC：GPO.

[136] U. S. Department of Energy. (2008) Annual Energy Outlook 2008：With Projections to 2030. DOE/EIA – 0383 (2008).

[137] U. S. Department of State. (2006) USA Energy Needs, Clean Development and Climate Change.

[138] U. S. Energy Information Administration. (2008) Energy Market and Economic Impacts of S. 2191, the Lieberman – Warner Climate Security Act of 2007. SR/OIAF/2008 – 01.

[139] U. S. Environmental Protection Agency. (2007) EPA Analysis of the Climate Stewardship and Innovation Act of 2007. July 16, 2007.

[140] U. S. Environmental Protection Agency. (2008a) EPA Analysis of the Low Carbon Economy Act of 2007. January 15, 2008.

[141] U. S. Environmental Protection Agency. (2008b) EPA Analysis of the Lieberman – Warner Climate Security Act of 2008. March 14, 2008.

[142] U. S. Environmental Protection Agency. (2008c) Inventory of U. S. greenhouse gas emissions and sinks：1990 – 2006. EPA 430 – R – 08 – 005.

[143] U. S. Public Law：101 – 240. (1989) Global Environmental Protection Assistance Act of 1989.

［144］U. S. Public Law No: 101 –606. (1990) Global Change Research Act of 1990.

［145］U. S. Public Law No: 101 –624. (1990) Food, Agriculture, Conservation, and Trade Act of 1990.

［146］U. S. Public Law No: 102 –134. (1991) To designate April 22, 1991, as "Earth Day" to promote the preservation of the global.

［147］U. S. Public Law No: 102 –486. (1992) Energy Policy Act of 1992.

［148］U. S. Public Law No: 107 –115. (2002) Foreign Operations, Export Financing, and Related Programs Appropriations Act of 2002.

［149］U. S. Public Law No: 109 –158. (2005) Energy Policy Act of 2005.

［150］U. S. Public Law No: 109 –430. (2006) National Integrated Drought Information System Act of 2006.

［151］U. S. Public Law No: 110 –140. (2007) Energy Independence and Security Act of 2007.

［152］U. S. State of California. (2006) California Global Warming Solutions Act of 2006. California Assembly Bill No. 32.

［153］U. S. State of California. (2008) Assembly Bill 32 – The Global Warming Solution Act of 2006 http: //www. climatechange. ca. gov/ab32/index. html#timeline. 2008 –10 –01.

［154］WCI. (2008) Design recommendations for the WCI regional cap – and – trade program.